西村能一 NISHIMURA Yoshikazu ＋ 酒井俊明 SAKAI Toshiaki ＝共著　中村雅彦 NAKAMURA Masahiko ＝校閲

化学頻出
スタンダード問題
230選 ［改訂版］

230 Standard Chemistry Exam Questions

駿台文庫

は じ め に

　近年の大学入試における化学の入試問題は，形式などは大学ごとに異なりますが，おおまかな傾向として理論・無機・有機の各分野からテーマ別の問題が出題されます。物質の性質についての知識問題，反応量の計算問題，反応の原理や実験を題材とした思考問題などで構成されています。その中には，多くの大学で同じように出題される頻出テーマや，必ず解けなければならない問題があります。そんな頻出・重要問題を集めた問題集として，旧版の『化学基礎問題集 頻出！ 220選』を出版し，その改訂版として問題数を充実させた『化学頻出！ スタンダード問題230選』を出版しました。今回は高校教科書の改訂や最新の入試傾向を分析して内容をさらに充実させるべく，改訂版を制作することにしました。全体の問題数230題は変わりませんが，数多くの重要テーマを追加して入試対策問題集の決定版になったと思っています。

　化学の入試問題を解けるようにするためのポイントは次の3つです。

　ポイント1…さまざまな化学現象の原理を正確に理解し，物質の性質や化学用語などの基本的な知識をしっかりと覚える。

　ポイント2…化学現象に応じた問題のテーマを知り，その解法を身につける。

　ポイント3…類題をたくさん解いて，解き方を定着させる。

　まずは授業などで化学現象の原理をしっかりと学びましょう。それに加えて，問題の正しい解き方を理解してください。答えの導き方を覚えるのではなく，なぜそうなるのかを考えることが重要です。その後，自分の力で答えを導くために解き方を学んだ問題と同じような類題をたくさん解くことが不可欠です。

本書は，教科書「化学基礎・化学」の全範囲から分野ごとに基礎〜標準レベルの問題230題を収録しました。多くの入試問題から学習効果の高い問題を選別し，必要に応じて改題しています。また，各問題にはすべて表題をつけているので，問題のテーマを知り，その解き方を定着させるのに最適です。本書の問題が解けるようになれば，入試本番でどのように式を使って答えを導くのかが自然と思い浮かぶようになります。基本的な考え方が身につけば，さらに応用問題にも対応できる力がついていきます。

　高校化学で学習する単元はかなり多く，そのすべてが入試問題で出題されるわけではありません。ただし，すべての単元で出題される可能性があります。入試対策が十分でなく，他の受験生が解けるような問題が解けないと大きな差がつくことになります。

　まずはすべての単元について，基礎〜標準レベルの問題が解けることを目指しましょう。授業内容の理解とともに，多くの問題を解いていかなければなりませんが，その学習量に比例して必ず力がつきます。化学はやれば必ずできるようになる科目です。本書が，皆さんの第一志望合格への良きパートナーになり化学が得点源になることを願っています。

　最後に，本書の刊行にあたりご尽力をいただいた，駿台文庫の松永正則様，中越邁様，西田尚史様，誤植などのチェックをしていただいた多くの方に心から感謝いたします。ありがとうございました。

駿台予備学校化学科　西村能一・酒井俊明

本書の構成と活用法

1．本書の構成

　本書は問題編と解答・解説編に分かれています。問題は，過去に入試で出題された問題を分野ごとに分け，教科書の順番に並べています。設問ごとに難易度(★：基本　★★：標準　★★★：難)をつけましたので，参考にしてください。解答・解説は最低限必要な解法の流れを書いていますので，解き方の確認に活用してください。

2．本書の活用法

　学校などの授業で基礎事項を学習した後，すぐに本書の問題を解いてみましょう。問題の表題を見て，できそうな問題からでも構いません。また，難易度ごとに，まずは★だけとか，★★★はできなくても構わない，などでもよいと思います。ただし，何度も繰り返してできる問題を少しずつ増やせるように頑張ってください。苦手な分野の問題は，何度も解き直していくうちに定着していきます。各設問にはチェックボックスがありますので，できた問題に印をつけるなど工夫してみてください。

　問題を解くとき，すぐに解説に頼らずに自分なりの答えを出して紙に書いてみましょう。分からなければ，教科書や参考書などを調べながらでも構いません。解答・解説は自分なりの答えを出した後に見ること。大切なのは，自力で調べて考えることです。

　本書を一通り解き終えたら，次は過去問を解いてみましょう。過去問を解いていてできない問題などを発見したら，何度も本書に戻って再び解き方を確認・定着させましょう。本書を徹底的に頭に叩き込んで確実に解けるようになれば，入試問題なんて怖くないはずでず！

目　次

※各問題の末尾に記載した大学名は出題当時のものです。

第 1 章　　　　　　　　　　　　　　　　物質の構成

第 1 問　人間生活の中の化学

I　身のまわりで利用されている物質に関する記述として，下線部に**誤りを含むもの**を，次の①～⑧のうちから一つ選べ。

① 航空機の機体に利用されている軽くて強度が大きい<u>ジュラルミンは，アルミニウムを含む合金</u>である。

② <u>ステンレス鋼は鉄の合金</u>であり，さびにくいため台所の流し台などに用いられている。

③ ポリエチレンテレフタラート（PET）は<u>エステル結合を含んだ高分子化合物</u>であり，衣料品や容器などに用いられている。

④ <u>黒鉛は炭素の単体</u>であり，鉛筆の芯や乾電池の電極に使われている。

⑤ うがい薬に使われる<u>ヨウ素には，その気体を冷却すると，液体にならずに固体になる性質</u>がある。

⑥ 塩素水に含まれている<u>次亜塩素酸は還元力が強い</u>ので，塩素水は殺菌剤として使われている。

⑦ <u>酸化カルシウムは水と反応しやすい</u>ので，食品などの乾燥剤として使われている。

⑧ <u>炭酸水素ナトリウムは加熱すると二酸化炭素を発生</u>するため，ふくらし粉（ベーキングパウダー）に利用されている。

II　身のまわりの現象に関する記述として**誤りを含むもの**を，次の①～⑥のうちから一つ選べ。

① お湯を沸かしたときに白く見える湯気は，水蒸気が凝縮してできた水滴である。

② 天然ガスの主成分であるメタンは空気より密度が大きいので，天然ガスが空気中に漏れた場合には下方に滞留する。

③ 水の凍結によって水道管が破損することがあるのは，水は凝固すると体積が増加するためである。

④ ガスコンロでは，燃料が酸化されるときに発生する熱を利用している。

⑤ 皮膚をアルコールで消毒するとき，アルコールがその蒸発に伴って体から熱を奪うので，冷たく感じる。

⑥ セッケンは，疎水性部分と親水性部分をもち，油分を水に分散させるので洗浄に利用される。

（I・II センター試験）

第 2 問　化学の役割

*☑ I　現代社会には化学のさまざまな成果が活用されている。化学の成果とそれによって普及した製品との組合せとして**適当でないもの**を，次の①～⑤のうちから一つ選べ。

	化学の成果	普及した製品
①	高純度のケイ素の製造	太陽電池
②	電気分解による金属の精錬	建築材としての銅
③	空気中の窒素からのアンモニア合成	化学肥料
④	塩化ナトリウムと二酸化炭素からの炭酸ナトリウムの製造	ガラス製品
⑤	リチウムを使う二次電池の開発	携帯用電子機器

*☑ II　化学物質は暮らしを豊かにしているが，その取扱いには注意も必要である。化学物質に関する現象の記述の中で，化学反応が**関係していないもの**を，次の①～⑤のうちから一つ選べ。

① トイレや浴室用の塩素を含む洗剤を成分の異なる他の洗剤と混ぜると，有毒な気体が発生することがある。

② 閉めきった室内で炭を燃やし続けると，有毒な気体の濃度が高くなる。

③ 高温のてんぷら油に水滴を落とすと，油が激しく飛び散ることがある。

④ ガス漏れに気がついたときに換気扇のスイッチを入れると，爆発を起こすことがある。

⑤ 海苔の袋に乾燥剤として入っている酸化カルシウム（生石灰）を水でぬらすと，高温になることがある。

―――――――――――――――――――――――――――――――（I・II センター試験）

第 3 問　物質と元素

*☑　水素やナトリウムなどの語は，元素名としても，また単体名としても用いられる。次の文の下線部は，元素名，単体名どちらの意味で用いられているか。

(1) 鉱山から銅やヒ素を含んだ水が川に流れ込み，その流域に鉱毒問題をおこした。

(2) 塩素は酸化力が強く，水道水の殺菌に利用される。

(3) 発育期にはカルシウムが多い食品をとるように心がけなければならない。

(4) 負傷者が酸素吸入を受けながら，救急車で運ばれていった。

(5) 体内に鉄が不足すると貧血になる。

(6) 競技の優勝者に金のメダルが与えられた。

第 4 問　混合物の分離法

　2種類以上の物質が混じり合った混合物から，その成分である$_{(a)}$純物質を取り出す操作が分離であり，取り出した物質から不純物を除いて純度を高める操作が精製である。分離や精製には，物質の持つ固有の性質が利用されており，以下のような方法がある。

　液体とその液体に溶けない固体状の物質を分離する操作が（　ア　）である。2種類以上の物質を含む液体を加熱，沸騰させ，その蒸気を冷却することにより，液体の分離・精製を行う操作が$_{(b)}$蒸留である。特に，液体の混合物を，沸点の違いを利用して物質ごとに分離する操作は（　イ　）とよばれ，石油の精製などに利用されている。温度により溶解度が変化することを利用して，目的の物質を析出させて不純物を除く操作が（　ウ　）である。物質によって溶媒への溶けやすさが異なることを利用して，混合物から目的とする物質だけを溶媒に溶かして，分離回収する操作が（　エ　）である。

　純物質の中には，1種類の元素のみからなる（　オ　）と複数の元素からなる（　カ　）がある。同じ元素からなる（　オ　）で構造や性質の異なるものも存在し，これらをたがいに（　キ　）という。

問1　空欄（　ア　）〜（　キ　）に当てはまる最も適切な語句を記せ。

問2　下線部(a)の純物質に当てはまるものを，次の①〜⑧からすべて選び，番号で答えよ。

　　①　エタノール　　②　空気　　③　塩酸　　④　ナフタレン
　　⑤　ボーキサイト　　⑥　トタン　　⑦　生石灰　　⑧　牛乳

問3　下線部(b)の蒸留で用いる装置について，以下の問に答えよ。

　　(1)　図に示されたA〜Eの名称を記せ。

　　(2)　冷却水は①と②のどちらから流せばよいか，その理由も記せ。

　　(3)　温度計を差し込む位置について注意しなければならない点を記せ。

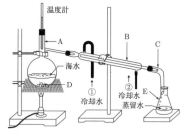

――（群馬大〈改〉）

第 5 問　原子の構造

　物質は原子から構成されており，原子は各元素に対応する基本的粒子である。原子は，正の電荷を持つ陽子，電荷を持たない中性子，負の電荷を持つ電子で構成されている。（　ア　）と（　イ　）は原子核を構成し，（　ア　）の数は原子番号を，（　ア　）と（　イ　）の数の和は質量数を表す。電子は（　ウ　）とよばれるいくつかの層に存在し，内側の層にある電子ほどエネルギーの（　エ　）い安定な状態になる。原子全体は，電気的には（　オ　）である。

同じ元素記号で，質量数が異なる原子を（　カ　）という。私たちの身の回りの自然界には放射線を出す原子が存在する。例えば，自然界には炭素原子として ^{12}C，^{13}C，^{14}C が存在するが，このうち ^{14}C はごく僅かに放射線を出す。^{14}C のような放射線を出す原子を（　キ　）という。(a)（　キ　）の固有のこわれる速さを利用して，遺跡などの（　ク　）を決定できる。

*☑ **問1**　文中の（　ア　）～（　ク　）に適切な語句を入れよ。

*☑ **問2**　次の原子について中性子と電子の数を記せ。

　　(1)　$^{14}_{7}N$　　(2)　$^{56}_{26}Fe$

*☑ **問3**　自然界には酸素原子として ^{16}O，^{17}O，^{18}O が存在する。自然界に存在する二酸化炭素の分子は何種類存在するか。また，質量数の和が48の二酸化炭素分子は何種類存在するか。

*☑ **問4**　下線部(a)について，ある貝殻の化石に含まれる ^{14}C の濃度を測定したところ，現在の海の貝殻中のものに比べて約 $\frac{1}{8}$ であった。この化石の推定される考古学的年代として適当なものを下記から選び，その数字を記せ。

　　(1)　半減期の $2\sqrt{2}$ 倍　　(2)　半減期の3倍　　(3)　半減期の4倍

　　(4)　半減期の8倍

―― (香川大〈改〉)

第 6 問　電子配置とイオン

*☑　いくつかの原子またはイオンの電子配置の模式図を a～d に示す。ア～エの記述について，あてはまる電子配置を a～d のうちから一つ選べ。ただし，模式図の内側の円は原子核を，その中の数字は陽子の数を表す。また，外側の同心円は電子殻を，黒丸は電子を表す。

　　　　a　　　　　　　　b　　　　　　　　c　　　　　　　　d

ア　単原子分子として存在する。

イ　イオンである。

ウ　アルカリ金属である。

エ　1価の陰イオンになりやすい。

―― (センター試験〈改〉)

第 7 問　原子の構造とイオン

　原子は，電子と原子核から構成されている。原子核は電荷を持つ陽子と電荷を持たない中性子からできている。両者の質量はほぼ同じであり，電子の約（　ア　）倍である。原子核中の陽子の数は元素ごとに決まっていて，この数を（　イ　）といい，陽子と中性子の数の合計を（　ウ　）という。

　原子核の周りの電子は，いくつかの電子殻を形成する。電子殻は原子核に近いものから順に，K殻，L殻，M殻，N殻とよばれている。それぞれの電子殻に収容できる電子の最大数は，原子核に近いものから順に，（　エ　），（　オ　），（　カ　），（　キ　）である。電子は，原則として最も内側の殻から順に満たされてゆく。電子がいっぱいになった電子殻を（　ク　）という。元素の性質は電子配置の影響を強く受ける。①原子から1個の電子を引き離すのに必要なエネルギーや②原子が電子1個を取り込み1価の陰イオンになるときに放出するエネルギーは，最外殻電子(価電子)の数とともに変化し周期性が見られる。

問1　文中の空欄（　ア　）に適した数値を下から選び，記号で答えよ。

(a)　18　　(b)　184　　(c)　1840　　(d)　18400

問2　文中の空欄（　イ　）～（　ク　）に適当な語句あるいは数字を入れよ。

問3　塩素とカリウムの電子配置を例にならって示せ。

(例)　Be（K2　L2）

問4　同じ電子配置を持っている S^{2-}，Cl^-，K^+，Ca^{2+}，Sc^{3+} のイオンの中から最もイオン半径の大きいものを選び，その理由を簡潔に記せ。

問5　S，Cl，K，Ca，Sc のなかで最も原子半径が大きいものを選べ。

問6　文中の下線部①を何というか。また，S，Cl，Ar，K，Ca，Sc のなかで①が最も小さいものを選べ。

問7　文中の下線部②を何というか。また，S，Cl，Ar，K，Ca，Sc のなかで②が最も大きいものを選べ。

――――――――――――――――――――――――――――――（札幌医科大）

第 8 問　元素の周期表

　下図は，元素の周期表の概略を第4周期まで示したものである。（図中の（ア）～（キ）の記号は領域を示す。）

	1	2	3	4	5	6	7	8	9	10	11	12	13	14	15	16	17	18
1	H																	He
2																		
3	(ア)	(イ)												(オ)			(カ)	(キ)
4					(ウ)								(エ)					

元素を（ a ）の小さいものから順に並べると，物理的・化学的性質のよく似た元素が

周期的に現れる。この規則性を元素の（ b ）という。元素の周期表は，元素を（ a ）の順に並べ，性質のよく似た元素が同じ縦の列に並ぶようにまとめた表であり，周期表の横の行を周期，縦の列を族という。同じ族に属する元素の中には，固有の名称でよばれる元素群があり，たとえば，水素以外の 1 族元素を（ c ），2 族元素を（ d ），17 族元素を（ e ），18 族元素を（ f ）という。周期表の中には，族の番号とその族に含まれる元素の性質との間に，はっきりとした規則性がある元素群と，そうでない元素群が見出されている。(X)前者の元素群を典型元素といい，金属元素と非金属元素がほぼ半分ずつ含まれている。後者の元素群を遷移元素といい，すべて金属元素である。また，原子が陽イオンになりやすい性質を（ g ），陰イオンになりやすい性質を（ h ）といい，これらの性質は各元素の(Y)イオン化エネルギーや電子親和力と関係している。

*☑ **問1**　文中の（ a ）～（ h ）に当てはまる最も適当な語句を記せ。

*☑ **問2**　下線部(X)について，次の(1)～(4)の元素は図中の（ ア ）～（ キ ）のどの領域に含まれるか。該当する領域をすべて選び，記号で答えよ。

　　　(1)　典型元素　　　(2)　遷移元素　　　(3)　金属元素　　　(4)　非金属元素

☑ **問3　次の①～③は横軸に原子番号，縦軸にある物理量を配したグラフである。縦軸に下線部(Y)のイオン化エネルギーを示したグラフはどれか。①～③で答えよ。

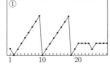 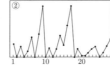 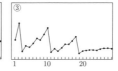

——（甲南大〈改〉）

第 9 問　周期表と周期律

*☑　元素の周期律とそれに関係する次の記述①～⑤のうちから，**誤りを含むもの**を一つ選べ。

　　① 　周期表では，元素が原子番号の順に並べられている。

　　② 　周期表を同一周期内で左から右に進むと，原子中の電子の数が増加する。

　　③ 　原子の第 1 イオン化エネルギーは，原子番号の増加とともに，周期的に変化する。

　　④ 　陽子の数が等しい原子は，質量数が異なっても，周期表上で同じ位置を占める。

　　⑤ 　遷移元素の価電子の数は，族の番号に一致する。

——（センター試験）

原子中の電子は，そのエネルギーによっていくつかの電子殻に分かれて存在している。その電子殻は，原子核に近い順にK殻，L殻，M殻，N殻…とよばれる。

カルシウム原子は，K殻に2個，L殻に8個，M殻に（ **ア** ）個，N殻に（ **イ** ）個の電子を有し，カルシウムより原子番号が小さい貴ガスのアルゴンに比べて（ **ウ** ）個だけ電子が多い。したがって，カルシウム原子の価電子数は（ **エ** ）である。カルシウムと酸素の化合物である酸化カルシウムでは，カルシウムは価電子を放出して（ **エ** ）価の陽イオンとなり，アルゴンと同じ電子配置をとる。一方，酸化カルシウム中の酸素には，K殻に2個，L殻に（ **オ** ）個の電子が存在しており，酸素は（ **カ** ）価の陰イオンとなっている。この酸化物イオンの電子配置は，貴ガスの（ **キ** ）と同じである。酸化カルシウム中のカルシウムイオンと酸化物イオンは，静電気的な力で引き合って結合している。このような結合を（ **ク** ）結合という。

窒素原子は，K殻に2個，L殻に（ **ケ** ）個の電子を有しており，その価電子数は（ **コ** ）である。したがって，窒素原子が貴ガス型の電子配置をとるためには，（ **サ** ）個の電子が不足している。これが，窒素の水素化合物として，（ **シ** ）個の水素原子と結びついてアンモニア分子をつくる理由である。アンモニア分子中の窒素と水素の結合は（ **ス** ）結合である。

問1 （ **ア** ）から（ **ス** ）に適切な語句，数値または化学式を入れよ。

問2 次の物質のなかから，（ **ク** ）結合を含むものをすべて選び，組成式で表せ。

　　　塩化水素，　　硫酸アルミニウム，　　塩化ナトリウム，　　二酸化炭素，

　　　メタン，　　水酸化マグネシウム，　　アンモニア

問3 次の物質のなかから，（ **ス** ）結合を含むものをすべて選び，適切な化学式で表せ。

　　　硫化鉄，　　石英（水晶），　　塩素（単体），　　亜鉛（単体），

　　　ヨウ化カリウム，　　二酸化硫黄

―――――――――――――――――――――――――――――――――――（岩手大〈改〉）

第 11 問　物質の成り立ち

Ⅰ　次のa〜cに当てはまるものを，それぞれの解答群の①〜⑤のうちから一つずつ選べ。

a　分子からなる物質

① 亜鉛　② 塩化水素　③ 塩化ナトリウム

④ 炭酸水素ナトリウム　⑤ ミョウバン

b　式量ではなく分子量を用いるのが適当なもの

① 水酸化ナトリウム　② 硝酸アンモニウム　③ アンモニア

④ 酸化アルミニウム　⑤ 金

c　結合に使われている電子の総数が最も多い分子

① 窒素　② 塩素　③ メタン　④ 水　⑤ 硫化水素

Ⅱ　水素，窒素，二酸化炭素，水，メタン，エチレン，アセチレンの分子のうち，二重結合を含む分子はいくつあるか。次の(ア)〜(オ)の中から一つ選べ。

(ア) 1　(イ) 2　(ウ) 3　(エ) 4　(オ) 5

Ⅲ　電子式で表したとき，共有電子対と非共有電子対の数が等しい分子はどれか。次の(ア)〜(オ)の中から一つ選べ。

(ア) SCl_2　(イ) CS_2　(ウ) HCN　(エ) CH_3I　(オ) $HBrO$

―――――――――――――――（Ⅰ センター試験　Ⅱ 千葉工大　Ⅲ 自治医大）

第 12 問　イオン結合と共有結合

　隣り合う2個の原子が価電子を出し合い，電子対をつくって結びつく結合を共有結合という。同じ種類の原子からなる共有結合は，電子対を原子核の間で等しく共有している状態と考えることができ，これは理想的な共有結合とみなせる。しかし，異なる種類の原子が共有結合を形成する場合，それぞれの原子の（ **ア** ）に違いがあるため，電子対は相対的にどちらかの原子に引き付けられる。電子対が完全にどちらかの原子に引き付けられているなら，電子対を共有しているというより片方の原子からもう一方の原子に電子が移った状態，すなわちイオン結合を形成しているとみなせる。

問1　文中の空欄（ **ア** ）に最も適した語句を答えよ。

問2　以下の化合物の共有結合性，イオン結合性を予測し，共有結合性の高いものから順に並べよ。

KF，　　AlN，　　MgO，　　CaO

―――――――――――――――（東京農工大〈改〉）

第 13 問 化学結合と結合の極性

　元素の種類は，原子核中の正電荷を持った（　ア　）の数で決まる。また，電子は（　ア　）の電荷と等しい大きさの負電荷を持つ。原子の中の電子はいくつかの電子殻に分かれて存在しており，それぞれの電子殻に収容できる最大の電子数が決まっている。原子の中で最外電子殻に入っている電子を価電子というが，（　イ　）殻では電子 2 個，それ以外の電子殻では 8 個収容されると特に安定な電子配置となるため，これらの電子配置での価電子の数は 0 とする。

　価電子には，2 個で 1 組の対をつくるものと，対をつくらず単独で存在するものとがあるが，後者を（　ウ　）という。例えば，窒素原子は（　エ　）個，酸素原子は（　オ　）個の（　ウ　）を持つ。2 個の原子が（　ウ　）を出し合い，生じた電子対によってできる結合を（　カ　）という。また，分子中で（　カ　）に関わっていない電子対を（　キ　）といい，（　キ　）はアンモニア分子には（　ク　）組，水分子には（　ケ　）組ある。水素イオンや金属陽イオンなどに（　キ　）が提供され，それによってできる結合が（　コ　）である。

*☐ **問 1**　文章中の（　ア　）〜（　コ　）に適切な用語または数値を書け。

問 2　右の表に示した電気陰性度に基づき，以下の問に答えよ。

表

原　子	H	B	C	N	O	F	P	S	Cl
電気陰性度	2.2	2.0	2.6	3.0	3.4	4.0	2.2	2.6	3.2

*☐　（1）　次の(a)〜(c)の分子について，分子内の結合における電荷の偏りを，例にならって δ + または δ − を書き込んで示せ。

（例）　　　　　　　　(a)　H_2S　　　　　　(b)　PCl_3　　　　　　(c)　SO_3

| δ + | A | X | δ − |

（A，X は原子を表す。）

*☐　（2）　次の(a)〜(d)の分子について，分子内の結合の極性が大きい順に並べ，記号で答えよ。

　　　(a)　NH_3　　　(b)　HF　　　(c)　CH_4　　　(d)　H_2O

――――――――――――――――――――――――――――――――（岩手大）

第 14 問　分子の形

　分子や多原子イオンに含まれる共有電子対および非共有電子対(孤立電子対)は電気的に反発しあって，電子対が所属する原子のまわりで，お互いになるべく離れた位置を占める。分子の形はこのような電子対の位置関係によって決まる。なお，種々の分子や多原子イオンがとり得る典型的な形を表 1 に示す。

　(a)　N_2　　(b)　CO_2　　(c)　H_2O　　(d)　NH_3　　(e)　CH_4　　(f)　BF_3

表1　分子やイオンがとり得る典型的な形

(ア)	(イ)	(ウ)	(エ)	(オ)	(カ)	(キ)
平面三角形 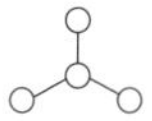	三角錐形 	四面体形 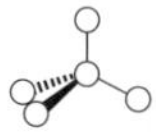	平面四角形 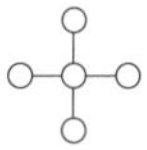	直線形 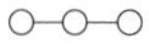	折れ線形（屈曲形） 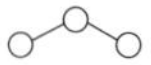	直線形

注）丸印（○）は原子を表す。実線は結合が紙面上にあり，くさび形線（▬）とくさび形破線（╌╌╌╌）はそれぞれ紙面手前と紙面奥に結合が向いていることを示す。

☑ **問1**　化合物(a)～(f)の電子式を，それぞれ示せ。

☑ **問2**　化合物(a)～(f)の分子の形を，表1から選んでそれぞれ記号で示せ。

☑ **問3**　H_3O^+ は H_2O と H^+ が配位結合した多原子イオンであり，H_2O の1つの非共有電子対が H^+ と共有されて新たな共有結合を形成している。H_3O^+ の形を表1の記号で示せ。

☑ **問4**　NH_3 と BF_3 の形は，表1のそれぞれ異なる分類に属する。この理由を NH_3 と BF_3 の電子式の違いに着目して80字以内で述べよ。

——————————————————————————————（首都大〈改〉）

第15問　結合の極性と分子間の引力

　2個の原子からなる分子では，原子間の結合は主に（　ア　）結合である。しかし，各原子の（　イ　）が異なる場合は，原子間の（　ウ　）がどちらかの原子の方にかたよることにより，一方の原子は正の電荷を帯び，他方の原子は負の電荷を帯びる。このような電荷のかたよりを，結合の極性という。一般に，（　イ　）の値が等しい2原子間の結合には極性がない。

　分子全体の極性は，分子を構成する各結合の極性と分子の立体構造の両方がわかれば，ほぼ正確に決めることができる。例えば分子が直線形の二酸化炭素および（　エ　）形の四塩化炭素は（　オ　）分子であり，直線形の塩化水素や（　カ　）形の水および（　キ　）形のアンモニアは（　ク　）分子である。

　水素原子が（　イ　）の大きい窒素，（　ケ　），フッ素などの原子と結合すると，結合の極性がかなり大きくなり分子間に強い静電気的引力が働くようになる。このような分子間で働く結合を（　コ　）という。

☑ **問1**　（　ア　）～（　コ　）にあてはまる適切な語句を書け。

☑ **問2**　分子式が同じエタノール（C_2H_5OH）とジメチルエーテル（CH_3OCH_3）では，前者の沸点が後者のそれに比べはるかに高い。この理由を25字以内で書け。

——————————————————————————————（昭和薬科大〈改〉）

第 16 問　水素化合物の沸点

次の文は水素化合物の分子量と沸点の関係を示した下図に関するものである。（ 1 ）～（ 10 ）の中に適当な語句を入れて，文を完成させなさい。

多数の分子が（ 1 ）力によって互いに引き合い，規則正しく配列してできた結晶を分子結晶という。図中の水素化合物は分子結晶を形成する。

（ 1 ）力はいくつかに分類されるが，そのひとつとしてファンデルワールス力が知られている。分子の形が似た化合物を比較した場合，（ 2 ）が大きいほどファンデルワールス力は大きくなり，沸点が高くなる。分子の形がすべて（ 3 ）形である図中の 14 族元素の水素化合物がその傾向をよく表している。

図中の水素化合物の水素原子と各原子は（ 4 ）結合によって結ばれている。原子が結合電子対を引き付ける能力

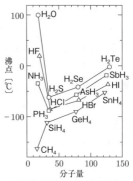

水素化合物の分子量と沸点

を（ 5 ）とよび，（ 5 ）が大きな原子ほど，電子を引き付けやすい。このため，異種の原子間で（ 4 ）結合をつくる場合には，その結合に（ 6 ）が生じる。そして，（ 6 ）がある（ 4 ）結合によって分子が形成された場合，分子全体としての（ 6 ）は，その分子の形によって決定される。例えば，H_2S のような（ 7 ）形の分子の場合は，正と負の電荷の中心が一致しないため，（ 6 ）分子となるが，SiH_4 のように（ 3 ）形の場合は正と負の電荷の中心が一致し，（ 8 ）分子となる。SiH_4 に比べ，同程度の（ 2 ）をもつ PH_3，HCl，H_2S の沸点が高いのは，それらが（ 6 ）分子であり，互いの分子間に（ 9 ）力がはたらくからである。

貴ガス元素を除いた周期表において，（ 5 ）は同じ周期では右にある原子ほど，同じ族では上にあるものほど大きくなる。15，16 および 17 族元素の水素化合物で，NH_3，H_2O および HF に関してはその沸点がそれぞれ同じ族の水素化合物に比べ，異常に高い。これは，（ 5 ）の大きい原子と水素原子が（ 4 ）結合をつくっている分子の場合には，隣接する分子間において，一方の分子の（ 5 ）の大きい，負に帯電した原子が，もう一方の分子の正に帯電した水素原子と引き合うため，通常の（ 6 ）分子よりも分子間で強い引力がはたらくからである。この引力による結合を（ 10 ）結合という。

（大分大）

第 17 問　化学結合と結晶

　主な化学結合には，陽イオンと陰イオンの間にはたらく静電気力による（ a ）結合や，結合する電子が互いに価電子を出し合って（ b ）が形成される共有結合，また，(ア)自由電子が金属イオンを互いに結びつける金属結合がある。他にもアンモニウムイオンに見られるように，一方の原子がもつ電子対を他原子との間で共有する（ c ）結合や，酸素や窒素などの（ d ）の大きい原子間に水素がはさまれてできる水素結合などもある。

　非金属元素の単体の多くは，共有結合からなる分子であり，固体では(イ)分子結晶をつくる。なかには炭素やケイ素のように，単体で（ e ）結合の結晶をつくり，高い融点をもつものもある。貴ガス元素の単体は，常温では気体で単原子分子として存在し，きわめて低い温度で（ f ）結晶をつくる。金属元素の単体は金属結合による金属結晶をつくる。また，(ウ)塩化カリウムのような（ g ）が大きく異なる元素からなる化合物はイオン結晶をつくる。

*☐ **問1**　文中の（ a ）～（ g ）に当てはまる最も適当な語句を記せ。ただし，同じ語句を重複して用いてもよい。

*☐ **問2**　下線部(ア)に関して，自由電子に由来する金属の性質を二つ記せ。

*☐ **問3**　下線部(イ)に関して，分子結晶では分子が互いに分子間力（ファンデルワールス力や水素結合）によって結びついている。分子間力に関する次の記述の中で誤っているのはどれか。(1)～(4)の番号で答えよ。

(1)　分子間力は無極性分子間にのみはたらく。

(2)　ファンデルワールス力は水素結合より弱い。

(3)　分子結晶では，融点が高い物質ほど分子間力が強い。

(4)　分子構造が似ている物質では分子量が大きくなるほどファンデルワールス力は強くなる。

*☐ **問4**　下線部(ウ)に関して，イオン結晶について述べた次の記述の中で誤っているのはどれか。(1)～(4)の番号で答えよ。

(1)　比較的融点が高い。

(2)　水に溶けやすいものが多い。

(3)　結晶状態でも水溶液状態でも電気伝導性がある。

(4)　比較的硬いがもろい。

――――――――――――――――――――――――――――――――――――（甲南大）

第 **18** 問　**元素の原子量**

つぎの文中，（ A ），（ B ），（ C ）にもっとも適合するものを，それぞれA群，B群，C群の(イ)～(ホ)から選べ。

原子の質量はきわめて小さいので，そのまま扱うのは不便である。そこで，原子の質量を扱いやすくするために，現在では「^{12}C原子の質量を12とする」と決め，これを基準にした各原子の（ A ）を用いている。多くの元素には何種類かの（ B ）が存在し，天然（地球上）にある元素ではその存在比はほぼ一定である。（ B ）の存在比とその（ A ）から求めた平均値を，元素の原子量という。天然におけるKおよびArの（ B ）の存在比はそれぞれ，

$$^{39}K : {}^{40}K : {}^{41}K = 93.26\ \% : 0.01\ \% : 6.73\ \%$$

$$^{36}Ar : {}^{38}Ar : {}^{40}Ar = 0.34\ \% : 0.06\ \% : 99.60\ \%$$

である。一方，太陽ではArの（ B ）の存在比は，

$$^{36}Ar : {}^{38}Ar : {}^{40}Ar = 84.17\ \% : 15.81\ \% : 0.02\ \%$$

である。したがって，K，Ar(地球)，Ar(太陽)の原子量は（ C ）の順で大きくなる。

A：(イ)　原子番号　　(ロ)　質量数　　(ハ)　相対質量　　(ニ)　中性子の数
　　(ホ)　物質量

B：(イ)　異性体　　(ロ)　化合物　　(ハ)　同位体　　(ニ)　同素体　　(ホ)　単体

C：(イ)　K＜Ar(太陽)＜Ar(地球)　　(ロ)　Ar(太陽)＜K＜Ar(地球)
　　(ハ)　Ar(太陽)＜Ar(地球)＜K　　(ニ)　K＜Ar(地球)＜Ar(太陽)
　　(ホ)　Ar(地球)＜Ar(太陽)＜K

———————————————————————————————————————（早稲田大）

第 **19** 問　**同位体の存在割合を用いる計算**

塩素には相対質量が35.0の^{35}Clと37.0の^{37}Clの同位体が存在する。^{35}Clと^{37}Clの存在割合がそれぞれ70.0%と30.0%とするとジクロロメタン(CH_2Cl_2)について以下の問に答えよ。ただし，炭素と水素には同位体が存在せず，それぞれの相対質量は12.0および1.0とし，分子量は構成する原子の相対質量の和とする。

問1　このジクロロメタンには質量の異なる分子が何種類存在するか答えよ。

問2　問1の質量の異なるジクロロメタン分子の存在割合を，質量の小さいものから順に百分率で示せ。答えは整数値で求めよ。

問3　このジクロロメタンの平均の分子量を小数点以下1桁まで求めよ。

———————————————————————————————————————（岐阜大）

第 20 問　物質量の計算

I　次の問に答えよ。ただし，原子量は H = 1.0，C = 12，N = 14，O = 16，アボガドロ数は 6.0×10^{23}，気体の体積は 0℃，1.013×10^5 Pa（標準状態）での値とし，答えは有効数字 2 桁で求めよ。

* □ (1)　メタン CH_4 3.2 g は何 mol か。
* □ (2)　エタン C_2H_6 5.6 L は何 g か。
* □ (3)　グルコース $C_6H_{12}O_6$ 分子 1 個の質量は何 g か。
* □ (4)　水 H_2O 54 mL 中には何個の水素原子が含まれているか。ただし，水の密度は 1.0 g/cm³ とする。

* □ II　次の記述ア〜ウで示される物質量 a 〜 c の大小関係として最も適当なものを，下の①〜⑥のうちから一つ選べ。ただし，アボガドロ数は 6.0×10^{23} とする。

ア　塩化物イオン 8.0×10^{23} 個を含む塩化マグネシウムの物質量 a
イ　分子数が 5.0×10^{23} 個のアルゴンの物質量 b
ウ　水素原子 9.0×10^{23} 個を含むアンモニアの物質量 c

① $a > b > c$ 　② $a > c > b$ 　③ $b > c > a$
④ $b > a > c$ 　⑤ $c > a > b$ 　⑥ $c > b > a$

* □ III　体積 1.0 cm³ の氷に，水分子は何個含まれるか。最も適当な数値を，次の①〜⑥のうちから一つ選べ。ただし，原子量は H = 1.0，O = 16，アボガドロ定数は 6.0×10^{23}/mol，氷の密度は 0.91 g/cm³ とする。

① 3.0×10^{21} 　② 3.3×10^{21} 　③ 3.7×10^{21}
④ 3.0×10^{22} 　⑤ 3.3×10^{22} 　⑥ 3.7×10^{22}

――――――――――――――――――――――――――――（II・III　センター試験）

第 21 問　化学反応とその量的関係　I

ブタン C_4H_{10} が完全燃焼するときの反応について，次の各問に答えよ。ただし，原子量は H = 1.0，C = 12，O = 16，アボガドロ定数は 6.0×10^{23}/mol，気体の体積は 0℃，1.013×10^5 Pa での値とし，答えは有効数字 2 桁で求めよ。

* □ 問1　この反応を化学反応式で表せ。
* □ 問2　ブタン 2.0 mol を燃焼させると，生じる水の質量は何 g か。
* □ 問3　ブタン 29 g を燃焼させると，生じる二酸化炭素の分子数は何個か。
* □ 問4　ブタン 11.2 L を燃焼させるのに必要な空気の体積は何 L か。ただし，空気は窒素と酸素の体積比が 4：1 である混合気体とする。

第22問　化学反応とその量的関係 Ⅱ

ある金属 M 2.6 g を完全に酸化したところ，組成式が M_2O_3 で表される金属元素の酸化物が 3.8 g 得られた。この金属 M の原子量として最適な値を①～⑤のうちから一つ選べ。ただし，原子量は O = 16 とする。

① 26　② 38　③ 40　④ 52　⑤ 76

　　　　　　　　　　　　　　　　　　　　　　　　　　　　　　　　（東邦大）

第23問　混合物の化学反応

メタノールとエタノールとの混合物がある。これを完全燃焼させたところ，二酸化炭素 2.64 g と水（液体）1.98 g を得た。このときに必要な酸素の体積は 0℃，1.013×10^5 Pa のもとで何 L になるか。有効数字 2 桁で求めよ。ただし，原子量は H = 1.0，C = 12，O = 16 とする。

　　　　　　　　　　　　　　　　　　　　　　　　　　　　　　　（愛知工大）

第24問　アボガドロ定数の測定

ステアリン酸をベンゼンに溶かした溶液を水面に滴下すると，ベンゼンが蒸発して単分子膜（分子が重なっていない分子の厚みの膜）ができる。

ステアリン酸 w g をベンゼンに溶かして 100 mL の溶液を作り，水の入った水槽にその溶液を v mL 滴下したところ，単分子膜ができた。

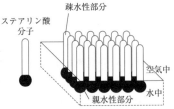

ただし，分子間のすき間はないと仮定し，単分子膜の面積を S_a cm^2，ステアリン酸 1 分子が水面上で占有する面積を S_1 cm^2，ステアリン酸のモル質量を M (g/mol) とする。

問1　この溶液 v mL 中に含まれるステアリン酸の物質量(mol)として最も適当なものを，次の①～⑥の中から一つ選べ。

① $\dfrac{vw}{100M}$　② $\dfrac{Mvw}{100}$　③ $\dfrac{100M}{vw}$　④ $\dfrac{w}{100Mv}$

⑤ $\dfrac{100Mv}{w}$　⑥ $\dfrac{100vw}{M}$

問2　この実験からアボガドロ定数(/mol)を求めるとどうなるか。最も適当なものを，次の①～⑥の中から一つ選べ。

① $\dfrac{100S_a}{MS_1vw}$　② $\dfrac{100MS_1}{S_avw}$　③ $\dfrac{100MS_a}{S_1vw}$　④ $\dfrac{S_1vw}{100MS_a}$

⑤ $\dfrac{100S_1v}{MS_aw}$　⑥ $\dfrac{S_aw}{100MS_1v}$

　　　　　　　　　　　　　　　　　　　　　　　　　　　　　　（同志社女子大）

第 25 問　溶液の濃度

I　次の各問に答えよ。ただし，原子量は H = 1.0，C = 12，O = 16，Na = 23，S = 32，Cl = 35.5，気体の体積は 0℃，1.013 × 10^5 Pa での値とし，答えは有効数字 2 桁で求めよ。

問1　50 g のスクロースを 400 g の水に溶かした溶液がある。この溶液の質量パーセント濃度を求めよ。

問2　20 % の希硫酸の密度は 1.14 g/mL である。この希硫酸 500 mL には何 g の硫酸が含まれているか。

問3　気体のアンモニア 5.6 L を水に溶かして 250 mL にした溶液の濃度は何 mol/L か。

問4　0.10 mol/L の塩酸 20 mL 中には，何 g の塩化水素が含まれるか。

II　9.2 g のグリセリン $C_3H_8O_3$ を 100 g の水に溶解させた水溶液は，25 ℃ で密度が 1.0 g/cm^3 であった。この溶液中のグリセリンのモル濃度は何 mol/L か。最も適当な数値を，次の①〜⑥のうちから一つ選べ。ただし，原子量は H = 1.0，C = 12，O = 16 とする。

①　0.00092　②　0.0010　③　0.0011　④　0.92　⑤　1.0　⑥　1.1

———（II　センター試験）

第 26 問　溶液の濃度換算

I　濃硝酸の密度は 1.4 g/mL であり，質量パーセント濃度で 70 % の硝酸を含んでいる。この硝酸のモル濃度は何 mol/L か。有効数字 2 桁で求めよ。ただし，HNO_3 の分子量は 63 とする。

II　モル濃度 6.0 mol/L，密度 1.2 g/cm^3 の水酸化ナトリウム水溶液がある。この水溶液の質量パーセント濃度は何 % か。有効数字 2 桁で求めよ。ただし，NaOH の式量は 40 とする。

—————————————————————————————（I　東京理科大　II　東京電機大）

第 27 問　溶液の希釈

希硫酸は濃硫酸を希釈して調製される。質量パーセント濃度 96.0 % の濃硫酸 H_2SO_4（密度 1.84 g/cm^3）を希釈して，3.00 mol/L の希硫酸（密度 1.18 g/cm^3）を 500 mL 調製する場合，必要な濃硫酸の体積は何 mL であるか。また，希釈する際に必要な水の体積は何 mL であるか。それぞれ整数値で求めよ。ただし，原子量は H = 1.0，O = 16，S = 32 とし，水の密度は 1.00 g/cm^3 とする。

———（明治大）

第 **28** 問　酸と塩基の定義

アレーニウスの定義によれば，酸とは水溶液中で電離して（ 1 ）を放出する物質であり，塩基とは水溶液中で電離して（ 2 ）を放出する物質である。酸や塩基のうち，濃度が大きくなっても，□□□が1に近い値をとるものを強酸または強塩基という。これに対して，濃度が大きくなると，□□□が0に近づくものを弱酸または弱塩基という。アンモニアは分子内に（ 3 ）をもたないが，水に溶かすと（ 4 ）性を示す。これは，アンモニア分子が水分子から（ 5 ）を奪って，アンモニウムイオンとなり，水溶液中に（ 6 ）が生じるからである。

ブレンステッドとローリーはアレーニウスの考えを拡張して，「他の物質に（ 7 ）を与える物質を酸，他の物質から（ 8 ）を受け取る物質を塩基」と定義した。この定義によれば，アンモニアは（ 9 ），水は（ 10 ）として働いたことになる。また，酸化物の中には，酸のはたらきをする酸性酸化物や塩基のはたらきをする塩基性酸化物がある。

*☑ **問1**　（ 1 ）～（ 10 ）に最も適当な語句またはイオンを下から選び，記号で答えよ。なお，同じ記号を繰り返し選んでもよい。

（ア）　酸　　（イ）　塩基　　（ウ）　H^+　　（エ）　OH^-

*☑ **問2**　□□□にあてはまる最も適当な語句を記せ。

*☑ **問3**　下の化合物を酸性酸化物と塩基性酸化物とに分類し，記号で答えよ。

（ア）　CO_2　　（イ）　Na_2O　　（ウ）　NO_2　　（エ）　CaO

―――――――――――――――――――――――――――――（防衛大）

第 **29** 問　ブレンステッド・ローリーの酸・塩基

*☑　次の反応式において，下線をつけた物質またはイオンは酸・塩基のいずれであるか答えよ。

(1)　$\underline{NH_3} + H_2O \rightleftarrows NH_4^+ + OH^-$

(2)　$\underline{CH_3COO^-} + H_2O \rightleftarrows CH_3COOH + OH^-$

(3)　$HCO_3^- + \underline{H_2O} \rightleftarrows H_2CO_3 + OH^-$

(4)　$HSO_4^- + \underline{H_2O} \rightleftarrows SO_4^{2-} + H_3O^+$

(5)　$\underline{NH_4^+} + H_2O \rightleftarrows NH_3 + H_3O^+$

(6)　$\underline{CH_3COOH} + H_2O \rightleftarrows CH_3COO^- + H_3O^+$

―――――――――――――――――――――――――――――（麻布大）

第 30 問　中和反応の量的関係 Ⅰ

Ⅰ　0.250 mol/L の水酸化ナトリウム水溶液 10.0 mL を過不足なく中和するためには，0.400 mol/L の塩酸が何 mL 必要か。答えは有効数字 3 桁で求めよ。

Ⅱ　二価の酸 0.300 g を含んだ水溶液を完全に中和するのに，0.100 mol/L の水酸化ナトリウム水溶液 40.0 mL を要した。この酸の分子量として最も適当な数値を，次の①～⑤のうちから一つ選べ。

①　75.0　　②　133　　③　150　　④　266　　⑤　300

Ⅲ　0.500 mol/L の硫酸 70.0 mL に，ある量の気体のアンモニアをすべて吸収させた。次に，反応せずに残った硫酸を，0.500 mol/L 水酸化ナトリウム水溶液で中和滴定したところ，40.0 mL を要した。吸収されたアンモニアの 0℃，1.013×10^5 Pa における体積(L) を求めよ。答えは有効数字 3 桁で求めよ。

Ⅳ　シュウ酸二水和物 $(COOH)_2 \cdot 2H_2O$ の結晶 6.3 g を水に溶かして 200 mL とした。この水溶液 20 mL を過不足なく中和するためには，0.50 mol/L の水酸化バリウム水溶液が何 mL 必要か。原子量は H = 1.0，C = 12，O = 16 とし，答えは有効数字 2 桁で求めよ。

―――――――――――――――（Ⅰ　千葉工大　　Ⅱ　センター試験　　Ⅲ　東邦大）

第 31 問　中和反応の量的関係 Ⅱ

室温で密度が 0.90 g/cm³ である市販の濃アンモニア水 10.0 mL を 1 L のメスフラスコの中に入れ，全体の体積が 1 L になるまで蒸留水を加えた。このうすいアンモニア水 20.0 mL を希硫酸で滴定したところ，中和点に達するまでに 15.0 mL を要した。別に純粋な無水炭酸ナトリウム 10.6 g を蒸留水に溶かし，全体の体積を 500 mL にした。この溶液 20.0 mL を同じ希硫酸で滴定したところ，中和点に達するまでに 40.0 mL を要した。

問1　希硫酸の濃度(mol/L) として最も近い値はどれか。ただし，原子量は H = 1.0，C = 12，N = 14，O = 16，Na = 23 とする。

①　0.05　　②　0.1　　③　0.2　　④　0.4　　⑤　0.8　　⑥　1.0

問2　うすいアンモニア水の濃度(mol/L) として最も近い値はどれか。

①　0.05　　②　0.10　　③　0.15　　④　0.20　　⑤　0.25　　⑥　0.50

問3　市販の濃アンモニア水の濃度(%) として最も近い値はどれか。ただし，原子量は H = 1.0，N = 14 とする。

①　2.83　　②　5.66　　③　14.2　　④　19.9　　⑤　28.3　　⑥　56.6

―――――――――――――――――――――――――――――（星薬科大）

第 32 問　電離度と pH

　酸や塩基は水に溶けると，電離が起こりイオンに分かれる。塩酸は強酸なので HCl 分子がほとんど電離しており，酢酸は弱酸なので CH_3COOH 分子の一部が電離している。このとき，溶かした全分子数に対して，電離した分子数の割合を電離度という。

　水はごくわずかであるが電離するため，水中には微量の水素イオン H^+ と水酸化物イオン OH^- が存在する。25 ℃における水素イオンのモル濃度$[H^+]$と水酸化物イオンのモル濃度$[OH^-]$は，それぞれ 1.0×10^{-7} mol/L であることが知られており $K_W = [H^+][OH^-]$ を（ ア ）と呼ぶ。

*▢ **問1**　酢酸 0.10 mol を水に溶かして 1000 mL としたとき，水溶液中の酢酸イオンのモル濃度は 0.0016 mol/L であった。下線部に関連して，この水溶液中の酢酸の電離度を求めよ。

*▢ **問2**　（ ア ）にあてはまる語句を答えよ。

　問3　次の各水溶液の pH を求めよ。ただし，原子量は H = 1.0，C = 12，O = 16，Na = 23，S = 32 とし，答えは整数値で求めよ。

*▢　(1)　0.010 mol/L 塩酸水溶液

*▢　(2)　0.050 mol/L アンモニア水（水溶液中のアンモニアの電離度 0.02）

*▢　(3)　硫酸 0.098 g を水に溶かして 2.0 L にした溶液（硫酸は $H_2SO_4 \longrightarrow 2H^+ + SO_4{}^{2-}$ と完全に電離するものとする）

*▢　(4)　水酸化ナトリウム 0.020 g を水に溶かして 500 mL にした溶液

——（群馬大〈改〉）

第 33 問　pH 計算

Ⅰ　0.100 mol/L の塩酸 25.00 mL に 0.100 mol/L の水酸化ナトリウム水溶液を滴下した。この実験について次の問に答えよ。ただし，水酸化ナトリウム水溶液の 1 滴を 0.05 mL とする。

▢ 問1　中和点の 1 滴前の pH を整数で求めよ。

▢ 問2　中和点の 1 滴後の pH を整数で求めよ。

▢ Ⅱ　濃度不明の塩酸 500 mL と 0.010 mol/L の水酸化ナトリウム水溶液 500 mL を混合したところ，溶液の pH は 2.0 であった。塩酸の濃度(mol/L)として最も適当な数値を，次の①～⑤のうちから一つ選べ。ただし，溶液中の塩化水素の電離度を 1.0 とする。

　①　0.010　　②　0.020　　③　0.030　　④　0.040　　⑤　0.050

——（Ⅰ 芝浦工大　Ⅱ センター試験）

第 34 問　中和反応の滴定曲線

**☑　ある濃度の酢酸水溶液 10.0 mL を，0.010 mol/L の水酸化ナトリウム水溶液で滴定しながら，その体積(滴下量)と溶液の pH との関係を調べた。この実験で得られる滴定曲線として最も適当なものを，次の図①〜⑥のうちから一つ選べ。

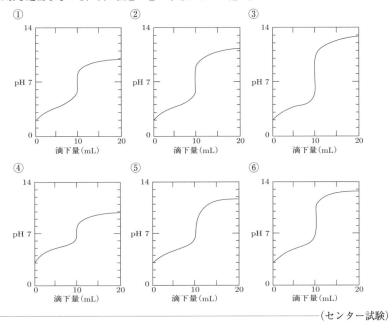

① ② ③ ④ ⑤ ⑥

(縦軸 pH，横軸 滴下量(mL))

――――(センター試験)

第 35 問　塩の水溶液の性質

**☑　次に示す 10 種の化合物について，下の(a)〜(e)の問いに答えよ。

硝酸カリウム　　硫酸ナトリウム　　塩化アンモニウム　　酢酸ナトリウム
炭酸水素ナトリウム　　硫酸水素ナトリウム　　硫酸銅(Ⅱ)　　塩化鉄(Ⅲ)
硫酸アンモニウム　　塩化ナトリウム

(a) 正塩で，その水溶液が酸性を示す化合物をすべて選び，その化学式を書け。

(b) 酸性塩で，その水溶液が塩基性を示す化合物をすべて選び，その化学式を書け。

(c) 正塩で，その水溶液が中性を示す化合物をすべて選び，その化学式を書け。

(d) 酸性塩で，その水溶液が酸性を示す化合物をすべて選び，その化学式を書け。

(e) 正塩で，その水溶液が塩基性を示す化合物をすべて選び，その化学式を書け。

――――(崇城大)

第 36 問　中和滴定の実験操作

うすい酢酸水溶液(溶液 A)の濃度を知るために，その水溶液 10.0 mL を測り取り，濃度が 0.10 mol/L の水酸化ナトリウム水溶液(溶液 B)を用いて中和滴定を行った。

*☐ **問1**　この滴定操作で，溶液 A を測り取るのに最も適した器具はどれか。

（ア）　メスシリンダー　　（イ）　ビーカー　　（ウ）　駒込ピペット

（エ）　ホールピペット

*☐ **問2**　この滴定操作で，中和に必要な溶液 B の体積を測るために使用する最も適した器具はどれか。

（ア）　メスシリンダー　　（イ）　ホールピペット　　（ウ）　ビュレット

（エ）　コニカルビーカー

*☐ **問3**　問2で選んだ器具は，どのようにして使用するのがよいか。

（ア）　純水でよく洗ったのち，加熱乾燥して使用する。

（イ）　純水でよく洗ったのち，ただちに溶液 B を入れて使用する。

（ウ）　純水でよく洗ったのち，器具の内部を少量の溶液 B で数回洗い，熱風を送り込んで乾燥してから使用する。

（エ）　純水でよく洗ったのち，器具の内部を少量の溶液 B で数回洗い，ただちに溶液 B を入れて使用する。

☐ **問4　この滴定を 3 回くり返して行った結果，溶液 A の中和に必要な溶液 B の体積の平均値は 8.20 mL だった。溶液 A の濃度はいくらか，答えは有効数字 2 桁で求めよ。

—— (近畿大)

第 37 問　食酢の定量

市販されている食酢中の酢酸の濃度を調べるため，次の実験①〜⑤を行った。

実験①　水酸化ナトリウム約 0.4 g を水に溶かして 100 mL の水溶液をつくった。

　　②　シュウ酸二水和物$(COOH)_2 \cdot 2H_2O$ を正確にはかりとり，メスフラスコを用いて 0.0500 mol/L のシュウ酸水溶液を 100 mL つくった。

　　③　実験②でつくったシュウ酸水溶液 10.0 mL をホールピペットにより正確にはかりとり，実験①でつくった水酸化ナトリウム水溶液で中和滴定したところ，12.5 mL を要した。

　　④　食酢 10.0 mL をホールピペットにより正確にはかりとり，容量 100 mL のメスフラスコに入れ，標線まで水を加え，よく振り混ぜた。

　　⑤　実験④でつくった溶液 10.0 mL をホールピペットにより正確にはかりとり，実験①でつくった水酸化ナトリウム水溶液で中和滴定したところ，8.50 mL を要した。

*☐ **問1**　実験②について，はかりとるシュウ酸二水和物は何 g 必要であるか。ただし，原子量は H = 1.00，C = 12.0，O = 16.0 とし，答えは有効数字 3 桁で求めよ。

*☑ **問2** 水酸化ナトリウムの水溶液をつくるとき，実験②と同様の操作を行うことが難しく不正確さをともなう。このため，その水溶液の濃度を正確に決めるには，実験③の操作を要する。これは水酸化ナトリウムのどのような性質によるか，簡潔に記せ。

*☑ **問3** 実験③で起こる中和反応の化学反応式を記せ。

*☑ **問4** 食酢中の酢酸のモル濃度は何 mol/L であるか。ただし，食酢中の酸はすべて酢酸であると仮定し，答えは有効数字3桁で求めよ。

*☑ **問5** 食酢中の酢酸の質量パーセント濃度は何％であるか。ただし，食酢の密度は 1.00 g/mL とし，答えは有効数字2桁で求めよ。

――――――――――――――――――――――――――――――――――（防衛大〈改〉）

第 38 問 二酸化炭素の定量（逆滴定）

空気中に含まれる二酸化炭素の体積百分率を調べるため，次の実験を行った。

実験 ある空気を0℃，1.013×10^5 Pa で 10.0 L 採取し，0.0100 mol/L の水酸化バリウム水溶液 50.0 mL にゆっくり通じたところ，(ア)空気中の二酸化炭素はすべて水酸化バリウムと反応し白色沈殿が生じた。この上澄み液を 10.0 mL 採取し，0.0100 mol/L の希塩酸 14.0 mL を加えると溶液は中性となった。なお，反応に関わった気体は二酸化炭素のみとする。

*☑ **問1** 下線部（ア）の反応を，化学反応式で示せ。

*☑ **問2** 実験で採取した空気 10.0 L に含まれていた二酸化炭素の物質量は何 mol か。有効数字2桁で求めよ。

*☑ **問3** 空気中に含まれていた二酸化炭素の体積百分率は何％か。有効数字2桁で求めよ。

――――――――――――――――――――――――――――――――――（上智大）

第 39 問 タンパク質の定量（逆滴定）

ある食品 2.0 g をはかり取り，容器に移して濃硫酸を加えて加熱し，含有窒素分をすべて硫酸アンモニウムとした。これに濃い水酸化ナトリウム水溶液を加えて加熱し，(a)発生したアンモニアを 0.10 mol/L の硫酸 50 mL に完全に吸収させた。この溶液にメチルオレンジを加えて，0.20 mol/L の水酸化ナトリウム水溶液を加えたところ，18 mL で溶液は変色した。

*☑ **問1** 下線部(a)について，発生したアンモニアの物質量(mol)を有効数字2桁で求めよ。

*☑ **問2** この食品中のタンパク質に含まれる窒素の質量パーセントは 16 ％である。食品中に含まれるタンパク質の質量パーセントを有効数字2桁で求めよ。ただし，窒素はタンパク質以外には含まれないものとし，原子量は H = 1.0，N = 14 とする。

――――――――――――――――――――――――――――――――――（東京工業大〈改〉）

第 40 問　混合塩基の定量 Ⅰ（Na₂CO₃ の二段階滴定）

　放置してあった水酸化ナトリウム（試料 A）の純度を求める実験を行った。試料 A は，空気中の水分や(1)水酸化ナトリウムの一部が空気中の二酸化炭素と反応して生じた炭酸ナトリウムを含んでいるものとする。

　試料 A 6.00 g をビーカーに取り，蒸留水を加えて溶かした後，メスフラスコを用いて溶液の体積を 250 mL にした。

　ホールピペットを用いてこの溶液 10.0 mL をビーカーに取り，フェノールフタレイン溶液を加え，(2)ビュレットを用いて 0.200 mol/L の塩酸水溶液を滴下したところ，溶液の色が赤色から無色になるまでに 26.00 mL が必要であった。無色になった後，メチルオレンジ溶液を加え，続けて塩酸水溶液を滴下したところ，溶液の色が黄色から赤色になるまでに 2.00 mL が必要であった。

* ☑ **問1**　下線部(1)について，水酸化ナトリウムと二酸化炭素との反応を化学反応式で書け。

** ☑ **問2**　下線部(2)の反応について，溶液中で起こる反応の化学反応式をすべて書け。

*** ☑ **問3**　試料 A 6.00 g 中に含まれる炭酸ナトリウムの質量を求めよ。ただし，炭酸ナトリウムの式量を 106 とし，答えは有効数字 3 桁で求めよ。

*** ☑ **問4**　試料 A に含まれる水酸化ナトリウムの割合（純度）を質量パーセント（%）で求めよ。ただし，水酸化ナトリウムの式量を 40.0 とし，答えは有効数字 3 桁で求めよ。

――――――――――――――――――――――――――――（大阪教育大〈改〉）

第 41 問　混合塩基の定量 Ⅱ（Na₂CO₃ の二段階滴定）

　炭酸ナトリウムと炭酸水素ナトリウムの混合水溶液を塩酸で滴定することにより，これらの塩の含有量を求めることができる。いま，炭酸ナトリウムと炭酸水素ナトリウムの混合水溶液 200 mL があり，これを溶液 A とする。ホールピペットを用いて溶液 A の10 mL を容器に採取し，純水を加えて全量を 50 mL とし，1.00 mol/L 塩酸を用いて滴定した。図に示した段階 Ⅰ および Ⅱ で消費された塩酸の体積は，それぞれ 4.00 mL と 6.00 mL であった。

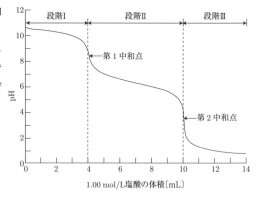

図　炭酸ナトリウムと炭酸水素ナトリウムの混合水溶液の滴定曲線

*☑ **問1** 第1中和点，第2中和点の完了を判定する指示薬として適当なものをそれぞれ答えよ。

☑ **問2 滴定開始から第1中和点まで，第1中和点から第2中和点までに起きた反応をそれぞれ化学反応式で示せ。

***☑ **問3** はじめの溶液A 200 mL中に含まれている炭酸水素ナトリウムの質量は何gか。ただし，原子量はH = 1.00，C = 12.0，O = 16.0，Na = 23.0とし，答えは有効数字3桁で求めよ。

***☑ **問4** 第2中和点付近から段階Ⅲ（図）にかけて溶液から気体が発生した。溶液A 10 mLあたりで発生する気体の理論的な体積は標準状態（0 ℃，1.01×10^5 Pa）において何mLか。ただし，生じた気体は理想気体とし，答えは有効数字3桁で求めよ。

——————————————————————————————————（関西大〈改〉）

第 42 問　混合塩基の定量 Ⅲ

　空気中に放置され，不純物としてNa_2CO_3と水が混入している$NaOH$の固体Xがある。この固体Xの組成を調べるために，次の中和滴定を行った。

　固体X 0.900 gをはかりとり，水に溶解して100 mLとした。この溶液を溶液Yとする。pH指示薬としてメチルオレンジの溶液を用い，(1)ビーカーに溶液Y 20.0 mLをとり，0.100 mol/L塩酸で中和滴定したところ，溶液の色が黄色から赤色に変色するまでに40.0 mLを要した。

　(2)別のビーカーに溶液Y 20.0 mLをとり，塩化バリウム水溶液を加えると白色の沈殿が生成した。新たな沈殿の生成がみられなくなるまで塩化バリウム水溶液を追加し，沈殿をろ過して除いた。ろ液にpH指示薬としてフェノールフタレインの溶液を加えて，0.100 mol/L塩酸で中和滴定したところ，溶液の色が変色するまでに35.0 mLを要した。

*☑ **問1** 下線部(1)，(2)の化学変化を表す適当な化学反応式を記入せよ。ただし，(1)では2種類の化学反応が起きている。

***☑ **問2** 固体X 0.900 g中に含まれる$NaOH$とNa_2CO_3の質量はそれぞれ何gであるか。ただし，原子量はH = 1.00，C = 12.0，O = 16.0，Na = 23.0とし，答えは有効数字3桁で求めよ。

——————————————————————————————————（神戸薬大）

第 **43** 問 酸化還元の定義，酸化剤と還元剤

酸化還元反応は電子の授受によって定義される。物質が電子を失う変化を（ **ア** ）といい，逆に物質が電子を得る変化を（ **イ** ）という。物質中の原子が酸化されると，その酸化数は（ **ウ** ）し，還元されると（ **エ** ）する。酸化還元反応では酸化剤が得た（ **オ** ）と還元剤が放出した（ **オ** ）とが等しい。

酸性溶液中では過酸化水素は，式①のように過マンガン酸カリウムにより（ **カ** ）されたり，式②のようにヨウ化カリウムにより（ **キ** ）されたりして，相手の物質によって酸化剤としても還元剤としてもはたらく。

$$5\,H_2O_2 + 2\,K\underline{Mn}O_4 + 3\,H_2SO_4 \longrightarrow 2\,\underline{Mn}SO_4 + K_2SO_4 + 5\,O_2 + 8\,H_2O \cdots\cdots ①$$

$$H_2O_2 + 2\,KI + H_2SO_4 \longrightarrow I_2 + K_2SO_4 + 2\,H_2O \qquad\qquad \cdots\cdots ②$$

*☑ **問1** 文中の（ **ア** ），（ **ウ** ），（ **カ** ）に適切な語句を記入せよ。

*☑ **問2** 文中の（ **オ** ）に入る適切な語句を次の中から選び，記号で答えよ。

    (a) 電子の物質量   (b) 質量   (c) 物質量   (d) 質量の総和

*☑ **問3** 式①と式②の反応において，下線部の Mn 原子および O 原子の酸化数はそれぞれどのように変化したか，例にならって示せ。   例：$+\,\mathrm{I} \longrightarrow +\,\mathrm{II}$

*☑ **問4** 過酸化水素が酸化剤としてはたらくときの反応を，電子 e^- を含む反応式で示せ。

— （九州産業大）

第 **44** 問 酸化還元反応

*☑ 次の(1)から(5)の反応が左側から右側に進むとき，酸化還元反応でないものは 0（ゼロ）とせよ。酸化還元反応であるものは，酸化剤のはたらきをしている化合物の番号を 1〜3 の中から 1 つ選べ。

  (1) $2\,\underset{1}{\underline{Al}} + 6\,\underset{2}{\underline{HCl}} \longrightarrow 2\,AlCl_3 + 3\,H_2$

  (2) $2\,\underset{1}{\underline{K_2CrO_4}} + 2\,\underset{2}{\underline{HCl}} \longrightarrow K_2Cr_2O_7 + H_2O + 2\,KCl$

  (3) $2\,\underset{1}{\underline{KI}} + \underset{2}{\underline{Cl_2}} \longrightarrow 2\,KCl + I_2$

  (4) $2\,\underset{1}{\underline{KMnO_4}} + 5\,\underset{2}{\underline{H_2O_2}} + 3\,\underset{3}{\underline{H_2SO_4}} \longrightarrow 5\,O_2 + 2\,MnSO_4 + K_2SO_4 + 8\,H_2O$

  (5) $\underset{1}{\underline{SO_2}} + \underset{2}{\underline{I_2}} + 2\,\underset{3}{\underline{H_2O}} \longrightarrow H_2SO_4 + 2\,HI$

— （慶應大）

第 **45** 問 酸化力の比較

**☑ 次の酸化還元反応式 a・b から Fe^{3+}，Sn^{4+}，$Cr_2O_7{}^{2-}$ の酸化力の強さを比較することができる。これらのイオンを酸化力の強さの順に並べるとどうなるか。下の①〜⑥のうちか

ら，正しいものを一つ選べ。

a　$2\,Fe^{3+} + Sn^{2+} \longrightarrow 2\,Fe^{2+} + Sn^{4+}$

b　$Cr_2O_7^{2-} + 6\,Fe^{2+} + 14\,H^+ \longrightarrow 2\,Cr^{3+} + 6\,Fe^{3+} + 7\,H_2O$

① $Fe^{3+} > Sn^{4+} > Cr_2O_7^{2-}$　　② $Sn^{4+} > Cr_2O_7^{2-} > Fe^{3+}$

③ $Cr_2O_7^{2-} > Fe^{3+} > Sn^{4+}$　　④ $Sn^{4+} > Fe^{3+} > Cr_2O_7^{2-}$

⑤ $Cr_2O_7^{2-} > Sn^{4+} > Fe^{3+}$　　⑥ $Fe^{3+} > Cr_2O_7^{2-} > Sn^{4+}$

（センター試験）

第 46 問　酸化還元反応の化学反応式

Ⅰ　硫酸酸性水溶液中における過マンガン酸カリウム $KMnO_4$ とシュウ酸$(COOH)_2$ との反応について，以下の問いに答えよ。

問1　過マンガン酸カリウムの酸化剤のはたらきを示す反応式，およびシュウ酸の還元剤のはたらきを示す反応式は次の通りである。（ a ）〜（ e ）に当てはまる数字を示せ。

　　$KMnO_4 : MnO_4^- + (\,a\,)\,e^- + (\,b\,)\,H^+ \longrightarrow Mn^{2+} + (\,c\,)\,H_2O$

　　$(COOH)_2 : (COOH)_2 \longrightarrow 2\,CO_2 + (\,d\,)\,e^- + (\,e\,)\,H^+$

問2　過マンガン酸カリウムとシュウ酸の反応をイオン反応式（イオン式を用いた反応式）で示せ。

問3　問2の反応式に省略されているイオンを補い，化学反応式で示せ。

Ⅱ　硫酸酸性水溶液中における二クロム酸カリウム $K_2Cr_2O_7$ と二酸化硫黄 SO_2 との反応について，以下の問いに答えよ。

問1　二クロム酸イオンは電子を受け取ってクロム(Ⅲ)イオンになる。この反応を，電子 e^- を含む反応式で示せ。

問2　二酸化硫黄は電子を放出して硫酸イオンになる。この反応を，電子 e^- を含む反応式で示せ。

問3　二クロム酸カリウムと二酸化硫黄の反応を化学反応式で示せ。

Ⅲ　中性のヨウ化カリウム水溶液中にオゾンを通じて吸収させたときの反応について，以下の問いに答えよ。

問1　オゾンの酸化剤のはたらきを示す反応式は次の通りである。（ a ），（ b ）に当てはまる数字，（ c ）に当てはまる生成物を示せ。

　　$O_3 : O_3 + (\,a\,)\,e^- + (\,b\,)\,H^+ \longrightarrow O_2 + (\,c\,)$

問2　ヨウ化カリウムとオゾンの反応をイオン反応式（イオン式を用いた反応式）で示せ。

問3　省略されているイオンを補い，ヨウ化カリウムとオゾンの反応を化学反応式で示せ。

第 47 問　酸化還元反応の量的関係

I　0.050 mol/L の硫酸鉄（II）FeSO$_4$ 水溶液 40 mL をはかりとり，希硫酸を加えたのち，0.10 mol/L の過マンガン酸カリウム KMnO$_4$ 水溶液を加えた。FeSO$_4$ 水溶液と過不足なく反応するまでに加えた KMnO$_4$ 水溶液の体積は何 mL か。有効数字 2 桁で求めよ。なお，MnO$_4^-$ と Fe^{2+} について，それぞれ酸化剤および還元剤のはたらきを示す反応式は次の通りである。

$$MnO_4^- + 8H^+ + 5e^- \longrightarrow Mn^{2+} + 4H_2O$$
$$Fe^{2+} \longrightarrow Fe^{3+} + e^-$$

II　濃度未知の SnCl$_2$ の酸性水溶液 200 mL がある。これを 100 mL ずつに分け，それぞれについて Sn^{2+} を Sn^{4+} に酸化する実験を行った。一方の SnCl$_2$ 水溶液中のすべての Sn^{2+} を Sn^{4+} に酸化するのに，0.10 mol/L の KMnO$_4$ 水溶液が 30 mL 必要であった。もう一方の Sn^{2+} 水溶液中のすべての Sn^{2+} を Sn^{4+} に酸化するとき，必要な 0.10 mol/L の K$_2$Cr$_2$O$_7$ 水溶液の体積は何 mL か。最も適当な数値を，下の①〜⑤のうちから一つ選べ。ただし，MnO$_4^-$ と Cr$_2$O$_7^{2-}$ は酸性水溶液中でそれぞれ酸化剤として次のようにはたらく。

$$MnO_4^- + 8H^+ + 5e^- \longrightarrow Mn^{2+} + 4H_2O$$
$$Cr_2O_7^{2-} + 14H^+ + 6e^- \longrightarrow 2Cr^{3+} + 7H_2O$$

①　5　　②　18　　③　25　　④　36　　⑤　50

III　アスコルビン酸（ビタミンC）は天然物でありながら強い還元力を持つ物質で，飲料水の酸化防止剤やビタミン剤として用いられている。市販のレモン果汁を含む清涼飲料水中に含まれるアスコルビン酸を定量するため，次の**実験 1，2**を行った。

【実験1】　コニカルビーカーに 1.0×10^{-2} mol/L の亜硫酸ナトリウム Na$_2$SO$_3$ 水溶液 30 mL をはかり取り，蒸留水と塩酸を加えたのち，ヨウ素酸カリウム KIO$_3$ 水溶液をビュレットから滴下して滴定を行った。滴定の終点までに加えたヨウ素酸カリウム水溶液は 5.0 mL であったことから，ヨウ素酸カリウム水溶液の濃度を求めた。

【実験2】　コニカルビーカーにレモン果汁を含む清涼飲料水 100 mL をはかり取り，蒸留水と塩酸を加えたのち，**実験1**で濃度を定めたヨウ素酸カリウム水溶液をビュレットから滴下して滴定を行ったところ，加えた体積は 10 mL であった。

問1　**実験1**の結果より，滴定に用いたヨウ素酸カリウム水溶液の濃度は何 mol/L か。有効数字 2 桁で求めよ。ただし，ヨウ素酸イオン IO$_3^-$ と亜硫酸イオン SO$_3^{2-}$ について，それぞれ酸化剤および還元剤のはたらきを示す反応式は次の通りである。

$$IO_3^- + 6H^+ + 6e^- \longrightarrow I^- + 3H_2O$$
$$SO_3^{2-} + H_2O \longrightarrow SO_4^{2-} + 2H^+ + 2e^-$$

問2 レモン果汁を含む清涼飲料水中のアスコルビン酸の濃度は何 mg/mL か。有効数字2桁で求めよ。ただし，アスコルビン酸の分子量は 176 であり，還元剤のはたらきを示す反応式は次の通りである。

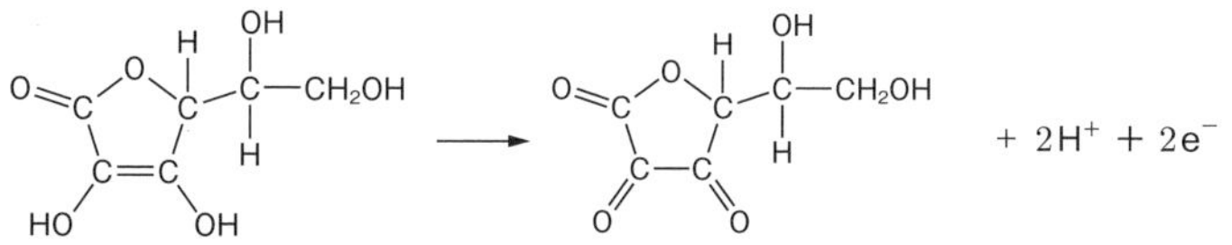

$$+ 2H^+ + 2e^-$$

―――――――――――――――――――――（Ⅱ　センター試験　　Ⅲ　北里大〈改〉）

第 48 問　過マンガン酸カリウムによる酸化還元滴定

　未知濃度の過マンガン酸カリウム $KMnO_4$ 水溶液の濃度を正確に決定するため，シュウ酸 $(COOH)_2$ 水溶液の滴定実験を行った。0.040 mol/L のシュウ酸水溶液 10.0 mL をコニカルビーカーにはかり取り，ここへ 2.0 mol/L の希硫酸を 10.0 mL 加えて酸性とした。これを 70 ℃ に温め，そこへ過マンガン酸カリウム水溶液をビュレットからゆっくりと滴下した。16.0 mL を滴下した時点で，溶液は，①ほぼ無色から赤紫色に変化した。これは，②酸化還元反応が完結するためであり，この反応においてシュウ酸は過マンガン酸カリウムによって酸化されて，気体（ A ）が発生した。③希硫酸の代わりに塩酸を加えて，溶液を酸性に保ちながら滴定を行うと，気体（ B ）が発生した。一方，溶液を中性に保ちながらこの滴定実験を行うと，水に不溶な（ C ）が生成するために溶液が濁った。

問1　（ A ），（ B ），（ C ）に当てはまる化合物を化学式で記せ。

問2　下線部①において，この時点でみられる赤紫色は何による色か。下の中から正しいものを一つ選び記号で答えよ。

　　（ア）Mn^{2+}　　（イ）MnO_4^-　　（ウ）$(COO^-)_2$　　（エ）SO_4^{2-}

問3　下線部②について，

　（1）この反応で，電子の授受が過不足なく行われるための $KMnO_4$ と $(COOH)_2$ の物質量の比を求めよ。

　（2）過マンガン酸カリウム水溶液のモル濃度は何 mol/L であるか。答えは有効数字2桁で求めよ。

問4　下線部③の場合，シュウ酸が完全に消費されるのに要する過マンガン酸カリウム水溶液の滴下量は 16.0 mL よりも多くなる。その理由を簡潔に記せ。

―――――――――――――――――――――――――――――（大阪大〈改〉）

第 49 問　オキシドールの定量

市販オキシドール(殺菌消毒用に用いる過酸化水素水)の濃度を調べるために,次のような実験を行った。市販オキシドールを (A) で 10.0 mL はかりとり,200 mL の (B) に入れ,水を標線まで満たした。この水溶液 10.0 mL を別の (A) ではかりとって (C) に入れ,水を加えて 50 mL とし,4 mol/L硫酸を 5 mL 加えた。これを (D) に入れた 1.00×10^{-2} mol/L の過マンガン酸カリウム水溶液で滴定した。滴定に要した過マンガン酸カリウム水溶液の体積は 17.0 mL であった。

問1 文中の (A) ～ (D) にあてはまる最も適した実験器具を,(a)～(h)からそれぞれ選べ。

(a)　メスフラスコ　　　(b)　リービッヒ冷却器　　　(c)　分液漏斗

(d)　ホールピペット　　(e)　コニカルビーカー　　　(f)　試験管　　(g)　ビュレット

(h)　駒込ピペット

問2 実験結果から得られる市販オキシドール中の過酸化水素の質量パーセント濃度はいくらか。答えは有効数字 2 桁で答えよ。ただし,原子量は H = 1.0,O = 16 とし,市販オキシドールの密度は 1.00 g/cm^3 とする。

——————————————————————————————————(上智大)

第 50 問　ヨウ素滴定 (酸化剤の定量)

次亜塩素酸ナトリウム NaClO を主成分とする塩素系液体漂白剤の溶液 A がある。A に含まれる次亜塩素酸ナトリウムの濃度を求めるため,チオ硫酸ナトリウム Na$_2$S$_2$O$_3$ を用いた次の実験を行った。

溶液 A を正確に 10.0 mL はかり取り,メスフラスコに入れ,蒸留水を加えて正確に 100 mL とした。このうすめた溶液 10.0 mL をコニカルビーカーにとり,蒸留水約 90 mL を加えた。①この溶液にヨウ化カリウム約 2 g および 6 mol/L酢酸約 6 mL を加えて直ちに密栓し,静かに振り混ぜ,暗所に 5 分間静置したところ,溶液は (ア) 色となった。②この静置した溶液に対して,0.100 mol/Lチオ硫酸ナトリウム水溶液を用いて滴定を開始した。滴定中において,溶液の (ア) 色が薄くなってから (イ) 溶液を指示薬として加えた。その後,溶液の色が (ウ) 色から (エ) 色になったときに滴定の終点とし,終点までの滴下量は 10.0 mL であった。

問1 文中の空欄 (ア) ～ (エ) に入れる最も適当な語句をそれぞれ a ～ h から選べ。

a　赤　　b　青紫　　c　黄　　d　褐　　e　無

f　フェノールフタレイン　　　g　デンプン　　h　メチルオレンジ

問2　下線部①について(1)，(2)に答えよ。

(1)　この操作での溶液中における反応をイオン反応式（イオン式を用いた反応式）で記せ。

(2)　ヨウ化カリウムの量は正確にはかり取る必要がない。この理由を述べよ。

問3　下線部②について，チオ硫酸イオン $S_2O_3^{2-}$ は $S_4O_6^{2-}$ に変化する。滴定中の反応をイオン反応式（イオン式を用いた反応式）で記せ。

問4　Aに含まれる次亜塩素酸ナトリウムの濃度は何 mol/L か。答えは有効数字3桁で求めよ。

―――――――――――――――――――――――――――――――（高知大〈改〉）

第51問　ヨウ素滴定（還元剤の定量）

次の実験に関する以下の問に答えよ。原子量は I = 127 とする。

実験1：ヨウ素 1.27 g をヨウ化カリウム水溶液に溶かして 100 mL とした（A液）。

実験2：硫化鉄（Ⅱ）に希硫酸を加えたところ，硫化水素が発生した。この硫化水素を A 液 100 mL に通じ，ヨウ素と反応させた後，水を加えて正確に 500 mL とした（B液）。

実験3：B液 50.0 mL をとり，デンプン水溶液を指示薬として 0.0100 mol/L チオ硫酸ナトリウム（$Na_2S_2O_3$）水溶液で滴定したところ，25.0 mL を要した。

問1　下線部で起こった反応の化学反応式を書け。

問2　実験2で得られた B 液中のヨウ素の濃度は何 mol/L か。答えは有効数字3桁で求めよ。なお，ヨウ素とチオ硫酸ナトリウムは次のように反応する。

$$I_2 + 2Na_2S_2O_3 \longrightarrow 2NaI + Na_2S_4O_6$$

問3　実験2でヨウ素と反応した硫化水素は 0℃，1.013×10^5 Pa で何 mL か。答えは整数で求めよ。

問4　実験3の滴定の終り（終点）ではどのような変化が起きたか。正しい記述を a〜e から一つ選べ。

a　ヨウ素が指示薬に結合し，溶液の色は青くなった。

b　ヨウ化カリウムが指示薬に結合し，溶液の色は青くなった。

c　ヨウ化カリウムと指示薬の結合が切れ，溶液の色は青くなった。

d　指示薬と結合していたヨウ素がヨウ化物イオンになり，溶液の色は無色になった。

e　チオ硫酸ナトリウムが指示薬に結合し，溶液の色は無色になった。

―――――――――――――――――――――――――――――――（東京薬大）

第 52 問　COD 測定

　河川や湖沼などの水中に溶存している有機汚染物質の量を表すのに化学的酸素要求量(COD)が用いられる。COD は，試料水 1L に含まれる還元性物質を酸化するのに要した過マンガン酸カリウムの量を，過マンガン酸カリウムのかわりに酸素で酸化したときに要する酸素の質量(mg)で表した数値(mg/L)である。試料水の COD を測定するために次の操作を行った。

操作 1：試料水を 100 mL とり，硫酸酸性にした後，5.00×10^{-3} mol/L の過マンガン酸カリウム水溶液を 10.0 mL 加え，沸騰水浴中で 30 分間加熱した。

操作 2：操作 1 の水溶液には未反応の過マンガン酸カリウムが残っているので，1.25×10^{-2} mol/L のシュウ酸ナトリウム水溶液を 10.0 mL 加え，未反応の過マンガン酸イオンを還元した。

操作 3：操作 2 の水溶液には未反応のシュウ酸ナトリウムが残っているので，5.00×10^{-3} mol/L の過マンガン酸カリウム水溶液で滴定したところ，3.00 mL を要した。

操作 4：操作 1 の試料水のかわりに蒸留水 100 mL を用いて操作 1 ～ 3 を行ったところ，操作 3 において 5.00×10^{-3} mol/L の過マンガン酸カリウム水溶液 0.10 mL を要した。

問 1　酸性水溶液中で過マンガンイオンは次のように反応する。(A)，(B) に該当する数値，化学式を記せ。

$$MnO_4^- + 8H^+ + (A)e^- \longrightarrow (B) + 4 H_2O$$

問 2　酸性水溶液中で酸素は次のように反応する。(C) ～ (E) に該当する数値，化学式を記せ。

$$O_2 + (C) + (D)e^- \longrightarrow (E) H_2O$$

問 3　試料水 100 mL 中の還元性物質と反応する過マンガン酸カリウムは何 mol であるか，有効数字 3 桁で求めよ。

問 4　この試料水の COD(mg/L) の値を答えよ。ただし，原子量は O = 16.0 とし，答えは有効数字 3 桁で求めよ。

問 5　次の化合物(1)～(5)のうち，試料水に含まれると過マンガン酸カリウムにより酸化され，COD の測定値に影響を及ぼすものすべてを記号で答えよ。

(1)　硫酸鉄(Ⅱ)　　　(2)　硝酸鉄(Ⅲ)　　　(3)　塩化ナトリウム
(4)　硫酸ナトリウム　　(5)　ミョウバン

―――――――――――――――――――――――――――――――――(早稲田大)

第 53 問　DO 測定

環境省が定める「生活環境の保全に関する環境基準」の測定項目の一つに溶存酸素量がある。これは，試料水（測定対象の水）1 L あたりに，酸素が何 mg 溶けているかで表され，水生生物の生息や，水道水としての利用可否などに関わる指標の一つである。

以下のようにして，ある試料水の溶存酸素量を測定した。なお，記載されている反応以外の反応は起こらなかったとする。

操作1：密栓できる容器に試料水 100 mL を入れ，$MnSO_4$ 水溶液と塩基性 KI 水溶液を加えて満たし，栓をした。このとき水溶液中では，$Mn(OH)_2$ が生成した。

操作2：容器の内容物を十分に混和すると，(a)操作1で生成した $Mn(OH)_2$ は，すべての溶存酸素と反応して $MnO(OH)_2$ の褐色沈殿となった。

操作3：希硫酸を加えて液性を酸性にし，十分に混和した。このとき，(b)操作2で生成したすべての $MnO(OH)_2$ が，操作1で加えた KI と反応し，ヨウ素が遊離した。

操作4：操作3で遊離したヨウ素全量を，(c)2.50×10^{-2} mol/L のチオ硫酸ナトリウム水溶液で滴定した。

問1　下線部(a)について，$Mn(OH)_2$ と酸素が反応して $MnO(OH)_2$ が生成する化学反応式を示せ。

問2　下線部(b)について，マンガン原子の酸化数は（　A　）から（　B　）になり，ヨウ素原子の酸化数は（　C　）から（　D　）になる。次の(1)から(3)に答えよ。

(1)　（　A　）から（　D　）に入る酸化数を答えよ。なお，$MnO(OH)_2$ は Mn^{2+} に変化する。

(2)　$MnO(OH)_2$ から Mn^{2+} への変化を，電子 e^- を含んだ反応式で示せ。

(3)　下線部(b)の反応において，$MnO(OH)_2$ が 1 mol 反応したとき，ヨウ素は何 mol 生成するか答えよ。

問3　下線部(c)について，2.50×10^{-2} mol/L のチオ硫酸ナトリウム水溶液を 4.00 mL 滴下したところで，ヨウ素とチオ硫酸ナトリウムが過不足なく反応し，終点となった。このとき，試料水の溶存酸素量(mg/L)を求めよ。ただし，原子量は O = 16 とし，答えは有効数字2桁で求めよ。なお，各操作で加えられた試薬の液量は無視できるものとし，操作の途中で酸素の出入りはなかったとする。また，ヨウ素とチオ硫酸ナトリウムの反応は，以下の化学反応式で表される。

$$I_2 + 2 Na_2S_2O_3 \longrightarrow 2 NaI + Na_2S_4O_6$$

―――――――――――――――――――――――――――（金沢大）

第 5 章　　　　　　　　　　　　　粒子の結合と結晶

第 54 問　結晶の分類

結晶内の粒子の並び方には一定の形があり，規則的な積み重ねの最小単位になっている配列構造を単位格子という。結晶の種類を粒子間の結合の仕方で分類すると，(A)～(D)の4種類になる。

(A)　イオン結晶：陽イオンと陰イオンとの(a)力によるイオン結合でできた結晶で，結晶は電気を通さないが，融解すると電気を通すようになる。

(B)　共有結合結晶：原子が共有結合でつながり合った結晶で，ダイヤモンドや黒鉛のように巨大分子を形成する。ダイヤモンドと黒鉛は，ともに炭素の単体で(b)の関係にあり，(1)構造も性質も異なる。

(C)　分子結晶：分子が(c)力で多数集合した結晶で，電気伝導性をもたない。

(D)　金属結晶：価電子を金属イオンが共有してつながり合った結晶で，電気伝導性を示す。特定の原子に固定されず，多数の原子間を移動する価電子は(d)とよばれる。単体の金属の結晶は，(2)結晶格子における原子配列によって主に3種類に分類される。

*▢ **問1**　(a)～(d)に適する語句を記せ。

*▢ **問2**　(A)～(D)の中で，特定の分子をもたないため組成式で表すのが適当なものをすべて選び，記号で記せ。

*▢ **問3**　次の物質の結晶は(A)～(D)のどれに属するか，記号で記せ。

　　(ア)　塩化カリウム　　(イ)　単斜硫黄　　(ウ)　二酸化ケイ素

▢ **問4　下線部(1)の説明として，(e)に50字以内の文を入れて，次の文章を完成させよ。

　　「ダイヤモンドでは，各々の炭素原子が4個の価電子すべてを用いて正四面体形の立体網目構造をつくっており，電気を通さない。一方，黒鉛では，各々の炭素原子が(e)ので，黒鉛は電気を通す。」

*▢ **問5**　下線部(2)の3種の結晶構造のうち，最密構造の名前をすべて記せ。

――――――――――――――――――――――――――――――――――(岡山大)

第 55 問　金属結晶

金属の結晶では，金属元素の原子(正確には陽イオン)が規則的に配列している。その主なものに3種類あり，ほとんどの金属の結晶格子における原子の配列は，図のa～cに示す構造のいずれかに分類することができる。図では，原子を球で表している。

*▢ **問1**　a，bおよびcのそれぞれの結晶構造は何と呼ばれるか。

*▢ **問2**　a，bおよびcのそれぞれの結晶構造において，1個の原子に何個の原子が接しているか。

34

問3 X線により鉄の結晶を調べたところ，cの配列を取り単位格子の一辺の長さが 2.9×10^{-8} cm であることがわかった。鉄の原子を球とみなすと，その半径は何 cm か。$\sqrt{3} = 1.73$ とし，答えは有効数字2桁で求めよ。

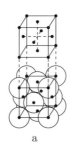
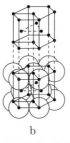
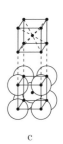

a   b   c

図　金属結晶の構造

問4 問3における鉄の密度は何 g/cm³ か。原子量は Fe = 56，アボガドロ定数は 6.0×10^{23}/mol とし，答えは有効数字2桁で求めよ。

――――――――――――――――――――――――――――――(岩手大)

第 56 問　金属結晶の単位格子

　鉄とアルミニウムの結晶の単位格子はそれぞれ体心立方格子(図1)と面心立方格子(図2)である。(1)～(4)の空欄（ ア ）～（ キ ）にあてはまる数字を記せ。ただし，原子量は Al = 27, Fe = 56，アボガドロ定数は 6.0×10^{23}/mol, $\sqrt{2} = 1.41$, $\sqrt{3} = 1.73$, $\pi = 3.14$ とし，（ オ ）～（ キ ）の答えは有効数字2桁で求めよ。

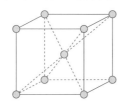

図1　体心立方格子　　　　図2　面心立方格子

(1)　鉄の結晶構造では1個の原子に（ ア ）個の原子が接する。また，アルミニウムの場合は1個の原子に（ イ ）個の原子が接する。

(2)　鉄の結晶の単位格子には（ ウ ）個の原子が含まれる。また，アルミニウムの結晶の単位格子には（ エ ）個の原子が含まれる。

(3)　鉄原子を球とみなし，その半径を 1.25×10^{-8} cm とすると，その単位格子の一辺の長さは（ オ ）$\times 10^{-8}$ cm である。また，鉄の結晶の単位格子の体積に対して，原子が占める体積の割合(充塡率)は（ カ ）%となる。

(4)　アルミニウムの原子を球とみなし，その単位格子の一辺の長さを 4.0×10^{-8} cm とすると，アルミニウムの密度は（ キ ）g/cm³ である。

――――――――――――――――――――――――――――――(東京理科大)

第 57 問　六方最密構造

次の文中，（ A ）〜（ C ）にもっとも適合するものを，それぞれ A 群〜 C 群の（イ）〜（ホ）から選べ。

Zn の結晶は一般に六方最密構造に分類されるが，実際には，右図において各辺の長さを a および b（単位：cm）としたとき，$b > \dfrac{2\sqrt{6}}{3} a$ である。このとき，原子の半径は（ A ）と表される。右図の六角柱の中には（ B ）個の原子が含まれている。Zn の原子量を M，アボガドロ定数を N とすると，Zn の結晶の密度は（ C ）と表せる。

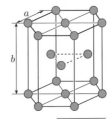

A：（イ）　$\dfrac{a}{2}$　　（ロ）　a　　（ハ）　$\dfrac{\sqrt{6}}{8}b$　　（ニ）　$\dfrac{\sqrt{6}}{4}b$　　（ホ）　$\dfrac{\sqrt{12a^2 + 9b^2}}{12}$

B：（イ）　4　　（ロ）　6　　（ハ）　10　　（ニ）　12　　（ホ）　17

C：（イ）　$\dfrac{\sqrt{3}\,M}{3a^2bN}$　　（ロ）　$\dfrac{4\sqrt{3}\,M}{9a^2bN}$　　（ハ）　$\dfrac{2\sqrt{3}\,M}{3a^2bN}$　　（ニ）　$\dfrac{4\sqrt{3}\,M}{3a^2bN}$

（ホ）　$\dfrac{8\sqrt{3}\,M}{3a^2bN}$

——（早稲田大）

第 58 問　イオン結晶の構造と性質

多数の陽イオンと陰イオンが静電気力（クーロン力）によるイオン結合を形成してできる結晶をイオン結晶とよび，(a)塩化ナトリウム型や(b)塩化セシウム型などいくつかの構造がある。同じ構造をもつイオン結晶どうしでは，イオン結合の強さが結晶の融点を左右することが多い。また，イオン結晶は一般にかたいが，強い力を加えると結晶の特定の面に沿って割れやすい性質がある。この性質を（ X ）という。

問1　文中の空欄（ X ）にあてはまる最も適当な語句を答えよ。

問2　下線部(a)に関して，以下の 1 〜 5 のイオン結晶はいずれも常温常圧で塩化ナトリウム型の構造をもつ。これらを融点が低い順に左から並べ，番号で記せ。

1. 酸化ストロンチウム　　2. フッ化ナトリウム　　3. 酸化マグネシウム
4. ヨウ化ナトリウム　　5. 臭化ナトリウム

問3　下線部(b)に関して，常温常圧における塩化セシウム結晶の密度を $4.02\,\mathrm{g/cm^3}$ としたとき，塩化セシウムの式量を整数値で答えよ。ただし，塩化セシウム結晶の単位格子の 1 辺の長さを $4.10 \times 10^{-8}\,\mathrm{cm}$，アボガドロ定数を $6.02 \times 10^{23}\,/\mathrm{mol}$，$4.10^3 = 69.0$ として計算せよ。

——（早稲田大）

第 59 問　NaCl 型イオン結晶

塩化ナトリウムの結晶は，右図に示すように，ナトリウムイオン Na^+ と塩化物イオン Cl^- がそれぞれ面心立方格子をつくり，Na^+ 中心間の最短距離は 4.0×10^{-10} m である。

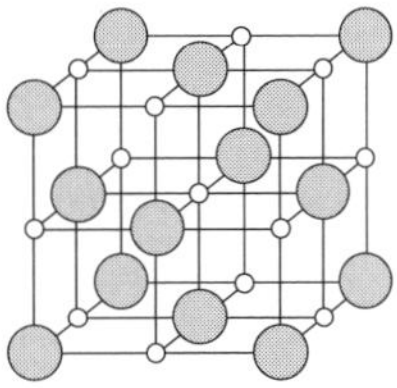

*☑ **問1**　塩化ナトリウムの単位結晶格子中に存在する Na^+ の数はいくつか。

*☑ **問2**　塩化ナトリウムの単位結晶格子中に存在する Cl^- の数はいくつか。

○は Na^+　◉は Cl^-
塩化ナトリウムの
単位結晶格子

*☑ **問3**　塩化ナトリウムの単位結晶格子の一辺の長さ(m)を，有効数字2桁まで求めよ。ただし，$\sqrt{2} = 1.41$ とする。

☑ **問4　塩化ナトリウム結晶の密度(g/cm^3)を，有効数字2桁まで求めよ。ただし，塩化ナトリウムの式量は 58.5，アボガドロ定数は 6.0×10^{23}/mol とする。

――――――――――――――――――――――――――――――（横浜国立大）

第 60 問　イオン結晶の限界半径比

**☑　イオン結合でできた物質の結晶をイオン結晶といい，陽イオンと陰イオンの配置はそれぞれの半径の比やイオンの価数などによって異なり，いくつかの種類が存在する。1価のイオンどうしからなるイオン結晶の例と

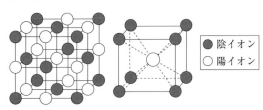

NaCl型単位格子　　CsCl型単位格子

● 陰イオン
○ 陽イオン

して，塩化ナトリウム(NaCl)と塩化セシウム (CsCl) があり，それぞれの単位格子は図のように表される。

それぞれの単位格子について，陽イオンの半径を r，陰イオンの半径を R とし，近接する陽イオンと陰イオンおよび陰イオンどうしも接しているものとする。このとき，陽イオンと陰イオンの半径比 r/R として適切な値を，NaCl型とCsCl型のそれぞれについて求め，次の1～9から適切なものを選んで番号で答えよ。ただし，各イオンは一定の半径をもった球であるものとし，$r < R$ とする。

1. $\sqrt{2} - 1$　　2. $\sqrt{3} - 1$　　3. $\sqrt{2} + 1$　　4. $2\sqrt{3} - 1$　　5. $\sqrt{3} + 1$
6. $2\sqrt{2}$　　7. $2\sqrt{3}$　　8. $2\sqrt{2} + 1$　　9. $2\sqrt{3} + 1$

――――――――――――――――――――――――――――――（星薬科大）

第 61 問 **赤銅鉱型イオン結晶**

2種類の原子 X，Y からなり，右図に示す結晶構造をもつ結晶がある。この単位格子は立方体であり，原子 Y は立方体の各頂点および中心（体心）にある。原子 X は，図のように頂点と体心とを結ぶ線分の中点のうちの4つにある。

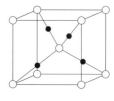

● 原子X　○ 原子Y

*□ **問1** この物質の組成式として適切なものを次の1～9から選び，番号で答えよ。

1．X_3Y　　2．X_9Y_4　　3．X_2Y　　4．X_3Y_2　　5．XY

6．X_2Y_3　　7．XY_2　　8．X_4Y_9　　9．XY_3

□ **問2 原子 X，Y 間の最短の距離を r としたとき，単位格子の体積はどのように表されるか。次の1～9から適切なものを選び，番号で答えよ。

1．$\dfrac{\sqrt{6}\,r^3}{36}$　　2．$\dfrac{\sqrt{3}\,r^3}{9}$　　3．$\dfrac{3\sqrt{3}\,r^3}{8}$　　4．$\dfrac{2\sqrt{6}\,r^3}{9}$　　5．$\dfrac{8\sqrt{3}\,r^3}{9}$

6．$\dfrac{3\sqrt{6}\,r^3}{4}$　　7．$\dfrac{16\sqrt{6}\,r^3}{9}$　　8．$\dfrac{64\sqrt{3}\,r^3}{9}$　　9．$\dfrac{128\sqrt{6}\,r^3}{9}$

□ **問3 ある金属の酸化物の結晶を調べたところ，上図に示す結晶構造をもち，金属原子が原子 X，酸素原子が原子 Y の位置を占めることがわかった。また，単位格子の体積は $7.8 \times 10^{-23}\,cm^3$ であり，この結晶の密度を測定したところ $6.10\,g/cm^3$ であった。結晶に含まれていた金属原子の原子量を求めよ。ただし，酸素の原子量を16，アボガドロ定数を $6.0 \times 10^{23}\,/mol$ とし，答えは小数点以下第1位を四捨五入して整数値で示せ。

―――――――――――――――――――――――――――（東京工業大）

第 62 問 **共有結合結晶の単位格子**

右の図は，ある原子を構成要素とする共有結合結晶（共有結合からなる結晶）の単位格子である。単位格子は一辺の長さ a の立方体である。矢印で示した下の四角柱は，わかりやすくするために，この単位格子を分解して示したものである。構成原子は一種類であるが，見やすくするため，格子の頂点を占める原子を白丸，面上のものを灰色，格子内部にあるものを黒丸で示してある。

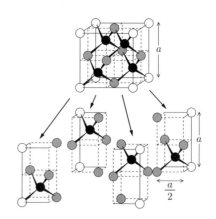

*☑ **問1** 単位格子中に含まれる原子数はいくつか。

*☑ **問2** 結晶中の原子は，上の分解図に示すように，正四面体形の共有結合をつくっており，結合距離は 1.54×10^{-8} cm である。単位格子一辺の長さ a は何 cm か。有効数字 2 桁で求めよ。ただし，$\sqrt{3} = 1.73$ とする。

*☑ **問3** この物質の密度を測定したところ，3.5 g/cm^3 であった。この結晶を構成する原子の原子量を有効数字 2 桁で求めよ。ただし，アボガドロ定数は 6.0×10^{23}/mol とする。

*☑ **問4** この結晶の物質名は何か。

―――――――――――――――――――――――――――――――――――― （広島大）

第 **63** 問　分子結晶

　サッカーボールのような球状の形態をしたフラーレン（C_{60}）とよばれる分子は 1970 年に日本人によって予見され，1985 年にその存在が確認された。この C_{60} 分子からなる結晶の単位格子は，面心立方格子である。C_{60} 分子結晶の中で，もっとも近い 2 つの C_{60} 分子の中心間を結ぶ距離は 1.0 nm である。

　フラーレン，黒鉛，ダイヤモンドは炭素の同素体であり，ダイヤモンドは（ **イ** ）結合の結晶である。C_{60} 分子結晶は塩化ナトリウムなどと異なり，単一の成分で出来ているので，分子間に（ **ロ** ）結合は形成しない。C_{60} 分子結晶は電気的に絶縁体であるために，ナトリウムや銀などで見られるような（ **ハ** ）電子は存在せず，この電子を介した（ **ニ** ）結合も存在しない。また，C_{60} 分子結晶はすべて炭素で出来ているので，氷の結晶などで見られる（ **ホ** ）結合も存在しない。これらのことから，C_{60} 分子結晶を形成する結合は分子間力の中の（ **ヘ** ）力によるものと考えられる。この力によって出来ている結晶は融点や沸点が低いものが多い。（ **ホ** ）結合を含まない（ **ヘ** ）力のみでできた結晶の例として，物質（ **ト** ）の結晶が挙げられる。

*☑ **問1** 文章中の空欄（ **イ** ）～（ **ヘ** ）にあてはまる適当な語句を記せ。

*☑ **問2** 文章中の空欄（ **ト** ）にあてはまる適当な物質を，次の a ～ e から 1 つ選べ。

　　　a．アンモニア　　　b．石英　　　c．ヨウ素　　　d．ケイ素　　　e．メタノール

*☑ **問3** C_{60} からなる結晶の単位格子の一辺の長さ（nm）を，有効数字 2 桁で求めよ。ただし，$\sqrt{2} = 1.41$ とする。

*☑ **問4** C_{60} からなる結晶の単位格子中に含まれる C_{60} 分子の数を求めよ。

*☑ **問5** C_{60} からなる結晶の密度は何 g/cm^3 か。有効数字 2 桁で求めよ。ただし，原子量は C = 12，アボガドロ定数は 6.0×10^{23}/mol，1 nm = 10^{-9} m とする。

―――――――――――――――――――――――――――――――――――― （立教大）

第 **6** 章 気 体

第 64 問 状態変化と熱量

氷（固体）36.0 g を，1013 hPa の下で加熱していき，すべて水蒸気（気体）に変化させた。このとき加えた熱量（kJ）と温度（℃）との間に図のような関係が得られた。

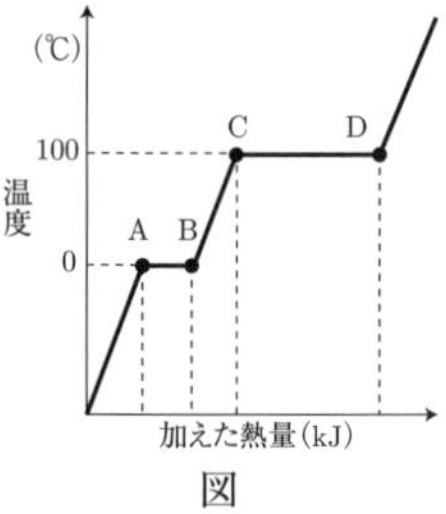

問1 A ～ B の間の物質の状態は何か。a ～ e から一つ選べ。

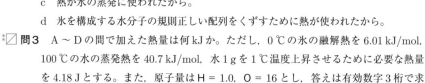

a 固体と液体 　　b 液体と気体 　　c 固体

d 液体 　　e 気体

問2 熱を加えたにもかかわらず，A ～ B の間で温度が一定である理由を a ～ d から一つ選べ。

a 氷を構成する水分子は，加えた熱を吸収できないから。

b 熱が氷の昇華に使われたから。

c 熱が水の蒸発に使われたから。

d 氷を構成する水分子の規則正しい配列をくずすために熱が使われたから。

問3 A ～ D の間で加えた熱量は何 kJ か。ただし，0 ℃ の氷の融解熱を 6.01 kJ/mol，100 ℃ の水の蒸発熱を 40.7 kJ/mol，水 1 g を 1 ℃ 温度上昇させるために必要な熱量を 4.18 J とする。また，原子量は H = 1.0，O = 16 とし，答えは有効数字 3 桁で求めよ。

――（東京薬科大）

第 65 問 物質の三態

物質には，固体，液体および気体の三態があり，温度や圧力によって物質はこの三態間で状態変化を行う。右の図はある物質が気体，液体，あるいは固体として存在するための温度および圧力の範囲を表したものである。ただし，図は特徴を強調して示したもので定量的なものではない。

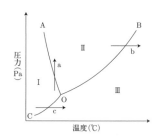

曲線 OA，OB，および OC で区切られた 3 つの領域 I，II，および III の中では，その物質は気体，液体，または固体のうち，いずれか 1 つの状態で存在している。領域 II と領域 III との境界に引かれた曲線 OB は蒸気圧曲線と呼ばれ，（ **ア** ）と平衡にある蒸気の圧力が（ **イ** ）と共にどのように変化するかを示している。また，領域 I と領域 III の境界を表す曲線 OC は昇華曲線と呼ばれ，（ **ウ** ）と平衡状態にある蒸気の圧力が（ **イ** ）と共にどのように変化するかを表している。一方，曲線 OA は固体の（ **エ** ）が圧力の変化に伴ってどのように変化するかを示したもので，この曲線から，

この物質の（**エ**）は圧力が高くなるに伴って（**オ**）│①高くなる　②低くなる　③変わらない│ ことが分かる。

*☑ **問1**　文中の（**ア**）〜（**エ**）に最も適切な語句を記入せよ。また，（**オ**）には文中の│①〜③│の中から最も適切なものを１つ選んで番号で答えよ。

*☑ **問2**　先記の状態図は水の状態変化にも当てはめることができる。図中の矢印 a 〜 c が状態変化を意味するとすれば，次の(1)〜(5)の記述はそれぞれ矢印 a 〜 c のどれに関連するか，記号で答えよ。ただし，いずれの矢印にも関連しない場合は×印で答えよ。

(1)　凍らせた野菜を容器に入れ，この容器を高度の減圧状態（一定圧力）に保ちながら少しずつ温度を上げたら野菜は完全に乾燥した状態になった。

(2)　ビーカーに水を入れてしばらく加熱したところ，水の量が減少した。

(3)　両端におもりをつけた針金を氷にかけ渡したら，針金は徐々に氷にくい込んで行った。

(4)　海面から蒸発した水蒸気は上空で水滴になる。

(5)　真冬には吐く息が白くなることが多い。

——————————————————————（東京女子医科大）

第 66 問　気体の法則 I

I　次の各問に答えよ。ただし，気体定数は $R = 8.3 \times 10^3$ Pa·L/(mol·K) とし，答えは有効数字２桁で求めよ。

*☑　(1)　温度一定で，200 kPa の気体 4.0 L を 500 kPa にすると体積は何 L になるか。

*☑　(2)　圧力一定で，227 ℃ の気体 5.0 L を 3.0 L にするには何℃にすればよいか。

*☑　(3)　27 ℃，2.0×10^5 Pa で 3.0 L の気体を，127 ℃，1.0×10^5 Pa にすると体積は何 L になるか。

*☑　(4)　10 L の容器に 0 ℃ で 3.0 mol の酸素を封入した。この酸素の示す圧力は何 Pa か。

*☑　(5)　− 53 ℃，2.53 kPa において気体の密度を測定したところ，4.0×10^{-2} g/L であった。この気体の分子量はいくらか。

*☑　**II**　分子量 40 のある物質は，標準状態(0 ℃，1.013×10^5 Pa)において液体である。標準状態で 5.0 mL のこの物質を，同圧のもとで 77 ℃ にしたところ，すべて気体になった。このときの気体の体積は何 L になるか。ただし，気体は理想気体とし，答えは有効数字２桁で求めよ。なお，標準状態におけるこの物質の液体の密度は 0.80 g/cm³，気体定数は $R = 8.3 \times 10^3$ Pa·L/(mol·K)，0 ℃ = 273 K とする。

——————————————————————（II　防衛大〈改〉）

第 67 問　気体の法則 Ⅱ

ある気体を用いて以下の(1)〜(3)の実験を連続して行った。気体は理想気体と考えられるものとし，気体定数は $R = 8.3 × 10^3$ Pa·L/(mol·K)，0℃ = 273 K とする。答えの数値は有効数字 2 桁で求めよ。

(1)　30℃，$3.0 × 10^5$ Pa で体積が 1.0 L の気体を，温度を一定に保ちながら $5.0 × 10^4$ Pa とした。

(2)　次いで体積を一定に保ちながら温度を 636℃ とした。

(3)　最後に圧力を一定に保ちながら体積を 2.0 L とした。

問1　実験に用いたある気体の物質量は何 mol か。

問2　実験(1)終了時の体積は何 L か。

問3　実験(2)終了時の圧力は何 Pa か。

問4　実験(3)終了時の温度は何℃か。

問5　(1)〜(3)の連続的な気体の体積変化を，横軸を圧力($×10^5$ Pa)，縦軸を体積(L)として右のグラフにかけ。

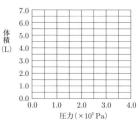

問5のグラフ

————————————————————〈防衛大〈改〉〉

第 68 問　分子量測定の実験

室温で液体である物質の分子量を求めるために，次のような実験を行った。

大気圧は $1.0 × 10^5$ Pa，室温は 20℃ とし，水の沸点を 100℃ とする。フラスコの体積は温度によらず一定で 350 mL とする。また，液体物質の蒸気圧は無視できるものとし，原子量は H = 1.0，C = 12，Cl = 35.5，気体定数は $R = 8.3 × 10^3$ Pa·L/(mol·K) とする。

(1)　フラスコの中にある液体物質を 3.60 g 入れ，針で小さな穴を開けたアルミニウム箔でフラスコの口にふたをする。

(2)　図1に示したように，物質を入れたフラスコの口の近くまで水を張る。ブンゼンバーナーでビーカーを加熱し静かに沸騰させる。沸騰後，フラスコ内の液体が蒸発し完全に気化したことを確認する。

(3)　フラスコを静かにビーカーより取り出し，室温まで冷却する。

(4)　フラスコ内に液体が凝縮していることを確認し，フラスコの周囲の水滴を十分ぬぐい，アルミニウム箔とともに液体を含んだフラスコの質量を精密天秤で測定したところ，128.62 g であった。

(5)　凝縮した液体を廃棄し，フラスコを十分乾燥

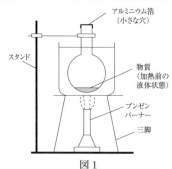

図1

した後，ふたのアルミニウム箔とともにフラスコを秤量したところ，127.15 g であった。

問1　分子量を求めるために最低限必要な物質の質量を求めよ。また，(1)で物質を 3.60 g 加えた理由として最も適当と思われるものを(a)〜(d)から選べ。

(a)　少量の物質の質量を測定することは誤差が大きい。

(b)　多量に物質を導入すると気化が十分起こらない。

(c)　蒸発した物質の蒸気がフラスコ内の空気を完全に追い出す。

(d)　少量導入した場合完全に物質が気化する。

問2　実験で用いた物質の分子量を計算したうえで，それともっとも近い分子量をもつ化合物を(A)〜(E)から選び記号で答えよ。

(A)　ベンゼン（C_6H_6）　　　　(B)　ジクロロメタン（CH_2Cl_2）

(C)　クロロホルム（$CHCl_3$）　　(D)　四塩化炭素（CCl_4）

(E)　トリクロロエチレン（$CHCl = CCl_2$）

―――――――――――――――――――――――――――――――――（神戸大〈改〉）

第 69 問　分圧の法則と気体反応の量的関係

次の文中の空欄に当てはまる最も適切な数値を，解答群から選べ。気体定数は $R = 8.3 \times 10^3$ Pa·L/(mol·K) とする。

温度 27 ℃，圧力 2.0×10^5 Pa で体積 2.0 L のメタンと，温度 27 ℃，圧力 1.0×10^5 Pa で体積 12 L の酸素を，温度 27 ℃において 4.0 L の容積の容器につめた。このとき，この混合気体中のメタンの分圧は（ 1 ）Pa，酸素の分圧は（ 2 ）Pa となる。この混合気体に点火して完全燃焼させたのち，ふたたび 27 ℃にしたときの混合気体の全圧は（ 3 ）Pa となる。また，生じた二酸化炭素の物質量は（ 4 ）mol となる。ただし，生じた水の蒸気圧および水に溶解した酸素，二酸化炭素の量は無視できるものとする。

（解答群）

空欄 1，2 および 3

① 1.0×10^5　　② 2.0×10^5　　③ 3.0×10^5　　④ 4.0×10^5

⑤ 5.0×10^5　　⑥ 6.0×10^5　　⑦ 8.0×10^5　　⑧ 9.0×10^5

⑨ 1.0×10^6　　⑩ 1.2×10^6

空欄 4

① 0.016　　② 0.048　　③ 0.064　　④ 0.080　　⑤ 0.16

⑥ 0.32　　⑦ 0.48　　⑧ 0.64　　⑨ 0.80　　⑩ 1.6

―――――――――――――――――――――――――――――――――（龍谷大）

第 70 問　体積で考える気体反応の量的関係

0 ℃，120 kPa で酸素 6.0 L と一酸化炭素 4.0 L を混ぜた。すべての混合気体をピストンつき密閉容器に移して，同じ温度で圧力を 100 kPa にした。気体は理想気体とし，原子量は C = 12，O = 16 とする。答えの数値は有効数字 2 桁で求めよ。

* ☐ **問1**　圧力変化後，密閉容器中の混合気体の体積は何 L になるか。

* ☐ **問2**　混合気体の平均分子量はいくらか。

* ☐ **問3**　密閉容器内の混合気体を 100 ℃まで加熱して 10.0 L とした。このとき，容器内部の圧力は何 kPa になるか。

☐ **問4**　密閉容器内で混合気体に点火すると，ある化学反応が完全に進行した。

* ☐ 　　(1)　この変化をあらわす化学反応式を書け。

* ☐ 　　(2)　変化後の混合気体の体積は 0 ℃，120 kPa で何 L になるか。

――――――――――――――――――――――――――――――――――――（千葉大）

第 71 問　蒸気圧

一定温度で密閉された容器中に，ある純物質（液体）だけが入れてある。この時，液体は表面から（　ア　）し，（　ア　）した分子の一部は（　イ　）する。時間がたつと，単位時間に（　ア　）する分子数と（　イ　）する分子数が等しくなり，見かけ上，（　ア　）が起こっていない状態になる。この状態を（　ウ　）という。（　ウ　）のときに，液体上部の気体の示す圧力を（　エ　）という。（　エ　）は温度が高いほど（　オ　）なる。

* ☐ **問1**　空欄（　ア　）〜（　オ　）にあてはまる語句を記せ。なお，同じ語句が**問2**にも用いられている。

* ☐ **問2**　2.0 L の密閉容器に，液体のエタノール（C_2H_5OH 分子量 46）を 0.92 g 加えて 40 ℃に保ったところ，（　ウ　）の状態となり，その時の（　エ　）は 0.18×10^5 Pa であった。気体の体積に変化はないものとし，容器内に液体のまま存在するエタノールの量を g 単位で計算せよ。気体定数は $R = 8.3 \times 10^3$ Pa·L/(mol·K) とし，答えの数値は有効数字 2 桁で求めよ。

――――――――――――――――――――――――――――――――――――（静岡大〈改〉）

第 72 問　水上置換での気体の捕集

水への溶解度が無視できる気体の分子量を求めるため，右図に示す装置を使って，次の a 〜 d の順序で実験した。なお，実験中，大気圧は 1.013×10^5 Pa，気温と水温は常に 27 ℃であった。

　　a　気体がつまった耐圧容器の質量を測定した。

　　b　耐圧容器から，ポリエチレン管を通じて気体をメスシリンダーにゆっくりと導き，内部の水面が水槽の水面より少し上まで下がったとき，気体の導入をやめた。

c 　(1)メスシリンダーを下に動かし，内部の水面を水槽の水面と一致させた。その後，メスシリンダーの目盛りを読んだところ，捕集した気体の体積は 150 mL であった。

d 　ポリエチレン管を外して耐圧容器の質量を測定したところ，a の質量と比べて 188 mg 減少していた。

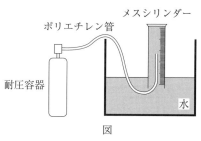

図

問1 下線部(1)の操作を行う理由を簡潔に説明せよ。

問2 耐圧容器内の気体の分子量を求めよ。ただし，27℃における水の飽和蒸気圧を 3.60×10^3 Pa，気体定数を $R = 8.30 \times 10^3$ Pa·L/(mol·K)とし，答えは有効数字 3 桁で示せ。

——————————————————————————————————————（センター試験〈改〉）

第 73 問　気体反応と蒸気圧

容器 A は容器 B とコック C を介して連結されており，容器 A 内には発火装置が内蔵されている。容器 A と B の容積はいずれも 1.0 L で，A にはアセチレンが，B には酸素が封入されている。27℃で A の容器内の圧力は

2.5×10^5 Pa，B の容器内の圧力は 7.5×10^5 Pa を示した。ここで連結部の容積は無視できるものとする。なお，気体はすべて理想気体とし，気体定数は $R = 8.3 \times 10^3$ Pa·L/(mol·K)とする。また，27℃における水の蒸気圧は 3.5×10^3 Pa，二酸化炭素の蒸気圧は 5.6×10^6 Pa，原子量は H = 1.0，O = 16 とする。答えは有効数字 2 桁で求めよ。

問1 容器内を 27℃に保ちながらコック C を開いて十分放置した。このとき，容器内の全圧は何 Pa か。

問2 コック C を開いて十分放置した後，容器 A 内の発火装置を用いてアセチレンを完全に燃焼させた。生成した水の物質量は何 mol か。

問3 燃焼後，容器全体を 27℃に冷却した。この容器内の圧力は何 Pa か。ただし，水(液体)の体積と気体の水(液体)への溶解は考慮しないものとする。

問4 燃焼後，27℃に冷却したとき，容器内で凝縮している水の質量は何 g か。

——————————————————————————————————————（東京薬科大〈改〉）

第 74 問 蒸気圧と状態変化

気体に関する次の文章中の空欄（1）～（3）に当てはまる数値を求めよ。気体定数は $R = 8.3 \times 10^3$ Pa·L/(mol·K)とし，（1），（2）の答えは有効数字2桁で，（3）の答えはグラフを読みとり整数値で求めよ。

ある有機化合物 0.010 mol を 1.0 L の真空容器に入れ，40℃および90℃に保った。この有機化合物の蒸気圧曲線が右の図で示されるとき，40℃および90℃における容器内の圧力はそれぞれ（1）Pa および（2）Pa である。ただし，90℃では容器内の有機化合物はすべて気体状態であったが，40℃では一部が液体として残っていた。また，容器内でこの有機化合物がすべて気体となるのは約（3）℃より高い温度である。

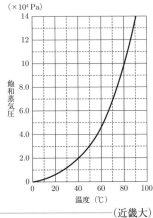

— (近畿大)

第 75 問 体積一定容器内での状態変化

体積が 10 L の密閉容器に水素 1.0 g と酸素 8.0 g の混合気体を入れ，電気火花によって点火して完全に反応させた。その後，この容器を(ア)127℃に加熱した後，(イ)27℃に冷却すると容器内に水滴がついた。気体は理想気体とみなし，容器の熱膨張は無視するものとする。気体定数を $R = 8.3 \times 10^3$ Pa·L/(mol·K)，原子量は H = 1.0，O = 16 とする。

問1 下線部(ア)について，このときの水蒸気の分圧は何 Pa か。有効数字2桁で求めよ。なお，127℃における飽和水蒸気圧は 2.5×10^5 Pa である。

問2 下線部(イ)について，このとき水分子の何%が水蒸気として存在するか。有効数字2桁で求めよ。なお，27℃における飽和水蒸気圧は 0.035×10^5 Pa である。

— (上智大)

第76問　気体反応と状態変化

　体積を自由に変えることのできるピストンを備えた容器を用いて，以下の操作1〜4を順番に行った。なお，27℃と127℃での水の蒸気圧はそれぞれ $3.6 \times 10^3 \, Pa$ および $2.5 \times 10^5 \, Pa$ であり，気体はすべて理想気体として扱えるものとする。また，気体定数は $8.3 \times 10^3 \, Pa \cdot L/(mol \cdot K)$ とする。

操作1：容器にプロパン C_3H_8 を封入し，温度および圧力を27℃，$1.00 \times 10^5 \, Pa$ となるように調整した。そのときの体積は4.98Lであった。

操作2：酸素1.50molを容器中に加えて体積が70Lとなる位置でピストンを固定し，プロパンを適切な方法で完全燃焼させると，液体の水が生じた。燃焼反応が終わった後に容器全体を27℃に保った。

操作3：ピストンを体積が70Lとなる位置で固定したまま容器全体をゆっくりと温め，温度を127℃まで上昇させた。

操作4：容器全体の温度を127℃に保ったままピストンを動かして体積を減少させると，液体の水が生じた。

*☐ **問1**　操作1で封入したプロパンの物質量を，有効数字2桁で求めよ。

☐ **問2　操作2の後で容器内に生じた液体の水の物質量を，有効数字2桁で求めよ。

☐ **問3　操作3における圧力（容器内の全圧）の変化を表す最も適切なグラフを，次の(ア)〜(エ)から一つ選び，記号で答えよ。

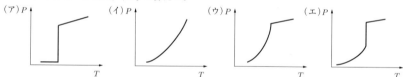

*☐ **問4**　(1)　操作4における圧力（容器内の全圧）の変化を表す最も適当なグラフを，次の(ア)〜(エ)から選び，記号で答えよ，なお，点 X において，水の状態が変化し始め，そのときの体積を V_X とする。

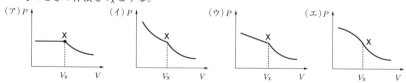

***☐　(2)　(1)で選んだ図の体積 V_X を，有効数字2桁で求めよ。

（金沢大〈改〉）

第 77 問　圧力一定容器内での状態変化

　容器内の温度を任意に調整でき，圧力を常に $1.0 \times 10^5\,\mathrm{Pa}$ に保てるようになめらかに動くピストン付きの容器がある。この容器に $2.0\,\mathrm{mol}$ の酸素と $1.0\,\mathrm{mol}$ の水素を封入し，容器内の温度を $127\,℃$ に設定した後，(a)容器内の水素を完全燃焼させた。その後，(b)容器内の温度を $57\,℃$ に冷却し，十分に時間が経過すると，容器内に水滴が見られた。

　気体はすべて理想気体とし，気体定数は $8.3 \times 10^3\,\mathrm{Pa \cdot L/(mol \cdot K)}$，水の $57\,℃$ における蒸気圧は $1.7 \times 10^4\,\mathrm{Pa}$，原子量は $\mathrm{H} = 1.0$，$\mathrm{O} = 16$ とする。

問1　下線部(a)について，燃焼後の水蒸気の分圧は何 Pa になるか，有効数字2桁で求めよ。

問2　下線部(b)について，このとき容器内の気体の体積は何 L になるか，有効数字2桁で求めよ。ただし，水への酸素の溶解は無視できるものとする。

問3　下線部(b)について，このとき容器内で生じた水滴の質量は何 g になるか，有効数字2桁で求めよ。

（新潟大）

第 78 問　蒸気圧を考える総合問題

　右図のようなシリンダー内に温度 $27\,℃$，体積 $0.50\,\mathrm{L}$ のもとで $0.010\,\mathrm{mol}$ のアルゴンが入っている。ここにシリンダー内の温度と容積を保ったままエタノール $0.010\,\mathrm{mol}$ を加えた後，長時間経過させた。これについて以下の問に答えよ。気体は理想気体としてふるまい，アルゴンはエタノールに溶けないものとする。液体の体積は無視できるものとし，

エタノールの蒸気圧は $27\,℃$ において $8.0 \times 10^3\,\mathrm{Pa}$，$47\,℃$ において $2.6 \times 10^4\,\mathrm{Pa}$，気体定数は $R = 8.3 \times 10^3\,\mathrm{Pa \cdot L/(mol \cdot K)}$ とする。なお，答えの数値は有効数字2桁で求めよ。

問1　シリンダー内のエタノールは一部液体になっているか。それとも全部気化しているか。

問2　下線部の操作後に，シリンダー内の温度を $47\,℃$ に上げて，容積を $0.50\,\mathrm{L}$ に保ちながら長時間経過させた。

　　（1）　気化しているエタノールの物質量はいくらか。

　　（2）　シリンダー内の圧力はいくらか。

問3　下線部の操作後に，シリンダー内の温度を $27\,℃$，圧力を $5.0 \times 10^4\,\mathrm{Pa}$ に保ちながら長時間経過させた。このとき，シリンダーの容積が変化していた。

　　（1）　アルゴンの分圧はいくらか。

　　（2）　気化しているエタノールの物質量はいくらか。

（電気通信大〈改〉）

第 79 問　実在気体と理想気体

　実在気体では$_{(ア)}$理想気体の状態方程式が必ずしも成立しない。実在気体について，圧力をP，体積をV，気体定数をR，および温度をTとすると，（PV/RT）と圧力との関係は右の図のようになる。（ A ）温度では，分子の熱運動が小さくなり，分子間の引力の影響が大きくなるため，体積の実測値は理想気体と比べると（ B ）。一方，圧力が高くなると（ C ）中の分子の数が多くなるため，理想気体と比べると実在気体の体積は（ D ）。

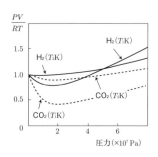

実在気体でも（ E ）の状態では，理想気体からのずれは小さい。したがって，右図の曲線における温度T_1はT_2よりも（ F ）。またT_1Kで6.0×10^7 Paのもとでは水素(H_2)の体積は二酸化炭素(CO_2)の体積よりも（ G ）。

問1　下線部(ア)の場合，分子の質量，体積および分子間力はどのように仮定されているか，a)〜e)から選べ。

　a)　質量および体積は無く，分子間力も存在しない。

　b)　質量および体積は無いが，分子間力は存在する。

　c)　質量は無いが，体積は有り，分子間力は存在する。

　d)　質量および体積は有り，分子間力が存在する。

　e)　質量は有るが，体積は無く，分子間力も存在しない。

問2　下線部(ア)の場合，（PV/RT）と圧力との関係を表したグラフをa)〜e)から選べ。

a)

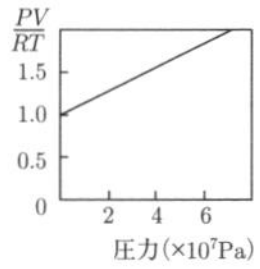

b)

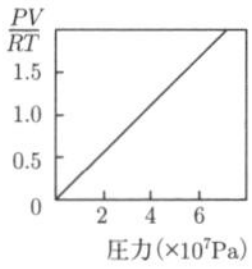

c)

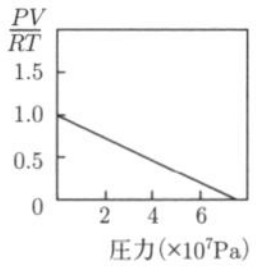

d)

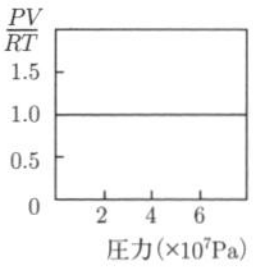

e)

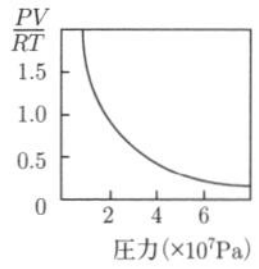

問3　（ A ）〜（ G ）にあてはまる最も適した語句をa)〜l)からそれぞれ選べ。同じ選択肢を何度用いてもよい。

　a)　大きい　　b)　小さい　　c)　高い　　d)　低い　　e)　等しい

　f)　低温で低圧　　g)　低温で高圧　　h)　高温で低圧　　i)　高温で高圧

　j)　単位圧力　　k)　単位体積　　l)　単位質量

（上智大）

第 80 問　物質の溶解

　塩化ナトリウムが水によく溶けるのは，塩化ナトリウムおよび水の性質に関係している
と考えられる。塩化ナトリウムはナトリウム原子の価電子が塩素原子の（ **ア** ）殻に移り，
ナトリウムおよび塩素の最外殻の電子配置はそれぞれ貴ガス原子の（ **イ** ）および（ **ウ** ）
と同じになっている。塩化ナトリウムのこのような化学結合を（ **エ** ）結合という。一方，
水分子では（ **オ** ）よりも電子を引き付けやすく，酸素原子と水素原子はそれぞれ（ **カ** ）
電荷を帯びているので，水分子は分子全体として電荷の偏りがある（ **キ** ）分子である。
塩化ナトリウムが水によく溶けるのは，水分子の酸素原子および水素原子がそれぞれ
（ **ク** ）イオンおよび（ **ケ** ）イオンを取り囲む（ **コ** ）という現象のためである。

* ☐ **問1**　文中の空欄（ **ア** ）〜（ **コ** ）にあてはまる適切な語句を下記の語群から選べ。

　　語群　(1)　無極性　　　(2)　極性　　　(3)　水和　　　(4)　酸素原子は水素原子

　　　　　(5)　水素原子は酸素原子　　(6)　塩化物　　　(7)　ナトリウム　　　(8)　ヘリウム

　　　　　(9)　ネオン　　(10)　アルゴン　　(11)　イオン　　(12)　配位

　　　　　(13)　加水分解　　(14)　負および正　　(15)　正および負　　(16)　M　　(17)　L

* ☐ **問2**　次の物質のうち，水に溶ける物質をすべて選べ。

　　　　(1)　硝酸ナトリウム　　　(2)　ベンゼン　　　(3)　スクロース

　　　　(4)　塩化カリウム　　　(5)　四塩化炭素

――――――――――――――――――――――――――――――――――（法政大〈改〉）

第 81 問　溶液の濃度

　水溶液 A 〜 C に関する次の**問1〜4**に答えよ。**問1，2**においては，小数点以下第1位
まで答えよ。なお，原子量は H = 1.0，O = 16，S = 32，Cu = 64 とする。

* ☐ **問1**　硫酸銅（Ⅱ）五水和物 $CuSO_4 \cdot 5H_2O$ の結晶を用いて，モル濃度 0.10 mol/L 硫酸銅
　　　　（Ⅱ）水溶液 A を 200.0 mL 調製した。何 g の $CuSO_4 \cdot 5H_2O$ を必要としたか。

✴✴ ☐ **問2**　$CuSO_4 \cdot 5H_2O$ の結晶を用いて，質量モル濃度 0.10 mol/kg 硫酸銅（Ⅱ）水溶液 B を
　　　　200.0 g 調製した。$CuSO_4 \cdot 5H_2O$ と水をそれぞれ何 g ずつ必要としたか。

* ☐ **問3**　質量パーセント濃度 5% の食塩水 C を 200 g 調製した。食塩と水をそれぞれ何 g ず
　　　　つ必要としたか。

✴✴ ☐ **問4**　室温において調製した溶液 A，B，C の温度が上昇した時，各々の濃度の定義にお
　　　　いて，溶液 A，B，C の濃度はそれぞれどうなるか。次の3つから選べ。

　　　　（ア）　濃度が低くなる　　　（イ）　濃度は変わらない　　　（ウ）　濃度が高くなる

――――――――――――――――――――――――――――――――（お茶の水女子大）

第 82 問　溶解度に関する計算 Ⅰ

塩化カリウムの水に対する溶解度(g/ 水 100 g)は，10℃で31，40℃で40，75℃で50 である。次の**問1～4**に答えよ。答えは四捨五入して整数値で求めよ。

問1　40℃で質量パーセント濃度20％の塩化カリウム水溶液 200 g がある。この溶液には，さらに何 g の塩化カリウムの結晶が溶解するか。

問2　75℃の塩化カリウムの飽和水溶液 200 g がある。この溶液 200 g に溶解している塩化カリウムは何 g か。

問3　75℃の塩化カリウムの飽和水溶液 200 g を 40℃まで冷却すると，何 g の結晶が析出するか。

問4　75℃の塩化カリウムの飽和水溶液 200 g から水を 40 g 蒸発させ，さらに 10℃まで冷却すると，何 g の結晶が析出するか。

第 83 問　溶解度に関する計算 Ⅱ

Ⅰ　20℃の硝酸カリウムの飽和水溶液 200 g に硝酸カリウムを加えて加熱したところ，40℃になったところで完全に溶解し，硝酸カリウムの飽和水溶液が再び得られた。加えた硝酸カリウムの質量は何 g であるか，整数値で求めよ。ただし，いずれの飽和水溶液にも沈殿は生じないものとし，硝酸カリウムは水 100 g に対して，20℃で 32 g，40℃で 64 g 溶けるものとする。

Ⅱ　KCl の溶解度(100 g の水に溶ける固体のグラム数)は 10℃で 30，80℃で 51 である。また KNO_3 の溶解度は 10℃で 20，80℃で 170 である。これらの溶解度は，KCl と KNO_3 が共存する場合でも変わらないものとする。

問1　80℃の水 200 g に KCl 90 g と KNO_3 110 g を溶かし，この水溶液を 10℃に冷却した。このとき析出する塩の混合物において KNO_3 の質量の割合は何％になるか，整数値で求めよ。

問2　KCl 90 g と KNO_3 100 g の混合物を 80℃の水に完全に溶かした。つぎにこの水溶液を 10℃に冷却し，KNO_3 のみをできるだけ多く得たい。このために必要な水の量は何 g であるか。また，このとき KNO_3 の回収率は何％になるか，それぞれ整数値で求めよ。

――――――――――（Ⅰ　東京都市大〈改〉　Ⅱ　東京理科大）

第 84 問　溶解度に関する計算（水和水をもつ結晶）Ⅰ

水に対する固体の溶解度は，通常，水 100 g で飽和水溶液をつくるのに要する溶質のグラム数で表される。また，結晶水をもつ溶質では，その無水物のグラム数で表示される。硫酸銅（Ⅱ）無水物 $CuSO_4$ の溶解度は，20 ℃で 20.0，60 ℃で 40.0 である。必要があれば，式量 $CuSO_4$ = 160，分子量 H_2O = 18.0 を用い，答えの数値は有効数字 2 桁で求めよ。

*▢ **問 1**　60 ℃で硫酸銅（Ⅱ）の飽和水溶液を全量で 175 g つくりたい。必要な硫酸銅（Ⅱ）無水物は何 g か。

▢ **問 2　問 1 で調製した飽和水溶液を 20 ℃まで冷却したところ，硫酸銅（Ⅱ）五水和物 $CuSO_4 \cdot 5H_2O$ が析出した。析出した硫酸銅（Ⅱ）五水和物は何 g か。

――（甲南大）

第 85 問　溶解度に関する計算（水和水をもつ結晶）Ⅱ

▢ **Ⅰ　硫酸銅（Ⅱ）の水への溶解度（g/ 水 100 g）は 60 ℃で 40 であり，硫酸銅（Ⅱ）および硫酸銅（Ⅱ）五水和物の式量はそれぞれ 160，250 である。60 ℃の水 100 g に硫酸銅（Ⅱ）五水和物を溶かし，硫酸銅（Ⅱ）の飽和水溶液をつくるとき，硫酸銅（Ⅱ）五水和物は何 g 必要か。小数点以下第 1 位まで求めよ。

▢ **Ⅱ　無水炭酸ナトリウム（Na_2CO_3：式量 106）の水に対する溶解度は 25 ℃で 30（g/ 水 100 g）である。十水和物（$Na_2CO_3 \cdot 10H_2O$：式量 286）を用いて 25 ℃の飽和水溶液 130 g を作るのに必要な水の質量はおよそ（ a ）g である。（ a ）として最もふさわしいものを解答群から 1 つ選べ。

[解答群]　① 10　　② 20　　③ 30　　④ 40　　⑤ 50
　　　　　⑥ 60　　⑦ 70　　⑧ 80　　⑨ 90

――――――――――――――――――――――――――――――（Ⅰ　東京薬科大　Ⅱ　中央大）

第 86 問　気体の溶解量と圧力の関係

温度一定で，圧力を変えて，一定量の水に溶解する窒素の量を調べた。下のグラフに，窒素の圧力（横軸）と，溶解した窒素の量（縦軸）の関係を示す。次の問い（a・b）に答えよ。ただし，窒素は理想気体とみなす。

*▢ **a**　溶解した窒素の量を物質量で示すグラフとして，最も適当なのを，下の①〜④のうちから一つ選べ。

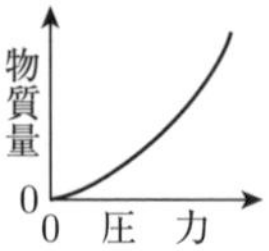

① 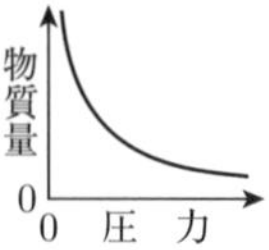　　　　　　　② 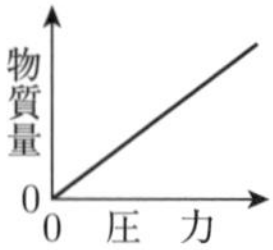　　　　　　　③ 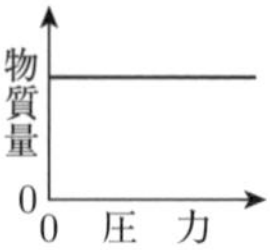　　　　　　　④

b 溶解した窒素の量をそのときの圧力における体積で示すグラフとして，最も適当なものを，下の①～④のうちから一つ選べ。

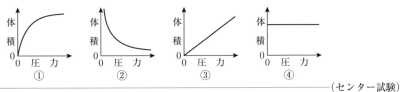

① ② ③ ④

——————————————————————————————————————（センター試験）

第87問　気体の溶解度　Ⅰ

Ⅰ 次の文章中の（ ア ）～（ ウ ）にあてはまる最も適したものを①～⑨から選べ。

　一般に気体の溶媒に対する溶解度は，溶媒に接している気体の圧力が 1.013×10^5 Pa のとき，一定量の溶媒に溶ける気体の体積を 0℃，1.013×10^5 Pa（標準状態）に換算した値で表す。気体の溶解度は，温度が（ ア ）ほど大きい。また，溶解度が小さい気体の混合物の場合，一定温度で一定量の溶媒に溶けるそれぞれの気体の体積は，その気体の（ イ ）に比例する。この法則を（ ウ ）という。

① 高い　　② 低い　　③ 温度　　④ 分圧　　⑤ 大気圧　　⑥ 全圧
⑦ ドルトンの法則　　⑧ ボイル・シャルルの法則　　⑨ ヘンリーの法則

Ⅱ 右の表は圧力 1.0×10^5 Pa，温度 0℃，20℃，40℃のもとで水 1 L に溶けるおもな気体の体積(L)を 0℃，1.01×10^5 Pa（標準状態）の体積に換算したものである。

温度 (℃)	気　体		
	H_2	N_2	O_2
A	0.021	0.023	0.049
B	0.018	0.015	0.031
C	0.016	0.012	0.023

問1 表の A，B，C のうち，0℃はどれに該当するか。記号を記せ。

問2 ピストン付きの容器に窒素と水 2.0 L を加え，20℃，2.0×10^5 Pa の条件でよく混合した。このとき，水に溶けている窒素の質量は何 g か。ただし，原子量は N = 14 とし，答えは有効数字 2 桁で求めよ。

問3 ピストン付きの容器に酸素と水 0.50 L を加え，20℃，4.0×10^5 Pa の条件でよく混合した。このとき，水に溶けている酸素の体積を，0℃，1.01×10^5 Pa（標準状態）に換算すると何 L か。答えは有効数字 2 桁で求めよ。

問4 ピストン付きの容器に 20℃，2.0×10^5 Pa の酸素が入っている。この容器に水 0.50 L を加え，20℃，2.0×10^5 Pa の条件でよく混合したところ，酸素の体積は水を加える前にくらべて 5.0 % 減少した。水を加える前の酸素の体積は何 L か。答えは有効数字 2 桁で求めよ。

——————————————————————（Ⅰ 東京理科大　Ⅱ 秋田大）

第 88 問　気体の溶解度　Ⅱ

Ⅰ 0℃，1.0×10^5 Pa で，ある液体 A 1.0L に溶けるヘリウムと酸素の体積は，それぞれ 9.7 mL，48 mL である。体積比 4:1 のヘリウムと酸素からなる十分な量の混合気体を，0℃，1.0×10^5 Pa のもとで，液体 A 1.0L に十分長い時間接触させた。このとき液体 A 1.0L に溶解したヘリウムの体積は，0℃，1.0×10^5 Pa で何 mL か。最も適当な数値を，次の①〜⑤のうちから一つ選べ。ただし，ヘリウムと酸素の溶解度は互いに影響せず，気体が溶解した後も，混合気体の圧力と組成は変わらないものとする。

   ① 1.9　　　② 7.8　　　③ 9.7　　　④ 39　　　⑤ 48

Ⅱ 水を 0.200 L 入れた容器に酸素と窒素を加え温度 40℃ として十分な時間をおいたところ，この混合気体の全圧は 5.60×10^5 Pa であり，水に溶解している窒素の物質量は 2.80×10^{-4} mol であった。このときの混合気体中の酸素の体積割合は何％であるか。答えは有効数字 2 桁で求めよ。この混合気体にはヘンリーの法則が成り立ち，40℃ における窒素の水への溶解度（圧力 1.01×10^5 Pa の窒素が水 1 L に溶ける物質量）は 5.18×10^{-4} mol とする。水の蒸気圧は無視できるものとする。

（Ⅰ センター試験　Ⅱ 東京農工大）

第 89 問　溶解平衡における平衡圧

　容積が 1.1 L の容器に水 1.0 L と酸素を入れた。容器を密閉したまま 27℃ に保ち，十分に長い時間静かに放置すると，①容器内の圧力は 1.0×10^5 Pa で一定となった。次に，容器内の温度を 57℃ まで昇温させ，十分に長い時間静かに放置すると，②容器内の圧力は再び一定となった。

　なお，酸素は 1.0×10^5 Pa のときに，27℃ の水 1.0 L に 1.0×10^{-3} mol，57℃ の水 1.0 L に 9.0×10^{-4} mol 溶ける。ただし，気体はすべて理想気体とし，気体定数は 8.3×10^3 Pa·L/(K·mol) とする。また，気体の水への溶解や温度変化に伴う水の体積変化，水の蒸気圧は無視できるものとする。

問1 下線①の状態において，容器内の水に溶けている酸素の物質量を有効数字 2 桁で求めよ。

問2 下線①の状態において，容器内に気体として存在する酸素の物質量を有効数字 2 桁で求めよ。

問3 下線②の状態において，容器内の圧力（Pa）を有効数字 2 桁で求めよ。

（青山学院大）

第 90 問　蒸気圧と沸点上昇

*□　次の文を読み，（1）〜（5）に最も適する語句を下記の語群(a) 〜 (j)からそれぞれ選べ。

　海水で濡れた衣服が真水で濡れた衣服より乾きにくいのは，海水の蒸気圧が真水の蒸気圧に比べて（1）なっているからである。一般に，ある溶媒に不揮発性物質を溶かした溶液の蒸気圧は，もとの溶媒の蒸気圧よりも（1）なる。この現象を（2）という。

　沸点は蒸気圧が（3）に等しいときの温度であり，不揮発性物質の溶液の沸点は，溶媒の沸点よりも高くなる。このような現象を沸点上昇といい，溶媒の沸点と溶液の沸点との差を沸点上昇度という。溶質が不揮発性非電解質である希薄溶液の沸点上昇度は，（4）に比例する。このときの比例定数は，1 mol/kg の非電解質溶液の沸点上昇度に相当し，モル沸点上昇とよばれ，（5）に固有の値である。

　語群　(a)　質量モル濃度　　(b)　蒸気圧降下　　(c)　蒸気圧上昇
　　　　(d)　浸透圧　　(e)　大気圧　　(f)　体積モル濃度　　(g)　高く
　　　　(h)　低く　(i)　溶質　(j)　溶媒

──────────────────────────（摂南大）

第 91 問　沸点上昇

　次の水および溶液a〜eについて，以下の問1，2に答えよ。ただし，電解質は水溶液中ですべて電離するものとする。

　　a　水　　b　0.1 mol/kg 塩化ナトリウム水溶液　　c　0.1 mol/kg 尿素水溶液
　　d　0.1 mol/kg 塩化マグネシウム水溶液
　　e　0.1 mol/kg スクロース水溶液

*□　問1　同温での蒸気圧が最も大きい溶液をa〜eから一つ選べ。
*□　問2　同圧下での沸点が最も高い溶液をa〜eから一つ選べ。

　水 100 g にグルコース $C_6H_{12}O_6$ 1.80 g を溶かしたとき，大気圧下における沸点が 0.0515 K 上昇した。以下の問3，4に答えよ。ただし，原子量は H = 1.0，C = 12，N = 14，O = 16，Na = 23，S = 32 とし，すべての操作は大気圧下（1.013×10^5 Pa）で行ったものとする。

*□　問3　水 1000 g に尿素 $(NH_2)_2CO$ 3.00 g を溶かすと，沸点は何 K 上昇するか。答えは有効数字3桁で求めよ。
*□　問4　水 500 g に硫酸ナトリウム 7.10 g を溶かすと，沸点は何 K 上昇するか。答えは有効数字3桁で求めよ。

──────────────────────────（東京薬科大）

第 92 問　凝固点降下

　寒冷地では，冬季に塩化カルシウムを道路に散布することがある。これは，道路上の水に塩化カルシウムが溶解し凝固点を降下させることにより，道路の凍結を防ぐためである。電解質溶液の凝固点降下度は，溶液中に生じたイオン全体（すべての陽イオンおよび陰イオン）の質量モル濃度に比例する。

* ☑ **問1**　水溶液中のイオン全体の質量モル濃度が $1.05\ mol/kg$ のとき，水溶液の凝固点降下度は $2.0\ K$ であった。水のモル凝固点降下 $(K \cdot kg/mol)$ を有効数字 2 桁で求めよ。

** ☑ **問2**　道路上の水の凝固点降下度を $2.0\ K$ にするためには，水 $1.0\ kg$ あたり何 g の塩化カルシウムを散布すればよいか，有効数字 2 桁で求めよ。ただし，塩化カルシウムは水溶液中で完全に電離するものとし，原子量は $Cl = 35.5$，$Ca = 40$ とする。

――（広島大〈改〉）

第 93 問　冷却曲線

　$1.01 \times 10^5\ Pa$ のもとで，純水をゆっくりと冷却すると，図 1 の冷却曲線①のように時間とともに温度が変化する。液体である a 点の純水を冷却していくと c 点に達するまで純水は液体のまま存在する。このような b 点から c 点までの状態を（　**ア**　）という。液体の水は（　**イ**　）結合をしているが，冷却しても（　**イ**　）結合は乱雑な向きのままで，（　**イ**　）結合が規則正しい向きをした氷の結晶にはなり得ない。この過渡的な状態が（　**ア**　）である。その後，c 点から d 点に示すように急激に温度が上昇し，e 点へと向かう。

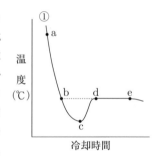

図 1　純水の冷却曲線

　一方，$1.01 \times 10^5\ Pa$ のもとで不揮発性の溶質を溶かした希薄水溶液（水溶液 A とする）をゆっくりと冷却すると，図 2 の冷却曲線②のように変化する。水溶液 A の凝固点は，純水の凝固点より（　**ウ**　）なる。この現象を（　**エ**　）という。f 点から g 点の間は，生じた氷の分だけ溶液全体に対する（　**オ**　）の割合が減少するため，溶液の濃度が（　**カ**　）なり，さらに（　**エ**　）が進むことで温度が下がっていく。

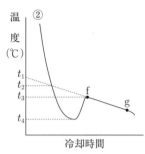

図 2　水溶液 A の冷却曲線

* ☑ **問1**　空欄（　**ア**　）～（　**カ**　）に適した語句を入れよ。

* ☑ **問2**　水溶液 A の凝固点を図 2 中の $t_1 \sim t_4$ のうちから選べ。

問3　$34.2\ g$ のショ糖 $(C_{12}H_{22}O_{11})$ を $1.00\ kg$ の純水に溶かした水溶液の凝固点を測定すると $-0.185℃$ であった。以下の問い(1)，(2)に答えよ。

* ☐ (1) 500 g の純水に 0.585 g の塩化ナトリウムを溶かした水溶液の凝固点は何℃であ
るか。ただし，原子量は H = 1.0，C = 12.0，O = 16，Na = 23，Cl = 35.5 とし，
答えは有効数字 2 桁で求めよ。

* ☐ (2) (1)の塩化ナトリウム水溶液を−0.200℃まで冷却したとき，生じた氷の質量は
何 g であるか。整数値で求めよ。

———————————————————————— (大阪府立大)

第 94 問 二量体の形成

* ☐ 次の文中，（ A ）～（ C ）にもっとも適合するものを，それぞれ A 群～ C 群の(イ)～
(ホ)から選べ。ただし，原子量は H = 1.00，C = 12.0，O = 16.0 とする。

ある炭化水素 1.00 g をベンゼン 100 g に溶かした溶液の凝固点は 5.10℃であった。ベ
ンゼンの凝固点は 5.50℃，モル凝固点降下は 5.12 K·kg/mol である。これより，この炭
化水素の分子量は（ A ）と求まる。一方，酢酸はベンゼン中では（ B ）により一部が二
量体として存在する。酢酸 1.20 g をベンゼン 100 g に溶かした溶液の凝固点は 4.89℃で
あった。このとき，ベンゼン溶液中で二量体を形成している酢酸分子は，すべての酢酸分
子の約（ C ）%である。

A：(イ) 32   (ロ) 64   (ハ) 128   (ニ) 256   (ホ) 512
B：(イ) 水素結合   (ロ) 共有結合   (ハ) イオン結合   (ニ) 電離
    (ホ) 溶媒和
C：(イ) 20   (ロ) 40   (ハ) 60   (ニ) 80   (ホ) 90

———————————————————————— (早稲田大)

第 95 問 浸透圧 I

涙や血液とほぼ同じ浸透圧を示す，0.15 mol/L の塩化ナトリウム水溶液は生理食塩水
とよばれ，傷口の洗浄や注射薬の溶媒として用いられている。

* ☐ 問 1 体温(37℃)における生理食塩水の浸透圧は何 Pa か。有効数字 2 桁で求めよ。ただ
し，塩化ナトリウムは水溶液中で完全に電離するものとし，気体定数は $R = 8.3 \times 10^3$ Pa·L/(mol·K)とする。

* ☐ 問 2 生理食塩水と同じ浸透圧を示すグルコース水溶液を 200 mL つくるために必要なグ
ルコースの量は何 g か。有効数字 2 桁で求めよ。ただし，グルコースの分子量は 180
とする。

* ☐ 問 3 少量の赤血球を蒸留水に入れたとき，顕微鏡下で観察される現象として，正しいも
のを(a)～(c)から選べ。
(a) 変化しない   (b) 赤血球が膨らんで破裂する   (c) 赤血球が縮む

———————————————————————— (摂南大)

第 96 問　浸透圧 II

　希薄溶液の浸透圧は，溶媒や溶質の種類によらず，溶液のモル濃度と絶対温度に比例する。これを（　あ　）の法則という。この法則から，溶質のモル質量 M(g/mol) について，溶質の質量 w(g)，溶液の浸透圧 Π(Pa)，溶液の体積 V(L)，絶対温度 T(K)，および気体定数 R(Pa·L/mol·K) を用いて次式が得られる。

　　　$M =$（　い　）

　したがって，w, Π, V, T を測定すれば，溶質の分子量が求められる。この方法は，分子量が不均一な高分子化合物の平均分子量の測定によく利用される。

　ある水溶性の高分子化合物 A を 1.00 g 溶かした水溶液 100 mL（密度 1.0 g/cm³）を，図のように半透膜を下面に貼った細管付きガラス容器に入れた。このガラス容器を 1.00 L の純水（外液）が入った容器に浸して，外液の水面と高分子化合物 A 水溶液

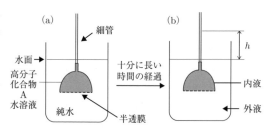

図：高分子化合物 A 水溶液の浸透圧測定

（内液）の液面が一致したところで固定した（図(a)）。十分に長い時間が経過すると，内液が細管中を上昇し水面からの高さ h が 4.0 cm で止まった（図(b)）。この実験は，1.0×10^5 Pa で気温・水温ともに 27℃ で行い，内液と外液の体積変化や，溶液の密度の変化は無視できるものとする。なお，1.0×10^5 Pa での水銀柱の高さは 76.0 cm，水銀の密度は 13.6 g/cm³ とする。

問1　文中の空欄（　あ　）に入る適当な人名を記せ。

問2　文中の空欄（　い　）に入る式を，w, Π, V, T, R を用いて記せ。

問3　高分子化合物 A 水溶液の浸透圧は何 Pa か。有効数字 2 桁で求めよ。

問4　高分子化合物 A の平均分子量はいくらか。有効数字 2 桁で求めよ。ただし，気体定数は $R = 8.3 \times 10^3$ Pa·L (mol·K) とする。

問5　図(b)の状態になったとき，高分子化合物 A を低分子化合物 B に分解する触媒 X を，内液と外液に同濃度になるように添加し，分解反応を行った。ただし，触媒 X による分解物は低分子化合物 B のみであり，反応後十分に長い時間が経過したものとする。また，触媒添加時に内液・外液の体積変化はないものとする。

　(1)　低分子化合物 B が半透膜を透過できる場合，細管中の液面は触媒を添加する前と比べてどうなるか。次の(ア)～(ウ)から選び，記号で記せ。

　　（ア）さらに上昇する　　（イ）変わらない　　（ウ）下がる

(2)　低分子化合物Bが半透膜を透過できない場合，細管中の液面は触媒を添加する前と比べてどうなるか。次の(ア)～(ウ)から選び，記号で記せ。

（ア）　さらに上昇する　　（イ）　変わらない　　（ウ）　下がる

――（愛知医科大）

第 97 問　コロイド溶液

　少量の塩化鉄(Ⅲ)水溶液を沸騰水に入れると，（　ア　）が生成し，（　イ　）色のコロイド溶液となる。これに強い光線をあてると光の通路が輝いて見え，この現象は（　ウ　）現象とよばれる。（　ウ　）現象はデンプン水溶液でも見られ，デンプン分子や（　ア　）のコロイド粒子が，普通の分子やイオンより大きいためにおこる。

　（　ア　）のコロイド粒子は，水との親和力が小さく（　エ　）コロイドとよばれ，その表面が正の電荷を帯びているので，互いに反発して沈殿しにくいが，コロイド溶液に少量の電解質を加えると沈殿を生じる。この現象を（　オ　）という。一般にコロイド粒子のもつ電荷と反対符号の電荷をもち，その価数の（　カ　）イオンほど少量でコロイド粒子の沈殿をおこさせやすい。

　一方，デンプンのコロイド水溶液では，コロイド粒子が水分子と強く結びついているので，少量の電解質を加えても沈殿しない。このようなコロイドを（　キ　）コロイドという。しかし，多量の電解質を加えると（　キ　）コロイドの粒子も沈殿してくる。これを（　ク　）という。

問1　文中の空欄（　ア　）～（　ク　）に最も適当な語句を入れよ。

問2　以下のコロイドに関する記述として，正しいものを①～④のうちから二つ選び，番号で答えよ。

①　親水コロイドの粒子を沈殿しにくくさせるため加える疎水コロイドを，保護コロイドという。

②　セッケンを水に溶かすと，セッケン分子が集合して，疎水性部分を内側に親水性部分を外側にしたミセルとよばれるコロイド粒子をつくる。

③　コロイド溶液には，加熱や冷却によって流動性を失うものがある。この状態をゾルという。

④　デンプンのように分子1個がコロイド粒子となる物質を分子コロイドという。

問3　次の各物質の0.1mol/L水溶液のなかで，（　ア　）のコロイド粒子を最も少量で沈殿させるものを①～⑥のうちから選べ。

①　塩化カルシウム　　②　塩化アルミニウム　　③　硫酸ナトリウム

④　ヨウ化カリウム　　⑤　硝酸カリウム　　　　⑥　グルコース

――（東邦大）

第 **8** 章 　　　　　　　　　　　　化学反応とエネルギー

第 98 問　反応エンタルピー

　化学反応の進行に伴って出入りする熱量は反応エンタルピーとよばれ，反応前後の物質が有するエネルギー（エンタルピー）の差に等しい。もし反応前の物質が持つエネルギーが反応後の物質が持つエネルギーより大きければ（　ア　）反応になる。

　アセチレン C_2H_2 の生成エンタルピー ΔH を次のように表す。

　　　$2C(黒鉛) + H_2(気) \longrightarrow C_2H_2(気)$ 　　　$\Delta H = 227kJ$

　この場合，黒鉛 2 mol と水素 1 mol とが有するエネルギーの和はアセチレン 1 mol が有するエネルギーより 227 kJ だけ（　イ　）いので，反応の結果アセチレンはエネルギーを（　ウ　）ことになる。

*☐ **問1**　上の文章中の空欄（　ア　）と（　イ　）に入る最も適当な語句を書け。

*☐ **問2**　（　ウ　）に適する記述を次の(a)，(b) から選び，記号を書け。また，アセチレンの生成エンタルピーを表す図を例にならって書け。

　　　(a)　得た　　　　(b)　失った

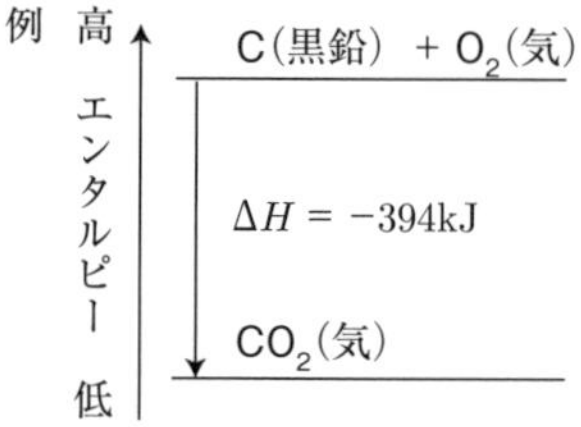

　　（右図）例　高　エンタルピー　低

　　　$C(黒鉛) + O_2(気)$
　　　$\Delta H = -394kJ$
　　　$CO_2(気)$

*☐ **問3**　次の変化を，エンタルピー変化を付した反応式で表せ。

　　(1)　エタン C_2H_6 の燃焼エンタルピーは -1560 kJ/mol である。

　　(2)　液体のエタノール C_2H_5OH の生成エンタルピーは -278 kJ/mol である。

　　(3)　固体の水酸化ナトリウム 4.0 g を水に溶かすと，25 ℃で 4.5 kJ の熱量を放出する。ただし，原子量は H = 1.0，O = 16，Na = 23 とする。

　　(4)　0.100 mol/L の塩酸 400 mL と 0.100 mol/L の水酸化ナトリウム水溶液 400 mL を混合すると，25 ℃で 2.24 kJ の熱量を放出する。

　　　　　　　　　　　　　　　　　　　　　　　　　　　　　　　　　　　　— （宮崎大〈改〉）

第 99 問　化学反応と反応エンタルピー

　黒鉛が完全燃焼し CO_2（気体）に変化したときの燃焼エンタルピーは -394 kJ/mol であり，不完全燃焼し CO（気体）に変化したときの反応エンタルピーは -125 kJ/mol である。黒鉛 24 g を燃焼させたとき，546 kJ の熱を発生した。

*☐ **問1**　黒鉛 1.0 mol が不完全燃焼するときの反応エンタルピーを付した反応式を書け。

*☐ **問2**　この燃焼時に，不完全燃焼した黒鉛の割合は何％か。ただし，原子量は C = 12 とし，答えは有効数字 2 桁で答えよ。

　　　　　　　　　　　　　　　　　　　　　　　　　　　　　　　　　　　　— （芝浦工大）

第 100 問　反応エンタルピーの計算　Ⅰ

*☐ Ⅰ　次の反応エンタルピーを付した反応式を用いて，プロパン C_3H_8（気）の燃焼エンタルピー（kJ/mol）を求めよ。なお，燃焼により生じた水は液体とし，答えの数値は整数値で求めよ。

$$C（黒鉛） + O_2（気） \longrightarrow CO_2（気） \qquad \Delta H = -394 \text{ kJ} \qquad \cdots\cdots①$$

$$H_2（気） + \frac{1}{2}O_2（気） \longrightarrow H_2O（液） \qquad \Delta H = -286 \text{ kJ} \qquad \cdots\cdots②$$

$$3\,C（黒鉛） + 4\,H_2（気） \longrightarrow C_3H_8（気） \qquad \Delta H = -104 \text{ kJ} \qquad \cdots\cdots③$$

*☐ Ⅱ　次の反応エンタルピーを付した反応式から必要な式を用いて，メタン CH_4（気）の生成エンタルピー（kJ/mol）を求めよ。なお，答えの数値は整数値で求めよ。

$$C（黒鉛） + O_2（気） \longrightarrow CO_2（気） \qquad \Delta H = -394 \text{ kJ} \qquad \cdots\cdots①$$

$$C（黒鉛） + \frac{1}{2}O_2（気） \longrightarrow CO（気） \qquad \Delta H = -111 \text{ kJ} \qquad \cdots\cdots②$$

$$CH_4（気） + 2\,O_2（気） \longrightarrow CO_2（気） + 2\,H_2O（液） \qquad \Delta H = -891 \text{ kJ} \quad \cdots\cdots③$$

$$H_2（気） + \frac{1}{2}O_2（気） \longrightarrow H_2O（液） \qquad \Delta H = -286 \text{ kJ} \qquad \cdots\cdots④$$

第 101 問　反応エンタルピーの計算　Ⅱ

*☐ Ⅰ　二酸化炭素，水（液体），エタノール C_2H_5OH（液体）の生成エンタルピーをそれぞれ -394 kJ/mol，-286 kJ/mol，-277 kJ/mol とすると，エタノール（液体）の燃焼エンタルピーは何 kJ/mol か，整数値で求めよ。

*☐ Ⅱ　炭素（黒鉛），水素，エチレン C_2H_4 の燃焼エンタルピーをそれぞれ -394 kJ/mol，-286 kJ/mol，-1412 kJ/mol とすると，エチレンの生成エンタルピーは何 kJ/mol か，整数値で求めよ。

**☐ Ⅲ　アセチレン C_2H_2 の燃焼エンタルピー ΔH を次のように表す。

$$C_2H_2（気） + \frac{5}{2}O_2（気） \longrightarrow 2\,CO_2（気） + H_2O（液） \qquad \Delta H = Q \text{ kJ}$$

二酸化炭素，水（液体），アセチレン（気体）の生成エンタルピーをそれぞれ -394 kJ/mol，-286 kJ/mol，227 kJ/mol とすると，アセチレンの燃焼エンタルピー Q は何 kJ/mol か，整数値で求めよ。

第 102 問　ヘスの法則と反応エンタルピー

*☑ I　メタノール，炭素（黒鉛）および水素の燃焼エンタルピーをそれぞれ $-Q_1$ (kJ/mol)，$-Q_2$ (kJ/mol)，$-Q_3$ (kJ/mol) とする。このとき，メタノールの生成エンタルピー Q (kJ/mol) を求める式として最も適当なものを，次の①〜⑥のうちから一つ選べ。

① $Q = Q_1 - Q_2 - Q_3$　　② $Q = Q_1 - 2Q_2 - Q_3$　　③ $Q = Q_1 - Q_2 - 2Q_3$

④ $Q = -Q_1 + Q_2 + Q_3$　　⑤ $Q = -Q_1 + 2Q_2 + Q_3$　　⑥ $Q = -Q_1 + Q_2 + 2Q_3$

**☑ II　一酸化窒素の生成エンタルピーは 91 kJ/mol，一酸化窒素から二酸化窒素への燃焼エンタルピーは -57 kJ/mol であるとき，二酸化窒素の生成エンタルピーはいくらか。符号をつけて整数値で求めよ。

☑ III　アルコール発酵によりグルコース $C_6H_{12}O_6$ からエタノール C_2H_5OH が作られるとき，反応エンタルピーを付した反応式は次のように表される。

$$C_6H_{12}O_6（固体） \longrightarrow 2\,C_2H_5OH（液体） + 2\,CO_2（気体）　　\Delta H = Q(kJ)$$

反応エンタルピー Q (kJ) はいくらか。最も適当な値を下の（ア）〜（オ）のうちから選べ。ただし，H_2（気体），C（黒鉛），C_2H_5OH（液体）の燃焼エンタルピーを，それぞれ -286 kJ/mol，-394 kJ/mol，-1368 kJ/mol とし，$C_6H_{12}O_6$（固体）の生成エンタルピーを -1273 kJ/mol とする。

（ア）　-71　　（イ）　-95　　（ウ）　-1439　　（エ）　675　　（オ）　815

——————————————（I　センター試験　II　東京工業大　III　自治医科大）

第 103 問　結合エネルギー

*☑ I　共有結合している原子を引き離すのに要するエネルギーを結合エネルギーという。25℃，1.01×10^5 Pa における H−H（気），Cl−Cl（気），H−Cl（気）の結合エネルギーが，それぞれ 436 kJ/mol，243 kJ/mol，432 kJ/mol であるとき，25℃，1.01×10^5 Pa における HCl（気）の生成エンタルピー（kJ/mol）は次のうちどれか。最も近い値を次の(a)〜(f)のうちから選べ。ただし，（気）は気体を表す。

(a)　92.5 kJ/mol　　　(b)　185 kJ/mol　　　(c)　216 kJ/mol

(d)　-92.5 kJ/mol　　(e)　-85 kJ/mol　　(f)　-216 kJ/mol

II　H−H，O=O，H−O の結合エネルギーは，それぞれ 436 kJ/mol，498 kJ/mol，463 kJ/mol であり，過酸化水素の生成エンタルピーは -143 kJ/mol，水の蒸発エンタルピーは 44 kJ/mol である。

*☑ 問1　過酸化水素中の O−O 結合の結合エネルギー（kJ/mol）を求めよ。答えは整数値で記せ。

問2 次式で表される水素の燃焼エンタルピー(kJ)を求めよ。答えは符号をつけて整数値で記せ。

$$H_2(気) + \frac{1}{2}O_2(気) \longrightarrow H_2O(液) \qquad \Delta H = Q \text{ kJ}$$

Ⅲ 二酸化炭素(気体),水(気体),メタン(気体)の生成エンタルピーは,それぞれ −394 kJ/mol,−242 kJ/mol,−74.0 kJ/mol である。また,O=O結合,O−H結合,C−H結合の結合エネルギーは,それぞれ 498 kJ/mol,462 kJ/mol,414 kJ/mol である。これらの値を用いて,二酸化炭素に含まれる C=O 結合の結合エネルギーの値として最も適当な数値を,次の①〜⑩のうちから一つ選べ。

① 178 ② 267 ③ 357 ④ 446 ⑤ 536
⑥ 625 ⑦ 715 ⑧ 804 ⑨ 894 ⑩ 983

―――――――――――（Ⅰ 神戸薬科大　Ⅱ 千葉工業大〈改〉　Ⅲ 岩手医科大）

第104問 格子エネルギーとボルン・ハーバーサイクル

イオン結晶 1 mol を分解して,それを構成するイオンの気体にするのに必要なエネルギーを格子エネルギーという。しかし,格子エネルギーを直接測定することは困難なので,ヘスの法則を用いて間接的に求められることが多い。NaCl(固)の場合,関連する反応エンタルピーを付した反応式は下表のとおりである。

反応エンタルピーを付した反応式		反応エンタルピー
$Na(固) \longrightarrow Na(気)$　$\Delta H = 89 \text{ kJ}$	…①	昇華エンタルピー
$Na(気) \longrightarrow Na^+(気) + e^-$　$\Delta H = \boxed{ア}\ 496 \text{ kJ}$	…②	（ A ）
$Cl_2(気) \longrightarrow 2\,Cl(気)$　$\Delta H = \boxed{イ}\ 244 \text{ kJ}$	…③	結合エネルギー
$Cl(気) + e^- \longrightarrow Cl^-(気)$　$\Delta H = \boxed{ウ}\ 349 \text{ kJ}$	…④	（ B ）
$Na(固) + \frac{1}{2}Cl_2(気) \longrightarrow NaCl(固)$　$\Delta H = -413 \text{ kJ}$	…⑤	生成エンタルピー
	…⑥	格子エネルギー

問1 ア 〜 ウ に適する符号を ＋ または − で書け。

問2 （ A ）と（ B ）に最も適する反応エンタルピーの名称を書け。

問3 NaCl(固)の格子エネルギーを求め,⑥式の反応エンタルピーを付した反応式を書け。

―――――――――――――――――――――――（早稲田大〈改〉）

第 105 問　反応エンタルピーの読み取り

✶✶✶☑　次のA～Cの反応エンタルピーを用いて，水酸化カリウムの水への溶解エンタルピー (kJ/mol)を求めるといくらになるか。最も適当な数値を，下の①～⑥のうちから一つ選べ。

A	塩化水素 1mol を含む希塩酸に，水酸化カリウム 1mol を含む希薄水溶液を加えて反応させたときの反応エンタルピー	− 56kJ
B	硫酸1molを水に加えて希硫酸とし，それに固体の水酸化カリウムを加えてちょうど中和させたときの合計の反応エンタルピー	− 323kJ
C	硫酸の水への溶解エンタルピー	− 95kJ/mol

①　− 116　　　②　− 86　　　③　− 58　　　④　58　　　⑤　86　　　⑥　116

（センター試験）

第 106 問　反応エンタルピーの測定実験

以下の実験を行った。ただし，実験1～実験3のすべての水溶液について，溶液の密度は 1.0 g/cm³，比熱 (1 g の物質の温度を 1℃ 上昇させるのに必要な熱量) は 4.2 J/(g・℃) とし，発生した熱はすべて水溶液の温度の上昇に使われたものとする。また，水酸化ナトリウムを溶かしたことによる水溶液の体積変化は無視できるものとする。

実験1：断熱容器に水 100 cm³ を入れ温度を測定したところ，15.0℃ であった。次に水酸化ナトリウム 4.00 g を加えて溶かし，かくはん棒でかき混ぜながら一定時間ごとに溶液の温度をはかり記録した。記録した時間を横軸，温度を縦軸としたグラフを右図のように作成した。その結果，測定中での最高温度 a は 24.8℃，時間 0 秒に外挿したときの温度 b は 25.6℃ であった。

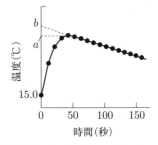

実験2：実験1で得られた水酸化ナトリウム水溶液の全量を断熱容器から取りだし，温度が 15.0℃ になるまで放置した後，別の断熱容器に移した。次に 15.0℃ の 1.0 mol/L 塩酸 100 cm³ を加えたところ，温度は 21.7℃ に上昇した。

実験3：断熱容器に 0.5 mol/L 塩酸 200 cm³ を入れ温度を測定したところ，15.0℃ であった。次に水酸化ナトリウム 4.00 g を溶かしたところ，温度は（ T ）℃ に上昇した。

64

問1 水酸化ナトリウムの水への溶解を反応エンタルピーを付した反応式で表すと以下の式となる。Q_1 は何 kJ か，有効数字 3 桁で求めよ。ただし，原子量は H = 1，O = 16，Na = 23 とする。

$$\text{NaOH（固）} + \text{aq} \longrightarrow \text{NaOHaq} \qquad \Delta H = Q_1[\text{kJ}]$$

問2 水酸化ナトリウム水溶液と塩酸の中和を反応エンタルピーを付した反応式で表すと以下の式となる。Q_2 は何 kJ か，有効数字 3 桁で求めよ。

$$\text{NaOHaq} + \text{HClaq} \longrightarrow \text{NaClaq} + \text{H}_2\text{O} \qquad \Delta H = Q_2[\text{kJ}]$$

問3 水酸化ナトリウムと塩酸の反応を反応エンタルピーを付した反応式で表すと以下の式となる。Q_3 は何 kJ か，有効数字 3 桁で求めよ。

$$\text{NaOH（固）} + \text{HClaq} \longrightarrow \text{NaClaq} + \text{H}_2\text{O} \qquad \Delta H = Q_3[\text{kJ}]$$

問4 文章中の空欄（T）は何℃か，有効数字 3 桁で求めよ。

（東京薬科大〈改〉）

第107問　光エネルギー

化学反応には，熱の出入りを伴う反応のほかに，光エネルギーの出入りを伴う反応がある。たとえば，化学反応に伴って光が放出される現象を（ア）という。（ア）では，物質が化学反応のエネルギーを（1）してエネルギーの（2）状態になり，そこからエネルギーの（3）状態に移るとき，そのエネルギー差，あるいはその一部を光エネルギーとして（4）する。例えば，(a)微量の血液を検出するために科学捜査に利用されている（イ）反応は，過酸化水素などによる酸化反応により青色の光が観測される。

また，ホタルなど生体内の化学反応に伴って光が放出される現象を（ウ）という。(b)光エネルギーを化学エネルギーに変換しているのが植物の（エ）であり，デンプンなどの糖類を生成する。

問1 文中の空欄（ア）〜（エ）にあてはまる適当な語句を記せ。

問2 文中の空欄（1）〜（4）にあてはまる適当な語句を，それぞれ対応する次の a・b から 1 つずつ選び，その記号を記せ。

（1）a 吸収　　b 放出　　（2）a 高い　　b 低い
（3）a 高い　　b 低い　　（4）a 吸収　　b 放出

問3 下線部(a)について，（イ）と酸化剤の混合物に血液が混合すると強く発光する。このときの血液のはたらきを 20 字以内で説明せよ。

問4 下線部(b)において，葉緑体が光を吸収し，光エネルギーによって水が酸化され，電子 e^- が生じる。この酸化反応を電子 e^- を含む反応式で表せ。

（立教大〈改〉）

第 **9** 章　　　　　　　　　　　電池・電気分解

第 108 問　イオン化傾向と金属の反応

　金属が水溶液中でイオンになる性質を金属のイオン化傾向といい，金属の化学的性質と密接な関係がある。イオン化傾向の大きい(ア)ナトリウムは常温の水と反応し，空気中でも速やかに酸化する。イオン化傾向がナトリウムより小さく水素より大きい亜鉛は希塩酸などの希酸に溶けるが，常温の水とは反応しない。ただし，(イ)鉛は希塩酸や希硫酸に溶けない。イオン化傾向が水素より小さい(ウ)銅は酸化力の強い希硝酸や熱濃硫酸に溶けるが，希塩酸とは反応しない。イオン化傾向がさらに小さい白金や金は（ a ）には溶けるが，硝酸とは反応しない。

*☑ **問1**　下線部(ア)の反応を化学反応式で記せ。

*☑ **問2**　下線部(イ)について，その理由を説明した文章として正しいものを次の(1)〜(3)から選べ。

　　(1)　金属表面がち密な酸化被膜で覆われるから。

　　(2)　金属表面が水に溶けにくい塩で覆われるから。

　　(3)　金属表面が水酸化物によって覆われるから。

*☑ **問3**　下線部(ウ)について，(1)希硝酸と　(2)熱濃硫酸に溶かした場合に発生する気体をそれぞれ化学式で答えよ。

*☑ **問4**　文中の空欄（ a ）に当てはまる酸の混合物を次の(1)〜(4)から選べ。

　　(1)　濃硝酸と濃塩酸の混合物　　　　(2)　濃硝酸と濃硫酸の混合物

　　(3)　濃硫酸と濃塩酸の混合物　　　　(4)　濃硝酸と酢酸の混合物

　問5　下記の(1)および(2)の実験について，金属板で起こるすべての反応を電子 e^- を含む反応式で記せ。ただし，反応が起こらない場合には，「変化なし」と記せ。

*☑ 　(1)　硫酸亜鉛(Ⅱ)水溶液に銅板を浸した。

*☑ 　(2)　硝酸銀水溶液に銅板を浸した。

――（甲南大）

第 109 問　電池の原理

　酸化還元反応に伴って発生する化学エネルギーを電気エネルギーとして取り出す装置を，化学電池(以下，単に電池と記す)という。異なる2種類の金属を導線で結び，これらの金属を電解質水溶液に浸すと，イオン化傾向の（ **ア** ）金属から（ **イ** ）金属に電子が移動する。このとき，2種類の金属を電池の電極といい，導線へ電子が流れ出る電極を（ **ウ** ），導線から電子が流れ込む電極を（ **エ** ）とよぶ。電池の両極に回路を接続して電流を取り出すことを電池の（ **オ** ）といい，（ **ウ** ）と（ **エ** ）の間に生じる（ **カ** ）を電

池の起電力という。また，電池内で酸化還元反応に直接関わる物質を（　キ　）といい，（　ウ　）で（　キ　）となる物質は（　ク　）としてはたらく。

　1800年頃にボルタによって考案された電池は，亜鉛板と銅板を希硫酸中に浸したものである。両者の金属板を導線で結ぶと導線に電気が流れるが，間もなく起電力が低下して電流は流れにくくなる。そこで，ダニエルは素焼き板で2つに仕切った容器に硫酸亜鉛の水溶液と硫酸銅（Ⅱ）の水溶液を分けて入れ，前者に亜鉛板を，後者に銅板を浸した電池を考案した。ダニエル電池で(1)起電力を長時間維持させるには，水溶液中の硫酸亜鉛や硫酸銅（Ⅱ）の濃度を調整すればよい。

問1　文中の（　ア　）から（　ク　）に当てはまる適切な語を，下記の語群から1つずつ選んで答えよ。

　語群：大きな　　小さな　　酸化剤　　還元剤　　充電　　放電　　正極　　負極
　　　　電気陰性度　　電気素量　　電位差　　分極　　抗生物質　　活物質

問2　下線部(1)について，両者の電解質のモル濃度が等しいダニエル電池を作成したとする。装置の大きさを変えずに電池を長持ちさせるには，それぞれの電解質のモル濃度をどのように調整すればよいか。次の下線部分に「濃く」または「薄く」で答えよ。
　硫酸亜鉛の濃度を＿＿＿＿＿して，硫酸銅（Ⅱ）の濃度を＿＿＿＿＿する。

—（東京海洋大）

第 110 問　ダニエル電池

　右の図は，ダニエルが考案した電池の構造を示したものであり，亜鉛板を浸した硫酸亜鉛（Ⅱ）水溶液と，銅板を浸した硫酸銅（Ⅱ）水溶液を，両溶液が混合しないように隔膜（素焼き板やセロハン膜）で仕切り，両金属板を導線でつなぐと電子が流れる。

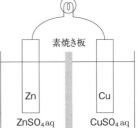

問1　図の電池を放電したときの正極における反応を，電子 e^- を含む反応式で示せ。

問2　図の電池に電球をつないで，0.20 A の電流を32分10秒間流したとき，正極の金属板の質量は何 g 変化するか。増加するときはプラス，減少するときはマイナスの符号を付け，有効数字2桁で求めよ。ただし，原子量は Cu = 64，Zn = 65，ファラデー定数は $F = 9.65 \times 10^4$ C/mol とする。

問3　図の電池における素焼き板の役割について述べよ。

問4　亜鉛板を浸した硫酸亜鉛（Ⅱ）水溶液の代わりに，ニッケル板を浸した硫酸ニッケル（Ⅱ）水溶液を使用した。電池の起電力は，図の電池の起電力に比べてどのように変化するか。判断した理由を含め30字程度で記せ。

—（武蔵工大〈改〉）

鉛蓄電池と溶液の濃度変化

鉛蓄電池は希硫酸水溶液中に正極として（**ア**）を，負極として（**イ**）を浸したものである。この電池を放電させると，以下の式①，②で表される反応が起こる。

正極：（**ア**）＋（**ウ**）＋ $4H^+$ ＋ $2e^-$ ⟶ （**エ**）＋ $2H_2O$ …… ①

負極：（**イ**）＋（**ウ**）⟶（**エ**）＋ $2e^-$ …… ②

このとき正極の（**ア**）の Pb 原子の酸化数は（**オ**）から（**カ**）に変化し，一方，負極の（**イ**）の Pb 原子の酸化数は（**キ**）から（**ク**）に変化する。鉛蓄電池全体の反応では，硫酸が消費され水が生じるので，放電によって硫酸水溶液の濃度は減少する。

問1 （**ア**）〜（**ク**）に適当な化学式・数字を入れよ。

問2 希硫酸水溶液 1.0 L（密度 $1.22\,g/cm^3$，濃度 30.0 %）を用いた鉛蓄電池をある時間放電させたところ，電子 0.50 mol の電気量が外部に取り出された。このとき，消費された硫酸の質量(g)と，放電後の硫酸水溶液の濃度(%)を求めよ。ただし，原子量は H = 1.0，O = 16，S = 32，Pb = 207 とし，答えは有効数字 2 桁で求めよ。

問3 鉛蓄電池の充電を行うとき，外部電源の(＋)端子は電池の正極，負極のいずれに接続させればよいか答えよ。

水素－酸素型燃料電池

燃料電池は，燃料の燃焼のときに放出されるエネルギーを，電気エネルギーとして取り出す装置であり，水溶液にリン酸を用いるリン酸型燃料電池，水酸化カリウムを用いるアルカリ型燃料電池などがある。

図にリン酸水溶液と白金をつけた多孔質の電極を組み合わせた燃料電池の概念図を示す。活物質として負極には水素を，正極には酸素を供給して

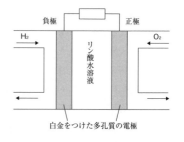

白金をつけた多孔質の電極

いる。(a)外部から供給された水素分子は電子を電極の表面に残して水素イオンとなって溶液の中へ溶け出す。生じた電子は，導線を通って正極に移動する。一方，(b)正極に流れ込んだ電子は溶液中の水素イオンを引きつけ，外部から供給された酸素分子と結合し水となる。このとき，両電極間の電位差が電池の起電力となる。

問1 下線部(a)，(b)について，それぞれの電極における反応式を電子 e^- を用いた反応式で記せ。

問2 図の水溶液をリン酸から水酸化カリウムに取り替えた場合，水を生成する電極は正極または負極のどちらか。また，水を生成する電極における反応式を電子 e^- を用いた反応式で記せ。

問3 図の燃料電池について，1時間放電したところ水が 3.6 g 生成した。放電した電気量(C)を有効数字2桁で求めよ。ただし，原子量は H = 1.0, O = 16，ファラデー定数は $F = 9.65 \times 10^4$ C/mol とする。

問4 水素を完全燃焼させることによって発生する化学エネルギーに対する電気エネルギーの比率をエネルギー変換効率という。問3の放電中における平均電圧は 0.50V であるとして，この電池のエネルギー変換効率(%)を有効数字2桁で求めよ。ただし，水素 1 mol が完全燃焼したときに生じる化学エネルギーは 286 kJ/mol，発生した電気エネルギー(J)は放電した電気量(C)と電圧(V)との積とする。

――（静岡大〈改〉）

第 113 問　リチウムイオン電池

スマートフォンなどの携帯機器や電気自動車の電源として，リチウムイオン電池の重要性が増している。(1)リチウムイオン電池の起電力は約3.7 V であり，ニッケル－水素電池(起電力 1.35 V)と比較して大きい。

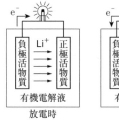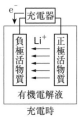

図

リチウムイオン電池は，正極活物質に $LiCoO_2$，負極活物質に黒鉛，電解液に有機化合物の溶媒に Li 塩を溶解させた溶液が用いられる。図に示すように充電時は，外部からの電流により正極からリチウムイオンが脱離して負極の黒鉛層間に取り込まれ，放電時は，負極の黒鉛層間からリチウムイオンが移動し，正極に取り込まれることで電流を取り出している。充電する際の反応は，

正極：$LiCoO_2 \longrightarrow Li_{1-x}CoO_2 + xLi^+ + xe^- \quad (0 \le x \le 1)$

負極：$6C + xLi^+ + xe^- \longrightarrow Li_xC_6$

で表される。

問1 $x = 0$ と $x = 1$ における正極活物質 $Li_{1-x}CoO_2$ の Co の酸化数をそれぞれ答えよ。

問2 下線部(1)のニッケル－水素電池では，電解液として KOH 水溶液が使用されるのに対し，リチウムイオン電池では可燃性の有機電解液が使用され，安全上の問題がある。仮に電解液として LiOH 水溶液を使用すると，二枚の白金板を LiOH 水溶液に入れて通電したときと同じ現象が起こる。この現象を 20 字以内で述べよ。

問3 リチウムイオン電池を 8.00×10^{-1} A の一定電流で2時間放電した。この時，負極から移動したリチウムイオンの物質量を有効数字2桁で求めよ。ただし，ファラデー定数は $F = 9.65 \times 10^4$ C/mol とする。

――（北海道大）

第 114 問　電気分解とその量的関係

　塩化銅（Ⅱ）の水溶液を，炭素電極を用いて電気分解すると，陰極側には銅が析出し，陽極側では塩素が発生する。陰極で起こる反応は（ 1 ）反応で，陽極で起こる反応が（ 2 ）反応である。つまり，銅イオンの酸化数は（ 3 ）し，塩化物イオンの酸化数は（ 4 ）している。この時，電子は外部回路の導線を（ 5 ）の方向に移動する。電気分解では通じた電気量と両極で変化する物質量にはファラデーの電気分解の法則と呼ぶ一定の関係がある。

* ✓ **問1**　（ 1 ）〜（ 5 ）に当てはまる語句を，下の(ア)〜(カ)から選び，記号で答えよ。
　　　　(ア)　酸化　　　(イ)　還元　　　(ウ)　増加　　　(エ)　減少
　　　　(オ)　陰極から陽極　　　(カ)　陽極から陰極

* ✓ **問2**　陰極および陽極で起こる反応を電子 e^- を含む反応式で示せ。

* ✓ **問3**　電子1個の電気量は 1.6022×10^{-19} C である。電子1 mol の電気量(C)を求めよ。ただし，アボガドロ定数は 6.02×10^{23}/mol とし，答えは有効数字3桁で書け。

* ✓ **問4**　この電気分解を，10.0 A の電流で，3分13秒間行った。析出した銅の質量(g)と発生した塩素の0℃，1.013×10^5 Pa での体積(L)を求めよ。ただし，原子量は Cu = 63.5，ファラデー定数は 9.65×10^4 C/mol とし，答えは小数点以下3桁で書け。

－（工学院大）

第 115 問　直列回路の電気分解

　右図のように硫酸水溶液を入れた電解槽Ⅰと塩化カリウム水溶液を入れた電解槽Ⅱを直列に接続し，電極 A 〜 D に白金，炭素を用いて，ある一定の電流を通じ32分10秒間電気分解を行った。このとき，電極 B から発生した気体は0℃，1.013×10^5 Pa で1.12 L であった。

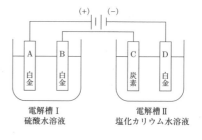

電解槽Ⅰ
硫酸水溶液

電解槽Ⅱ
塩化カリウム水溶液

* ✓ **問1**　電極 A 〜 D で起こる反応を，それぞれ電子 e^- を含む反応式で示せ。

* ✓ **問2**　電気分解で通じた一定電流は何 A か。有効数字2桁で求めよ。ただし，発生した気体は溶液に溶解しないものとし，ファラデー定数は 9.65×10^4 C/mol とする。

* ✓ **問3**　電極 C で生じた物質の質量は何 g か。有効数字2桁で求めよ。ただし，原子量は H = 1.0，O = 16，Cl = 35.5，K = 39 とする。

－（千葉工大〈改〉）

第 116 問 　並列回路の電気分解

右図のように硫酸銅（Ⅱ）水溶液を入れた電解槽Ⅰと水酸化ナトリウム水溶液を入れた電解槽Ⅱを並列に接続し，電極A〜Dに白金を用いて，電源より 1.0 A の電流を 96 分 30 秒間流して電気分解を行った。このとき，電解槽Ⅰの陰極からの気体発生はなく，析出した金属の質量は 1.27 g であった。

問1　電極A〜Dで起こる反応を，それぞれ電子 e^- を含む反応式で示せ。

問2　電解槽Ⅱの両極から発生した気体の体積の合計は，電解槽Ⅰの陽極から発生した気体の体積の何倍か。有効数字 2 桁で記せ。ただし，発生した気体は溶液に溶解しないものとし，原子量は Cu = 63.5，ファラデー定数は 9.65×10^4 C/mol とする。

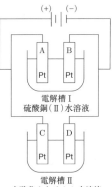

電解槽Ⅰ
硫酸銅（Ⅱ）水溶液

—————————————————————————————————（青山学院大〈改〉）

第 117 問 　直列・並列混合回路の電気分解

電解槽Ⅰに硫酸ナトリウム水溶液，電解槽Ⅱに硝酸銀水溶液，電解槽Ⅲに硫酸銅（Ⅱ）水溶液を入れ，電極A，Bに白金，C，Dに銀板，電極Eに不純物を含まない銅板，電極Fに不純物としてニッケルを含む銅板を用い，右図のように導線でつないだ。

この回路に電流計の値が常に 0.200 A になるように調整し，13 時間 24 分 10 秒間電流を流した。その結果，電極Cで析出した金属の質量は 6.48 g であった。

問1　電極A〜Dで起こる反応を，それぞれ電子 e^- を含む反応式で示せ。

問2　電極Bで生じた気体の物質量は何

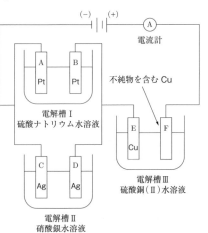

電流計

不純物を含む Cu

電解槽Ⅰ
硫酸ナトリウム水溶液

電解槽Ⅲ
硫酸銅（Ⅱ）水溶液

電解槽Ⅱ
硝酸銀水溶液

mol であるか。ただし，原子量は Ag = 108，ファラデー定数は 9.65×10^4 C/mol とし，答えは有効数字 2 桁で求めよ。

問3　電解槽Ⅲで，電気分解により電極Fの質量は 3.14 g 減少していた。不純物を含む銅板に含まれていたニッケルの含有率（%）を答えよ。ただし，原子量は Cu = 63.5，Ni = 58.7 とし，答えは有効数字 2 桁で求めよ。

—————————————————————————————————（横浜市立大〈改〉）

第10章　反応速度と化学平衡

第 118 問　化学反応のエネルギー変化

物質Aと物質Bから物質Cが生成する化学反応がある。この反応の進行に伴うエネルギー変化を図1に示す(生成物，反応物，遷移状態のエネルギーをそれぞれ E_1，E_2，E_3 とする)。

* **問1** この反応は，発熱反応，吸熱反応のいずれであるかを記せ。
* **問2** この反応の活性化エネルギー，反応エンタルピーを，図1の E_1，E_2，E_3 を用いてそれぞれ表せ。
* **問3** 触媒を用いたところ，反応速度 v が大きくなった。このときのエネルギー変化を図2の中に実線で示せ。なお，図中には触媒のないときのエネルギー変化を点線で示してある。

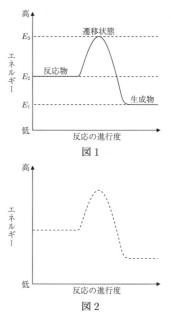

図1

図2

——(筑波大)

第 119 問　反応の速さ

1.0 mol/L の過酸化水素水 10 mL に少量の酸化マンガン(Ⅳ)を加えたところ，<u>過酸化水素が分解して気体Aが発生した。</u>反応開始から30秒間で発生した気体Aの体積は，27 ℃，1.0×10^5 Pa のもと，30 mL であった。ただし，反応は一定温度で行われ，反応の前後で過酸化水素水の体積は変化しないものとする。また，気体は理想気体とし，気体定数は $R = 8.3 \times 10^3$ Pa·L/(mol·K) とする。

* **問1** 下線部で起こった反応の化学反応式を書け。
* **問2** 反応開始から30秒間で発生した気体Aの物質量は何 mol か。答えは有効数字2桁で求めよ。
* **問3** 反応開始から30秒間における過酸化水素の分解反応の平均反応速度(mol/(L·s))はいくらか。答えは有効数字2桁で求めよ。

——(東京薬科大)

第 120 問　反応速度と速度定数

　化合物 A は，その水溶液中において徐々に加水分解され，化合物 B と酢酸になる。いま，蒸留水 1.0 L をビーカーに入れ，37 ℃ にした。そこに，化合物 A を 10.0 g 入れて完全に溶解させた後，この水溶液をかきまぜながら反応を開始した。その後，水溶液中の化合物 A の濃度 [A] を測定したところ，濃度 [A] は，表 1 のように反応時間 t とともに変化した。なお，表中の hr は「時間」を表す。ただし，反応開始時（$t = 0$ 時間）は，化合物 A が完全に溶解した時刻とした。また，化合物 A の溶解，反応ならびに濃度測定操作によって，水溶液の体積は変化しないものとし，さらにこの条件では逆反応の反応速度は無視できるものとする。

表 1　反応時間と化合物 A の濃度，平均濃度，平均反応速度の関係

反応時間 t（hr）	0	1	2	4	7	10
化合物 A の濃度 [A]（g/L）	10.0	8.0	6.4	4.0	2.0	1.0
化合物 A の平均濃度 $\overline{[A]}$（g/L）		9.0	（ ア ）	5.2	（ イ ）	1.5
化合物 A の反応速度 $\overline{v}$（g/(L·hr)）		2.0	1.6	（ ウ ）	0.67	（ エ ）

問 1　表 1 の結果から，1 〜 2 時間，2 〜 4 時間，4 〜 7 時間，7 〜 10 時間における化合物 A の平均濃度 $\overline{[A]}$ と分解反応の平均反応速度 $\overline{v}$ を有効数字 2 桁で求め，表中の空欄（ ア ）〜（ エ ）にあてはまる適切な数値を答えよ。

問 2　図 1 は，化合物 A の平均濃度 $\overline{[A]}$ と化合物 A の分解反応の平均反応速度 $\overline{v}$ の関係を示す。表 1 の結果（$t = 0$ 時間から $t = 1$ 時間における結果を除く 4 点）を，右の図 1 に黒丸（●）で示せ。また，$\overline{[A]}$ と $\overline{v}$ との関係の概略を，実線で示せ。

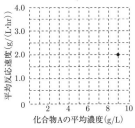

図 1
化合物 A の平均濃度と分解反応の平均反応速度の関係

問 3　化合物 A の分解反応の反応速度定数(1/hr)に最も近い値を，次の①〜⑨のなかから一つ選び，番号で答えよ。

①　0.11　　②　0.22　　③　0.44　　④　0.66　　⑤　0.77　　⑥　0.88

⑦　1.0　　⑧　1.2　　⑨　2.0

―――――――――――――――――――――――――――――――――――――――（東邦大）

　物質Aと物質Bから物質Cが生成する化学反応がある。この反応において，ある温度でAとBの初期濃度を変えて，反応初期のCの生成速度を求める実験1, 2, 3を行った。その結果を以下の表に示す。

　反応初期では，Cの濃度は小さいため逆向きの反応は無視できるものとする。Cの生成速度 v は，Aのモル濃度を $[A]$，Bのモル濃度を $[B]$，反応速度定数を k とすると，$v = k[A]^x[B]^y$ と表すことができる。

表　実験結果

	Aの初期濃度〔mol/L〕	Bの初期濃度〔mol/L〕	Cの生成速度〔mol/(L・s)〕
実験1	0.30	1.00	1.8×10^{-2}
実験2	0.30	0.50	9.0×10^{-3}
実験3	0.60	0.50	3.6×10^{-2}

問1　実験1, 2, 3の結果をもとに，x と y にあてはまる適切な値を求めよ。

問2　反応速度定数 k を有効数字2桁で求め，単位とともに記せ。

問3　Aの初期濃度を 0.20 mol/L，Bの初期濃度を 0.50 mol/L としたとき，反応初期のCの生成速度を有効数字2桁で答えよ。

問4　(ア)～(ウ)の説明について，誤りを含むものをすべて選び記号で答えよ。

　(ア)　温度が上昇すると活性化エネルギーが大きくなる。

　(イ)　触媒を加えると，反応の活性化エネルギーが変化する。

　(ウ)　温度が 10 ℃上昇すると反応速度が2倍になる反応では，温度が 40 ℃上昇すると反応速度は8倍になる。

—————————————————————————————（大阪市立大）

第 **122** 問　化学平衡と平衡定数

　気体Xと気体Yから気体Zを生じる反応は以下の平衡式で示される。

　　　X + 2Y ⇄ 2Z

　室温 27 ℃で 2.0 L の密閉容器を真空にした後，これに 0.20 mol の気体Xと 0.28 mol の気体Yを入れて温度による反応の変化を観察した。

　可逆反応が，$aA + bB + \cdots \rightleftarrows cC + dD + \cdots$ で表されるとき（a, b…は係数，A, B…は化学式），平衡状態では各物質の濃度の間に以下の式が成立する。

$$\frac{[C]^c[D]^d\cdots}{[A]^a[B]^b\cdots} = K_c \quad ここで K_c を平衡定数という$$

問1　この反応の平衡定数 K_c の単位として正しいものはどれか。番号で選び答えよ。

　① 単位なし　　② mol/L　　③ L/mol　　④ $(mol/L)^2$

　⑤ $(L/mol)^2$

問2　容器の温度を 600 ℃にした後，十分な時間を置いて平衡状態を成立させたとき，

気体 Z が 0.20 mol 生じていた。この温度での平衡定数 K_c に最も近い数値を番号で選び答えよ。

① 25 ② 50 ③ 100 ④ 125 ⑤ 250

――――――――――――――――――――――――――――（東邦大）

第 123 問　平衡に関する計算

Ⅰ　気体 A，B，C が関わる次の可逆反応について，下の問いに答えよ。

$$A + 2B \rightleftarrows 2C$$

ただし，気体 A，B，C は理想気体であり，容器の体積と温度は常に一定に保つものとする。

問1　密閉容器内で 4.0mol の気体 A と 6.0mol の気体 B を反応させた。平衡状態に達したとき，容器内に気体 C が 2.0mol 存在していた。平衡状態の気体の全物質量は何 mol か。有効数字 2 桁で求めよ。

問2　問1の平衡状態にある混合気体に，さらに気体 A を追加した。新たな平衡状態に達したとき，気体 B と気体 C の分圧が等しくなっていた。追加した気体 A の物質量は何 mol か。有効数字 2 桁で求めよ。

Ⅱ　触媒の存在下で，酢酸 CH_3COOH とエタノール C_2H_5OH を反応させると，酢酸エチル $CH_3COOC_2H_5$ と水 H_2O が生じる。この反応は酢酸やエタノールが全て消費されるまで進行することはなく，ある程度の時間がたつと平衡状態に達する。

$$CH_3COOH + C_2H_5OH \rightleftarrows CH_3COOC_2H_5 + H_2O$$

平衡状態では，酢酸，エタノール，酢酸エチルおよび水の混合溶液となっている。

問1　酢酸 1.05 mol とエタノール 1.44 mol を混合して 25℃に保っておいたところ，しばらくすると平衡状態に達した。このとき，混合溶液の中には 0.25 mol の酢酸が含まれていることがわかった。この反応における 25℃での平衡定数 K はいくらか。有効数字 2 桁で求めよ。

問2　酢酸エチル 2.00 mol と水 2.00 mol を混合して 25℃に保っておいたところ，しばらくすると平衡状態に達した。このとき，混合溶液の中には何 mol の酢酸エチルが含まれているか。有効数字 2 桁で求めよ。

問3　問2の平衡状態で，さらに水 3.00 mol を混合して 25℃に保っておいたところ，酢酸エチルの量は再び変化し，やがて平衡状態に達した。このとき，混合溶液の中には何 mol の酢酸エチルが含まれているか。有効数字 2 桁で求めよ。

――――――――――――――（Ⅰ 川崎医科大　Ⅱ 大阪工大〈改〉）

第 124 問 　ルシャトリエの平衡移動の原理

次の反応が平衡状態にあるとき，（　　）内のように条件を変化させると，平衡はどのように移動するか。

*☑ (1)　$N_2 + 3H_2 \rightleftarrows 2NH_3$　　$\Delta H = -92\,kJ$　　（加熱する）

*☑ (2)　$2CO + O_2 \rightleftarrows 2CO_2$　　（加圧する）

*☑ (3)　$2HI \rightleftarrows H_2 + I_2$　　（H_2 を加える）

*☑ (4)　$CO_2 + C(固体) \rightleftarrows 2CO$　　（減圧する）

*☑ (5)　$CH_3COOH \rightleftarrows CH_3COO^- + H^+$　　（CH_3COONa を加える）

*☑ (6)　$N_2 + 3H_2 \rightleftarrows 2NH_3$　　（体積一定で He を加える）

*☑ (7)　$N_2 + 3H_2 \rightleftarrows 2NH_3$　　（圧力一定で He を加える）

第 125 問 　化学平衡と平衡移動

気体 A_2 と気体 B_2 は反応して気体 AB_2 になる。気体 A_2，B_2，AB_2 の間には次の平衡が成立する。

$$A_2 + 2B_2 \rightleftarrows 2AB_2$$

*☑ **問1**　圧力に比例して体積が変化する容器内に，1.0 mol の気体 A_2 と 2.0 mol の気体 B_2 を入れ 200 ℃，$1.0 \times 10^5\,Pa$ で平衡にさせたところ，容器の体積は反応前の 80 % になった。このとき容器内に存在する気体 AB_2 の物質量はいくらか。有効数字 2 桁で求めよ。

*☑ **問2**　この容器内の圧力を $1.0 \times 10^5\,Pa$ に保ち温度を 100 ℃にした。平衡になったときの気体 A_2 の分圧は $0.20 \times 10^5\,Pa$ であった。このとき容器に存在する気体 AB_2 の物質量はいくらか。有効数字 2 桁で求めよ。

*☑ **問3**　**問1** および **問2** の結果から判断して，この反応は吸熱反応か発熱反応かを記し，その理由を簡潔に述べよ。

*☑ **問4**　図は容器内の気体 A_2 の物質量を時間に対して示したものである。実線で表した曲線は 200 ℃，$1.0 \times 10^5\,Pa$ での気体 A_2 の物質量の変化を示す。温度を 200 ℃に保ち，容器を圧縮して容器内の圧力を $3.0 \times 10^5\,Pa$ にしたときに予想される気体 A_2 の物質量の変化を表す曲線を，図中の a ～ d から選び記号で答えよ。

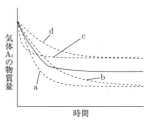

―（岡山大）

第 126 問 化学平衡と様々な条件変化

容積 5.0 L の容器に 1.0 mol の四酸化二窒素 N_2O_4 を封入し，温度を t （℃）に保ったところ，0.50 mol の N_2O_4 が分解して，①で表される平衡状態となった。

$$N_2O_4 \rightleftharpoons 2NO_2 \qquad \cdots\cdots ①$$

なお，この反応の正反応の反応エンタルピーは，次のように表される。

$$N_2O_4（気）\longrightarrow 2NO_2（気）\qquad \Delta H = 57.2 \ kJ$$

問1 t （℃）における①の平衡定数 K はいくらか。有効数字 2 桁で求めよ。

問2 下線部の容器に N_2O_4 を 5.0 mol 追加し，温度を t （℃）に保ったところ，再び①で表される平衡状態となった。このとき，容器中に存在する N_2O_4 の物質量は何 mol か。有効数字 2 桁で求めよ。

問3 下線部の容器を用いた場合の①の平衡状態に関して，(1)と(2)に答えよ。

(1) 温度を t （℃）より高くしたとき，平衡定数 K の値はどうなるか。「大きくなる」，「小さくなる」，「変わらない」のいずれかで答えよ。

(2) ①の平衡状態に達した後，容器内の温度を t （℃）に保った状態でアルゴン Ar を注入すると，平衡はどのように移動するか。

問4 下線部の容器の代わりに，右図に示す体積が自由に変えられるピストンがついた容器を用いた場合の①の平衡状態に関して，(1)～(3)に答えよ。

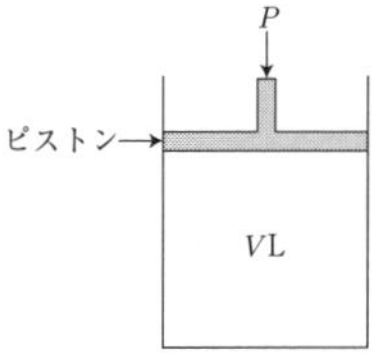

(1) 温度を t （℃）に保ったまま，容器の体積が 1/2 倍になるまでピストンを押し下げると，平衡定数 K の値はどうなるか。「大きくなる」，「小さくなる」，「変わらない」のいずれかで答えよ。

(2) (1)の過程において，ピストンを押し下げる前の容器内の全圧を P_0，体積を 1/2 倍にしたのち①の平衡状態に達したときの容器内の全圧を P_1 とする。以下の(ア)～(ウ)の中から P_1 と P_0 の関係について正しいものを 1 つ選び，記号で答えよ。

(ア) P_1 は P_0 のちょうど 2 倍である。

(イ) P_1 は P_0 の 2 倍より小さい。

(ウ) P_1 は P_0 の 2 倍より大きい。

(3) ①の平衡状態に達した後，容器内の温度を t （℃）に保ち，全圧を一定に保った状態でアルゴン Ar を注入すると，平衡はどのように移動するか。

―――――――――――――――――――――――――――（東京薬科大〈改〉）

第 127 問　気体平衡と圧平衡定数

　エタンは約 800 ℃でエチレンと水素に分解する。このエタンの熱分解反応は次式で表される可逆反応である。

$$C_2H_6 \rightleftarrows C_2H_4 + H_2$$

　この反応が平衡状態にあるとき，反応混合物中の気体のモル濃度 (mol/L) を，それぞれ，$[C_2H_6]$，$[C_2H_4]$，$[H_2]$ とすれば，濃度平衡定数 K_c は，$K_c = （\textbf{ア}）$ で与えられる。一方，反応混合物中の気体の分圧 (Pa) を，それぞれ $P_{C_2H_6}$，$P_{C_2H_4}$，P_{H_2} とすれば，分圧で表した平衡定数 K_p は，$K_p = （\textbf{イ}）$ で与えられる。この K_p を圧平衡定数と呼ぶ。各気体を理想気体とみなし，温度 (K) を T，気体定数 (L·Pa/mol·K) を R とすれば，濃度平衡定数 K_c と圧平衡定数 K_p の間には，$K_c = （\textbf{ウ}）\, K_p$ の関係がある。気相反応を考える場合には，圧平衡定数を用いることが多い。

　容積一定の反応容器にエタンを 1.0 mol 入れ，温度を 690 ℃に保ったところ，全圧は 1.0 × 10^5 Pa であった。この容器に細かく粉砕した固体触媒を加えて反応を開始させ，同じ温度で平衡に達するまで反応させた。このとき，熱分解したエタンの物質量を a (mol) とし，平衡に達したときの全圧を P (Pa) とする。加えた触媒の体積を無視すると，a と P の間には，$P = （\textbf{エ}）$ の関係が成り立つ。この関係式を用いると，K_p を a だけの式で表すことができる。$K_p = （\textbf{オ}）\ \mathrm{Pa}$

　690 ℃では，$K_p = \dfrac{1}{6} \times 10^5\ \mathrm{Pa}$ である。したがって，a および P の値を有効数字 2 桁で求めると，$a = （\textbf{カ}）$，$P = （\textbf{キ}）$ となる。

* ☑ **問1**　空欄（**ア**）〜（**ウ**）に適当な式を入れよ。
* ☑ **問2**　空欄（**エ**）と（**オ**）に入る適当な式を a だけを用いて表せ。
* ☑ **問3**　空欄（**カ**）と（**キ**）に適当な数値を入れよ。

―――――――――――――――――――――――――――――――――――（筑波大）

第 128 問　四酸化二窒素の解離平衡

　四酸化二窒素 N_2O_4 をピストンのついた密閉のシリンダーに入れ，一定温度のもとに放置しておくと，次のように解離して平衡状態に達する。

$$N_2O_4(気) \rightleftarrows 2NO_2(気) \qquad\qquad\qquad \cdots\cdots①$$

このとき，それぞれの気体の分圧を $P_{N_2O_4}$，P_{NO_2} で表すと，次の関係が成立する。

$$K_p = \frac{(P_{NO_2})^2}{P_{N_2O_4}} \qquad\qquad\qquad\qquad \cdots\cdots②$$

　K_p を圧平衡定数といい，温度が変わらないと変わらない。いま，N_2O_4 0.020 mol を密閉されたシリンダーに入れ，1.0×10^5 Pa，27℃で放置したところ平衡状態に達し，0.60 L の体積を示した。

問1　平衡状態に達したとき，N_2O_4 の解離度を α とすると，シリンダーの中の全気体の物質量は α を用いてどのような式で表されるか。

問2　平衡状態に達したとき，N_2O_4 の解離度 α はいくらか。理想気体の状態方程式を用いてその数値を有効数字2桁で求めよ。ただし，気体定数を 8.3×10^3 L・Pa/mol・K とする。

問3　平衡状態で N_2O_4 の解離度を α とすると，N_2O_4 および NO_2 の分圧は α を用いてそれぞれどのような式で表されるか。

問4　平衡状態で N_2O_4 の解離度を α とすると，圧平衡定数 K_p は α を用いてどのような式で表されるか。

問5　圧平衡定数 K_p はいくらか。その数値を有効数字2桁で求めよ。

問6　27℃，1.0×10^5 Pa での①式の反応について，それぞれの気体のモル濃度(mol/L)を用いて表した平衡定数 K_c は，N_2O_4 の解離度を α とすると，次のどの式で表されるか。記号で答えよ。

(ア) $\dfrac{15}{2(1-\alpha)}$ 　　(イ) $\dfrac{3(1-\alpha)}{70\alpha}$ 　　(ウ) $\dfrac{\alpha^2}{63(1+\alpha)}$

(エ) $\dfrac{3(1-\alpha)}{23\alpha^2}$ 　　(オ) $\dfrac{2\alpha^2}{15(1-\alpha)}$ 　　(カ) $\dfrac{8\alpha}{27(1+\alpha)}$

(キ) $\dfrac{3\alpha^2}{1-\alpha}$

問7　シリンダーの圧力を 1.0×10^5 Pa のまま，温度を100℃に上げて放置したところ，N_2O_4 が89%解離して平衡状態に達した。$N_2O_4(気) \longrightarrow 2NO_2(気)$ の反応は，発熱反応か，吸熱反応かを書け。また，その理由をルシャトリエの原理を用いて50字以内で説明せよ。

――――――――――――――――――――――――――――――（神戸薬科大）

第 129 問　弱酸の電離平衡

酢酸(CH_3COOH)を純水に溶かすと，式(1)のような電離平衡が成り立つ。

$$CH_3COOH \rightleftharpoons CH_3COO^- + H^+ \quad \cdots\cdots(1)$$

酢酸水溶液中のCH_3COOH，CH_3COO^-，H^+のモル濃度をそれぞれ $[CH_3COOH]$，$[CH_3COO^-]$，$[H^+]$ とすると，酢酸の電離定数K_aは，$[CH_3COOH]$，$[CH_3COO^-]$，$[H^+]$ を用いて，式(2)のように表される。

$$K_a = （\text{a}） \quad \cdots\cdots(2)$$

K_aは温度が一定であれば一定値となり，例えば 25℃で $K_a = 2.6 \times 10^{-5}$ mol/L である。

　いま，酢酸水溶液中で成り立っている電離平衡が式(1)のみであると考えると，酢酸を溶かして C (mol/L)とした酢酸水溶液中の $[CH_3COOH]$，$[CH_3COO^-]$，$[H^+]$ は，C と酢酸水溶液中の酢酸の電離度αを用いて式(3)，(4)のように表される。

$$[CH_3COOH] = （\text{b}） \quad \cdots\cdots(3) \qquad [CH_3COO^-] = [H^+] = （\text{c}） \quad \cdots\cdots(4)$$

したがって，式(2)～(4)より，電離定数K_aはCとαを用いて式(5)のように表される。

$$K_a = （\text{d}） \quad \cdots\cdots(5)$$

ここで，電離度αが 1 よりもはるかに小さいとみなせるとき，電離度αはCとK_aを用いて式(6)のように表すことができる。$\alpha = （\text{e}） \quad \cdots\cdots(6)$

(ア)式(6)は，酢酸の濃度Cが大きくなるほど，電離度αは小さくなることを示している。また，式(6)と式(4)より，酢酸水溶液の $[H^+]$ は，CとK_aを用いて式(7)のように表すことができる。

$$[H^+] = （\text{f}） \quad \cdots\cdots(7)$$

*☐ **問 1**　文中の （ a ）～（ f ）に当てはまる最も適当な式を記せ。

☐ **問 2　下線部(ア)について，酢酸の電解度αが式(6)で表されるとき，酢酸のモル濃度 C (mol/L)を 2 倍にすると，電離度αの値は何倍になるか。答えは有効数字 2 桁で求めよ。ただし，$\sqrt{2} = 1.4$ とする。

*☐ **問 3**　25℃において，0.10 mol/L の酢酸水溶液の pH はいくらになるか。答えは小数第 2 位まで求めよ。ただし，$\log 2.6 = 0.42$ とする。

—（甲南大〈改〉）

第 130 問　緩衝液とその性質　I

　酢酸および酢酸ナトリウムは共に水溶液中では電離するが，酢酸ナトリウムの電離度がほぼ 1 であるのに対し，酢酸の電離度はその電離定数(1.8×10^{-5} mol/L)が示すように非常に小さい。

(1)式の平衡が成立している酢酸水溶液に酢酸ナトリウムを加えると（　ア　）の濃度が増加するので(1)式の平衡は（　イ　）へ移動して新しい平衡状態になる。

$$CH_3COOH \rightleftharpoons H^+ + CH_3COO^-$$ ……(1)

この場合，CH_3COO^-の濃度は（　ウ　）の濃度に等しいとみなすことができる。この酢酸と酢酸ナトリウムとの混合溶液に少量の酸を加えると(1)式の平衡は（　エ　）へ移動するので，加えた（　オ　）が消費され，また少量の塩基を加えると(2)式の反応が起こり加えた（　カ　）が消費される。

$$（　カ　）+（　キ　） \rightleftharpoons （　ク　）+ H_2O$$ ……(2)

したがって，酢酸と酢酸ナトリウムの混合水溶液に少量の酸あるいは塩基を加えても，溶液の水素イオン濃度の変化は非常に小さいことになる。

問1 （　ア　）～（　ク　）にあてはまる最も適切な語句をa～iから一つ選べ。同じものを何回使ってもよい。

a CH_3COOH　　b CH_3COO^-　　c H^+　　d CH_3COONa　　e OH^-
f $NaOH$　　g H_2O　　h 左　　i 右

問2 水に1.0×10^{-1} molの酢酸と1.0×10^{-2} molの酢酸ナトリウムを加え，1.0 Lとした水溶液中の水素イオン濃度は何mol/Lか。答えは有効数字2桁で求めよ。

—————————————————————————————（上智大）

第 131 問　緩衝液とその性質 II

緩衝液は，酸や塩基を加えてもpHがほとんど変化しない溶液で，弱酸とその塩あるいは弱塩基とその塩を含む混合溶液として作ることができる。例えば，0.1 mol/Lのアンモニア水 10 mL と 0.1 mol/L の塩化アンモニウム水溶液 20 mL を混ぜると，pH 9.2 を維持する緩衝液を作ることができる。

アンモニア水の電離平衡は（　A　）のように表される。また，塩化アンモニウムは水中で完全電離するので（　B　）のように表される。

アンモニアと塩化アンモニウムの緩衝液では（　B　）の反応で生じる多量の（　ア　）のために，アンモニア水だけの場合に比べpHは（　イ　）なる。この緩衝液に酸のH^+を加えると（　C　）の反応により溶液のpHはほとんど変化しない。また，塩基のOH^-を加えると（　D　）の反応により溶液中のpHはほとんど変化しない。

問1 文章中の（　A　）～（　D　）について，電離を表す式や化学反応式を記せ。

問2 文章中の（　ア　），（　イ　）に，適当な語句を入れよ。

問3 文章中の（　ア　）が，水と反応してもとの弱塩基を生じる変化を塩の何というか。記せ。

—————————————————————————————（立命館大）

第 132 問　緩衝液のpH

　水に強酸や強塩基を少量加えるだけで，pHは大きく変化する。例えば，25℃の純粋な水のpHは7.0であるが，1.0Lの水に1.0 mol/Lの塩酸1.0 mLを加えるとpHは3.0となる。また，1.0Lの水に1.0 mol/Lの水酸化ナトリウム水溶液1.0 mLを加えるとpHは（　ア　）となる。

　一方，弱酸とその塩の混合水溶液，あるいは弱塩基とその塩の混合水溶液は，その中に酸または塩基が少量混入しても，pHの値がほぼ一定に保たれる作用（緩衝作用）がある。そのような水溶液を緩衝液とよび，一定に保ちたいpHの値に応じて(i)さまざまな緩衝液を用いることができるが，ここでは酢酸と酢酸ナトリウムからなる緩衝液のはたらきについて考えてみる。

　酢酸は水溶液中で，式(1)の電離平衡にあり，その電離定数 K_a は式(2)で表される。酢酸は弱酸であり，K_a は 2.0×10^{-5} mol/L と小さい。

$$CH_3COOH \rightleftarrows CH_3COO^- + H^+ \qquad \cdots\cdots(1)$$

$$K_a = \frac{[CH_3COO^-][H^+]}{[CH_3COOH]} \qquad \cdots\cdots(2)$$

　式(1)の電離平衡および式(2)は酢酸水溶液に酢酸ナトリウムを加えた混合水溶液でも成り立つ。(ii)濃度0.20mol/Lの酢酸水溶液100mLと，0.10mol/Lの酢酸ナトリウム水溶液100mLを混合した水溶液を作った。この混合水溶液中では，酢酸ナトリウムはほぼ完全に電離し，酢酸はほとんど電離していないと考えてよい。この混合水溶液に酸を加えると式(3)の反応が進み，加えた酸が酢酸イオンによって消費される。逆に，塩基を加えると式(4)の反応が進み，加えた塩基が酢酸によって消費される。

$$CH_3COO^- + H^+ \longrightarrow CH_3COOH \qquad \cdots\cdots(3)$$

$$CH_3COOH + OH^- \longrightarrow CH_3COO^- + H_2O \qquad \cdots\cdots(4)$$

　加えた酸および塩基の量に比べて，溶液中にあらかじめ存在する酢酸イオンおよび酢酸の量が十分多い場合には $\dfrac{[CH_3COO^-]}{[CH_3COOH]}$ の変化，つまりpHの変化が小さくなるので緩衝液として機能する。

問1　（　ア　）にあてはまる値を小数第1位まで示せ。ただし，水酸化ナトリウム水溶液を加えたときの溶液の体積変化は無視してよい。

問2　下線部（i）について，次の(a)〜(d)に示す2成分を1：1の物質量の比で含む混合水溶液のうち，緩衝液に分類できるものはどれか，全て選んで記号で答えよ。

(a)　NH_4Cl/HCl　　　(b)　Na_2HPO_4/NaH_2PO_4　　　(c)　$NaHCO_3/H_2CO_3$

(d)　KCl/KOH

問3　下線部（ii）の水溶液のpHを小数第1位まで求めよ。ただし，log2 = 0.30，log3 = 0.48とする。

問4 下線部(ⅱ)の水溶液に，1.0 mol/L の塩酸 5.0 mL，あるいは 1.0 mol/L の水酸化ナトリウム水溶液 5.0 mL を加えたときの pH をそれぞれ小数第 1 位まで求めよ。

—（北海道大）—

第133問 塩の加水分解

C mol/L の酢酸ナトリウム水溶液の水素イオン濃度を求めたい。

酢酸ナトリウム水溶液では，酢酸イオンは加水分解して次のような平衡状態になっている。

$$CH_3COO^- + H_2O \rightleftharpoons CH_3COOH + OH^- \quad \cdots ①$$

この平衡の平衡定数を K とする。この時，水溶液中の水の濃度 $[H_2O]$ は十分大きく，定数と見なすことができるので，$K_h = K[H_2O]$ とおくことができる。K_h を①式の反応物と生成物の濃度で表すと，

$$K_h = （\text{ a }） \quad \cdots ②$$

となる。②式の右辺の分母と分子に $[H^+]$ をかけて整理すると，K_h は酢酸の電離定数 K_a と水のイオン積 K_w を用いて次のように表すことができる。

$$K_h = （\text{ b }） \quad \cdots ③$$

一方，C mol/L の酢酸ナトリウムが電離して生成した酢酸イオンのうち，x mol/L が加水分解して平衡に達したとすると，$[CH_3COOH] = [OH^-] = x$ mol/L となる。この時の $[CH_3COO^-]$ は（ c ）mol/L で表されるが，C が x に対して十分大きいので $[CH_3COO^-]$ ≒ C mol/L と近似できる。従って，②式にこれらを代入すると K_h は C と x を用いて次のように表すことができる。

$$K_h = （\text{ d }） \quad \cdots ④$$

③式と④式は共に K_h を表しているので，③式＝④式として，これを変形すると，

$$x = \sqrt{（\text{ e }）} \cdots ⑤$$

$x = [OH^-]$ なので，K_w を表す式に⑤式を代入して変形すると，$[H^+]$ を C，K_a，K_w を用いて次のように表すことができる。

$$[H^+] = \sqrt{（\text{ f }）} \quad \cdots ⑥$$

問1 文中の空欄（ a ）〜（ f ）にあてはまる適切な式を書け。

問2 0.070 mol/L の酢酸ナトリウム水溶液の pH を求めよ。なお，$K_a = 2.8 \times 10^{-5}$ (mol/L)，$K_w = 1.0 \times 10^{-14}$ (mol²/L²)，$\log 2 = 0.30$ とし，答えは小数点以下第 1 位まで求めよ。

—（京都府立大）—

第 134 問　酢酸の中和と溶液のpH

濃度 0.10 mol/L の酢酸水溶液 20 mL をコニカルビーカーに入れ，この溶液に，ビュレットから濃度 0.10 mol/L の水酸化ナトリウム水溶液を滴下して中和滴定を行った。なお，溶液の温度は一定に保たれるものとし，その温度における酢酸の電離定数を $K_a = 2.0 \times 10^{-5}$ mol/L，水のイオン積を $K_w = 1.0 \times 10^{-14}$ (mol^2/L^2) とする。

問1　酢酸水溶液と水酸化ナトリウム水溶液を混合したときに起こる中和反応を化学反応式で示せ。

問2　右の図は上の中和滴定におけるpH変化を表した概略図である。図中の点 A ～ D について，それぞれの pH を小数第1位まで求めよ。必要であれば log2 = 0.30，log3 = 0.48 を用いよ。

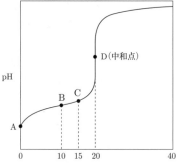

第 135 問　アンモニアの中和と溶液のpH

0.10 mol/L のアンモニア水 20 mL に 0.10 mol/L の塩酸を少量ずつ滴下し，塩酸の滴下量(a) 0 mL，(b) 10 mL，(c) 20 mL，(d) 40 mL に対応する混合溶液のpHをそれぞれ以下の手順で計算した。空欄（1）～（7）には適当な式を，空欄（ア）～（ク）には適当な数値を記入せよ。ただし，アンモニアの電離定数 K_b，および水のイオン積 K_w は下記の値をとるものとする。また，必要ならば $\sqrt{2} = 1.4$，$\log_{10}2 = 0.30$，$\log_{10}3 = 0.48$，$\log_{10}5 = 0.70$，$\log_{10}7 = 0.85$ を用い，計算値は有効数字2桁で答えよ。

$$K_b = \frac{[NH_4^+][OH^-]}{[NH_3]} = 2.0 \times 10^{-5} \text{ mol/L}$$

$$K_w = [H^+][OH^-] = 1.0 \times 10^{-14} (mol/L)^2$$

(a)の溶液について考える。

アンモニア水の濃度を C (mol/L)，電離度を α で表すと，$[NH_3]$，$[NH_4^+]$，$[OH^-]$ はそれぞれ，（1）mol/L，（2）mol/L，（3）mol/L と表すことができる。α が1に比べて極めて小さいとして近似を行うと，$[OH^-]$ は K_b および C を用いて（4）mol/L と表される。したがって，$[OH^-] = $（ア）mol/L となり，pHは（イ）と計算される。

(b)の溶液について考える。

アンモニアの電離定数の定義式より，$[OH^-]$ は（5）と表される。$[NH_3] / [NH_4^+]$ の値は（ウ）であるから，$[OH^-] = $（エ）mol/L となり，pHは（オ）と計算される。

(c)の溶液について考える。

中和後に生じている NH_4^+ の平衡を表す式，$NH_4^+ + H_2O \rightleftarrows$（ 6 ）を考える。$[NH_3]$ が $[NH_4^+]$ に比べて極めて小さいとすると，$[H^+]$ は K_b，K_w およびび $[NH_4^+]$ を用いて（ 7 ）mol/L と表される。したがって，pH は（ **カ** ）と計算される。

(d)の溶液について考える。

中和されずに残っている HCl の濃度から，$[H^+]$ ＝（ **キ** ）mol/L であり，pH は（ **ク** ）と計算される。

——————————————————————————————（関西学院大〈改〉）

第 136 問　溶解度積

難溶性の塩 A_nB_m がある。これを純水に入れよくかき混ぜると，ごくわずかに溶けて飽和水溶液になる。この飽和水溶液では，溶解した微量の A_nB_m が A^{p+} と B^{q-} に電離し，固体の A_nB_m と水溶液中の A^{p+} および B^{q-} の間に，次のような電離平衡が成り立つ。

$$A_nB_m（固体）\rightleftarrows nA^{p+} + mB^{q-} \qquad\qquad \cdots\cdots (1)$$

このとき，飽和水溶液中の A イオンのモル濃度 $[A^{p+}]$ の n 乗と B イオンのモル濃度 $[B^{q-}]$ の m 乗の積 $[A^{p+}]^n[B^{q-}]^m$ は，温度が変わらなければ，常に一定に保たれている。この積 K_{sp} を A_nB_m の溶解度積という。

$$K_{sp} = [A^{p+}]^n[B^{q-}]^m \qquad\qquad \cdots\cdots (2)$$

*☐ **問 1**　次の難溶性塩の飽和水溶液における電離平衡を(1)式にならって記し，溶解度積 K_{sp} を(2)式にならって記せ。

　　　① 　硫酸バリウム　　② 　クロム酸銀

☐ **問 2　硫酸バリウムは，25℃で純水 100 mL に 2.33×10^{-4} g 溶けて飽和する。この水溶液中では完全に電離しているものとして，25℃における硫酸バリウムの溶解度積を有効数字 2 桁で，単位をつけて求めよ。ただし，硫酸バリウムの溶解による溶液の体積変化は無視できるものとする。また，式量は $BaSO_4 = 233$ とする。

☐ **問 3　1.0×10^{-3} mol/L の塩化カルシウム水溶液 10 mL に 2.0×10^{-3} mol/L の硫酸マグネシウム水溶液 10 mL を加えて混合した。25℃において硫酸カルシウムの沈殿が生じるかどうかを判断せよ。ただし，25℃における硫酸カルシウムの溶解度積は 2.2×10^{-5} mol²/L² とする。

☐ **問 4　25℃において，塩化銀の飽和水溶液 1.0 L に塩化カリウムを 0.0746 g 加えたときの銀イオンの濃度を有効数字 2 桁で，単位をつけて求めよ。ただし，25℃における塩化銀の溶解度積は 1.8×10^{-10} mol²/L² とし，塩化銀および塩化カリウムの溶解による溶液の体積変化は無視できるものとする。また，式量は $KCl = 74.6$ とする。

——————————————————————————————（日本女子大）

第 137 問　硫化水素の電離平衡と硫化物の沈殿

硫黄の水素化合物である硫化水素(H_2S)は水に溶けて，水溶液中では次のように 2 段階に電離する。

$$H_2S \rightleftharpoons H^+ + HS^- \qquad\qquad \cdots\cdots (1)$$

$$HS^- \rightleftharpoons H^+ + S^{2-} \qquad\qquad \cdots\cdots (2)$$

(1)，(2)式の電離定数 K_1，K_2 は，それぞれ

$$K_1 = \frac{[H^+][HS^-]}{[H_2S]}, \quad K_2 = \frac{[H^+][S^{2-}]}{[HS^-]}$$

と与えられる。これらより，(a)<u>(3)式の電離定数 K が求まる。</u>

$$H_2S \rightleftharpoons 2H^+ + S^{2-} \qquad\qquad \cdots\cdots (3)$$

生成した硫化物イオン(S^{2-})と金属イオンが反応して，難溶性の硫化物沈殿を生じる場合がある。このとき，硫化物沈殿が溶解平衡の状態にあれば，その水溶液中に溶けている金属イオンの濃度と硫化物イオンの濃度の積が一定となる。銅(II)イオンを含む水溶液 X（$[Cu^{2+}] = 1.0 \times 10^{-4}$ mol/L）と，マンガン(II)イオンを含む水溶液 Y（$[Mn^{2+}] = 1.0 \times 10^{-4}$ mol/L）にそれぞれ硫化水素ガスを通じると，(b)<u>水溶液の pH を適当な同じ値に設定しておけば，片方の水溶液にのみ沈殿が生じる。</u>また，(c)<u>沈殿の生じなかった水溶液の pH を調節すれば，この溶液中にも沈殿が生じるようになる。</u>

* ☑ **問 1**　(1)，(2)式の電離定数 K_1，K_2 をそれぞれ 9.6×10^{-8} mol/L，1.0×10^{-14} mol/L とすると，下線部(a)の電離定数 K はいくらか。答えは有効数字 2 桁で求め，単位とともに記せ。

** ☑ **問 2**　0.10 mol/L の塩酸水溶液に硫化水素ガスを通じて飽和させた場合，硫化物イオンのモル濃度はいくらか。ただし，硫化水素の飽和濃度は 0.10 mol/L とし，答えは有効数字 2 桁で求めよ。

** ☑ **問 3**　下線部(b)において，水溶液 X および水溶液 Y の pH が 1.0 であるとき（塩酸酸性），硫化水素ガスを飽和させることにより沈殿が生じるのはどちらの水溶液か。ただし，硫化銅(II)沈殿が溶解平衡にあるときの水溶液中の銅(II)イオン濃度と硫化物イオン濃度の積を 6.0×10^{-36} mol^2/L^2，硫化マンガン(II)沈殿の場合のマンガン(II)イオン濃度と硫化物イオン濃度の積を 3.0×10^{-13} mol^2/L^2 とする。

** ☑ **問 4**　下線部(c)において，沈殿が生じなかった水溶液を弱塩基性にしたところ，硫化物沈殿が生じた。水溶液を弱塩基性にすることで，なぜ沈殿が生じるのか。50 字以内で説明せよ。

――（東北大）

第 138 問　モール法

沈殿滴定法（モール法）を用いて，試料に含まれる塩化物イオンの濃度を求めるために，以下の操作を行った。なお，25℃における AgCl の溶解度積 K_{SP} ＝ ［Ag^+］［Cl^-］ ＝ 1.8 × 10^{-10} $(mol/L)^2$，Ag_2CrO_4 の溶解度積 K_{SP} ＝ ［Ag^+］^{2}［$CrO_4{}^{2-}$］ ＝ 3.6 × 10^{-12} $(mol/L)^3$ とする。

［操作］　市販のしょう油 10.0 mL をホールピペットではかり取り，蒸留水を加えて 1.00 L の溶液 A を調製した。溶液 A 10.0 mL をホールピペットを使ってコニカルビーカーにとり，指示薬 K_2CrO_4 2.50 × 10^{-5} mol を含む微量の水溶液を加えた。撹拌している溶液 A にビュレットを使って 2.00 × 10^{-2} mol/L の $AgNO_3$ 水溶液を 1 滴滴下すると，溶液が (a) 白色にうすくにごり，AgCl の生成が確認できた。さらに滴下しつづけるとにごりが増していき，15.0 mL 加えたとき，(b) うすい暗赤色の Ag_2CrO_4 の沈殿が生じはじめたため，滴定の終点とした。

問1　下線部(a)において，先に AgCl が沈殿する理由として正しいものを以下の①～④の中からすべて選び，記号で答えよ。

①　AgCl は Ag_2CrO_4 よりも水に対する溶解度が小さいから

②　AgCl は Ag_2CrO_4 よりも水に対する溶解度が大きいから

③　AgCl は Ag_2CrO_4 よりも小さな［Ag^+］の値で沈殿するから

④　AgCl は Ag_2CrO_4 よりも大きな［Ag^+］の値で沈殿するから

問2　下線部(b)における溶液中の［Ag^+］を有効数字 2 桁で求めよ。

問3　市販のしょう油 10.0 mL 中に含まれる NaCl の質量（g）を有効数字 2 桁で求めよ。ただし，原子量は Na ＝ 23，Cl ＝ 35.5 とし，Cl^- はすべて NaCl 由来とする。

――――――――――――――――――――――――――――――――（岐阜大）

第12章　無機化合物の性質（非金属元素）

第139問　ハロゲンの単体

周期表（A）族のフッ素，塩素，臭素およびヨウ素などの元素はハロゲンと呼ばれる。これらの元素の単体は2原子分子からできていて，常温で（B）と（C）は気体，（D）は液体，（E）は固体である。

ハロゲン原子の価電子は（F）個で，電気陰性度は大きく1価の（G）になりやすい。また，単体の酸化力は（H）＞（I）＞（J）＞（K）の順に弱くなる。したがって，①臭化カリウム水溶液に塩素ガスを吹き込むと反応が容易におこる。フッ素は②水と反応し，気体を発生する。塩素は③水に溶け，強い酸化作用を持つ次亜塩素酸を生成する。塩素を水酸化カルシウムに吸収させてつくられた漂白剤である（L）に④塩酸を加えると再び塩素が発生する。ヨウ素は水には溶けにくいが，（M）水溶液には⑤よく溶けて褐色の溶液となる。

- *☑ **問1**　（A）～（M）に適切な物質名，語句あるいは数字を記入せよ。
- *☑ **問2**　下線部①の化学反応式を書け。
- *☑ **問3**　下線部②の化学反応式を書け。
- **☑ **問4**　下線部③の次亜塩素酸のように分子中に酸素原子を含む酸をオキソ酸という。このような塩素のオキソ酸を他に3つあげ，それぞれの名称と化学式を書け。
- *☑ **問5**　下線部④の化学反応式を書け。
- **☑ **問6**　下線部⑤の化学反応式をイオン式を用いて書け。

―――――（宮崎大〈改〉）

第140問　塩素，塩化水素の製法

塩素ガスを発生させるためには(ア)酸化マンガン(Ⅳ)に濃塩酸を加えて加熱する。発生した気体は塩化水素を除くため，はじめに洗気びんに入れた（イ）の中に通す。続いて洗気びんに入れた（ウ）の中に通して塩素を乾燥させた後，（エ）置換で捕集する。また，塩素ガスは白金電極を用いて塩化銅(Ⅱ)水溶液を電気分解することによっても，（オ）極側から得られる。

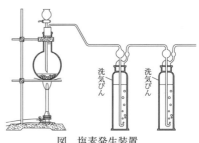

図　塩素発生装置

一方，代表的な塩素化合物である塩化水素は，(カ)塩化ナトリウムに濃硫酸を加えて穏やかに加熱すると気体として発生する。(キ)塩化水素はフッ化水素に比べ沸点が低いが，

単体の塩素は単体のフッ素より沸点が高い。

　塩化水素を含む水溶液に硝酸銀水溶液を加えると，難溶性塩である塩化銀が沈殿する。一般に(ク)ハロゲン化銀は光によって黒くなる性質があり，写真フィルムの感光剤には臭化銀が利用されている。

*☐ **問1**　下線部(ア)の塩素ガスを発生させる反応を化学反応式で示せ。

*☐ **問2**　（イ）〜（オ）に適切な語句を記せ。

*☐ **問3**　下線部(カ)の塩化水素を発生させる反応を化学反応式で示せ。

☐ **問4　下線部(キ)の理由を簡潔に述べよ。

☐ **問5　下線部(ク)について，臭化銀の光により引きおこされる反応を化学反応式で示せ。

——（大阪大〈改〉）

第141問　酸素と過酸化水素

　酸素は，空気中に窒素に次いで多く存在する無色無臭の気体である。工業的には液体空気を分留することにより得られるが，実験室では，(a)過酸化水素水に酸化マンガン(IV)を触媒として加えることにより得られる。空気中または酸素中で放電するか，酸素に強い紫外線を当てると，酸素の同素体であるオゾンが得られる。オゾンは，(b)強い酸化作用を示すので，繊維の漂白などに用いられている。

　酸素の生成に用いた濃度不明の過酸化水素水の濃度を求めるため，(c)過マンガン酸カリウム水溶液による滴定を行った。濃度不明の過酸化水素水 10.0 mL をホールピペットを用いてはかりとり，コニカルビーカーに移した。硫酸を加えて酸性にしたのち，0.0200 mol/L の過マンガン酸カリウム水溶液をビュレットから滴下したところ，(d)完全に反応させるのに 16.0 mL が消費された。過酸化水素はここでは還元剤として働いているが，(e)強い酸化剤の存在しない酸性条件下では酸化剤として働き，水が生成する。

*☐ **問1**　下線部(a)の反応を化学反応式で表せ。

☐ **問2　下線部(b)の性質を利用してオゾンを検出するため，ヨウ化カリウムとデンプンの混合水溶液で湿らせたろ紙を用いたところ，ろ紙が青紫色を示した。この変化の主要な酸化還元反応を化学反応式で表せ。

*☐ **問3**　下線部(c)に関して，過酸化水素と過マンガン酸カリウムとの反応を化学反応式で表せ。

☐ **問4　下線部(d)に関して，この滴定に用いた過酸化水素水のモル濃度を有効数字3桁で求めよ。

*☐ **問5**　下線部(e)の働きを表す反応を電子 e^- を含む反応式で表せ。

——（筑波大〈改〉）

第 142 問　硫黄とその化合物

硫黄の単体には，斜方硫黄，単斜硫黄などの（ ア ）がある。硫黄を空気中で燃やすと，刺激臭のある（ イ ）色の二酸化硫黄が発生する。

①二酸化硫黄は水に溶かすと（ ウ ）を生じる。また，この水溶液に（ エ ）色リトマス紙を浸すと（ オ ）色に変化する。

②二酸化硫黄は硫化水素との反応では（ カ ）剤として作用し，単体の硫黄を生じる。また，二酸化硫黄は希硫酸酸性溶液中の過マンガン酸イオンとの反応では（ キ ）剤として作用し，次式の反応のように硫酸イオンを生じる。

$$(\text{a})\, MnO_4^- + (\text{b})\, SO_2 + 2\,H_2O \longrightarrow (\text{a})\, Mn^{2+} + (\text{b})\, SO_4^{2-} + 4\,H^+$$

*☑ 問1　（ ア ）～（ キ ）に適切な語句または物質名を書け。

*☑ 問2　下線①の反応を化学反応式で示せ。

*☑ 問3　下線②の反応を化学反応式で示せ。

*☑ 問4　（ a ），（ b ）に適切な数値を書け。

—— 〈岩手大〈改〉〉

第 143 問　硫酸の製法と性質

単体の硫黄は，火山地帯で産出したり，石油を精製するときに得られる。(a)硫黄は，空気中で点火すると青い炎をあげて燃え，有毒な二酸化硫黄を生じる。また，二酸化硫黄は黄鉄鉱を燃焼させても酸化鉄(Ⅲ)とともに生じる。(b)この二酸化硫黄を（ ア ）を触媒として，空気中の酸素と反応させると三酸化硫黄になる。(c)この三酸化硫黄を濃硫酸に吸収させて（ イ ）にして，さらにこれを希硫酸に加えて濃硫酸にする。このような硫酸の工業的製造法を（ ウ ）法という。

このようにして製造した濃硫酸の性質は以下のとおりである。

① 濃硫酸は，無色で，粘度や密度の大きい不揮発性の液体であるから，揮発性の酸の塩とともに加熱すると，揮発性の酸が遊離してくる。

② 濃硫酸は，OH 基をもつ有機化合物から水を脱離させる脱水作用が強い。

③ 濃硫酸は，強い吸湿性をもち，乾燥剤として用いられる。

④ 濃硫酸は，加熱すると強い（ エ ）を示し，金や白金を除くほとんどの金属と反応して二酸化硫黄を発生する。

*☑ 問1　文章中の（ ア ）～（ エ ）について，適当な語句を入れよ。

*☑ 問2　文章中の下線部(a)～(c)の化学反応式をそれぞれ記せ。また，三つの反応をまとめて一つの化学反応式で表すことができる。この反応式を記せ。

*☑ 問3　硫黄 6.4 kg をすべて濃硫酸（濃度 98 %，密度 1.8 g/cm³）に変えた。この濃硫酸の体積(L)を計算し，有効数字 2 桁で記せ。なお，原子量は H = 1.0，O = 16，S = 32 とする。

問4 下の(1)～(3)は濃硫酸のどの性質を利用しているか。文章中の濃硫酸の性質①～④の中から選べ。

(1) デンプンに濃硫酸を加えると黒色に変化した。

(2) 塩化ナトリウムに濃硫酸を加えて熱したら、反応して塩化水素が発生した。

(3) 銀に濃硫酸を加えて熱したら、反応して二酸化硫黄が発生した。

――――――――――――――――――――（立命館大）

第 144 問　アンモニアの製法と窒素肥料

　窒素は肥料の三要素のひとつであり、アンモニアは窒素肥料の原料として重要な化合物である。アンモニアは刺激臭のある（　ア　）色の気体で、その生成エンタルピーは $-46.1\,kJ/mol$ である。(a)工業的には窒素と水素から直接合成され、この方法を（　イ　）法という。また、実験室では (b)塩化アンモニウムと水酸化カルシウムを混合して加熱することで得られ、（　ウ　）置換で捕集する。アンモニア分子は（　エ　）形の構造をとり、(c)水に溶けやすく、その水溶液は（　オ　）性を示す。

　アンモニアの工業的製法が確立されたことにより、硝酸アンモニウム（硝安）や硫酸アンモニウム（硫安）、(d)アンモニアと二酸化炭素を高温・高圧で反応させて合成される尿素など、さまざまな窒素肥料が大量に得られるようになった。窒素肥料に含まれるアンモニウムイオンの多くは、土壌中の微生物によって硝酸イオンに酸化され、植物に吸収される。このとき、(e)土壌の性質が変化するので、土壌を植物の生育に適した状態にするのに消石灰 $Ca(OH)_2$ が使われる。しかし、(f)硫安を消石灰と混ぜて用いると肥料の効果が減少してしまう。

問1 文章中の（　ア　）～（　オ　）について、適当な語句を書け。

問2 文章中の下線部(a)について、アンモニア製造プロセスについて説明した次の(1)～(3)のうち誤りを含むものを答えよ。

(1) 反応には酸化鉄を主な成分とした触媒が用いられる。

(2) 温度を上げるほど反応の平衡定数が大きくなるため、反応は高温で行われる。

(3) 反応は高圧で行い、特殊な反応容器が用いられる。

問3 文章中の下線部(b)について、化学反応式を書け。

問4 文章中の下線部(c)について、アンモニアの水溶液中での電離平衡式を解答例にならって書け。　（解答例）$HCl + H_2O \rightleftarrows H_3O^+ + Cl^-$

問5 文章中の下線部(d)について、化学反応式を書け。

問6 文章中の下線部(e)について、消石灰を利用する理由を20字程度で書け。

問7 文章中の下線部(f)について、硫安と消石灰との反応を化学反応式で書き、肥料の効果が減少してしまう理由を20字程度で書け。

――――――――――――――――――――（立命館大・埼玉大〈改〉）

第 145 問 硝酸の製法と性質

硝酸の製法のひとつには，(a)硝酸塩に濃硫酸を加え，加熱して硝酸を遊離させる方法がある。また，(b)工業的製法としては，まずアンモニアと空気を混合し，800℃の白金網の間に通じる。このとき白金は（ **ア** ）として働き，アンモニアは式(1)のように酸化されて一酸化窒素になる。

$$4NH_3 + 5O_2 \longrightarrow 4NO + 6H_2O \quad \cdots\cdots (1)$$

つぎに一酸化窒素を冷却後，空気中の酸素と反応させて二酸化窒素とし，最後に式(2)のようにこれを水に吸収させることにより硝酸がつくられる。この製法を（ **イ** ）法という。

$$3NO_2 + H_2O \longrightarrow 2HNO_3 + NO \quad \cdots\cdots (2)$$

硝酸は強酸であるとともに強酸化剤であり，銅を酸化して窒素酸化物を発生させる。(c)一酸化窒素は，実験室では銅に希硝酸を加えて発生させ，（ **ウ** ）置換で捕集する。一酸化窒素は空気中ではすぐに酸化されて（ **エ** ）色の二酸化窒素になる。この(d)二酸化窒素は，実験室では銅に濃硝酸を加えて発生させ，（ **オ** ）置換で捕集する。

*☐ **問1** 文章中の（ **ア** ）～（ **オ** ）に当てはまる最適な語句を書け。

*☐ **問2** 下線部(a)について，硝酸が遊離する理由として最適なものを，次の(1)～(4)のなかから一つ選べ。

(1) 硫酸は硝酸よりも酸化力が強いから。

(2) 硫酸は不揮発性で，硝酸は揮発性だから。

(3) 硝酸のほうが硫酸より強い酸であるから。

(4) 硫酸のほうが硝酸より粘性が高いから。

*☐ **問3** 下線部(b)について，アンモニアから硝酸が生成する過程を一つの化学反応式で書け。

☐ **問4 下線部(c)について，銅と硝酸から一酸化窒素が生成する反応を化学反応式で書け。

☐ **問5 下線部(d)について，銅と硝酸から二酸化窒素が生成する反応を化学反応式で書け。

（鳥取大）

第 146 問 リンの製法とリン肥料

窒素(N)，カリウム(K)と並び肥料の３要素の１つであるリン(P)は，自然界に単体としては存在しない。このため，リンの単体はリン鉱石に含まれるリン酸カルシウム($Ca_3(PO_4)_2$)を原料として次の工程により得られている。

1. (a)リン酸カルシウムを，コークス(C)および石英(SiO_2)と約1500℃で反応させると，ケイ酸カルシウム($CaSiO_3$)が発生し，このとき，一酸化炭素(CO)と気体状のリン(P_4)が発生する。
2. 生成した気体状のリンを水中で凝縮させると黄リンが得られる。

3. 得られた黄リンを鉄製の釜に入れ，空気を遮断して純窒素中で約 250℃の温度で 20
　　〜 30 時間加熱すると赤リンが得られる。
　リンの燃焼で生じる (b) 十酸化四リンに水を加えて加熱するとリン酸が得られる。リン
を肥料として使用する場合，リンを含み，かつ水に可溶な化合物が必要となるが，その条
件を満たす化合物として，水に可溶なリン酸二水素カルシウム($Ca(H_2PO_4)_2$)が挙げられ，
(c)この化合物はリン酸カルシウムと硫酸を反応させて得られる。

*☑ **問 1** 　下線部(a)の反応は以下の反応式で表せる。反応式の係数（ア）〜（ウ）を書け。

$$（ア）Ca_3(PO_4)_2 + （イ）SiO_2 + （ウ）C \longrightarrow （イ）CaSiO_3 + （ウ）CO + P_4$$

*☑ **問 2** 　下線部(b)の化学反応式を書け。

*☑ **問 3** 　下線部(c)の化学反応式を書け。

*☑ **問 4** 　質量パーセント濃度 80.0％のリン酸カルシウムを含むリン鉱石 1.00 kg を処理し
　　　　て，リン酸二水素カルシウムに変化させるには，質量パーセント濃度 60.0％の硫酸
　　　　が何 kg 必要か。ただし，原子量は H = 1.0，O = 16，P = 31，S = 32，Ca = 40
　　　　とし，答えは有効数字 2 桁で求めよ。なお，鉱石中の不純物は硫酸とは反応しないも
　　　　のとする。

　　　　　　　　　　　　　　　　　　　　　　　　　　　　　　　　　　　　　（中央大）

第 147 問　炭素とその化合物

　炭素は（ ア ）族に属する元素で，原子は（ イ ）個の価電子を持っている。同族の元
素には（ ウ ）や（ エ ）などがある。炭素の単体は天然にダイヤモンドや（ オ ）が存
在し，これらは互いに（ カ ）である。ダイヤモンドは全ての炭素原子が（ キ ）結合し
てできた無色の結晶で，あらゆる物質の中で最も（ ク ）い。（ オ ）は光沢のある（ ケ ）
色の結晶で，（ コ ）や（ サ ）をよく通す。この他の炭素の単体には，C_{60} や C_{70} などの
分子式を持つ球状の分子（ シ ）や，木炭や活性炭のようにはっきりした結晶の状態を示
さない（ ス ）がある。

*☑ **問 1** 　文中の空欄（ ア ）〜（ ス ）に適切な語句または数字を入れよ。

*☑ **問 2** 　炭素または炭素化合物が不完全燃焼すると，無色・無臭の水に溶けにくい気体を生
　　　　じる。この気体は人体にとって極めて有毒であるが，その理由を述べよ。

問 3 　不純物を 20 ％含む石灰石がある。この石灰石に，十分量の希塩酸を加え，0℃，1.013
　　　　$\times 10^5$ Pa で 2.4 L の二酸化炭素を発生させたい。不純物は塩酸と反応しないものと
　　　　して，(1)，(2)に答えよ。

*☑ 　(1)　この反応の化学反応式を記せ。

*☑ 　(2)　必要な石灰石の質量を有効数字 2 桁で求めよ。ただし，原子量は C = 12，O =
　　　　16，Ca = 40 とし，発生した二酸化炭素はすべて気体になるものとする。

　　　　　　　　　　　　　　　　　　　　　　　　　　　　　　　　　　（日本女子大）

第 148 問　ケイ素とその化合物

　ケイ素は，地殻中に2番目に多い元素として存在し，岩石や鉱物中に二酸化ケイ素またはケイ酸塩として含まれる。(a) ケイ素の単体は酸化物をコークスにより還元してつくられる。ケイ素の単体は，金属光沢を持ち硬くてもろいが，(b) 金属と非金属の中間の電気伝導性があり，エレクトロニクスの分野で広く利用されている。

　無機材料として重要な化合物である二酸化ケイ素は，石英やケイ砂として天然に産出し，ガラスや陶磁器，セメントなどの原料となる。二酸化ケイ素は硝酸，硫酸，塩酸などには溶けないが，物質Aには溶ける。(c) 二酸化ケイ素を炭酸ナトリウムと混合して加熱融解すると物質Bが生成する。Bに水を加えて加熱すると粘性の大きな物質Cが得られる。(d) このCに塩酸を加えると白色ゼラチン状の物質Dの沈殿が得られる。この沈殿を乾燥させたものは物質Eと呼ばれ，食品の乾燥剤などに用いられる。

問1　下線部(a)の反応式を記せ。

問2　下線部(b)のような性質を持つ物質を何というか。

問3　A～Eに当てはまる物質名を記せ。

問4　下線部(c)，(d)の反応式を記せ。

問5　Eが乾燥剤としてはたらく理由を30字程度で述べよ。

— (東京学芸大)

第 149 問　気体の発生反応

I　次のA欄には気体の発生を伴う実験操作を，B欄にはそれによって主として発生する気体を示した。それらの組合せとして**適当でないもの**を，次の①～⑤のうちから一つ選べ。

	A	B
①	塩化ナトリウムに濃硫酸を加える	二酸化硫黄
②	亜鉛に水酸化ナトリウム水溶液を加えて加熱する	水素
③	さらし粉（主成分 CaCl(ClO)・H_2O）に塩酸を加える	塩素
④	炭酸水素ナトリウムを加熱する	二酸化炭素
⑤	銅に濃硝酸を加える	二酸化窒素

II　次の(1)～(7)の物質どうしの反応では，いずれも気体が発生する。

(1)　亜鉛と希硫酸　　　(2)　塩化アンモニウムと水酸化カルシウム

(3)　過酸化水素水と酸化マンガン(IV)　　　(4)　銅と濃硫酸

(5)　硫化鉄(II)と希硫酸　　　(6)　塩化ナトリウムと濃硫酸

(7)　銅と希硝酸

*☑ **問1** (1)~(7)のそれぞれの気体発生反応を化学反応式で示せ。

*☑ **問2** (1)~(7)の反応に最も適した発
生装置の図を右の(a)~(c)から選
び，それぞれ記号で答えよ。

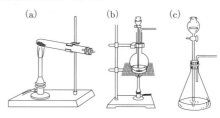

*☑ **問3** (1)~(7)の反応で発生する気体
を乾燥させるために用いることので
きる乾燥剤を次の(ア)~(ウ)からす
べて選び，それぞれ記号で答えよ。

(ア) 濃硫酸　　(イ) 塩化カルシウム　　(ウ) ソーダ石灰

――――――――――――――――――――――――――――――（Ⅰ　センター試験）

第 150 問 気体の発生と性質

気体発生法に関するつぎの記述ア~オを読み，下の問に答えよ。

ア．亜硝酸アンモニウム水溶液を加熱する。

イ．塩化アンモニウムと水酸化カルシウムの混合物を加熱し，発生した気体をソーダ石
灰に通す。

ウ．炭酸カルシウムに希塩酸を加える。

エ．硫化鉄(Ⅱ)に希塩酸を加える。

オ．酸化マンガン(Ⅳ)に濃塩酸を加えて加熱し，発生した気体を水と濃硫酸に順次通す。

*☑ **問1** ア~オの気体発生法で得られる気体のうち，①無色のもの，および②特異臭や刺激
臭など特有の臭いを有するものはそれぞれ何種類か。

*☑ **問2** ア~オの気体発生法で得られる気体に関するつぎの記述のうち，誤っているものは
どれか。

1．酸化作用を示す気体は，2種類である。

2．単体の気体は，2種類である。

3．水に溶かすと酸性の水溶液が得られる気体は，3種類である。

4．水に溶かすと塩基性の水溶液が得られる気体は，1種類である。

5．下方置換で捕集できる気体は，3種類である。

――――――――――――――――――――――――――――――（東京工業大）

第13章　　無機化合物の性質（金属元素）

第 151 問　ナトリウムの製法

ナトリウムはアルカリ金属の1種である。アルカリ金属は1価の（ **ア** ）になりやすく，強い（ **イ** ）を示して常温の水と反応する。この反応性は，原子番号が①小さいものほど高い。また，アルカリ金属の単体は，一般に密度が②小さく，融点が③低い。

ナトリウムの単体は，(a) 純度の高い塩化ナトリウムの電気分解により得られる。この電気分解の方法は（ **ウ** ）と呼ばれる。

問1 空欄（ **ア** ）～（ **ウ** ）に当てはまる最も適切な語句を，次の(a)～(h)の中から選び，記号で答えよ。

(a) 陽イオン 　　(b) 陰イオン 　　(c) 電解精錬 　　(d) イオン交換膜法

(e) 溶融(融解)塩電解 　　(f) 触媒作用 　　(g) 酸化作用 　　(h) 還元作用

問2 ナトリウムの単体と水との化学反応式を記せ。

問3 下線部①～③について，正しければ○を，間違っていれば×を，記せ。

問4 下線部(a)について以下の間に答えよ。

(1) 塩化ナトリウムの電気分解を，陽極に黒鉛，陰極に鉄を用いて行うとき，陽極および陰極で主として起こる反応を，それぞれ電子 e^- を含む反応式で記せ。

(2) ナトリウムの単体1 kgを得るには，電流を100 Aで一定に保った場合，理論的に何時間かかるか。ただし，原子量は Na = 23，ファラデー定数は $F = 9.65 \times 10^4$ C/molとし，答えは整数値で求めよ。

―――(防衛大)

第 152 問　水酸化ナトリウムの製法

水酸化ナトリウムは，塩化ナトリウム水溶液を電気分解してつくられる。工業的製法としてはイオン交換膜法があり，陽イオン交換膜で仕切った容器の陽極側に飽和塩化ナトリウム水溶液，陰極側に水を入れた図のような装置が使われる。

このとき，陽極と陰極で起こる反応を電子 e^- を含む反応式で書くと，陽極：（ **ア** ）　陰極：（ **イ** ）となる。この反応によって，陽極側で

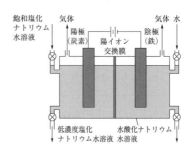

（ **ウ** ）イオンが減少し，陰極側で（ **エ** ）イオンが増加する。その電荷を打ち消すために（ **オ** ）イオンが陽極側から陰極側へ陽イオン交換膜を通って移動してくる。結果として，陰極側に水酸化ナトリウム水溶液が生成する。これを濃縮すると，純度の高い水酸化ナト

リウムが得られる。

*☑ **問1** 文中の（**ア**）～（**オ**）に適切な式，語句を記入せよ。

*☑ **問2** この装置を用いて 5.0 A の電流を 1 時間 4 分 20 秒流して電気分解を行ったとき，生成した水酸化ナトリウムの物質量は何 mol か。ただし，ファラデー定数は 9.65×10^4 C/mol とし，答えは有効数字 2 桁で求めよ。

――――――――――――――――――――――――――――――（神戸薬科大〈改〉）

第 153 問 炭酸ナトリウムの製法

　炭酸ナトリウム Na_2CO_3 は白色の粉末で水によく溶ける。炭酸ナトリウム水溶液を濃縮すると，十水和物 $Na_2CO_3 \cdot 10H_2O$ の結晶が析出する。この結晶は，(a)空気中で放置すると，水和水を失って一水和物 $Na_2CO_3 \cdot H_2O$ の白色粉末となる。

　炭酸カルシウムを約 900 ℃で熱すると，気体（**ア**）を発生して酸化物（**イ**）となる。こうして発生させた（**ア**）とともにアンモニアを用い，（**ウ**）を原料として工業的に炭酸ナトリウムを製造するプロセスを（**エ**）法とよぶ。

*☑ **問1** 下線部(a)の現象を何とよぶか答えよ。

*☑ **問2** 文中の空欄（**ア**）～（**エ**）に適切な語句・化学式を入れよ。また，炭酸ナトリウムの製造は次図に示すように 3 つの工程からなる。第 1 工程～第 3 工程の反応を化学反応式で示せ。

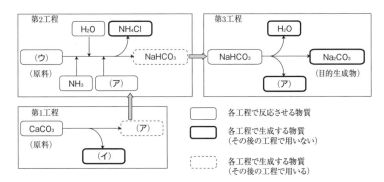

*☑ **問3** 炭酸ナトリウム 1.00×10^3 kg を製造するのに理論上必要な原料（**ウ**）の質量を求めよ。ただし，原子量は H = 1.0，C = 12，O = 16，Na = 23，Cl = 35.5 とし，答えは有効数字 2 桁で求めよ。

*☑ **問4** 問2の炭酸ナトリウムの製造において，生成する物質のうち目的生成物を除き，その後の工程で使われない複数の物質だけを有効利用してアンモニアを再生したい。どのような反応を行えばよいか。化学反応式で示せ。

――――――――――――――――――――――――――――――（横浜国立大〈改〉）

第 154 問　マグネシウムの性質

　マグネシウムは，同じ2族元素であるカルシウムやバリウムなどとはいくつかの性質が異なっている。たとえば，カルシウムは（　ア　）色の，バリウムは（　イ　）色の炎色反応を示すが，マグネシウムは炎色反応を示さない。水酸化物や硫酸塩の水への溶解性も異なる。また，カルシウムは冷水と反応するが，マグネシウムは冷水とほとんど反応せず，(a)熱水や高温の水蒸気と反応する。

　(b)マグネシウムは，空気中で燃えて酸化マグネシウムを生成する。(c)マグネシウムは（　ウ　）力が強く，二酸化炭素中でも燃える。単体のマグネシウムは塩化マグネシウムの（　エ　）電解で得られる。

* ☐ **問 1**　文章中の空欄（　ア　）～（　エ　）に適切な語句を記せ。
* ☐ **問 2**　下線部(a)について，マグネシウムと熱水との反応を化学反応式で記せ。
* ☐ **問 3**　下線部(b)の変化を酸化反応と還元反応に分け，それぞれについて電子 e^- を含む反応式で記せ。
* ☐ **問 4**　下線部(c)の反応を化学反応式で記せ。

――――――――――――――――――――――――――――――――――（静岡大〈改〉）

第 155 問　カルシウムの化合物

　カルシウムの水酸化物は消石灰とよばれ，水に少し溶解し，水溶液は強い塩基性を示す。この水酸化カルシウムは土壌中和剤や，(ア)さらし粉の製造，建築材料（しっくい）の原料など幅広い用途がある。水酸化カルシウムの飽和水溶液は石灰水とよばれ，希硫酸と反応させると，化合物Aが生じる。また，石灰水に二酸化炭素を吹き込むと，化合物Bの白色沈殿が生じる。(イ)さらに二酸化炭素を吹き込むと，化合物Cとなる。この化合物Cは水に溶解する。石灰岩の分布する地帯では，石灰岩の主成分である化合物Bが二酸化炭素を含む雨水と反応し，化合物Cとなって地中に浸透し，さらに地中で二酸化炭素を放出して再び化合物Bとなる。これらの反応が長年にわたって繰り返され，鍾乳洞などの特有の地形が形成される。

* ☐ **問 1**　下線部(ア)について，さらし粉は水酸化カルシウムに塩素を反応させて得られる。この化学反応式を示せ。
* **問 2**　下線部(イ)の反応について，次の問いに答えよ。
* ☐ 　(1)　化学反応式を示せ。
* ☐ 　(2)　化合物Cの水溶液をおだやかに加熱すると，化合物Cはどのように変化するか。
* ☐ **問 3**　下の(a)～(e)の文は，化合物Aについて述べたものである。当てはまる場合は○を，当てはまらない場合は×を記せ。
* 　(a)　水への溶解度は，硫酸マグネシウムに比べて小さい。
* 　(b)　医療用に調製されたものは，X線診断の造影剤として用いられる。

(c)　にがりの主成分として，とうふの製造に用いられる。

(d)　水和物はセッコウとよばれ，医療用ギプスなどに使われる。

(e)　吸湿剤や融雪剤として用いられる。

——（同志社大）

第156問　アルミニウムの製法

　アルミニウムは，地殻中に酸素，（ア）の次に多く存在する元素で，銀白色で軟らかく展性・延性に富み，電気・熱の伝導性に優れた軽金属である。アルミニウムの単体を得る方法として電気分解が用いられるが，アルミニウムはイオン化傾向の大きい金属であるため，Al^{3+}を含む水溶液を電気分解しても，陰極では溶媒である水の還元により（イ）が発生するだけでアルミニウムの単体を得ることはできない。そこでアルミニウムの単体を得るには高温での溶融塩電解（融解塩電解）を用いる。初めに，(1)原料となる（ウ）（主成分 $Al_2O_3 \cdot n\,H_2O$）を水酸化ナトリウム水溶液で処理してアルミニウムを含む化合物を得る。得られた化合物に多量の水を加え，加水分解することで水酸化アルミニウムを得たのち，水酸化アルミニウムを加熱処理することで純粋な酸化アルミニウムを得る。この(2)酸化アルミニウムに氷晶石を混ぜ，炭素電極を用いて約 1000℃で溶融塩電解することでアルミニウムの単体を得る。

問1　（ア）〜（ウ）にあてはまる適切な語句を記せ。

問2　下線部(1)について，Al_2O_3 が水酸化ナトリウム水溶液に溶けて反応する化学反応式を記せ。

問3　水酸化アルミニウムの性質について正しく述べているものを以下の(ア)〜(ウ)から一つ選び記号で記せ。

（ア）　水には溶けないが，酸および強塩基に溶ける。少量のアンモニア水には溶けないが，過剰のアンモニア水を入れると，その水溶液は無色の溶液になる。

（イ）　過剰の水酸化ナトリウム水溶液を加えると，溶けて無色の水溶液になる。この水溶液に塩酸を加えていくと，白色沈殿が生じたのち，無色の水溶液になる。

（ウ）　アンモニア水を過剰に加えると無色の水溶液になるが，水酸化ナトリウム水溶液を加えると暗褐色沈殿を生じる。

問4　下線部(2)について，炭素陽極では電極材料の炭素と酸化物イオンが反応して CO および CO_2 が生成し，炭素陰極では Al^{3+} が還元されてアルミニウムが生成する。

炭素陽極：$C + O^{2-} \longrightarrow CO + 2e^-$　　$C + 2O^{2-} \longrightarrow CO_2 + 4e^-$

炭素陰極：$Al^{3+} + 3e^- \longrightarrow Al$

　216 g のアルミニウムが得られたとき，炭素陽極で CO と CO_2 が 2：5 の物質量の比で生成した。消費された炭素陽極の質量(g)を有効数字 2 桁で答えよ。ただし，原子量は C = 12，Al = 27 とする。

——（北海道大）

第 157 問　アルミニウムの性質

　アルミニウムは，周期表の（　ア　）族の元素で価電子を（　イ　）個もつ。アルミニウムの単体は冷水とは反応しないが，(1)高温の水蒸気とは反応する。空気中ではアルミニウムは表面に（　ウ　）の被膜を生じ，（　エ　）反応が内部まで進行しにくくなる。人工的にこの被膜をつけたアルミニウム製品を（　オ　）という。アルミニウムは還元力が強く，これを利用して他の金属酸化物から金属単体を得ることができる。この方法を（　カ　）法という。例えば，(2)アルミニウムの粉末と酸化鉄(Ⅲ)の粉末を混合して点火すると，激しく反応して融解した鉄が得られる。(3)アルミニウムは（　キ　）金属であるので，塩酸とも水酸化ナトリウム水溶液とも反応して溶解する。アルミニウムは建築材料や日用品に利用され，銅，マグネシウム，マンガンなどを含むアルミニウムの合金は（　ク　）とよばれ航空機材料に用いられる。

　酸化アルミニウム結晶で微量の遷移金属イオンを含むものの中には紅色の宝石として珍重される（　ケ　）がある。硫酸アルミニウムと硫酸カリウムの混合水溶液を濃縮すると，正八面体の結晶が得られる。これは，(4)硫酸カリウムアルミニウム十二水和物であり，（　コ　）ともよばれ，上下水の清澄剤や染色の媒染剤などに利用される。

* ☑ **問1**　（　ア　）～（　コ　）へ当てはまる適切な語句または数字を記せ。
** ☑ **問2**　下線部(1)の反応を化学反応式で記せ。
* ☑ **問3**　下線部(2)の反応を化学反応式で記せ。
** ☑ **問4**　下線部(3)について，アルミニウムと塩酸との反応，アルミニウムと水酸化ナトリウム水溶液との反応をそれぞれ化学反応式で記せ。
* ☑ **問5**　下線部(4)の化合物を化学式で記せ。

―――――――――――――――――――――――――――――――――（信州大〈改〉）

第 158 問　鉄の製法

　現代文明を支える重要な金属材料のひとつである鉄は，溶鉱炉内で Fe_2O_3 などの酸化鉄を主成分とする鉄鉱石を還元することにより製造されている。溶鉱炉の模式図を右の図に示す。

　溶鉱炉の上部から鉄鉱石，コークス(主成分炭素)，および石灰石を入れ，炉の下部から酸素を含んだ熱風を吹き込むと，コークスが熱風によって燃焼し，一酸化炭素を生じる。(1)生じた一酸化炭素によって，鉄鉱石が還元され鉄が生じる。石灰石は加熱すると分解して酸化カルシウムとなり，鉄鉱石に含まれていた二酸化ケイ素などの不純物と反応してスラグを形成する。溶鉱炉から出た鉄は 4 %程度の炭素を含み（　ア　）とよばれる。これを転炉の中に入れ，（　イ　）と反応させることで，炭素の含有量を 2 ～ 0.02 %にまで減少させたも

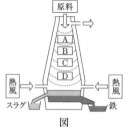

図

のを（ **ウ** ）という。

* **問1**　図において， A ， B ， C ， D は鉄鉱石中の酸化鉄が順に還元されていく過程で生じる物質を意味するものとする。 A が Fe_2O_3 で， D が Fe である場合， B および C に該当する物質は何であるか。それぞれの化学式を記せ。

* **問2**　下線部(1)について，Fe_2O_3 から Fe が生じる反応を化学反応式で書け。

* **問3**　文中の空欄（ **ア** ）から（ **ウ** ）に適切な語句を入れよ。

* **問4**　鉄鉱石が純粋に Fe_2O_3 のみからなるとする。これより，90 ％の炭素を含むコークスを用いて 558 kg の純鉄を得る場合，何 kg のコークスを必要とするか。ただし，還元反応は**問2**の反応のみとし，コークス中の炭素原子はすべて一酸化炭素になるものとする。原子量は C = 12.0，Fe = 55.8 とし，答えは有効数字 2 桁で求めよ。

——————————————————————————————（群馬大〈改〉）

第 159 問　鉄の性質

　鉄はイオン化傾向が比較的大きくさびやすいが，濃硝酸中では（ 1 ）を形成する。鉄の表面に亜鉛をめっきしたものが（ 2 ）であり，金属亜鉛の表面にできる酸化亜鉛の層が酸素の侵入を防いでいるが，金属亜鉛層が傷ついて鉄が露出しても (a)金属亜鉛層が鉄がさびるのを防ぐ役割を果たす。一方，鉄に（ 3 ）をめっきしたものがブリキである。ステンレス鋼は鉄を主成分とした（ 4 ）であり，（ 5 ）や（ 6 ）を添加したものでさびにくい。鉄の酸化物には，（ 7 ）色の酸化鉄（Ⅱ），（ 8 ）色の酸化鉄（Ⅲ），黒色の(b)四酸化三鉄などがある。鉄イオンには鉄（Ⅱ）イオンと鉄（Ⅲ）イオンがある。鉄（Ⅱ）イオンを含む水溶液に水酸化ナトリウム水溶液を加えると（ 9 ）色の沈殿を，鉄（Ⅲ）イオンを含む水溶液に水酸化ナトリウム水溶液を加えると（ 10 ）色の沈殿をそれぞれ生じる。また，鉄（Ⅱ）イオンを含む水溶液に(c)ヘキサシアニド鉄（Ⅲ）酸カリウム水溶液を加えると（ 11 ）色の沈殿を生じる。鉄（Ⅲ）イオンを含む水溶液はチオシアン酸カリウム水溶液を加えることで（ 12 ）色を呈する。

* **問1**　空欄（ 1 ）〜（ 12 ）に最も適切な語句，物質名を入れて文章を完成せよ。

* **問2**　下線部(a)について，その理由を簡潔に説明せよ。

* **問3**　下線部(b)と(c)の物質の化学式をそれぞれ書け。

——————————————————————————————（新潟大〈改〉）

第 160 問　クロム・マンガンの化合物

　クロムとマンガンは，周期表で同じ第4周期に属する遷移元素である。これらの元素は，酸化数の違ういろいろな色のイオンや化合物をつくる。酸化物では，顔料に用いられる（1）色の酸化クロム（Ⅲ）やマンガン乾電池に用いられる（2）色の酸化マンガン（Ⅳ）などがよく知られている。二クロム酸カリウムや過マンガン酸カリウムは，クロムやマンガンが大きな酸化数をもつ化合物である。①二クロム酸カリウムの水溶液を塩基性にすると（A）が生じ，水溶液は（3）色に変わる。（A）を含む水溶液に，Ag^+ を加えると（4）色の沈殿が生じる。②（A）を含む水溶液を酸性にすると（B）が生じ，水溶液は（5）色に変わる。一方，過マンガン酸カリウムが水に溶けると（C）を生じて，水溶液は（6）色になる。また，二クロム酸カリウムや過マンガン酸カリウムの水溶液を硫酸で酸性にした溶液は，③強い酸化作用をもつ。

*☐ **問1**　文章中の（1）〜（6）に，下に示した色から適切なものを選んで入れよ。

　　　白　　黄　　緑　　青　　黒　　淡桃　　赤褐　　橙赤　　赤紫

*☐ **問2**　文章中の（A）〜（C）に適切なイオン式を入れよ。

*☐ **問3**　下線部①の反応をイオン式を用いた化学反応式で示せ。

*☐ **問4**　下線部②の反応をイオン式を用いた化学反応式で示せ。

*☐ **問5**　下線部③について，二クロム酸カリウムおよび過マンガン酸カリウムが酸化剤としてはたらくときの反応式をそれぞれ電子 e^- を含む反応式で示せ。

———————————————————————————（滋賀医大〈改〉）

第 161 問　銅の製法

　銅は赤味を帯びた金属で，電気伝導性や熱伝導性が大きく，電気材料などに用いられている。銅の鉱石の主成分は①$CuFeS_2$ である。この鉱石にコークスやケイ砂（主成分 SiO_2）などを混合し，溶鉱炉で高温に加熱すると硫化銅（Ⅰ）が得られる。これを転炉に移し，加熱しながら空気を通じると，粗銅が得られる。

　粗銅の純度は 99 % 程度で，鉄や銀などのさまざまな不純物を含んでいる。そこで，粗銅を電気分解により精製して，純銅を得る。すなわち，②硫酸酸性の硫酸銅（Ⅱ）水溶液中で，粗銅を陽極，純銅を陰極として，約 0.3 V の電圧をかけると，純度 99.99 % 以上の銅が得られる。このとき，③陽極の下に沈殿がたまる。

*☐ **問1**　下線部①について，銅鉱石の主成分である $CuFeS_2$ の鉱物名を答えよ。

　問2　下線部②について，以下の(1)〜(3)に答えよ。

*☐ 　（1）　陽極および陰極で主に起こる変化を，それぞれ電子 e^- を含む反応式で示せ。

*☐ 　（2）　粗銅に不純物として含まれている鉄および銀は，電気分解によりそれぞれどうなるか。最も適切なものを次の(ア)〜(オ)の中から選べ。また，その理由を簡潔に述べよ。

（ア）　陽極に残る。　　　（イ）　陰極に析出する。　　　（ウ）　陽極の下に沈殿する。

（エ）　陰極の下に沈殿する。　　　（オ）　硫酸銅（Ⅱ）水溶液に溶ける。

(3)　純度 99 ％の粗銅を電気分解により精製した。5.0 A の電流で 8 時間，電気分解を すると何 g の純銅が得られるか。ただし，銅の原子量は Cu = 63.6，ファラデー定数は $F = 9.65 \times 10^4$ C/mol とし，答えは有効数字 2 桁で求めよ。

問3　下線部③について，このように陽極の下にたまる沈殿は何とよばれるか答えよ。

——————————————————————————————————————（防衛大）

第 162 問　銅の性質

　銅は，周期表において（ア）や（イ）と同族であり，遷移元素に属する。遷移元素の単体は，一般に典型元素の金属単体と比べて融点が（ウ）く，密度が（エ）く，熱や電気の伝導性が大きい。①銅は濃硝酸や熱濃硫酸のような（オ）の大きい酸には溶けるが，水と反応せず，酸にも侵されにくい。これは，（カ）が水素より小さいからである。銅が濃硝酸に溶解するとき，褐色の気体である（キ）を生じる。②熱した銅を塩素中に入れると，塩化銅（Ⅱ）が生じる。銅の塩化物などの固体または水溶液を先端につけた白金線をバーナーで加熱すると，（ク）色の炎色反応を示す。また，③青色をした硫酸銅（Ⅱ）五水和物の結晶(図 1)を加熱すると 150 ℃以上で白色粉末になる。

問1　文中の（ア），（イ）に元素記号を，（ウ）〜（ク）に適切な語句を入れよ。

問2　下線①の反応について，銅と熱濃硫酸との反応を化学反応式で示せ。

問3　下線②の反応について，酸化反応と還元反応をそれぞれ電子 e^- を含む反応式で示せ。また，酸化還元反応の化学反応式を示せ。

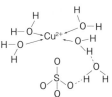

図 1
硫酸銅（Ⅱ）五水和物の結晶構造
（硫酸イオンの負電荷は省略）

問4　図 1 において(a)点線で示した結合と，(b)実線矢印で示した結合について，それぞれの結合様式の名称を示せ。

問5　硫酸銅（Ⅱ）五水和物 1.02 g を用いて，下線③における質量変化を測定したところ，図 2 のようなグラフが得られた。図 2 の A 点，B 点，および C 点における質量は，それぞれ，0.87 g，0.73 g および 0.65 g であった。この結果をもとに，A 点，および B 点における物質の化学式をそれぞれ示せ。ただし，原子量は H = 1.0，O = 16，S = 32，Cu = 64 とする。

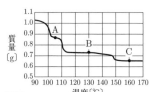

図 2
硫酸銅（Ⅱ）五水和物の結晶の加熱に伴う質量変化

——————————————————————————————————————（弘前大〈改〉）

第 163 問 銀の性質

　銀は，銀白色の比較的柔らかい金属であり，電気・熱の良導体である。鉄や銅に比べると（　ア　）が小さいため空気中で酸化されにくく，食器や装飾品に用いられる。また，水素よりも（　ア　）が小さいため塩酸や希硫酸とは反応しないが，（　イ　）の強い熱濃硫酸や①硝酸には反応して溶ける。銀イオンを含む水溶液に強塩基や，少量のアンモニア水を加えると，褐色の沈殿として（　ウ　）が生成する。②この沈殿に過剰のアンモニア水を加えると，沈殿が溶けて無色透明の水溶液となる。

　多量の銀イオンを含む水溶液にハロゲン化物イオンを添加すると，ハロゲン化銀を生成する。ハロゲン化銀のうち，（ a ）は水に対する溶解度が大きいために沈殿は生じないが，淡黄色の（ b ），黄色の（ c ），白色の（ d ）に関しては沈殿が生じる。それらの沈殿のうち，（ d ）はアンモニア水に溶けて無色の水溶液になる。ハロゲン化銀は（　エ　）によって分解し，銀を遊離する。

*☐ **問1** 文中の（　ア　）〜（　エ　）に適切な語句を書け。

*☐ **問2** 下線部①について，銀を濃硝酸に溶かした場合の化学反応式を書け。

*☐ **問3** 下線部②の反応の化学反応式を書け。

*☐ **問4** 文中の（ a ）〜（ d ）に入る化合物の名称を書け。

———（千葉大）

第 164 問 錯イオンとその構造

Ⅰ　金属元素の陽イオンに（　ア　）を持ついくつかの分子や陰イオンが（　イ　）した，$[Cu(NH_3)_4]^{2+}$や$[Zn(NH_3)_4]^{2+}$のようなイオンを錯イオンという。また，$Na_2[Zn(OH)_4]$のように錯イオンを構成要素に含む塩を錯塩という。さらに，中心の金属イオンに（　イ　）した分子や陰イオンを（　ウ　）という。

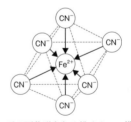

図1　正八面体形をとる錯イオンの模式図

　鉄 Fe には，酸化数＋2と＋3の化合物があり，$[Fe(CN)_6]^{4-}$や$[Fe(CN)_6]^{3-}$などの錯イオンが知られている。それらの形はいずれも図1に示したような正八面体形をしており，$K_4[Fe(CN)_6]$や$K_3[Fe(CN)_6]$などの錯塩がある。

　コバルト（Ⅲ）イオン Co^{3+} には，様々な錯イオンの存在が確認されている。例えば，①$[CoCl_2(NH_3)_4]^+$にはシス形とトランス形の異性体が知られている。

*☐ **問1** 文章中の空欄（　ア　）〜（　ウ　）にあてはまる語句を答えよ。

*☐ **問2** 錯イオン $[Zn(NH_3)_4]^{2+}$ と $[Fe(CN)_6]^{4-}$ の名称を答えよ。

問3 下線部①で，シス形とトランス形の異性体を図1にならって記せ。ただし，答えは以下に予め記してある正八面体形模式図の空白箇所にあてはまる化学式を記入して答えよ。

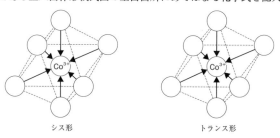

シス形　　　　　　　　　　　　トランス形

Ⅱ　(a)～(d)の化学式で示されるような，塩化物イオンとアンモニア分子を配位子としてもつコバルト（Ⅲ）の錯塩　(a)$CoCl_3 \cdot 6\,NH_3$，(b)$CoCl_3 \cdot 5\,NH_3$，(c)$CoCl_3 \cdot 4\,NH_3$，(d)$CoCl_3 \cdot 3\,NH_3$　がある。

　これらの0.01 mol/L水溶液を各々10 mLずつ試験管に取り，硝酸銀水溶液を加えたところ，3種の溶液には白い沈殿ができた。ただし，水に溶かしたとき，水分子は配位子とは置換しないものとする。

問1　白い沈殿の化学式を示せ。

問2　沈殿を生成しなかったものはどれか。記号で答えよ。

問3　(a)～(d)のうち，0.029 gの沈殿を生成したものがある。その錯塩を記号で答えよ。
　ただし，原子量はCo = 58.9，Cl = 35.5，N = 14.0，Ag = 108とする。

問4　問3で答えた錯塩の化学式を，$[Cu(NH_3)_4]Cl_2$の様式にならって示せ。

——————————————————（Ⅰ　福井大　Ⅱ　日本女子大）

第 165 問　金属イオンの沈殿生成

Ⅰ　水溶液中でイオンAとイオンB，およびイオンAとイオンCをそれぞれ反応させる。いずれか一方のみに沈殿が生じるA～Cの組合せを，右の①～⑤のうちから1つ選べ。

	A	B	C
①	Ca^{2+}	Cl^-	CO_3^{2-}
②	Fe^{3+}	NO_3^-	SO_4^{2-}
③	Zn^{2+}	Cl^-	SO_4^{2-}
④	Ag^+	OH^-	CrO_4^{2-}
⑤	Mg^{2+}	Cl^-	SO_4^{2-}

Ⅱ　次の実験a・bにおいて，沈殿を生じない陽イオンが1つずつある。それぞれ沈殿を生じない陽イオンを答えよ。

実験a　陽イオンAg^+，Cu^{2+}，Mg^{2+}を含む水溶液に，S^{2-}を含む水溶液を加える。

実験b　陽イオンAl^{3+}，Ba^{2+}，Pb^{2+}を含む水溶液に，SO_4^{2-}を含む水溶液を加える。

——————————————————————（センター試験）

第 166 問　金属イオンの沈殿と溶解

次の記述①〜⑤のうちから，**誤りを含むもの**を一つ選べ。

① 銀イオンと銅(Ⅱ)イオンとを含む水溶液に水酸化ナトリウム水溶液を加えていくと，沈殿が生じるが，さらに加えても沈殿は溶けない。

② 亜鉛イオンと鉄(Ⅱ)イオンとを含む水溶液に濃い水酸化ナトリウム水溶液を加えていくと，沈殿が生じるが，さらに加えると沈殿は完全に溶ける。

③ 銀イオンと銅(Ⅱ)イオンとを含む水溶液にアンモニア水を加えていくと，沈殿が生じるが，さらに加えると沈殿は完全に溶ける。

④ バリウムイオンを含む水溶液に硫酸ナトリウム水溶液を加えると，沈殿が生じる。

⑤ 鉛(Ⅱ)イオンを含む水溶液に塩酸を加えると，沈殿が生じる。

——————————————————————————— (センター試験)

第 167 問　金属イオンの検出

水溶液A，B，C，D，Eがあり，それらの中には塩化アルミニウム，塩化鉄(Ⅱ)，硫酸銅(Ⅱ)，塩化亜鉛，硝酸銀，酢酸鉛(Ⅱ)のうちいずれか一つが溶けている。これらの異なる5種類の水溶液に溶けている化合物を決定するために，以下の実験1〜4を行った。

実験1：A，B，C，D，Eにそれぞれ希塩酸を加えると，D，Eで白色の沈殿が生成した。

実験2：DおよびEにクロム酸カリウム水溶液を加えると，Dで赤褐色の沈殿が，Eで黄色の沈殿がそれぞれ生成した。

実験3：A，B，C，Dに少量のアンモニア水を加えると，いずれの溶液でも沈殿が生成した。さらに，アンモニア水を過剰に加えると，A，B，Dで生成した沈殿は，錯イオンを形成して溶けた。しかし，Cで生成した緑白色の沈殿は溶けなかった。

実験4：A，B，Cに少量の水酸化ナトリウム水溶液を加えると，いずれの溶液でも沈殿が生成した。さらに，水酸化ナトリウム水溶液を過剰に加えると，Aで生成した沈殿は錯イオンを形成して溶けたが，B，Cで生成した沈殿は溶けなかった。

問1　A〜Eに溶けている化合物を化学式で書け。

問2　実験3においてDで生じた錯イオン，および実験4においてAで生じた錯イオンの化学式を書け。

——————————————————————————— (関西大)

第 168 問　陽イオンの系統分離

8種の金属イオン（Ag^+，Al^{3+}，Ca^{2+}，Cu^{2+}，Fe^{3+}，K^+，Pb^{2+}，Zn^{2+}）を含む水溶液の試料について，各イオンを分離し確認するため，右図に示すように以下の操作1〜8を順に行った。なお，すべての操作で金属イオンは完全に分離されたものとする。

操作1　試料に希塩酸を加えたところ，沈殿1を生じ，ろ液1と分離した。

操作2　ろ液1に気体の硫化水素を通じたところ，（　ア　）色の沈殿2を生じ，ろ液2と分離した。

操作3　ろ液2を加熱して希硝酸を加えたのち，アンモニア水を過剰に加えたところ，沈殿3を生じ，ろ液3と分離した。

操作4　ろ液3に気体の硫化水素を通じたところ，（　イ　）色の沈殿4を生じ，ろ液4と分離した。

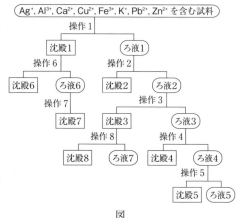

図

操作5　ろ液4に炭酸アンモニウム水溶液を加えたところ，沈殿5を生じ，ろ液5と分離した。ろ液5に含まれるイオンを確認するため，白金線にろ液5をつけてガスバーナーの外炎に入れると，（　ウ　）色が観察できた。

操作6　沈殿1に熱水を加えたところ，沈殿の一部が溶解し，残った沈殿6とろ液6に分離した。

操作7　ろ液6を中性条件とした後，クロム酸イオンを含む水溶液を加えたところ，（　エ　）色の沈殿7が生じた。

操作8　沈殿3に水酸化ナトリウム水溶液を過剰に加えたところ，沈殿の一部が溶解し，残った（　オ　）色の沈殿8とろ液7に分離した。

問1　文章中の空欄（　ア　）〜（　オ　）について，最も適当な色を次の選択肢から1つずつ選び，番号を答えよ。

① 白　　② 赤　　③ 緑　　④ 青白　　⑤ 黄

⑥ 紫　　⑦ 赤褐　　⑧ 黒　　⑨ 深青

問2　操作3で加熱する理由と希硝酸を加える理由をそれぞれ説明せよ。

問3　ろ液3に存在する錯イオンの化学式を書け。また，この錯イオンの構造として最も適切なものを次の選択肢から1つ選び，番号を答えよ。

① 直線形　　② 正方形　　③ 立方体　　④ 正四面体形　　⑤ 正八面体形

問4　沈殿5に塩酸を加えたところ，沈殿5が溶けた。この変化を化学反応式で書け。

問5　沈殿6にチオ硫酸ナトリウム水溶液を加えたところ，沈殿6が溶けた。溶解した水溶液に存在する錯イオンの化学式を書け。

問6　ろ液7に存在する錯イオンの名称と化学式を書け。

（新潟大〈改〉）

第14章　有機化合物の性質（脂肪族化合物）

第 169 問　定性分析・定量分析

　炭素，水素，酸素から構成された有機化合物の組成式を決めるには，図1に示すような元素分析の装置を用いる。まず，質量を精密に測定した試料を図1

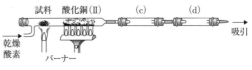

図1

のように設置して，乾燥酸素を流入しながら燃焼させる。生じた（ a ）と（ b ）をそれぞれ（ c ）と（ d ）に吸収させ，（ c ）と（ d ）の増加した質量から（ a ）と（ b ）の質量をそれぞれ求める。これらの質量から，試料中の水素と炭素の質量を計算する。さらに，試料と水素，炭素との質量の差から酸素の質量を計算する。

問1　（ a ）〜（ d ）にあてはまる物質名を答えよ。

問2　炭素，水素，酸素から構成される分子量44の有機化合物4.40 mgを燃焼させて，（ a ）を3.60 mgと（ b ）を8.80 mg得た。この化合物の分子式を答えよ。ただし，原子量はH = 1.0，C = 12，O = 16とする。

問3　有機化合物中に含まれる窒素，硫黄，塩素の検出法に関する次の説明文（ア）〜（ウ）について，正しい場合は○で，誤っている場合は×で答えよ。

（ア）　窒素は，試料を加熱分解してアンモニアを発生させ，そこに濃塩酸をつけたガラス棒を近づけて，白煙が生じることにより検出できる。

（イ）　硫黄は，試料に過酸化水素水を加えて，褐色溶液になることで検出できる。

（ウ）　塩素は，焼いた銅線の先に試料をつけて燃焼させ，炎色反応によって青緑色の炎を生じることから検出できる。

――――――――――――――――――――――――――――――――――――（北海道大）

第 170 問　組成式・分子式の決定

I　炭素，水素，酸素からなる化合物がある。9.4 gの化合物を完全燃焼させたところ，5.4 gの水と0℃，1.013×10^5 Paで13.44 Lの二酸化炭素が得られた。この化合物の組成式を答えよ。ただし，原子量はH = 1.0，C = 12，O = 16とする。

II　炭素，水素，酸素から構成される分子量222の有機化合物を元素分析した結果，構成元素の質量割合は炭素70.3 %，水素8.1 %，酸素21.6 %であった。この化合物の分子式を答えよ。ただし，原子量はH = 1.0，C = 12，O = 16とする。

――――――――――――――――――――――――――――――――（I　鹿児島大）

第 171 問　異性体 Ⅰ

Ⅰ　次の記述 a・b 中の，| 1 |，| 2 | に当てはまる数を，下の①〜⑥のうちから一つずつ選べ。ただし，同じ数をくり返し選んでもよい。

*☑　a　C_3H_8O の分子式をもつ化合物には，全部で | 1 | 個の構造異性体がある。

*☑　b　$C_3H_6Br_2$ の分子式をもつ化合物には，全部で | 2 | 個の構造異性体がある。

　　①　1　　②　2　　③　3　　④　4　　⑤　5　　⑥　6

*☑　Ⅱ　分子式 C_5H_{10} で表される化合物には何種類の異性体が存在するか。ただし，環状構造およびシス－トランス異性体(幾何異性体)を除く。

*☑　Ⅲ　分子式が C_6H_{10} である化合物の構造異性体のうち，環状構造を一つだけもち，その環状構造が五つの炭素原子からなるものはいくつあるか。正しい数を，次の①〜⑥のうちから一つ選べ。ただし，立体異性体は考えないものとする。

　　①　1　　②　2　　③　3　　④　4　　⑤　5　　⑥　6

────────────（Ⅰ センター試験　Ⅱ 広島大　Ⅲ センター試験）

第 172 問　異性体 Ⅱ

*☑　Ⅰ　次の分子①〜⑤のうちから，シス－トランス異性体が存在するものを1つ選べ。

　　①　$CH_3 - CH_2 - COOH$　　　　　②　$CH_3 - CH(OH) - COOH$

　　③　$CH_2 = CH - COOH$　　　　　④　$HOOC - (CH_2)_4 - COOH$

　　⑤　$HOOC - CH = CH - COOH$

*☑　Ⅱ　分子式 $C_3H_4Cl_2$ の不飽和化合物のうち，シス－トランス異性体が存在しないものはいくつあるか。

*☑　Ⅲ　次の化合物ア〜カのうち，不斉炭素原子をもつ化合物が二つある。その組合せとして正しいものを，下の①〜⑥のうちから一つ選べ。

　　ア　$CH_3CH_2CH_3$　　　　　　イ　$CH_3CH(OH)CH_3$

　　ウ　$CH_3CH(OH)CH_2COOH$　　エ　$CH_3CH = CHCH_3$

　　オ　$CH_2(OH)CH(OH)CH_2OH$　カ　$CH_3CH(NH_2)COOH$

　　①　イ・エ　　②　ウ・カ　　③　エ・オ

　　④　ア・オ　　⑤　イ・ウ　　⑥　オ・カ

────────────（Ⅰ センター試験　Ⅱ 東京薬科大　Ⅲ センター試験）

第 173 問　立体異性体

　各原子の結合の順序は同じでも，その立体的な位置関係が異なる場合，これらは立体異性体と総称され，二重結合に対する位置関係が異なるために生じる（　ア　）異性体や，不斉炭素原子を持った（　イ　）異性体がある。

　（　ア　）異性体は，二重結合の同じ側に同種の原子または原子団がある（　ウ　）形と，反対側にある（　エ　）形に分けられる。

　（　イ　）異性体は，偏光の振動面を傾ける旋光現象の違いから二種類の異性体に分類される。たとえば，うま味調味料として良く知られているL-グルタミン酸の塩酸水溶液は偏光の振動面を右向き（＋側）に傾けるが，D-グルタミン酸は左向き（－側）に傾ける。

*▢ **問1**　文中の（　ア　）～（　エ　）に適当な語句を入れよ。

*▢ **問2**　フマル酸とマレイン酸はどちらも $C_4H_4O_4$ の分子式で表される二価のカルボン酸である。それぞれの構造式を示せ。

*▢ **問3**　L-グルタミン酸の構造式を右に示す。ここに含まれる炭素原子のうち，不斉炭素原子はどれか。番号で答えよ。ただし，◀を紙面の手前側に向かう結合，⋯⋯⫼を紙面の裏側に向かう結合，── を紙面上の結合として表記する。

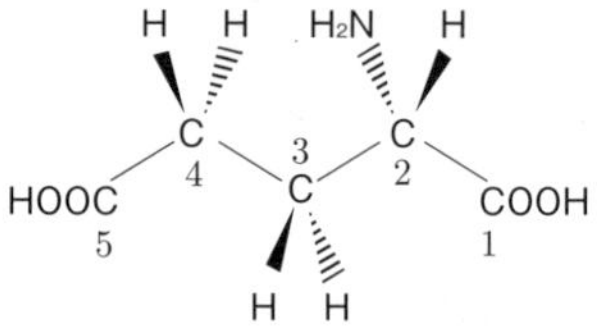

L-グルタミン酸

*▢ **問4**　D-グルタミン酸の構造式は以下のうちどれか，番号で答えよ。

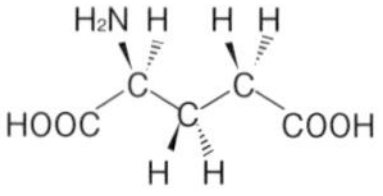

1 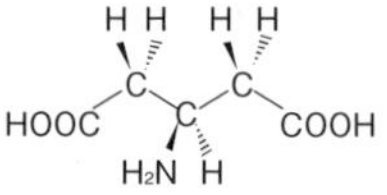　　　　　　　　2 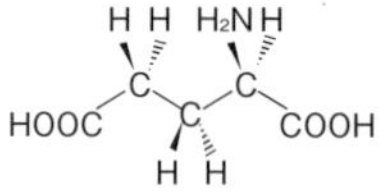　　　　　　　　3 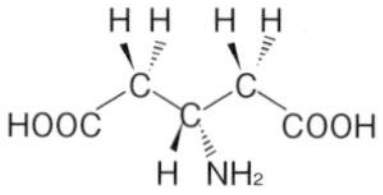　　　　　　　　4

――――――――――――――――――――――――――――――――――（鹿児島大）

第 174 問　炭化水素とアルカンの反応

　アルカンの分子式は一般式 C_nH_{2n+2} で表され，炭素原子の数が（　ア　）以上のアルカンには構造異性体が存在する。炭素鎖が環状になった構造の飽和炭化水素は（　イ　）とよばれ，その一般式は C_nH_{2n} で表される。分子内に炭素−炭素二重結合を1つ含む鎖式炭化水素は（　ウ　）とよばれ，一般式は C_nH_{2n} で表される。また，分子内に炭素−炭素三重結合を1つ含む鎖式炭化水素は（　エ　）とよばれ，一般式は（　オ　）で表される。

　アルカンは塩素や臭素と混合しただけでは反応せず，光を照射する必要がある。例えば，メタンと十分な量の塩素の混合物に光をあて続けると，（　カ　）反応が進行して，最終的に塩化水素と（　キ　）を生じる。

*☑ **問1** （ア）〜（キ）の中に適切な数字，語句，化学式，化合物名を入れよ。

*☑ **問2** 炭素数が2の炭化水素である(A)エタン，(B)エチレン，(C)アセチレンの中で，炭素－炭素結合の長さがもっとも短いのはどれか，記号で記せ。

*☑ **問3** メタンを，実験室で酢酸ナトリウムから合成するときの化学反応式を記せ。

*☑ **問4** 炭素数が6のアルカンには何種類の構造異性体が存在するか。

――――――――――――――――――――――――――――（日本女子大〈改〉）

第175問 アルカンの識別

*☑ アルカンと塩素の混合物に，光を照射すると，水素原子が塩素原子で置換される。この反応で生成するモノクロロ置換体(一塩素化物)の構造異性体の数を調べ，アルカンを互いに識別する方法がある。次の炭素数5のアルカン(ア)〜(ウ)からそれぞれ何種類のモノクロロ置換体が得られるか。その組合せとして正しいものを，下の①〜⑤のうちから一つ選べ。ただし，鏡像異性体は考えないものとする。

(ア)　$CH_3CH_2CH_2CH_2CH_3$

(イ)　$CH_3CH(CH_3)CH_2CH_3$

(ウ)　$C(CH_3)_4$

	（ア）	（イ）	（ウ）
①	3	1	4
②	1	4	3
③	4	1	3
④	4	3	1
⑤	3	4	1

――――――――――――――――――――――――――――（センター試験）

第176問 アルケンの反応

分子内に二重結合を1つ含み，他はすべて単結合の不飽和炭化水素を総称してアルケンとよび，分子中の炭素数をx(xは2以上)とすると，一般式（**ア**）で表される。二重結合を形成している炭素原子は，他の原子や原子団と結合しやすく，このときの反応を（**イ**）とよぶ。例えば炭素数3のアルケンに，(a)触媒を用いて水素を反応させると（A）が，臭素を反応させると（B）が生成する。また，特定の反応条件下で，同じ分子同士で連続的に（**イ**）を行い，分子量の大きい化合物を生じる反応を（**ウ**）とよぶ。その代表的な化合物に(b)ポリ塩化ビニルがある。

*☑ **問1** （ア）〜（ウ）にあてはまる適当な語句，一般式を記せ。

*☑ **問2** （A）と（B）の構造式を記せ。

*☑ **問3** 下線部(a)の反応では触媒としてある金属が用いられる。用いられる金属の名称を一つ答えよ。

*☑ **問4** 下線部(b)のポリ塩化ビニルが生成する反応式を，反応に用いる分子の数をnとして記せ。

――――――――――――――――――――――――――――（高知大〈改〉）

第177問 アルケンの識別

☆☆□ 不飽和炭化水素に関する次のア～ウの条件をすべて満たすものを，下の①～⑤のうちから1つ選べ。ただし，原子量は H = 1.0，C = 12 とする。

ア　分子を構成するすべての炭素原子が常に1つの平面上にある。

イ　白金触媒を用いて水素化すると，枝分かれをした炭素鎖をもつ飽和炭化水素を与える。

ウ　1.0 mol/L の臭素の四塩化炭素溶液 10 mL に，この炭化水素を加えていくと，0.56 g を加えたところで溶液の赤褐色が消失する。

①　$CH_3CH=CH_2$　②　$CH_2=C(CH_3)_2$　③　$CH_2=CHCH_2CH_3$

④　$CH_3CH=CHCH_3$　⑤　$(CH_3)_2C=CHCH_3$

（センター試験）

第178問 C_4H_8 の構造決定

化学式 C_4H_8 で表されるアルケン A，B，C に対して，次の実験を行った。

実験1　白金を触媒として用いて H_2 と反応させると，A からの生成物と B からの生成物は同一であったが，C からの生成物は，これとは異なっていた。

実験2　臭化水素と反応させると，A からは一種類の生成物が得られたが，B および C からは，二種類の生成物が得られた。

実験3　臭素と反応させると，A，B，C からの生成物はすべて異なっていた。C から生じた化合物は不斉炭素をもっていなかった。

☆☆□ **問1**　実験1で，アルケン C から生じる化合物を構造式で記せ。

☆☆□ **問2**　実験2で，アルケン A から生じる化合物を構造式で記せ。

☆☆□ **問3**　実験3で，アルケン B から生じる化合物を構造式で記せ。

☆☆□ **問4**　アルケン A，B，C と同じ化学式 C_4H_8 で表されるが，二重結合をもたない化合物が考えられる。その化合物の構造式を1つ記せ。

（名城大）

第179問 アルケンの酸化と C_5H_{10} の構造決定

アルケンの二重結合にオゾンを反応させて酸化的に切断すると，二重結合は次のように2つのカルボニル化合物に開裂する。

R_1, R_2, R_3, R_4 はアルキル基または水素原子

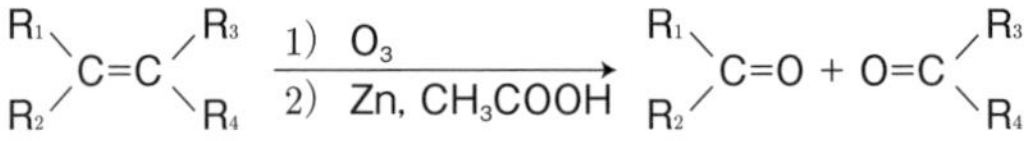

この反応を，分子式 C_5H_{10} のアルケン A ～ C に応用したところ，下記の結果が得られた。

(a)　アルケン A はアルデヒド D，E を与えた。

(b)　アルケンBはアルデヒドFとケトンGを与えた。

(c)　アルケンCはアルデヒドDとケトンHを与えた。

またアルケンA〜Cに触媒を用いて水素を付加させると，いずれからもアルカンIが得られた。

問1　アルカンIの構造式を書け。

問2　アルデヒドD，E，F，ケトンG，Hの構造式を書け。

———————————————————————————————（電気通信大）

第 180 問　アセチレンの反応

　炭素-炭素間の三重結合をひとつだけ持ち，他の炭素-炭素間の結合はすべて単結合である鎖式炭化水素を（　ア　）またはアセチレン系炭化水素という。その代表的な化合物はアセチレンである。アセチレンは，炭化カルシウム（カーバイド）に水を作用させると生成する。一般に（　ア　）に見られる三重結合のうちふたつは反応性に富み，他の原子団や原子と結合しやすく（　イ　）が起こりやすい。たとえば，アセチレンは水素と反応してエチレンを，塩化水素と反応して（　ウ　）を，酢酸と反応して（　エ　）を生成する。（　ウ　）や（　エ　）は（　オ　）により鎖状の高分子化合物になる。アセチレンは水との反応では中間生成物として（　カ　）を生じるが，これはすぐに（　キ　）となる。（　ア　）は置換反応性にも富み，アンモニア性硝酸銀溶液にアセチレンガスを通じると白色の沈殿（銀アセチリド）を生成する。また，3分子のアセチレンの重合反応により（　ク　）が生成する。

問1　下線部の化学反応式を書け。

問2　文中の（　ア　）〜（　ク　）に適当な語句を入れよ。なお，（　イ　），（　オ　）には適当な化学反応名を書け。

問3　$0℃$，$1.013 \times 10^5 \, Pa$で$2240 \, mL$の体積を占めるエチレンとアセチレンよりなる混合気体がある。この混合気体全体を水素添加によりエタンにするのに$0℃$，$1.013 \times 10^5 \, Pa$の水素$3360 \, mL$を要した。はじめの混合気体をアンモニア性硝酸銀溶液に通じることにより生成する銀アセチリドの質量を求めよ。ただし，原子量はH = 1.0，C = 12，Ag = 108とし，答えは有効数字2桁で求めよ。

———————————————————————————————（早稲田大）

第 181 問　アルコールの性質とアルデヒド・ケトン

　アルコールの物理的性質は炭化水素鎖の長さと（ A ）基の数によって変化する。例えば炭素数が少ないメタノールやエタノールは水と自由に混ざりあうが，炭素数が増えるにつれて水に溶けにくくなる。また，アルコールの沸点はほぼ同じ分子量をもつ炭化水素に比べて（ B ）。これはアルコール分子間に（ C ）が存在するためである。アルコールを酸化するとアルデヒド，ケトン，（ D ）などが生成する。第 1 級アルコールを酸化するとアルデヒドが得られる。アルデヒドからさらに酸化反応が進行すれば（ D ）が生成する。第 2 級アルコールを酸化するとケトンが得られる。例えば 2-プロパノールを酸化すると（ ア ）が得られる。（ ア ）は有機化合物をよく溶かすため，塗料などの溶剤に使用されている。アルコールとカルボン酸を脱水縮合させると（ E ）が得られる。グリセリンと脂肪酸との（ E ）は特に（ F ）という。

問 1　（ A ）～（ F ）にあてはまる最も適切な語句を以下の語群から選んで答えよ。

　　　語群：アルキル，　ヒドロキシ，　高い，　低い，　共有結合，　水素結合，
　　　　　　エーテル，　エステル，　カルボン酸，　油脂，　セッケン

問 2　（ ア ）にあてはまる化合物名を答えよ。

問 3　分子式 C_3H_8O で表される化合物のすべての異性体について，その構造式を沸点の高い順に並べて示せ。

問 4　アルデヒドおよびケトンに関する記述で正しいものを 2 つ選んで記号で答えよ。

　(1)　アルデヒドは水に溶けて酸性を示す。

　(2)　アルデヒドをアンモニア性硝酸銀水溶液に加えて加熱すると銀イオンが還元されて銀鏡反応を示す。

　(3)　アルデヒドはフェーリング液を還元しない。

　(4)　ケトンはアルデヒドより酸化されにくく，還元性を示さない。

　(5)　すべてのケトンはヨードホルム反応を示す。

　　　　　　　　　　　　　　　　　　　　　　　　　　　　　　　　　　　—（秋田大〈改〉）

第 182 問　アルコールとその誘導体

　エタノールを二クロム酸カリウムで処理すると，化合物 A を経て化合物 B が得られる。化合物 A は，工業的には触媒を用いて化合物 C を酸化し合成しているが，化合物 D に水を付加しても得ることができる。化合物 D は，触媒を用いて水素と反応させると，化合物 C を生成する。

　また，エタノールに濃硫酸を加えて 130 ℃に加熱すると，化合物 E が生成する。化合物 B とエタノールの混合物に硫酸を数滴加え加熱すると，水に難溶性の化合物 F が得られる。

問 1　上の化合物 A ～ F の構造式を示せ。

*☑ **問2** 化合物 A にフェーリング液を加えて加熱すると赤色沈殿が生成した。この沈殿の化学式を示せ。

*☑ **問3** 上の化合物 A～F の中で，水溶液中で水酸化ナトリウムとヨウ素を作用させると黄色沈殿を生じるものはどれか。化合物の記号で答えよ。また，生成した黄色沈殿の化学式を示せ。

*☑ **問4** 化合物 B と化合物 F では，どちらの沸点が高いか。理由を付け加えて答えよ。

――――――――――――――――――――――――――――――――（学習院大）

第 183 問　C₄H₁₀O の構造決定

$C_4H_{10}O$ の構造決定

分子式 $C_4H_{10}O$ の有機化合物には A～H の 8 つの異性体が存在する。化合物 A は，エタノールに濃硫酸を加え，約 130℃ に加熱すると得られる。化合物 A～C は単体ナトリウムと反応しないが，化合物 D～H は単体ナトリウムと反応する。(a) 化合物 D と E を二クロム酸カリウムの希硫酸溶液に入れて温めると，それぞれある化合物に変化する。これらの化合物は，いずれもフェーリング液との反応で赤色の沈殿を生じる。(b) 化合物 E の脱水反応により生成したアルケンに臭素を付加させると，不斉炭素原子をもつ化合物が生成する。化合物 F と G は鏡像異性体の関係にある。化合物 H は化合物 D～G に比べて酸化されにくい。

*☑ **問1** 化合物 A の構造式を書け。

*☑ **問2** 化合物 B と C にあてはまる化合物の構造式を書け。ただし，B，C の順は任意とする。

*☑ **問3** 文中の下線部(a)について，D から生成する化合物の構造式を書け。

*☑ **問4** 文中の下線部(b)について，E から生成したアルケンと臭素との付加反応の化学反応式を書け。

*☑ **問5** 化合物 F と G のヒドロキシ基を，適切な原子または炭化水素基に置き換えると鏡像異性体の関係ではなくなり，同一の化合物になる。この同一になった化合物の構造式を 3 つ書け。

*☑ **問6** 化合物 H の構造式を書け。

――――――――――――――――――――――――――――――――（埼玉大）

第 184 問　C₅H₁₂O の構造決定

分子式 $C_5H_{12}O$ をもつ化合物 A，B，C，D，E がある。これらに関する次の(1)～(5)の説明を読み，以下の問いに答えよ。

(1)　各々のジエチルエーテル溶液に金属ナトリウムを加えたところ，A，B，C，D は水素を発生したが，E は変化が見られなかった。

(2)　A，D，E は不斉炭素原子を含むが，B と C は不斉炭素原子を含まなかった。

(3)　A，B，C の各々を硫酸酸性の二クロム酸カリウム水溶液に入れて加熱したところ，次の(a)～(c)の結果を得た。

　　　(a)　A は F に変化した後，さらに反応を続けると G になった。

　　　(b)　B は H に変化した。しかし，反応を続けても H はそれ以上変化しなかった。

　　　(c)　C は変化しなかった。

(4)　D の脱水反応により，3 種類のアルケンが得られた。そのうちの 2 種類はシス・トランス異性の関係にあった。

(5)　F にフェーリング液を加えて熱すると，赤色沈殿が析出した。

問1　A，B，C，D，E，F，H の構造式を記せ。

問2　説明(4)の 3 種類のアルケンの構造式を記せ。

問3　説明(5)の赤色沈殿の化学式を記せ。

――――――――――――――――――――――――――――――――――――(名古屋工大)

第 185 問　アルデヒドとケトンの反応

エチレンを塩化パラジウム(Ⅱ)$PdCl_2$ と塩化銅(Ⅱ)$CuCl_2$ を触媒として酸化すると，化合物 A が生成する。化合物 A は，水銀(Ⅱ)塩を触媒として化合物 B に水を付加することによっても合成することができる。化合物 A をさらに酸化すると，脂肪酸の一つである化合物 C が生成する。化合物 A を還元すると，同じ炭素数を有する化合物 D が生成する。化合物 D にナトリウムを加えると，水素が発生する。化合物 C を水酸化カルシウム $Ca(OH)_2$ と反応させると化合物 E が生成する。化合物 E を熱分解すると，化合物 F が生成する。化合物 F は，工業的にクメン法(クメンの酸素による酸化，つづく希硫酸による分解)によっても得ることができる。化合物 F の水溶液は，中性である。

問1　A～F に最も適した具体的な化合物名を答えよ。

問2　化合物 F に，塩基性の条件下でヨウ素を作用させると黄色の沈殿が生成する。この黄色の沈殿は何か。分子式で答えなさい。

――――――――――――――――――――――――――――――――――――(神戸大)

第 186 問　C₅H₁₀O の異性体

カルボニル基をもち，分子式 $C_5H_{10}O$ で表される化合物について，各問いに答えよ。ただし，鏡像異性体は考慮しないものとする。

問1　銀鏡反応を示す，すべての構造異性体の構造式を示せ。

問2　ヨードホルム反応を示す，構造異性体の構造式を二つ示せ。

問3　還元すると不斉炭素原子を新たに生じる構造異性体の構造式を二つ示せ。

――――――――――――――――――――――――――――――――――（弘前大）

第 187 問　カルボン酸の性質

分子中に（　ア　）基をもつ化合物をカルボン酸という。また，乳酸のように（　ア　）基と（　イ　）基をもつ化合物をヒドロキシ酸，アラニンのように（　ア　）基と（　ウ　）基をもつ化合物をアミノ酸という。

ギ酸は最も簡単なカルボン酸で，構造中に（　ア　）基のほかに（　エ　）基に相当する部分を含むので還元性を示す。酢酸は食酢中にも含まれ，純粋なものは冬季に凍結するので（　オ　）とよばれる。酢酸の水溶液は弱い酸性を示し，水酸化ナトリウム水溶液に酢酸を加えると反応して酢酸ナトリウムとなる。酢酸ナトリウム水溶液に塩酸を加えると酢酸が遊離するが，二酸化炭素を通じても酢酸は遊離しない。このことから，酢酸の酸性は，塩酸よりも（　A　）こと，ならびに，二酸化炭素の水溶液よりも（　B　）ことがわかる。

カルボン酸には，上に述べた1価カルボン酸のほかに，シュウ酸，フマル酸，フタル酸やマレイン酸のように，同一分子内に（　ア　）基を2個もつ2価カルボン酸がある。このうち，フマル酸とマレイン酸は互いに立体異性体の一種である（　カ　）異性体であり，シス型の（　C　）は加熱すると脱水反応により（　D　）になる。

一方，上に述べたカルボン酸のうち，乳酸とアラニンには（　キ　）原子が1つ存在するため，互いに鏡像の関係にある2通りの立体構造がある。これらを互いに（　ク　）異性体という。

問1　文章中の（　ア　）～（　ク　）に当てはまる適切な語句を記せ。

問2　文章中の（　A　），（　B　）について，「強い」または「弱い」のどちらか適切な語句を記せ。

問3　文章中の（　C　），（　D　）に当てはまる化合物の構造式を記せ。

――――――――――――――――――――――――――――――――――（立命館大〈改〉）

C₃H₆O₂ の構造決定

分子式 $C_3H_6O_2$ で示される化合物 A，B，C がある。A は水によく溶け，水溶液は酸性を示した。分子内にエステル結合をもつ B と C をそれぞれ加水分解したところ，B からは化合物 D と水溶液中で酸性を示す化合物 E が，C からは化合物 F と銀鏡反応を示す化合物 G が得られた。

問 1　A，B，C，E，G の構造式を記せ。

問 2　A 〜 F のうち，酸化するとアルデヒドを生成するものを 2 つ選んで記号で記せ。

問 3　A 〜 F のうち，ヨードホルム反応を示すものを 1 つ選んで記号で記せ。

——（岡山理科大）

第 189 問　**C₅H₁₀O₂ の構造決定**

同一の分子式 $C_5H_{10}O_2$ をもつエステル A，B，C がある。A と B をそれぞれ加水分解したところ，A からは化合物 D と E が，B からは化合物 D と F が得られた。C を同様に加水分解したところ，化合物 G と H が得られた。D および G の水溶液はいずれも酸性を示し，D は(ア)銀鏡反応を示した。E と H をおだやかに酸化して得られた化合物に，それぞれフェーリング液を加え加熱すると，いずれからも(イ)赤色沈殿が生じた。一方，F を酸化して得られた化合物はフェーリング液とは反応しなかったが，(ウ)塩基性水溶液中ヨウ素と反応させたところ，特有のにおいを持つ黄色沈殿を生じた。H に濃硫酸を加え高温（160 ℃以上）で反応させたところ，エチレンが生成した。同様の反応を E と F に対し行ったところ，E からは一種類のアルケン I が生成し，F からは I のほかに(エ)互いに立体異性体の関係にあるアルケン J と K が生成した。

問 1　下線部（ア）のような変化を生じさせるのは，化合物 D がもつ官能基のどのような性質によるか，適切な語句で答えよ。

問 2　下線部（イ）で生成した赤色の化合物の化学式を記せ。

問 3　下線部（ウ）の反応名を記せ。また，この反応で生成した黄色の化合物の化学式を記せ。

問 4　化合物 A，B，C の構造式をそれぞれ記せ。

問 5　下線部（エ）のように，分子の立体構造が異なるために生じる立体異性体のことを何というか，答えよ。また，アルケン J と K の構造式を記せ。

——（北海道大）

第 190 問 C$_{10}$H$_{16}$O$_4$ の構造決定

分子式 C$_{10}$H$_{16}$O$_4$ で表されるエステル 1 mol を酸を触媒として加水分解すると，化合物 A 1 mol と化合物 B 2 mol が生成する。A にはシス-トランス異性体が存在する。また，A を加熱すると脱水反応が起こり，分子式 C$_4$H$_2$O$_3$ で表される化合物 C が得られる。B はヨードホルム反応を示す。また，B を酸化するとアセトンになる。

問1 A，C に関する記述として正しいものを，次の①〜⑤のうちから一つ選べ。

① A は 2 価アルコールである。

② A はシス形の異性体である。

③ A の炭素原子間の二重結合に水素を付加させた化合物には，不斉炭素原子が存在する。

④ C には 6 個の原子からなる環が存在する。

⑤ C にはカルボキシ基が存在する。

問2 B には，B 自身を含めて何種類の構造異性体が存在するか。正しい数を，次の①〜⑤のうちから一つ選べ。

① 1   ② 2   ③ 3   ④ 4   ⑤ 5

──────────────────────────── (センター試験)

第 191 問 油脂

油脂は食物成分として重要であり，糖およびタンパク質とともに三大栄養素とよばれる。油脂のうち，牛脂のように常温で固体のものを（ 1 ）といい，構成している脂肪酸に (a)飽和脂肪酸を多く含む。一方，大豆油のように常温で液体のものを（ 2 ）といい，（ 2 ）のうち不飽和脂肪酸を多く含み，空気中に放置すると固化しやすいものを（ 3 ）という。また，常温で液体の油脂にニッケル触媒下で水素を付加させて固体にしたものを（ 4 ）といい，マーガリンなどの原料となる。油脂に水酸化ナトリウムを加えて加熱すると，加水分解されて（ 5 ）と脂肪酸のナトリウム塩が生成する。脂肪酸のナトリウム塩を（ 6 ）という。

問1 空欄（ 1 ）〜（ 6 ）にあてはまる最も適切な語句を書け。

問2 次の(ア)〜(カ)の中から，下線部(a)の飽和脂肪酸に分類されるものをすべて選び，その記号を書け。

(ア) ドコサヘキサエン酸   (イ) オレイン酸   (ウ) ステアリン酸

(エ) パルミチン酸   (オ) リノール酸   (カ) リノレン酸

──────────────────────────── (新潟大〈改〉)

第 192 問　**油脂とその反応**

　油脂は高級脂肪酸と（　ア　）が（　イ　）結合したものである。ある油脂 A は炭素と水素，酸素だけからなり，一種類の高級飽和脂肪酸 B のみで構成されている。高級飽和脂肪酸 B の炭素の数を n とした場合，その分子式は（　ウ　）で表されるので，油脂 A の分子式は（　エ　）となる。いま，油脂 A の分子量を 890 とすると，n は（　オ　）になる。なお，原子量は，H = 1.0，C = 12，O = 16，K = 39，I = 127 とする。

* ☑ **問1**　文中（　ア　）～（　オ　）に最も適当な語句，数字または分子式を入れよ。
* ☑ **問2**　高級飽和脂肪酸 B の示性式を示せ。
** ☑ **問3**　油脂 A に水酸化カリウム水溶液を加えて加熱すると，A はけん化されて，高級飽和脂肪酸 B のカリウム塩が生じる。この油脂 A 1.0 g を完全にけん化するのに必要な水酸化カリウムは何 mg であるか，整数値で求めよ。
** ☑ **問4**　分子量 884 のある油脂 C 100 g にヨウ素を付加させると 86.0 g が反応した。含まれる不飽和結合は二重結合のみであるとすると，この油脂 C の 1 分子中に炭素 – 炭素二重結合はいくつ含まれるか，整数値で求めよ。

第 193 問　**油脂の構造決定**

　油脂は，3 分子の脂肪酸と 3 価アルコールのグリセリン 1 分子がエステル結合した化合物である。天然物から抽出し，精製したある油脂 A の構造を明らかにするため，以下の実験を行った。

（実験1）　油脂 A 44.1 g を完全に水酸化ナトリウムで加水分解すると，4.60 g のグリセリンとともに，直鎖不飽和脂肪酸 B と直鎖飽和脂肪酸 C のそれぞれのナトリウム塩が得られた。

（実験2）　油脂 A 3.00 g に，白金触媒存在下で気体水素を反応させると，0℃，1.013×10^5 Pa で 305 mL の水素が消費され，油脂 D が得られた。油脂 A は不斉炭素原子を含んでいたが，油脂 D は不斉炭素原子を含んでいなかった。

（実験3）　二重結合を含む化合物 R–CH=CH–R′ をオゾン分解すると，式(1)のように二重結合が開裂し，2 種類のアルデヒド（R–CHO，R′–CHO）が生成する。

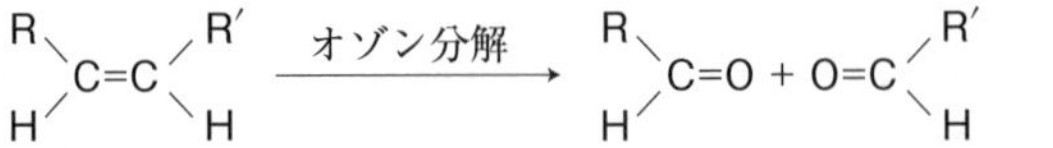

$$\begin{matrix} R \\ \diagdown \\ \end{matrix} C = C \begin{matrix} R′ \\ \diagup \\ \end{matrix} \xrightarrow{\text{オゾン分解}} \begin{matrix} R \\ \diagdown \\ H \end{matrix} C = O + O = C \begin{matrix} R′ \\ \diagup \\ H \end{matrix} \quad \cdots(1)$$

　　　脂肪酸 B をメタノールと反応させてエステル化した後に，オゾン分解すると，次の 3 種類のアルデヒドが 1：1：1 の物質量の比で得られた。

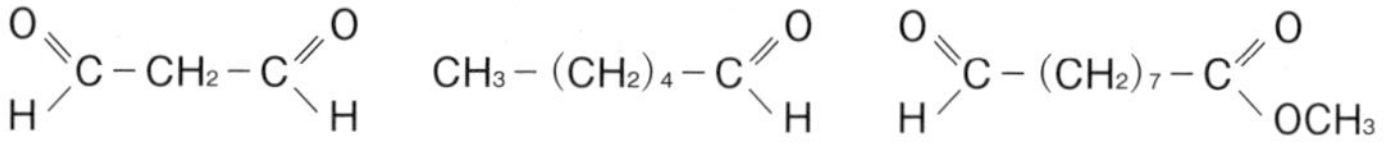

$$\underset{H}{O}\!\!\diagup\!\!C-CH_2-C\diagdown\underset{H}{O} \qquad CH_3-(CH_2)_4-C\diagdown\underset{H}{O} \qquad \underset{H}{O}\!\!\diagup\!\!C-(CH_2)_7-C\diagdown\underset{OCH_3}{O}$$

問1 油脂Aの分子量を整数値で求めよ。ただし，原子量は H = 1.0，C = 12，O = 16 とする。

問2 油脂Aの1分子に含まれる炭素間の二重結合の数を整数値で求めよ。

問3 脂肪酸Bの構造を下の例にならって示せ。ただし，二重結合の立体構造（シスおよびトランス異性体の区別）は問わない。

（例） CH₃(CH₂)₃CH = CHCH₂COOH

問4 脂肪酸BおよびCをそれぞれ R¹COOH，R²COOH と略記する。R¹，R² を用いて油脂AおよびDの構造式を示せ。

——————————（大阪大）

第 194 問　セッケンの性質

　油脂を水酸化ナトリウムでけん化すると，グリセリンと，(ア)高級脂肪酸のナトリウム塩であるセッケンが得られる。セッケンの水溶液（セッケン水）は，繊維などの固体表面をぬれやすくする。このような作用を示す物質を（**イ**）といい，その単一分子中に長い炭化水素基などの（**ウ**）性の部分とカルボン酸イオンなどの（**エ**）性の部分をもつ。セッケン水中のセッケン分子は，繊維に付着した油状物質を取りかこみ，これを分散・乳化させ，洗剤としてはたらく。

　(オ)カルシウムイオンやマグネシウムイオンを多く含む水（硬水）や海水ではセッケンの洗浄力が低下するが，(カ)高級アルコールやアルキルベンゼンに濃硫酸を作用させた後に水酸化ナトリウムで中和することによって得られる合成洗剤は，硬水や海水でも使うことができる。

問1 文中の空欄（**イ**）〜（**エ**）に最も適する語句を記せ。

問2 下線部（**ア**）のセッケンを水に溶かすと，その水溶液の水素イオン濃度は，純粋な水の場合と比較してどうなるか。次の(a)〜(c)の中から正しいものを一つ選べ。
(a) 小さくなる　　(b) 変化しない　　(c) 大きくなる

問3 下線部（**オ**）に関連して，硬水や海水でセッケンの洗浄力が低下する理由を20字以内で記せ。

問4 下線部（**カ**）の合成洗剤の水溶液の水素イオン濃度は，下線部（**ア**）のセッケンの水溶液の水素イオン濃度と異なる。その理由を，下線部（**カ**）の合成洗剤の組成をもとに20字以内で記せ。

——————————（広島市大）

第15章　有機化合物の性質（芳香族化合物）

第195問　ベンゼンの反応

　ベンゼンは不飽和炭化水素化合物であるが，（　ア　）反応よりも（　イ　）反応を起こしやすい。このことは，ベンゼンに鉄粉を触媒として塩素を通じると塩素化が起こり，Aとともに塩化水素が生じること，ベンゼンに濃硝酸と濃硫酸の混合物を加えて50℃前後に加温すると（　ウ　）化が起こり，淡黄色のBを生じることや，ベンゼンに濃硫酸を加えて加熱すると（　エ　）化が起こりCを生じることから理解される。一方，ベンゼンに白金またはニッケルを触媒として加圧下で水素を反応させるとDを生じ，ベンゼンと塩素の混合物に紫外線を照射するとEを生じる。

- **問1**　文中の空欄（　ア　）～（　エ　）に適当な反応名を記せ。
- **問2**　反応生成物A～Eの構造式を記せ。
- **問3**　ベンゼン7.8gを還元してDにすると，何gの水素が必要か。下の(1)～(8)のうち最も近いものを選べ。ただし，原子量はH = 1.0，C = 12とする。
  - (1)　0.10　　(2)　0.20　　(3)　0.30　　(4)　0.60　　(5)　1.0
  - (6)　2.0　　(7)　3.0　　(8)　6.0
- **問4**　A～Eの中で最も水に溶けやすい化合物の名称を記せ。

———————————————————————————————（愛知工大〈改〉）

第196問　C_8H_{10} の構造決定

　分子式 C_8H_{10} で示されるベンゼン環を有する4種類の化合物A，B，C，Dがある。ここで，化合物Aの水素原子1個を臭素原子で置き換えて得られる化合物は，不斉炭素をもつ化合物の他に不斉炭素をもたない化合物が（　ア　）種類存在する。また，化合物B，C，Dの水素原子1個をそれぞれ臭素原子で置換した化合物は，それぞれ（　イ　）種類，（　ウ　）種類および4種類存在する。化合物Bを（　エ　）で酸化してつくられるテレフタル酸は，エチレングリコールとの縮合重合により，（　オ　）とよばれる合成高分子になる。一方，化合物Cを同様に（　エ　）で酸化することにより生成するジカルボン酸を，さらに200℃以上の高温で加熱することにより，(a)一つの分子の中にある二つの（　カ　）基が脱水して結合する。このように2個の（　カ　）基から1分子の水がとれて結合した化合物を（　キ　）という。

- **問1**　空欄（　ア　）～（　キ　）に適当な語句または数字を記入せよ。
- **問2**　化合物A，B，C，Dの構造式をそれぞれ書け。
- **問3**　下線部(a)の反応生成物の構造式を書け。

———————————————————————————————（東京農工大）

第 197 問　フェノールの製法と性質

　フェノールは，ベンゼンの水素原子1個をヒドロキシ基に置き換えた化合物で，特有のにおいのある無色の固体である。水に少し溶け，ヒドロキシ基の水素がわずかに電離して弱い酸性を示す。

　フェノールは，ベンゼンを濃硫酸とともに加熱して得られた化合物Aに，水酸化ナトリウムを用いてアルカリ融解した後，二酸化炭素を通じることによって得ることができる。また，ベンゼンに鉄粉を触媒として，塩素を反応させて得られた化合物Bに，高温・高圧下，水酸化ナトリウム水溶液を作用させても得ることができる。

　一方，①工業的製法として，ベンゼンにプロペンを反応させ，化合物Cを合成した後，酸化，希硫酸による分解を経て合成する方法が用いられている。

　フェノールを水酸化ナトリウム水溶液に加えると，塩Dとなって溶ける。この②塩Dの水溶液に二酸化炭素を通じるとフェノールが遊離する。

問1　化合物A～Dの構造式を書け。

問2　下線部①の工業的製法は何とよばれる方法か，名称を答えよ。また，この方法でフェノールと同時に生成する有機化合物は何か，化合物名を答えよ。

問3　フェノールの検出には，塩化鉄(Ⅲ)水溶液が用いられる。フェノールの水溶液に塩化鉄(Ⅲ)水溶液を加えると何色になるか答えよ。

問4　フェノールに十分な量の臭素水を作用させて得られる白色固体Xの構造式を書け。

問5　下線部②でフェノールが遊離する理由を25字以内で書け。

――〈岩手大〈改〉〉

第 198 問　芳香族化合物の反応

　プロペンとベンゼンを触媒の存在下で反応させると，化合物Aが生成する。

　化合物Aを酸素で酸化して過酸化物としたのちに，希硫酸で分解すると，化合物Bと化合物Cになる。化合物Bは塩化鉄(Ⅲ)により青紫色を呈し，金属ナトリウムとは(a)気体を発生しながら反応する。また，(b)化合物Bに濃硝酸と濃硫酸の混酸を作用させると，化合物Xおよび化合物Yが生成し，さらに反応が進んで化合物Zになる。

　化合物Aを過マンガン酸カリウムで酸化すると化合物Dが生成する。炭酸水素ナトリウム水溶液に化合物Dを加えると，(c)気体を発生しながら溶解する。

問1　化合物A～Dを構造式で書け。

問2　下線部(a)，(c)の気体を化学式で書け。

問3　下線部(b)の化合物X～Zの分子量は139または229である。これらの化合物を構造式で書け。ただし，原子量はH = 1.0，C = 12，N = 14，O = 16とする。

――〈新潟大〉

第 199 問　置換反応の配向性

　ベンゼンを硝酸と硫酸からなる混酸と反応させるとニトロベンゼンが生じる。この反応
では，まず式(1)のように混酸中で
正電荷を帯びたニトロニウムイオ
ン(NO_2^+)が生じる。これが式(2)
のようにベンゼン環の炭素原子の
1個と共有結合で結びつき，正電
荷を帯びた不安定なAをつくる。
次に式(3)のように硫酸水素イオン

$$HNO_3 + 2H_2SO_4 \longrightarrow NO_2^+ + 2HSO_4^- + H_3O^+ \quad (1)$$

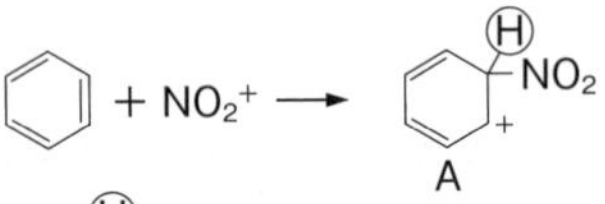

がAからⒽで示した水素原子を水素イオンとして引き抜き，ニトロベンゼンが生じる。

　ベンゼンの一置換体(C_6H_5X)の置換反応において，どの水素原子が置換されるかは置換
基Xの種類によって異なる。

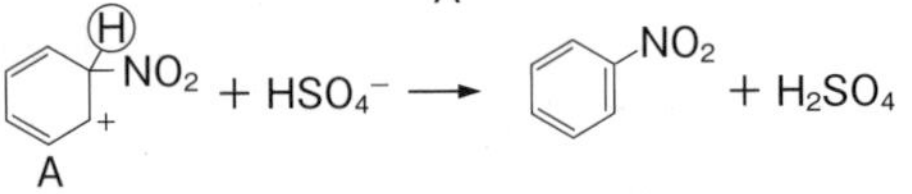

　フェノールを混酸と反応させると，化合物
B（分子式 $C_6H_3N_3O_7$）が生じる。フェノール
では，酸素のもつ非共有電子対がベンゼン環
に影響するために，構造式aのほかに特定の
原子が正電荷または負電荷をもつ構造式b，
c，dを書くことができる（図1）。これらの

図1　　　　　　　図2

構造式から，フェノールでは図2の番号（　ア　）の炭素原子がその他の炭素原子と比べて
わずかに負電荷を帯びていると考えられる。したがって，正電荷を帯びたニトロニウムイ
オンは番号（　ア　）の炭素原子と結びつきやすい。

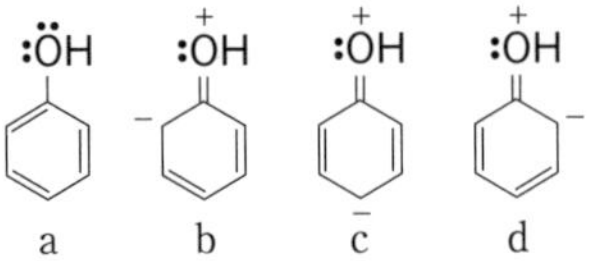

　ニトロベンゼンを混酸と反応させると，化合物C（分子式 $C_6H_4N_2O_4$）が生じる。ニトロ
ベンゼンでは，$\ddot{\text{O}}\text{=}\overset{+}{\text{N}}\text{-}\ddot{\ddot{\text{O}}}\text{:}^-$ で表したニトロ基がベンゼン環に影響するために，特定の原子
が正電荷または負電荷をもつ構造式e，f，g，hを書くことができる（図3）。これらの
構造式から，ニトロベンゼンでは
図4の番号（　イ　）の炭素原子が
その他の炭素原子よりもわずかに
正電荷を帯びていると考えられる。
したがって，正電荷を帯びたニト
ロニウムイオンは番号（　イ　）の
炭素原子とは結びつきにくい。

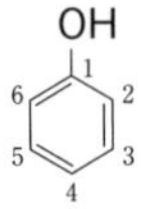

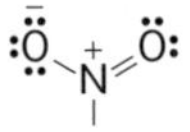

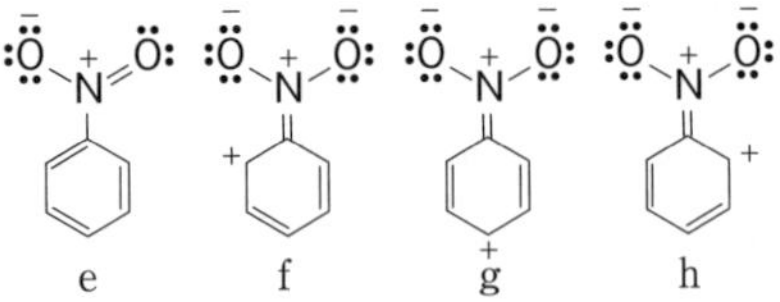

図3 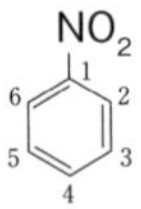　　　　　　　図4

問1　下線部について，ベンゼンからニトロベンゼンが生じる反応の化学反応式を記せ。

問2　ベンゼンのニトロ化反応における濃硫酸の役割を簡潔に記せ。

問3　化合物BとCの構造式を記せ。

*☑ **問4** （ ア ）と（ イ ）にあてはまる最も適切なものを次の(a)～(d)の中から選び，記号で
答えよ。ただし，同じ記号を選んでもよい。

    (a) 1, 2, 3　　(b) 2, 3, 4　　(c) 2, 4, 6　　(d) 1, 3, 5

*☑ **問5** ベンゼン，フェノール，ニトロベンゼンのニトロ化に関する以下の文章を読み，
（ ウ ）～（ オ ）にあてはまる化合物名を記せ。

　　ベンゼン，フェノールおよびニトロベンゼンの構造式，さらにニトロニウムイオン
が正電荷を帯びていることを考えると，ニトロ化反応は（ ウ ），（ エ ），（ オ ）の
順で起こりやすいと予測できる。実際，（ ウ ）は室温で希硝酸と速やかに反応して，
ニトロ化された化合物を生じる。これに対し，（ エ ）や（ オ ）のニトロ化反応は希
硝酸ではほとんど起こらない。（ エ ）は，混酸中で60℃に加熱してはじめてニトロ
化される。（ オ ）をニトロ化するにはさらに高温が必要である。

── （大阪市立大）

第 200 問　　$C_8H_{10}O$ の構造決定

　芳香族化合物 A ～ E は互いに異性体であり，その分子式は $C_8H_{10}O$ である。

　芳香族化合物を過マンガン酸カリウムと反応させると，ベンゼン環に直接結合している
炭素原子は酸化されてカルボキシ基となるが，A ～ C はいずれも，過マンガン酸カリウ
ムとの反応によって安息香酸になった。無水酢酸を作用させたとき，A と B からはそれ
ぞれ生成物が得られたが，C は無水酢酸とは反応しなかった。A ～ C にヨウ素と水酸化
ナトリウムを反応させると，A からはヨードホルムが生成したが，B と C からはヨード
ホルムは生成しなかった。

　D を過マンガン酸カリウムと反応させるとテレフタル酸になった。また，D を二クロム
酸カリウムとおだやかに反応させると，還元性の化合物 Y を経て酸性の化合物になった。

　E は塩化鉄（Ⅲ）溶液によって呈色した。E はベンゼン環の連続した 4 個の炭素原子に直
接水素原子が結合していることがわかった。

*☑ **問1** A ～ C の中で，分子内に不斉炭素原子が含まれている化合物を選べ。

*☑ **問2** A と無水酢酸との反応によって得られる生成物の構造式を記せ。

*☑ **問3** B と C の構造式を記せ。

*☑ **問4** B の脱水反応によって化合物 X が得られ，X の重合によって高分子化合物が得ら
れる。この高分子化合物の名称を記せ。

*☑ **問5** Y の構造式を記せ。

*☑ **問6** E の構造式を記せ。

── （名古屋工大）

第 201 問　サリチル酸とその誘導体

　分子式 $C_7H_6O_3$ をもつサリチル酸は，ナトリウムフェノキシドに加圧・加熱条件下で二酸化炭素を作用させて製造される。サリチル酸は防腐剤や医薬品合成原料などとして利用されるほか，（ ア ）価の鉄イオンを pH2.5 − 2.8 で作用させると（ イ ）色に呈色するので，鉄の定量分析に用いられる。

　サリチル酸のメタノール溶液に濃硫酸を触媒として加えて加熱すると，分子式 $C_8H_8O_3$ をもつ化合物 A が得られる。また，サリチル酸に濃硫酸を触媒として室温で無水酢酸を加えると，分子式 $C_9H_8O_4$ をもつ化合物 B が得られる。

　ある化合物 X を加水分解するとサリチル酸が生成する。化合物 X の分子式は $C_{16}H_{12}O_6$ であり，炭酸水素ナトリウム水溶液を加えると気体が発生した。化合物 X にはエステル結合が二カ所あり，0.01 mol の化合物 X を酸性条件下で加水分解すると，0.02 mol のサリチル酸と 0.01 mol の酢酸が生成した。

* ☐ **問 1**　文章中の（ ア ），（ イ ）に適切な語句または数値を記せ。
** ☐ **問 2**　ナトリウムフェノキシドに加圧・加熱条件なしに二酸化炭素を作用させたときの化学反応式を記せ。
* ☐ **問 3**　化合物 A，B の構造式と名称をそれぞれ記せ。
** ☐ **問 4**　化合物 X の構造式を記せ。
* ☐ **問 5**　ベンゼン環をもち分子式が $C_8H_8O_3$ で表される化合物には，様々な異性体が考えられる。化合物 A 以外の異性体で，ベンゼンのオルト二置換化合物の構造式を 3 つ記せ。

――――――――――――――――――――――――――――――――――（法政大〈改〉）

第 202 問　$C_8H_8O_2$ の構造決定

*** ☐　分子式 $C_8H_8O_2$ で表される芳香族有機化合物 A 〜 E に関する(1)〜(4)の文章を読み，化合物 A 〜 G の構造式を書け。

(1)　化合物 A と化合物 B は，炭酸水素ナトリウム水溶液に気体を発生しながら溶解したが，化合物 C 〜 E は反応しなかった。化合物 A を過マンガン酸カリウム水溶液で酸化すると，主に合成繊維として利用されるポリエチレンテレフタラートの原料となる化合物が得られた。

(2)　化合物 B と化合物 C を，それぞれ，過マンガン酸カリウム水溶液で酸化すると，どちらからも分子式 $C_8H_6O_4$ で表される化合物 F が得られた。さらに，化合物 F を加熱したところ，水分子が 1 個とれた化合物 G が生成した。なお，化合物 G はナフタレンを，酸化バナジウム(V)V_2O_5 を触媒として，空気で酸化して得られる化合物と同一であった。

(3)　化合物 D は，水酸化ナトリウム水溶液を加えても溶解しなかったが，加熱したら徐々に溶解して均一な溶液 S_D になった。ここで溶液 S_D に希硫酸を加えると，無色の結晶

が析出し，これはトルエンを過マンガン酸カリウム水溶液で酸化して得られる化合物と同一であった。

(4)　化合物 E に水酸化ナトリウム水溶液を加えると，容易に溶解した。この溶液にヨウ素を作用させると，特有の臭気をもつ黄色の沈殿が生じた。さらに，この沈殿を除いた反応液に希硫酸を加えると，サリチル酸が得られた。

――（東邦大）

第203問　アニリンの性質と反応

　アニリンは特有の臭気をもつ液体で，その沸点は 185℃であり，染料や香料の原料として利用される。実験室ではいろいろな方法でニトロベンゼンを還元して合成され，還元法として触媒の存在下での水素化やスズまたは鉄と塩酸による還元などがある。

　反応容器に(a)3.1 g のニトロベンゼン，6.0 g の粒状スズ，14.0 mL の濃塩酸を入れ，冷却器をつけて，ふり混ぜながらおだやかに加熱して反応させた。反応混合物を冷やした後，残っている固体のスズを除いてから，30 ％水酸化ナトリウム水溶液を加えて溶液を塩基性にした。この塩基性溶液に水蒸気を送り込みながら蒸留し，水蒸気と一緒に留出される物質を集めた。留出した液は，ニトロベンゼン，アニリン，水の混合物であった。この混合液から，(b)アニリンを分離して取り出した。

　(c)アニリンの希塩酸溶液を 5℃以下に冷やしながら，冷やした亜硝酸ナトリウム溶液を加えた。得られた溶液を 2 等分し，一方にはすぐに(d)ナトリウムフェノキシド水溶液を加えたところ，橙赤色の沈殿が生じた。他方は 50℃で 2 分間加熱してから，ナトリウムフェノキシド水溶液を加えたところ，橙赤色の沈殿は生じなかった。

問1　下線部(a)について，

(1)　この反応でスズは 4 価のイオンに酸化される。この反応におけるニトロベンゼンの酸化剤としての作用を，e^- を含む反応式で表せ。

(2)　1.00 g のニトロベンゼン（分子量 123）を還元するためには，少なくとも何 g のスズ（原子量 119）が必要か。答えは有効数字 3 桁で求めよ。

問2　下線部(b)について，得られた物質がアニリンであることを呈色反応により確認するにはどうすればよいか。使用する試薬の名称と色の変化を記せ。

問3　下線部(c)について，このとき起こる反応を化学反応式で表せ。

問4　下線部(d)について，

(1)　この反応を一般に何というか。

(2)　橙赤色の沈殿は何か。構造式と化合物名を記せ。

(3)　50℃に加熱してからナトリウムフェノキシド水溶液を加えると，橙赤色の沈殿が生じないのは何故か。

――（慶應大）

第 204 問　アゾ化合物の合成

次の文はベンゼンから始まる一連の合成経路である。

ベンゼンに触媒存在下で塩素を反応させるとＡが生じる。Ａを高温・高圧下，水酸化ナトリウムで加水分解するとＢが生じる。ベンゼンに濃硫酸と濃硝酸を反応させるとＣが生じる。さらに，Ｃをスズと塩酸を用いて還元するとアニリンが生じる。アニリンに無水酢酸を反応させて，（ ア ）化するとＤが生じる。また，低温でアニリンに亜硝酸ナトリウムと塩酸を加えるとＥが生じる。この反応を（ イ ）化という。ＢとＥを反応させると，橙赤色の染料 p-ヒドロキシアゾベンゼンが生じる。この反応を（ ウ ）という。Ｂの代わりに，Ｆを水酸化ナトリウムで処理したあと，Ｅと反応させるとオイルオレンジが生じる。Ｂに高温・高圧下で二酸化炭素を作用させたのち，酸性にするとＧが生じる。

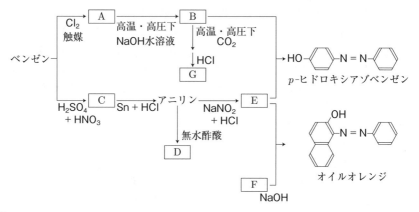

p-ヒドロキシアゾベンゼン

オイルオレンジ

* ☑ **問1**　化合物Ａ～Ｇの構造式を記せ。
* ☑ **問2**　（ ア ）～（ ウ ）に適切な用語を記せ。
* ☑ **問3**　化合物Ｆと官能基の位置のみが異なる構造異性体の構造式を記せ。

――――――――――――――――――――――――――――――――（熊本大）

第 205 問　芳香族アミドの構造決定

分子式が $C_{14}H_{13}NO_2$ で表されるヒドロキシ基をもつ芳香族のアミド化合物Ａがある。Ａは，塩化鉄(Ⅲ)水溶液を加えても呈色せず，炭酸水素ナトリウム水溶液にも溶解しない。Ａに希塩酸を加えて熱すると，アミド結合が加水分解されてＢが結晶として析出した。Ｂをろ過したのち，ろ液に水酸化ナトリウム水溶液を加えて塩基性にすると，油状の芳香族化合物Ｃが遊離した。

Ｂは，ベンゼン環に２個の置換基をもつ化合物で，分子式は $C_8H_8O_3$ で表される。Ｂを過マンガン酸カリウムを用いて酸化して得られる化合物を加熱すると，容易に分子内で脱水反応が起こり，分子式が $C_8H_4O_3$ で表される酸無水物が得られた。

* ☑ **問1** 化合物 A ~ C の構造式を書け。
* ☑ **問2** B を濃硫酸を少量加えた溶媒中で加熱すると, 分子内で脱水して, 分子式が $C_8H_6O_2$ で表されるエステル化合物 D が得られた。この化合物 D の構造式を書け。

問3 (a)C を塩酸に溶かした溶液に, 氷で冷やしながら亜硝酸ナトリウム水溶液を加えると E が得られ, (b)この溶液をおだやかに加熱すると窒素を発生して分解し, F が得られた。

* ☑ (1) 下線部 (a) の反応は一般に何とよばれるか, 名称で答えよ。
* ☑ (2) 下線部 (b) の反応を, 構造式を用いた化学反応式で書け。

――――――――――――――――――――――――――――――――――――――(島根大)

第 206 問 構造決定の総合問題

　化合物 A は 1 つのベンゼン環上に 2 つの置換基が結合している有機化合物である。化合物 A の元素分析の結果は, 質量百分率で C : 74.1 %, H : 7.9 %, O : 18.0 % であり, 化合物 A 2.14 g をベンゼン 100 mL に溶かしたところ, 溶液の凝固点降下度は 0.700 K だった。

　一方, 化合物 B は化合物 A と 2 つの置換基の位置が異なる構造異性体である。化合物 A と化合物 B をそれぞれ塩基性溶液中で加水分解すると, 化合物 A からは化合物 C と化合物 D が生成し, 化合物 B からは化合物 C と化合物 E が生成した。

　化合物 C に水酸化ナトリウム水溶液とヨウ素を加え加熱すると①黄色沈殿が生じた。また, 化合物 C を加熱して脱水することにより化合物 F が生成した。化合物 F は②ポリマーの原料にもなる。化合物 F を臭素水と反応させると, (a) 反応が起こり臭素水の赤褐色が消え化合物 G が生成した。化合物 G は不斉炭素原子を 1 つ有する化合物であった。

　化合物 D と化合物 E を過マンガン酸カリウムで酸化すると, それぞれ化合物 H と化合物 I が生成した。化合物 H は加熱すると分子内で脱水が起こり化合物 J になる。化合物 I と (b) からは, 高分子化合物ポリエチレンテレフタラートが合成できる。これは PET とも呼ばれペットボトルなどの原料となる。

* ☑ **問1** 化合物 A の分子式を求めよ。ただし, 原子量は H = 1.0, C = 12, O = 16 とし, ベンゼンのモル凝固点降下は 5.12 K・kg/mol, ベンゼンの密度は 0.88 g/mL とする。
* ☑ **問2** 下線部①の分子式, および下線部②のポリマーの名称を書け。
* ☑ **問3** (a) に入る適切な語句, (b) に入る適切な化合物名を書け。
* ☑ **問4** 化合物 A, B, C, F 及び J の構造式を書け。
* ☑ **問5** 化合物 G の構造式を書け。また, この化合物に含まれる不斉炭素原子を○で囲め。

――――――――――――――――――――――――――――――――――――――(慶應大)

第 207 問 芳香族化合物の分離 Ⅰ

アニリン，安息香酸，フェノール，ニトロベンゼンをジエチルエーテルに溶かした混合溶液がある。各成分を分離するため，分液漏斗を用いて，図に示す順序で操作①～④を行った。

操作① 塩酸を加えてよく振り混ぜ，静置した後，エーテル層と水層を分離する。

操作② 水酸化ナトリウム水溶液とジエチルエーテルを加えてよく振り混ぜ，静置した後，エーテル層を分離する。

操作③ 水酸化ナトリウム水溶液を加えてよく振り混ぜ，静置した後，エーテル層と水層を分離する。

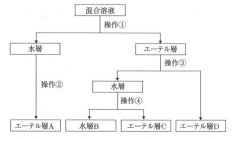

操作④ 二酸化炭素を十分に吹き込み，次にジエチルエーテルを加えてよく振り混ぜ，静置した後，エーテル層と水層を分離する。

問1 A～Dの各層に含まれる化合物の構造式を書け。

問2 操作④において，水層中のある成分は化学反応によりエーテル層Cに移動する。エーテル層Cに移動する際に起こる化学反応を反応式で示せ。

——————————————————————————————————（東京薬科大〈改〉）

第 208 問 芳香族化合物の分離 Ⅱ

有機化合物の混合物を分離する方法には，抽出や分留などがある。抽出は溶媒に対する溶解性の違いを利用して，混合物から成分物質を分離する操作であり，分留は（ **ア** ）の違う成分を蒸留によって分取する操作である。トルエン，安息香酸，m-クレゾール，アニリンの混合物をA～Eの操作で分けることができる。

操作A：トルエン，安息香酸，m-クレゾール，アニリンを含むエーテル溶液に塩酸を加えると（ **イ** ）は塩酸塩となり，水層に移る。

操作B：操作A終了後の水層を取り出し，これに水酸化ナトリウム水溶液を加え，さらにエーテルを加えると（ **イ** ）がエーテル層に移る。

操作C：操作A終了後のエーテル層を取り出し，これに炭酸水素ナトリウム水溶液を加えると（ **ウ** ）はナトリウム塩となって水層に移る。

操作D：操作C終了後の水層を取り出し，これに塩酸を加えると（ **ウ** ）のナトリウム塩は（ **ウ** ）となり，さらにエーテルを加えると（ **ウ** ）は（ **エ** ）層に移る。

操作E：操作C終了後のエーテル層を取り出し，エーテルを除いた後，分留すれば，最初に（ **オ** ）が留出し，その後（ **カ** ）が留出し分離することができる。

*☑ **問1** （ ア ）〜（ カ ）にあてはまる語句，物質名を答えよ。

*☑ **問2** 操作 A 〜 D を行うのに最も適した実験器具の名称を答えよ。

―――――――――――――――――――――（上智大）

第 209 問 エステルの合成実験

　密度 0.828g/cm³ のトルエン 10.0mL に，(a)塩基性にした過マンガン酸カリウム水溶液を加えて加熱し反応させたところ，トルエンはすべて反応し，かわりに酸化マンガン（Ⅳ）の黒色沈殿が生じた。放冷後，反応液に塩酸を加えたところ，白色沈殿が生じたので回収し乾燥させた。（沈殿物Ⅰ）

　得られた沈殿物Ⅰに密度 0.78g/cm³ のエタノール 50.0mL と濃硫酸 5.0mL を加えて，右図の実験装置で反応させた。放冷後，反応液に水 50.0mL とジエチルエーテル 30.0mL を加えてよく撹拌し，その後，溶液は 2 層に分離したので上層を回収した。回収液に，(b)飽和炭酸水素ナトリウム水溶液 30.0mL を加えてよく撹拌し，その後，溶液は 2 層に分離したので上層を回収した。回収液に，(c)無水塩化カルシウムを加えて充分時間を経過させ，ろ過した後，ゆっくり加熱しながらジエチルエーテルを蒸発させ分留すると化合物 X が得られ，その質量は 8.1 g であった。

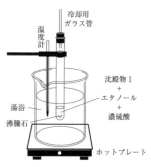

*☑ **問1** 下線部(a)の反応を化学反応式で書け。

*☑ **問2** 下線部(b)の反応では気体が発生する。この反応を化学反応式で書け。

*☑ **問3** 下線部(c)の無水塩化カルシウムの役割を簡潔に説明せよ。

*☑ **問4** 化合物 X の構造式を書け。

*☑ **問5** トルエンの物質量と，反応式から計算して求めた化合物 X の生成する物質量に対する実際に得られた化合物 X の物質量の割合を収率とすると，この実験における収率は何％になるか。有効数字 2 桁で求めよ。ただし，原子量は H = 1.0，C = 12，O = 16 とする。

―――――――――――――――――――――（順天堂大〈改〉）

第16章 糖類・アミノ酸・核酸

第 210 問 単糖類の構造と性質

　単糖類は，水溶液中では環状構造と鎖状構造とが一定の割合で平衡を保ちながら存在する。いずれの単糖類においても，鎖状構造には還元性を示す部位が存在する。そのため，単糖類の水溶液は（　ア　）と反応して赤色の沈殿物である（　イ　）を生じる。鎖状構造のグルコースが環状構造に変わるとき，（　ウ　）位の炭素につくヒドロキシ基の立体配置の違いにより α 型と β 型という二つの異性体を生じる。

*☑ **問1**　文中の空欄（　ア　）〜（　ウ　）に適切な語句，数値または物質名を入れよ。

*☑ **問2**　以下の図はグルコースについて，水溶液中での分子構造を示したものである。

(1)　図中の X，Y の四角の中に入る構造式を書け。

(2)　X の構造式の中には還元性を示す構造がある。(1)で描いた構造のどの部分が還元性に関与しているか，図中の該当部分を点線で囲って示せ。

☑ 問3　以下の図はフルクトースについて，水溶液中での分子構造を示したものである。

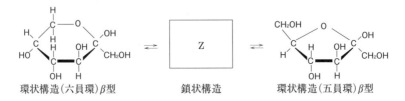

(1)　図中の Z の四角の中に入る構造式を描け。

(2)　Z の構造式の中には還元性を示す構造がある。(1)で描いた構造のどの部分が還元性に関与しているか，図中の該当部分を点線で囲って示せ

――――――――――――――――――――――――――――（山口大〈改〉）

第 211 問 糖類の加水分解

　天然にはマルトース，スクロース，セロビオース，ラクトースなどのさまざまな二糖類が存在する。このうちマルトースは，（　ア　）が多数繰り返し縮合した構造をもつ植物多

糖の（イ）が，（ウ）（酵素名）により加水分解されて生じる。また，セロビオースは，（エ）が直鎖状に繰り返し縮合した構造をもつ（オ）が，（カ）（酵素名）の作用を受けて生じる。これに対し，スクロースはサトウキビやテンサイの中で，ラクトースは乳腺の中で初めから二糖類として合成される。スクロースは単糖である（キ）と（ク）からできたもので，(a)（ケ）（酵素名）や希酸で加水分解すると，構成単糖の等量混合物となる。一方，ラクトースを（コ）（酵素名）や希酸で加水分解すると，構成単糖のグルコースと（サ）が等量生じる。

問1 文中の空欄（ア）～（サ）に適当な語句を入れよ。

問2 マルトースの構造式を単糖の六員環構造をつないだ形で書け。また，単糖間をつなぐ結合は何結合というか。

問3 下線部(a)の加水分解により生成する構成単糖の等量混合物は何とよばれるか。

問4 次の二糖類(1)～(4)の中から還元性を示さないものを選べ。

(1) マルトース　(2) セロビオース　(3) スクロース　(4) ラクトース

―――――――――――――――――――――（京都産業大〈改〉）

第212問 多糖類の性質

植物は太陽光を吸収し，二酸化炭素と水から有機化合物を合成すると共に，酸素を放出する。成長した植物において細胞壁を構成する主成分は（ア）であり，炭素原子6個から構成されるβ-グルコースが直鎖状に連なった構造をしている。

化合物（ア）405 gを完全に加水分解したところ，（イ）gのグルコースを得た。さらにその後，(A)酵母によるアルコール発酵を行った。すべてのグルコースがアルコール発酵によってエタノールへ変換できたと仮定すると，（ウ）gのエタノールを得ることができる。

問1 文中の空欄（ア）にあてはまる適切な語句を答えよ。

問2 （ア）を二糖へと分解する酵素名を答えよ。

問3 （ア）の性質に関して，以下の項目で該当するものをすべて選び，記号(あ)～(お)で答えよ。

(あ) ヨウ素と反応を示す。　(い) 希硫酸と反応しグルコースを生成する。

(う) 25℃の水に溶けない。　(え) 90℃の水に溶ける。　(お) 還元性を示す。

問4 下線部(A)に関して，グルコースからアルコール発酵によりエタノールが生成する反応を化学反応式で示せ。

問5 文中の空欄（イ）と（ウ）にあてはまる数字を，整数値で求めよ。ただし，原子量はH = 1.0，C = 12，O = 16とする。

―――――――――――――――――――――（神戸大）

第 213 問　多糖類とセルロースの誘導体

　デンプンやセルロースはいずれも $(C_6H_{10}O_5)_n$ の分子式をもち，グルコースが数多く結合した高分子化合物で，われわれの日常生活になくてはならない重要な物質である。

　デンプンは，α - グルコースが縮合重合した構造をもち，（　ア　）構造をとるため，(1)ヨウ素と反応して青～青紫色に呈色する（ヨウ素デンプン反応）。デンプンを（　イ　）という酵素で加水分解すると，（　ウ　）や二糖類であるマルトースが生じる。（　ウ　）はマルトースよりも分子量の大きい多糖の混合物である。

　セルロースは，β - グルコースが縮合重合した構造をもち，隣りあったグルコースの六員環が，互いに前後，上下が逆転して結合しているため，直鎖状の構造をとる。平行に並んだ直鎖状分子の間にはヒドロキシ基による（　エ　）が働くので，セルロースは丈夫な繊維になる。(2)セルロースを無水酢酸でエステル化（アセチル化）すると，トリアセチルセルロースができる。トリアセチルセルロースは溶媒に溶けにくいが，エステルの一部を加水分解するとアセトンに溶けるようになる。この溶液を，細かい穴から空気中に押し出して乾燥させると繊維ができ，これを（　オ　）繊維という。

問1　文中の空欄（　ア　）～（　オ　）に，最も適する化合物名または語句を記入せよ。

問2　文中の下線部(1)について，次の(a)～(c)からヨウ素デンプン反応の呈色が見られるものをすべて選び，記号で答えよ。

　(a)　デンプン水溶液を穏やかに加熱しながら，ヨウ素ヨウ化カリウム溶液を加えた。

　(b)　デンプン水溶液を穏やかに加熱したのち，室温まで放冷し，ヨウ素ヨウ化カリウム溶液を加えた。

　(c)　デンプン水溶液に希硫酸を加えて煮沸後，室温まで放冷し，炭酸ナトリウムを加えて中和したのち，ヨウ素ヨウ化カリウム溶液を加えた。

問3　分子量が 5.67×10^5 のセルロースは，何分子のグルコースが縮合してできているか。原子量は H = 1.0，C = 12，O = 16 とし，答えは有効数字 2 桁で求めよ。

問4　セルロース 648 g がすべて二糖類であるセロビオースに加水分解されたとすると，何 g のセロビオースが得られるか。答えは有効数字 3 桁で求めよ。

問5　文中の下線部(2)の反応は，次式で示される。

　$[C_6H_7O_2(OH)_3]_n + 3n\,(CH_3CO)_2O \longrightarrow$（　カ　）$+ 3n$（　キ　）

　左辺の書き方にならって（　カ　），（　キ　）に適する化学式を記せ。

——（同志社大〈改〉）

第 214 問　メチル化による構造の推定

　デンプンは植物の根・地下茎・種子などに含まれる多糖である。デンプンの成分には（　ア　）や（　イ　）がある。（　ア　）は，α - グルコースが α - 1,4 結合により直鎖状につながった構造をしており，温水に溶けやすい。一方（　イ　）は，多数の α - 1,4 結合に加え，

α－1,6 結合による枝分かれ構造をもち，温水に溶けにくい。デンプンは，体内で消化酵素の働きで（　ウ　）となり，さらに別の消化酵素で，グルコースへと分解される。

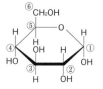

図　α－グルコースの構造式
①～⑥はグルコース分子中の炭素の位置番号である。

デンプン内の枝分かれの度合いは次のような方法で調べることができる。デンプンのヒドロキシ基をメチル化剤により完全にメチル化し（－ OH ⟶ － OCH$_3$），その後に希硫酸を用いて α－1,4 および α－1,6 結合を完全に加水分解しメチル化された単糖へと変換する。得られたメチル化された単糖を分析することで，1 分子中の枝分かれ数を知ることができる。ただし，この加水分解条件では，図の①位に結合した － OCH$_3$ 基のみ － OH 基へと変換されるが，そのほかの － OCH$_3$ 基は変化しない。

平均分子量 6.0×10^5 のデンプン X を 100 g 使って枝分かれの度合いを調べる実験を行った。その結果，（　エ　），（　オ　），（　カ　）の 3 種類のメチル化された単糖が，それぞれ（　エ　）は 126 g，（　オ　）は 6.07 g，（　カ　）は 5.35 g 得られた。また，（　オ　）と（　カ　）はほぼ同じ物質量であった。

問1　文中の（　ア　）～（　ウ　）に最も適切な語句を入れよ。

問2　文中の（　エ　）～（　カ　）の構造式として適切なものを次の A ～ D からそれぞれ選べ。ただし，グルコースと同様に A ～ D は異性体(α 型環状構造，鎖状構造，β 型環状構造)の平衡状態で存在するが，ここでは α 型環状構造のみを示す。

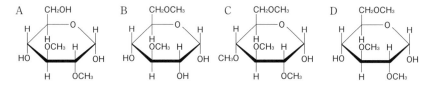

問3　実験で得られた 3 種類のメチル化された単糖の物質量比（　エ　）:（　オ　）:（　カ　）として，最も適切なものはどれか。次の①～⑧の中から一つ選べ。ただし，原子量は H = 1.0，C = 12，O = 16 とする。

① 18:1:1　　② 20:1:1　　③ 22:1:1　　④ 24:1:1

⑤ 19:2:2　　⑥ 21:2:2　　⑦ 23:2:2　　⑧ 25:2:2

問4　実験で用いたデンプン X 1 分子中に含まれる α－1,6 結合による枝分かれ構造の数は何か所か。有効数字 2 桁で求めよ。

―――――――――――――――――――――――――――――――（北里大）

第 215 問　アミノ酸の構造と性質

　アミノ酸は分子中に酸性を示す（　ア　）基と塩基性を示す（　イ　）基をもつ化合物で，これら2つの官能基が同一の炭素原子に結合しているものを α －アミノ酸という。水溶液中ではイオンとして存在し，酸と塩基の両方の性質を示す。アミノ酸は，正と負の電荷のある構造が無機の塩に似ているため，一般の有機化合物に比べて融点や沸点が（　ウ　），水に（　エ　）が，有機溶媒には（　オ　）。

　アミノ酸の化学的性質は α －アミノ酸の側鎖の種類によって決まる。（　カ　）を除く α －アミノ酸には（　キ　）があるので，鏡像異性体が存在する。鏡像異性体には（　ク　）と（　ケ　）が存在し，天然のアミノ酸はほとんど（　ケ　）である。アミノ酸は（　コ　）溶液を加えて温めると，青紫〜赤紫色を呈することで検出できる。

　生体の主要成分であるタンパク質は約（　サ　）種類の α －アミノ酸から構成され，そのうち9種類はヒト体内では合成できないため，食物から摂取しなければならず，（　シ　）アミノ酸といわれる。

*☑ **問1**　文章中の空欄（　ア　）〜（　シ　）に最も適当な語句・数字を入れよ。ただし，（　ウ　）〜（　オ　），（　ク　），（　ケ　）は以下の解答群から適当な語句を選び，その番号を答えよ。

　　　解答群〔（　ウ　）〜（　オ　），（　ク　），（　ケ　）の解答群〕

　　　1　高く　　2　低く　　3　溶けにくい　　4　溶けやすい　　5　D体

　　　6　L体

*☑ **問2**　アラニン水溶液のpHを変化させたときの平衡式を以下に示す。平衡式中の（ a ），（ b ）に当てはまる構造式を書け。なお，アラニンの等電点は6.0である。

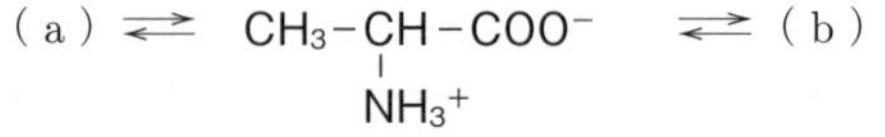

$$（a）\rightleftharpoons \quad CH_3-CH-COO^- \quad \rightleftharpoons （b）$$
$$\underset{NH_3^+}{|}$$

　　　pH2.0　　　　　　　pH6.0　　　　　　　pH10.0

*☑ **問3**　アラニンに十分量の無水酢酸を作用させたところ生成物 X を得た。一方，アラニンをメタノールに溶かし，少量の濃硫酸を加えて煮沸して中和したところ，生成物 Y を得た。生成物 X，Y の構造式を書け。

―――――――――――――――――――――――――――――――――――――――（東京理科大〈改〉）

第 216 問　アミノ酸の電離平衡

　アミノ酸は分子中にアミノ基とカルボキシ基があるため，両性電解質の性質をもつ。グリシンは次のように電離し，K_1，K_2 はそれぞれの電離定数を表している。

$$CH_2(NH_3^+)COOH \underset{K_1}{\rightleftharpoons} CH_2(NH_3^+)COO^- + H^+$$
　　　（陽イオン型）　　　　　　（双性イオン型）

$$K_1 = 4.8 \times 10^{-3}\,(mol/L)$$

$$CH_2(NH_3^+)COO^- \underset{K_2}{\overrightarrow{\rule{1cm}{0pt}}} CH_2(NH_2)COO^- + H^+$$

　　　（双性イオン型）　　　　　（陰イオン型）

$$K_2 = 2.5 \times 10^{-10} \text{ (mol/L)}$$

問1　次のグリシン水溶液（ア）および（イ）の水素イオン濃度(mol/L)を求めよ。

（ア）　グリシンの陽イオン型と双性イオン型のモル数の比が1：1で含まれる水溶液（ただし，陰イオンの存在は無視できるものとする。）

（イ）　グリシンの陰イオン型と双性イオン型のモル数の比が10：1で含まれる水溶液（ただし，陽イオンの存在は無視できるものとする。）

問2　グリシンの水溶液中で平衡混合物の電荷が全体として0になるときのpHは何とよばれるか，答えよ。また，そのpHの値を小数点以下第2位まで求めよ。ただし，$\log 2 = 0.30$，$\log 3 = 0.48$とする。

―――――――――――――――――――――――――――――（星薬科大〈改〉）

第 217 問　タンパク質の構造と性質

　タンパク質は，あらゆる生物体の全ての細胞中に存在し，生命活動の中心的な役割をになう高分子化合物である。タンパク質は，α-アミノ酸からなるポリペプチドであり，一方のアミノ酸のカルボキシ基と，他方のアミノ酸のアミノ基との間での（　ア　）結合により複数のアミノ酸が連なっている。タンパク質を構成するポリペプチド鎖におけるアミノ酸の配列順序をタンパク質の（　イ　）という。このポリペプチド鎖は，①らせん状の（　ウ　）構造や，ジグザグ状の（　エ　）構造をとることがあり，これらのタンパク質の構造を（　オ　）という。

　タンパク質は，加熱や，強酸，強塩基，有機溶媒および重金属イオンなどとの接触により凝固することがあり，これをタンパク質の（　カ　）という。生体内における化学反応の（　キ　）作用を担うタンパク質を（　ク　）という。一般に（　ク　）は，特定の反応物にのみ結合する（　ケ　）とよばれる性質をもち，特定の反応にしか関与しない。

問1　文中の（　ア　）～（　ケ　）に適切な語句を入れよ。

問2　下線部①の構造を安定に保つ結合の名称を書け。

問3　アラニン2分子とフェニルアラニン2分子からなる鎖状のペプチドは何種類存在するか，数字で答えよ。ただし，立体異性体，イオン化した状態の違いを考える必要はない。

―――――――――――――――――――――――――――――（岩手大〈改〉）

第218問 タンパク質の検出

タンパク質の水溶液に水酸化ナトリウム水溶液を加えて塩基性にした後，硫酸銅(Ⅱ)水溶液を少量加えると，（ **ア** ）色になる。この反応を（ **イ** ）反応という。また，タンパク質水溶液に濃硝酸を加えて加熱すると黄色になり，冷却後，アンモニア水などを加えて塩基性にすると，（ **ウ** ）色に変化する。この反応を（ **エ** ）反応という。（ **エ** ）反応の呈色は，タンパク質を構成するアミノ酸成分であるフェニルアラニンや（ **オ** ）に含まれる（ **カ** ）環が（ **キ** ）化されることによって起こる。また，タンパク質を構成するアミノ酸成分にシステインや（ **ク** ）を含む場合，タンパク質水溶液に水酸化ナトリウムを加えて熱した後，酢酸鉛(Ⅱ)水溶液を加えると，①黒色の沈殿が生じる。

化合物Aは，タンパク質を構成する2種のα－アミノ酸BとCからなる鎖状のトリペプチドである。Aは1分子中に1個の不斉炭素原子をもっている。Bは不斉炭素原子をもたなかった。Bの名称は（ **ケ** ）である。また，6.09gのAを加水分解すると，Cが2.67g得られた。Cの分子量は（ X ）であるので，Cの名称は（ **コ** ）である。

★★☐ **問1** 文中の（ **ア** ）～（ **コ** ）に適切な語句を入れよ。

★☐ **問2** 下線部①の沈殿の化学式を書け。

★★☐ **問3** Cの分子量（ X ）を求めよ。ただし，原子量はH = 1.0，C = 12，N = 14，O = 16とする。

（昭和薬科大〈改〉）

第219問 ペプチドのアミノ酸の配列

下図のように，7個のアミノ酸a～gからなるペプチドPがある。

H_2N ― [a] ― [b] ― [c] ― [d] ― [e] ― [f] ― [g] ― COOH

（N末端）　　（C末端）

このペプチドPを構成するアミノ酸は，アラニン(Ala，M = 89)，グリシン(Gly，M = 75)，システイン(Cys，M = 121)，セリン(Ser，M = 105)，チロシン(Tyr，M = 181)，リシン(Lys，M = 146)の6種類であった。ペプチドPのアミノ酸配列を決定するために実験を行い，以下のような結果が得られた。

① ペプチドPのN末端はGly，C末端はLysであった。

② 酵素Aは，ベンゼン環を有するアミノ酸のカルボキシ基側を加水分解により切断する酵素である。ペプチドPを酵素Aで切断したところ，A1とA2という2種類のペプチドが得られた。ペプチドA2のN末端はSerであった。

③ 酵素Bは，Lysのカルボキシ基側を加水分解により切断する酵素である。ペプチドPを酵素Bで切断したところ，B1とB2という2種類のペプチドが得られた。

④ 実験②と③でできたペプチドA1，A2，B1，B2に水酸化ナトリウム溶液を加えて塩基性にしたのち，少量の硫酸銅(Ⅱ)水溶液を加えると，A2とB1のみが赤紫色を呈

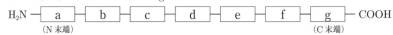

した。

⑤　ペプチド A1, A2, B1, B2 に濃硝酸を加えて加熱すると，A1 と B1 のみが黄色になった。さらに黄色を呈した A1 と B1 にアンモニア水を加え，塩基性にすると橙色を呈した。

⑥　ペプチド A1，A2，B1，B2 に水酸化ナトリウムを加えて加熱したのち冷却し，酢酸鉛（Ⅱ）水溶液を加えると，A2 と B2 のみが黒色沈殿を生じた。

問1　実験④，⑤の反応の名称をそれぞれ答えよ。

問2　ペプチド P の配列 b〜f に入るアミノ酸の名称をそれぞれ答えよ。

問3　一般的なアミノ酸の定量法に亜硝酸との反応がある。これはアミノ基 1 個につき亜硝酸 1 分子が反応した結果，1 分子の窒素ガス（N_2）と水（H_2O）を産生することを利用している。

$$R - NH_2 + HNO_2 \longrightarrow R - OH + N_2 + H_2O \quad (R は任意の構造式)$$

15.1 g のペプチド P と十分な量の亜硝酸を反応させたとき，生成する窒素ガスは何 g であるか。ただし，原子量は H = 1.0，N = 14，O = 16 とし，答えは小数点以下第 2 位まで求めよ。なお，上記の反応では酸性条件下でペプチド結合の切断はないものとする。

— (慶應大)

第 220 問　酵素の働き

生物は体内に取り込んだ物質を化学反応によって分解・再合成し，生命活動を維持するために必要なエネルギーや物質を得ている。このような生物体内でおこる化学反応は，室温付近のおだやかな条件下で進行するが，これは酵素が触媒としてはたらくからである。一般に化学反応では，温度が高くなるほど反応速度は大きくなるが，酵素が関与する反応では，①ある温度をこえると反応速度が小さくなる。反応速度が最大になる温度を酵素の（　ア　）という。

酵素はある決まった物質にだけ作用する。これを酵素の（　イ　）特異性といい，生物体内の多数の物質に対して多数の酵素が存在する。例えばタンパク質は，胃液に含まれる酵素ペプシンや②すい液に含まれる酵素トリプシンによって分解される。また胆汁酸によって（　ウ　）された油脂は，（　エ　）という酵素によってグリセリンと脂肪酸に分解される。

問1　文中の空欄（　ア　）〜（　エ　）に適切な物質名または化学用語を入れよ。

問2　下線部①について，その理由を 40 字程度で説明せよ。

問3　酵素が関与する反応は pH の影響を受ける。下線部②のトリプシンがはたらくのに最も適した溶液の pH はどれか。次の中から 1 つ選んで書け。

[pH]　1〜3，　4〜6，　7〜9，　10〜12

— (埼玉大)

第 221 問　核酸の構造とその働き

　細胞を構成する高分子化合物には，タンパク質，脂質，糖のほかに，遺伝情報を担う核酸がある。核酸には，デオキシリボ核酸(DNA)とリボ核酸(RNA)の2種類が存在する。(a)核酸の基本単位は，糖に塩基とリン酸が結合した化合物であり，ヌクレオチドとよばれる。核酸は，多数のヌクレオチドが脱水縮合してできた鎖状の高分子化合物であり，(b)ポリヌクレオチドとよばれる。DNAの場合，糖は右図に示すデオキシリボースであり，塩基はアデニン，グアニン，シトシンおよびチミンの4種類がある。

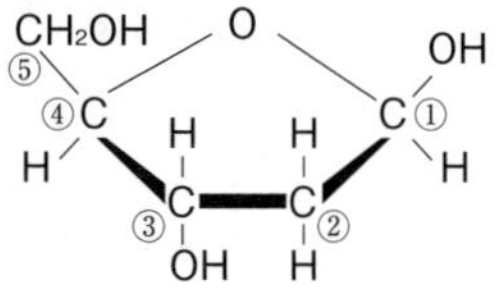

　DNAの2本のポリヌクレオチド鎖は，互いに巻き合って（　ア　）構造を形成している。このなかで塩基どうしは（　イ　）結合を形成している。このとき，(c)各塩基が対をつくる相手は決まっており，対になる1組の塩基を塩基対という。

　細胞が分裂するとき，DNAの2本鎖がほどけ，それぞれ1本鎖を鋳型に新たなポリヌクレオチドが合成される。このとき，塩基対を形成する塩基の組み合わせが決まっているので，同じ塩基配列をもつ2本鎖DNAが2組できる。これをDNAの（　ウ　）といい，このしくみによって遺伝情報がどの細胞にも同じように伝わる。

　DNAの遺伝情報は，いったんRNAに写し取られ，その情報をもとにリボソームでタンパク質が合成される。DNAのなかで，タンパク質のアミノ酸配列を決める部分を（　エ　）という。ヒトのDNAは約30億個の塩基対からなり，2万数千個程度の（　エ　）をもつと考えられている。

問1　空欄（　ア　）および（　イ　）にあてはまる適切な語句を書け。

問2　空欄（　ウ　）および（　エ　）にあてはまる適切な語句を，以下の語群から選び書け。
　　〔語群〕　遺伝子　　ウラシル　　染色体　　相補　　転写　　複製　　翻訳

問3　下線部(a)に関連して，塩基はデオキシリボースのどの炭素と結合するか，図中の炭素番号で答えよ。

問4　下線部(b)に関連して，ポリヌクレオチドでは，デオキシリボースの2つのヒドロキシ基にリン酸が結合している。どの炭素のヒドロキシ基か，相当する2つの炭素を図中の炭素番号で答えよ。

問5　下線部(c)に関連して，塩基対の組み合わせとして正しいものを，以下の(1)～(3)から選び記号で答えよ。
　　(1)　アデニン–グアニン，シトシン–チミン
　　(2)　アデニン–シトシン，グアニン–チミン
　　(3)　アデニン–チミン，グアニン–シトシン

問6　RNAを構成する糖はリボースである。リボースの構造式を図の書き方にならって書け。

問7 ある生物のDNAの塩基組成を調べたところ，全塩基数に対するアデニンの数の割合が20.0％であった。次に，このDNAを塩基単位まで加水分解したところ，チミン $C_5H_6N_2O_2$ が 2.52 g 生じた。このとき生じたグアニン $C_5H_5N_5O$ の質量を有効数字2桁で求めよ。ただし，原子量は H = 1.0，C = 12，N = 14，O = 16 とする。

―――（埼玉大）

第 222 問 核酸の構造

I DNA中の4種類の塩基は，分子間で水素結合を形成して対となり，二重らせん構造を安定に保っている。図はDNAの二重らせんの一部である。右側の塩基（灰色部分）と水素結合を形成する左側の部分Xとして最も適当なものを，下の①～④のうちから一つ選べ。

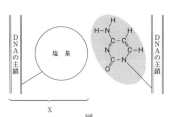

図

① ② 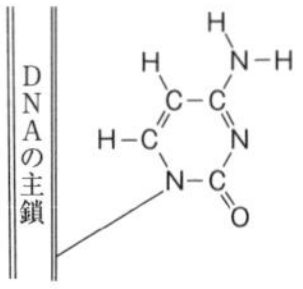 ③ 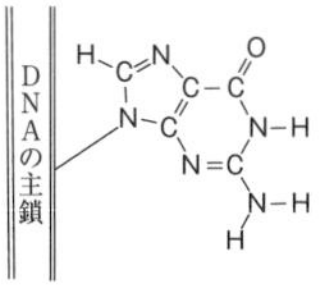 ④

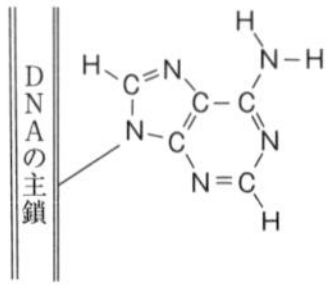

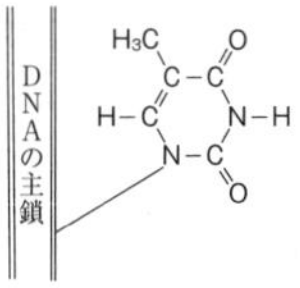

II 次の図はDNAを構成する4種類の塩基（アデニン，グアニン，シトシン，チミン）の構造を示している。④はRNAには含まれない塩基である。これら4種の塩基は，特定の塩基間において水素結合を形成することが知られている。水素結合に関与する原子を下の図において＊で示した。①から④の塩基の名称をそれぞれ答えよ。

① ② 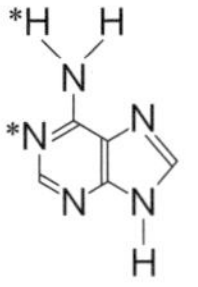 ③ 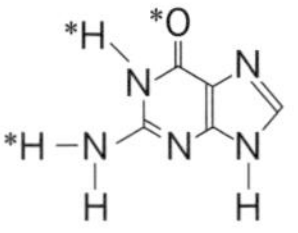 ④

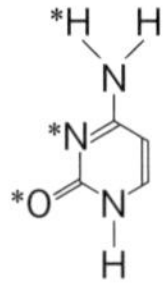

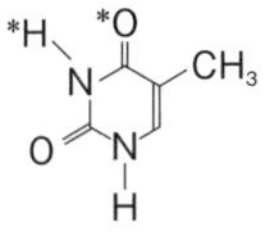

――――――――――――――――――――――（ I センター試験　 II 明治大）

第**17**章 　　　　　　　　　　　　　　　繊維・樹脂・ゴム

第 223 問　合成繊維

　合成高分子は，われわれの日常生活においても身近に存在しているものが多く，合成繊維には主に次の(1)～(4)の4種類がある。

(1)　ポリアミド系繊維は，その名のとおりアミド結合により（　ア　）が連なった高分子であり，その構造は天然高分子の（　イ　）に似ている。代表的なポリアミドは，（　A　）と（　B　）から得られるナイロン66や（　C　）の（　ウ　）により得られるナイロン6が知られている。

(2)　ポリエステル系繊維は，（　ア　）がエステル結合により連なった高分子である。代表的なポリエステルは，（　D　）と（　E　）の（　エ　）により得られるポリエチレンテレフタラートが知られている。

(3)　アクリル繊維（モダクリル繊維）は，アクリロニトリルを主成分とし，アクリル酸メチルなどを混合して（　オ　）により得られた高分子である。

(4)　ビニロンは，酢酸ビニルの（　カ　）により得られるポリ酢酸ビニルをけん化して合成した（　F　）を，適当量のホルムアルデヒドと反応させ，水に溶けないようにしたものである。

*☐ **問1**　文章中の（　ア　）～（　カ　）について，最も適当な答えを下記の①，②，…の中から選べ。

① 付加重合　　② 縮合重合　　③ 開環重合　　④ 共重合

⑤ タンパク質　⑥ デンプン　　⑦ ポリマー　　⑧ モノマー

*☐ **問2**　文章中の（　A　）～（　E　）について，化合物の構造式をそれぞれ記せ。

*☐ **問3**　文章中の（　F　）について，最も適当な化合物名を記せ。

☐ **問4　分子量 1.1×10^4 のナイロン6には，1分子中におよそ何個のアミド結合が含まれているか。最も適当な数値を下記の①，②，…の中から選べ。ただし，原子量はH = 1.0，C = 12，N = 14，O = 16 とする。

① 45　　② 50　　③ 55　　④ 85　　⑤ 100　　⑥ 110

⑦ 170　　⑧ 200　　⑨ 220

*☐ **問5**　下線部の反応名を記せ。

——————————————————————————————————（立命館大〈改〉）

第 224 問　様々な繊維

　衣料として用いられる繊維には，天然繊維と化学繊維がある。天然繊維は，木綿，麻などの（　ア　）繊維と，羊毛，絹のような（　イ　）繊維の2つに分類される。化学繊維は，

セルロースなどの天然繊維を一度溶媒に溶解させ，紡糸した（　**ウ**　）繊維，天然繊維を化学的に処理し，置換基を結合させ，繊維状にした（　**エ**　）繊維，石油などを原料にして得られる高分子化合物を繊維状にした（　**オ**　）繊維などに分類される。

　（　**ウ**　）繊維には，セルロースを銅アンモニア水溶液に溶かし，得られた溶液を希硫酸中に押し出してできる（　**カ**　）や，セルロースを水酸化ナトリウムで処理し，次に二硫化炭素と反応させ，得られた溶液を希硫酸中に押し出してできる（　**キ**　）がある。

　（　**オ**　）繊維には，(a)ポリエチレンテレフタラートなどの（　**ク**　）系繊維，ナイロン 6 やナイロン 66 などの（　**ケ**　）系繊維，およびポリアクリロニトリルなどのアクリル系繊維がある。

問1　（　**ア**　）～（　**ケ**　）に入る適切な語句を記入せよ。

問2　下線部(a)について，テレフタル酸とエチレングリコールからポリエチレンテレフタラートを合成する化学反応式を示せ。

問3　アセテートは（　**ア**　）繊維～（　**オ**　）繊維のどれに分類されるか，記号で答えよ。

――――――――――――――――――――――――――――――（金沢大〈改〉）

第 225 問　高分子の計算

I　図に示すビニル基を持つ化合物 A を，単量体（モノマー）として付加重合させた。0.130 mol の A がすべて反応し，平均分子量 2.73×10^4 の高分子化合物 B が 5.46 g 得られた。B の平均重合度として最も適当なものを，下の①～④のうちから一つ選べ。ただし，A の構造式中の X は，重合反応に関係しない原子団である。

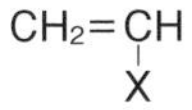

$$CH_2=CH$$
$$\overset{|}{X}$$

図　化合物 A の構造式

①　42　　②　65　　③　420　　④　650

II　セルロースの溶液に濃硝酸と濃硫酸の混合液を加えると，ヒドロキシ基の一部が硝酸エステル（$-ONO_2$）化される。この反応により 18.0 g のセルロースから 28.0 g の生成物が得られた。硝酸エステル化されたヒドロキシ基の割合（％）を有効数字 2 桁で求めよ。ただし，原子量は H = 1.0，C = 12，N = 14，O = 16 とし，セルロースの重合度は高く，ポリマー末端のヒドロキシ基は無視できるものとする。

III　アクリル酸メチルとアクリロニトリルが合わせて 100 分子結合した重合体がある。この重合体の元素分析を行ったところ，窒素の重量百分率が 3.7％であった。この重合体はアクリル酸メチルとアクリロニトリルがそれぞれ何分子反応したものか答えよ。ただし，原子量は H = 1.0，C = 12，N = 14，O = 16 とする。

――――――――――――（I 共通テスト　II 名古屋市立大　III お茶の水女子大）

第 226 問　ビニロンの合成

　ビニロンはポリ酢酸ビニルに次の処理をして製造する。ポリ酢酸ビニルを塩基性水溶液で加水分解して水溶性のポリビニルアルコールとし，これを細孔から飽和硫酸ナトリウム水溶液中に押し出して紡糸する。最後にホルムアルデヒド水溶液(ホルマリン)で処理して一部をアセタール化すると，水に不溶の繊維であるビニロンになる。なおアセタール化とは，二つのヒドロキシ基がホルムアルデヒドと反応して $-O-CH_2-O-$ 構造になることである。

*☐ **問 1**　ポリビニルアルコールが水溶性である理由を 25 字以内で記せ。

☐ **問 2　紡糸したポリビニルアルコール 10.0 g について，そのヒドロキシ基のうち 50.0 % の割合がアセタール化されたとすると，生成物であるビニロンの質量は何 g となるか。ただし，原子量は H = 1.0，C = 12，O = 16 とし，答えは有効数字 2 桁で求めよ。

***☐ **問 3**　紡糸したポリビニルアルコール 100 g に対してアセタール化したところ，生成物であるビニロンの質量は 4.0 g 増加した。元のポリビニルアルコールのヒドロキシ基のうち，アセタール化された割合は何 % になるか。答えは有効数字 2 桁で求めよ。

―― (岐阜大〈改〉)

第 227 問　合成樹脂 Ⅰ

　私たちの身の回りに存在する合成樹脂(プラスチック)は高分子とよばれる物質で構成されている。たとえば，プラスチック製品としては，スーパーマーケットでレジ袋として使用されている（ **ア** ），トレイやカップめんの容器に使用されている（ **イ** ），洗面器に使用されているポリプロピレン，電気器具に使用されているフェノール樹脂など多くの例があげられる。合成樹脂には加熱すると流動化する性質をもつ（ **ウ** ）樹脂と，加熱しても流動化しない（ **エ** ）樹脂がある。

　また，最近では特別な機能を持つ機能性樹脂もつくられている。デンプンの発酵によって代表的なヒドロキシ酸である乳酸を作り，これを縮合重合させると (a)ポリ乳酸が得られる。これは微生物により比較的容易に分解されるので（ **オ** ）とよばれる。(b)ポリビニルアルコールにケイ皮酸をエステル化させて得られる感光性樹脂は，強い光や紫外線を当てると分子間に架橋構造ができて硬くなる。これは集積回路の基板や印刷版などに利用されている。

*☐ **問 1**　（ **ア** ）～（ **オ** ）に入る適切な語句を記せ。

☐ **問 2　下線部(a)のポリ乳酸，および下線部(b)の感光性樹脂の構造式を下図の例にならってそれぞれ記せ。必要なら下図に示すケイ皮酸の構造式を参考にせよ。

　　例：$\{CH_2-CH_2\}_n$　　ケイ皮酸：⟨◯⟩$-CH=CHCOOH$

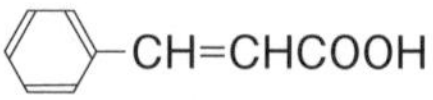

―― (熊本大〈改〉)

第 228 問　合成樹脂 Ⅱ

　プラスチックは，私たちの生活になくてはならないものとして，広く利用されている。プラスチックは熱を加えると軟らかくなり，冷やすと硬くなる性質の熱可塑性樹脂と，熱を加えることにより硬くなる性質の熱硬化性樹脂に分類される。また，プラスチックの一般的な特徴として，密度が小さく金属や陶磁器などに比べて軽い，電気を通し（　ア　），フィルムなど様々な形に成形できる，酸や塩基にも比較的侵されにくい，酸化されにくく腐敗しにくい，などがある。

　熱可塑性樹脂のうち，(1) ポリエチレンはバケツなどの日用雑貨に使われており，(2)ポリ酢酸ビニルは接着剤やガムに使われている。また，(3) メタクリル樹脂はその（　イ　）性から光学レンズや水槽に使われている。さらに，プラスチックの強度を増すため，（　ウ　）繊維を混ぜた繊維強化プラスチック（　X　）や，耐衝撃性や塗装性に優れたアクリロニトリル，ブタジエン，スチレンの共重合体である（　Y　）樹脂がある。

　熱硬化性樹脂の１つである(4)フェノール樹脂は，様々な電気器具に使われており，(5)アルキド樹脂は耐候性や他の樹脂との親和性の高さから塗料に利用されている。フェノール樹脂は，1907 年にベークランド博士により，世界で初めて開発された合成樹脂である。現在も多くの製品に使われており，その合成方法には，フェノールと（　エ　）に酸を触媒として加え中間生成物として（　オ　）を生成させた後，硬化剤を加え加熱して合成する方法と，塩基を触媒として加え中間生成物として（　カ　）を生成させた後，加熱して合成する方法がある。

問1　文中の空欄（　ア　）～（　カ　）に当てはまる適当な語句，空欄（　X　），（　Y　）に当てはまる適当な略称を記せ。

問2　下に示す(A)と(B)は，下線部(1)～(5)の高分子化合物の原料を示したものである。(A)と(B)を原料とする高分子化合物をそれぞれ下線部(1)～(5)より選べ。

(A) 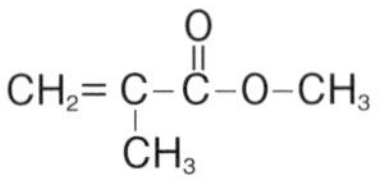　$CH_2=C-C-O-CH_3$ （CH_3, O）　(B) 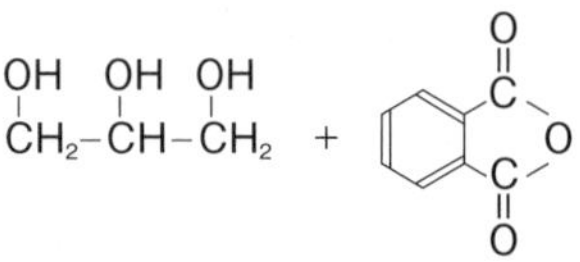　$CH_2-CH-CH_2$ （OH OH OH） ＋ （無水フタル酸構造）

問3　アクリル繊維は，アクリロニトリルを重合したものであり，難燃性とするためにアクリロニトリルと塩化ビニルを共重合したアクリル繊維も広く用いられている。あるアクリル繊維の組成を調べたところ，炭素と塩素の質量比は 156：71 であった。このアクリル繊維中のアクリロニトリル単位と塩化ビニル単位の数の比を最も簡単な整数比で記せ。ただし，原子量は C ＝ 12，Cl ＝ 35.5 とし，解答は「アクリロニトリル単位：塩化ビニル単位」の順で記すこと。また，高分子化合物の末端については考慮する必要はない。

— (名古屋工大)

第 229 問 イオン交換樹脂

実験に用いる水にイオンが含まれていると化学反応などが影響を受けることがあるため，あらかじめイオンを除去した水（脱イオン水）を用いる。脱イオン水の製造のためにはイオン交換樹脂を使用する。

イオン交換樹脂の樹脂本体として，①スチレンと p – ジビニルベンゼンが（ ア ）した合成樹脂を用いる。この樹脂に酸性の官能基（例えばスルホ基 – SO_3H）を導入すると（ イ ）イオン交換樹脂が，また，塩基性の官能基（例えば – $N^+(CH_3)_3OH^-$ 基）を導入すると（ ウ ）イオン交換樹脂が得られる。

ここで，塩化ナトリウム水溶液を十分量のイオン交換樹脂で処理したときの反応を考える。塩化ナトリウム水溶液を（ イ ）イオン交換樹脂で処理すると，次の(1)式のようにイオンが交換される。

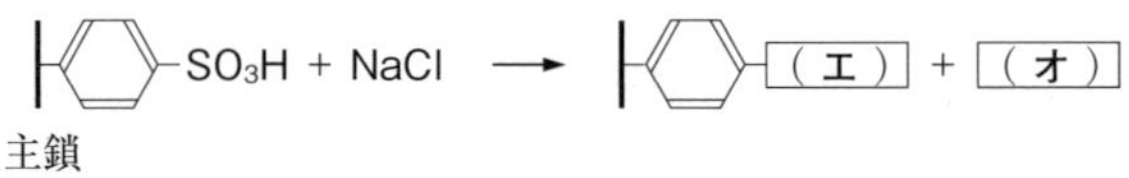

$$\left|\bigcirc\!\!-SO_3H + NaCl \longrightarrow \right|\bigcirc\!\!-\boxed{エ} + \boxed{オ} \qquad (1)$$
主鎖

また，塩化ナトリウム水溶液を（ ウ ）イオン交換樹脂で処理すると，次の(2)式のようにイオンが交換される。

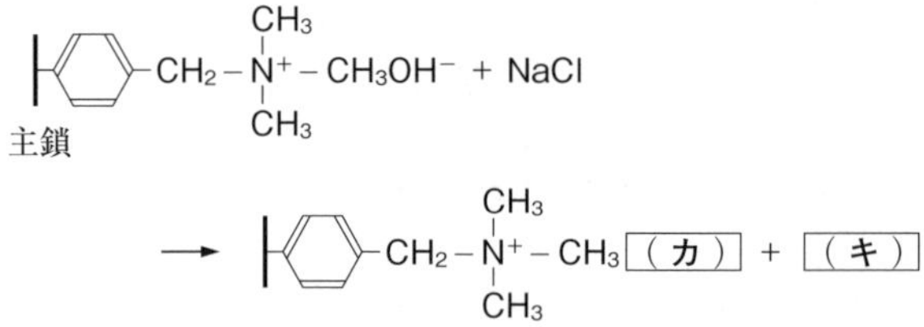

$$\left|\bigcirc\!\!-CH_2-\overset{\overset{\displaystyle CH_3}{|}}{\underset{\underset{\displaystyle CH_3}{|}}{N^+}}-CH_3OH^- + NaCl\right.$$
主鎖

$$\longrightarrow \left|\bigcirc\!\!-CH_2-\overset{\overset{\displaystyle CH_3}{|}}{\underset{\underset{\displaystyle CH_3}{|}}{N^+}}-CH_3\boxed{カ} + \boxed{キ}\right. \qquad (2)$$

従って，（ イ ）イオン交換樹脂と（ ウ ）イオン交換樹脂を混合したもので塩化ナトリウム水溶液を処理すると，水溶液中から塩化ナトリウムを除去することができる。

問1 空欄（ ア ）～（ ウ ）に入る適切な語句，空欄（ エ ）～（ キ ）に入る適切な化学式を書け。

問2 下線部①のスチレンを単量体とした合成樹脂にポリスチレンがある。n 個のスチレン分子からポリスチレンが生成するときの化学反応式を書け。また，ポリスチレンの平均分子量が 1.56×10^5 である場合の平均重合度を有効数字 2 桁で求めよ。ただし，原子量は H = 1.0，C = 12 とする。

問3 1.0 g あたり 5.0×10^{-3} mol のスルホ基をもつイオン交換樹脂 X，1.0 g あたり 2.5 $\times 10^{-3}$ mol の – $N^+(CH_3)_3OH^-$ 基をもつイオン交換樹脂 Y がある。次の(1)，(2)に答えよ。ただし，イオン交換樹脂 X，Y のそれぞれ全ての官能基がイオンの交換に用いられるものとし，原子量は Na = 23，Cl = 35.5，Ca = 40 とする。

(1) 100 g のイオン交換樹脂 X と 200 g のイオン交換樹脂 Y を混合し，脱イオン水

製造用の装置を作った。この装置を用いて 1L あたり 0.351 g の塩化ナトリウムを含む水溶液から脱イオン水を製造するとき，塩化ナトリウム水溶液は何 L 処理できるか。有効数字 2 桁で求めよ。

*☑ (2) カルシウムイオン 2.0 g を含む水溶液 2.0L 中のすべてのカルシウムイオンをイオン交換するには，イオン交換樹脂 X が少なくとも何 g 必要か。有効数字 2 桁で求めよ。

――――――――――――――――――――――――――――――――――（岩手大〈改〉）

第 230 問　ゴム

ゴムの木の樹皮の切り口から得られるラテックスに有機酸を加えて固まらせて乾燥させたものを生ゴム（天然ゴム）といい，その主成分はイソプレンが重合した(a)ポリイソプレンで，重合体に残る二重結合はシス形をしている。(b)生ゴムに数パーセントの硫黄を加えて加熱すると強度と弾性が増す。

イソプレンと同じようなジエン構造をもつ 1,3 − ブタジエンを重合させたものが合成ゴムである。この合成ゴムにさらに堅さや粘り強さをもたせる目的で，ブタジエンと他の成分を混合して共重合させることがある。例えば，アクリロニトリルと共重合させると，耐油性に優れた(c)アクリロニトリル − ブタジエンゴムが得られる。

また，医療分野などでも用いられている(d)シリコーンゴムも，耐熱性，耐寒性，電気絶縁性などに優れ，人に対して影響が少ない合成ゴムである。

*☑ **問1**　下線部(a)のポリイソプレンの構造式を書け。

*☑ **問2**　下線部(b)の硫黄を加える操作を何というか。その名称を書け。また，強度と弾性が増す理由として最も適切なものを以下の(1)〜(4)から一つ選び番号で答えよ。

(1)　硫黄が触媒となりポリイソプレンの重合度が増すから。

(2)　硫黄が触媒となり二重結合の部分が酸化されるから。

(3)　硫黄原子を仲介にして橋を架ける形で結合することにより網目構造ができるから。

(4)　硫黄原子を仲介にした水素結合によりヘリックス構造ができるから。

*☑ **問3**　生ゴムに硫黄を反応させて得られた硬質の物質を何というか。その名称を書け。

*☑ **問4**　下線部(c)のゴムについて，単量体のアクリロニトリルとブタジエンをそれぞれ 1：3 の物質量比で共重合させた場合，質量にして何 % の窒素が含まれるか。原子量を H = 1.0，C = 12，N = 14 とし，答えは有効数字 2 桁で求めよ。

*☑ **問5**　下線部(d)のシリコーンゴムは，炭素原子以外の原子と酸素原子が高分子化合物の骨格をつくっている点で特徴があるが，その原子を元素記号で書け。

――――――――――――――――――――――――――――――――――（金沢大〈改〉）

化学頻出 スタンダード問題230選〈改訂版〉

著　　者	西村能一
	酒井俊明
校　　閲	中村雅彦
発 行 者	山﨑良子
印刷・製本	日経印刷株式会社

発 行 所	駿台文庫株式会社
〒101-0062	東京都千代田区神田駿河台 1-7-4
	小畑ビル内
	TEL.編集 03(5259)3302
	販売 03(5259)3301
	《① − 336pp.》

ISBN978-4-7961-1663-3　　Printed in Japan

駿台文庫 Web サイト
https://www.sundaibunko.jp

駿台受験シリーズ

化学頻出
スタンダード問題230選

［改訂版］

解答・解説編

駿台文庫

目　　次

Ⅰ ⑥　Ⅱ ②

解説 ....

※化学は物質について学ぶ学問であり，金属，プラスチック，繊維など人類が利用してきた物質の代表例を知っておきましょう。なお，第1問と第2問で扱われている物質は主に無機・有機分野で学習するので，そこで理解を深めてください。

Ⅰ　①（正）　ジュラルミンは，Al と Cu，Mg，Mn などの合金である。

②（正）　ステンレス鋼は，Fe と Cr，Ni などの合金である。

③（正）　ポリエチレンテレフタラートはエチレングリコールとテレフタル酸がエステル結合で縮合重合した高分子化合物で，ポリエステル繊維の代表例である。

$$n\text{HO}-(\text{CH}_2)_2-\text{OH}+n\text{HOOC}-\bigcirc-\text{COOH}$$

エチレングリコール　　　　　テレフタル酸

エステル結合

$$\longrightarrow \left[\text{O}-(\text{CH}_2)_2-\text{O}-\overset{\text{O}}{\underset{}{\text{C}}}-\bigcirc-\overset{\text{O}}{\underset{}{\text{C}}}\right]_n+2n\text{H}_2\text{O}$$

ポリエチレンテレフタラート（PET）

④（正）　黒鉛は炭素の単体で，電気を導くため電極などに利用されている。

⑤（正）　ヨウ素やドライアイス，ナフタレンなどは凝華しやすい物質で，ヨウ素の気体は液体にならずに固体になる。

⑥（誤）　塩素を水に溶かすと塩化水素と次亜塩素酸になる。

$$\text{Cl}_2 + \text{H}_2\text{O} \rightleftharpoons \text{HCl} + \text{HClO}$$

　次亜塩素酸は酸化力が強いので，殺菌剤や漂白剤などに利用されている。

⑦（正）　酸化カルシウム CaO は生石灰とも呼ばれ，水を加えると発熱しながら反応する。この性質を利用して乾燥剤や発熱剤などに利用されている。

⑧（正）　炭酸水素ナトリウムは加熱分解により，炭酸ナトリウムとなり，二酸化炭素と水を生じる。

$$2\text{NaHCO}_3 \longrightarrow \text{Na}_2\text{CO}_3 + \text{H}_2\text{O} + \text{CO}_2$$

Ⅱ　①（正）　水蒸気は無色の気体で見えないが，これが凝縮して小さな水滴になると，白く見えるようになる。

②（誤）　天然ガスの主成分であるメタン CH_4 は，その分子量(16)が空気の平均分子量(29)より小さく，空気より密度が小さくて軽い。したがって，天然ガスが空気中に漏れた場合には，上方に滞留する。なお，プロパン C_3H_8（分子量 44）は空気より密度が大きくて重い。

③（正）　水は液体から固体になると体積が増加する。したがって，水道管の中の水が凍結すると，体積が増加し管を内側から拡げようとして破損することがある。

④（正）　ガスコンロでは，燃料が燃焼する（すなわち燃料が酸化される）ときに発生する熱の一部を利用している。

⑤（正）　物質が蒸発すると周りから蒸発熱を吸収する。このため皮膚にアルコールがつくと，蒸発により皮膚から熱を吸収するため冷たく感じる。

⑥（正）　セッケンは，水中において親水性部分を外側に，疎水性部分を内側に向けて油汚れを取り囲んでミセルとなり，小さな油滴にして分散させる作用（乳化作用）をもつ。これにより，油よごれの洗浄に利用されている。

1章

第 ❷ 問

Ⅰ ② Ⅱ ③

解説

Ⅰ ① 高純度のケイ素は半導体として，太陽電池やコンピュータの集積回路(IC)などに利用されている。

② 電気分解による金属の精錬で，アルミニウムや銅が製造されている。一方，鋼は，鉄鉱石を溶鉱炉で還元して銑鉄とし，さらに転炉で炭素分を減らすなどして製錬された鉄のことである。

③ 空気中の窒素からハーバー・ボッシュ法によりアンモニアが合成され，さらにアンモニアからさまざまな窒素肥料が大量に製造されている。

④ 塩化ナトリウムや二酸化炭素をもとにしたアンモニアソーダ法により製造される炭酸ナトリウムは，ガラスの原料として広く用いられている。

⑤ リチウムを使う二次電池(リチウムイオン電池など)は小型で起電力が大きく，携帯電話などの携帯用電子機器に利用されている。

よって，化学の成果と普及した製品との組合せが適当でないものは②である。

Ⅱ ① 塩素を含む洗剤には強い酸化作用をもつ次亜塩素酸イオンが使われている。これに酸性の洗剤が混ざると，次のような反応が起こって，有毒な塩素ガスが発生する。

$$ClO^- + Cl^- + 2H^+ \longrightarrow Cl_2 + H_2O$$

② 閉めきった室内で炭を燃やし続けると，空気中の酸素が不足して不完全燃焼が起こり，有毒な一酸化炭素が発生する。

$$2C + O_2 \longrightarrow 2CO$$

③ 高温の天ぷら油に水滴を落とすと，液体の水が急激に熱せられて蒸発し，気体になる。このとき，周りの油が激しく飛び散る危険性がある。この現象は水の状態変化によるものであり，化学反応は関係していない。

④ ある濃度に達した可燃性ガスが室内に存在しているときに換気扇のスイッチを入れると，生じた電気火花によって可燃性ガスに引火し，爆発を起こすことがある。

⑤ 酸化カルシウムと水との反応では多量の熱が発生する。

$$CaO + H_2O \longrightarrow Ca(OH)_2$$

第 ❸ 問

(1) 元素 　(2) 単体 　(3) 元素 　(4) 単体 　(5) 元素 　(6) 単体

解説

元素名と単体名の区別

元素：同位体の関係にある原子の総称。原子の名称と同様に用いられるので，物質を構成する粒子(**物質の成分**)の意味で用いられているものを選ぶ。

単体：物質の分類において1種類の元素からなるもの。**物質そのもの**の意味で用いられているものを選ぶ。

(1)は成分　(2)はCl_2で単体　(3)は成分

(4)はO_2で単体　(5)は成分　(6)は単体

第 4 問

問1 (ア) ろ過　(イ) 分留　(ウ) 再結晶　(エ) 抽出　(オ) 単体
(カ) 化合物　(キ) 同素体

問2 ①, ④, ⑦

問3 (1) A　枝付きフラスコ　B　リービッヒ冷却器　C　アダプター　D　沸騰石
E　三角フラスコ

(2) ②　理由：冷却器を水で満たすため。

(3) 温度計の球部を枝つきフラスコの枝の付け根近くの位置にする。

解 説

問1　混合物は物理的操作により純物質に分離できる。主な分離操作は以下の通り。

蒸留：沸点の違いを利用して揮発性物質を分離する操作。

分留：沸点が異なる2種類以上の液体の混合物を，異なる温度で蒸留して分離する操作。

ろ過：液体とその液体に溶けない固体を分離する操作。

再結晶：温度により溶解度が変化することを利用して，冷却により結晶を析出させて分離する操作。

昇華：固体が直接気体に変化することを利用して分離する操作。

抽出：溶媒への溶けやすさの違いを利用して分離する操作。

　同じ元素からなる単体で，構成している原子の配列の仕方や結合の仕方が異なるために，性質の異なる物質どうしを互いに同素体という。

　例　S　斜方硫黄　単斜硫黄　ゴム状硫黄

　　　C　ダイヤモンド　黒鉛　フラーレン
　　　O　酸素　オゾン
　　　P　赤リン　黄リン

問2　純物質は1つの化学式で表すことができる。

① エタノール：C_2H_5OH
④ ナフタレン：$C_{10}H_8$
⑦ 生石灰（酸化カルシウム）：CaO
※② 空気：主に窒素 N_2 と酸素 O_2 からなる
③ 塩酸：水に塩化水素が溶けた水溶液
⑤ ボーキサイト：主成分が Al_2O_3 の鉱石
⑥ トタン：鉄に亜鉛をメッキしたもの

問3　蒸留で用いる装置の注意点

　フラスコ内の液体の量は半分以下にし，突沸を避けるために沸騰石を入れる。温度計は蒸発した気体の温度を測るため，球部が枝の付け根付近になるようにする。加熱により生じる気体で内部の圧力が高くなるため，アダプターと三角フラスコはゴム栓などで密閉しない。

第 5 問

問1 (ア) 陽子　(イ) 中性子　(ウ) 電子殻　(エ) 低　(オ) 中性
(カ) 同位体　(キ) 放射性同位体　(ク) 年代

問2 (1) 中性子：7　電子：7　(2) 中性子：30　電子：26

問3 自然界に存在する二酸化炭素：18種類　　質量数の和が48の二酸化炭素：4種類

4

問4 (2)

解説

問1 原子は，中心に陽子と中性子からなる原子核があり，そのまわり

電子
中性子
陽子 }原子核
ヘリウム原子のモデル

にいくつかの電子殻に分かれて存在する電子がある。

陽子の数を原子番号，陽子の数と中性子の数の合計を質量数という。

陽子の数(原子番号)が同じで中性子の数(質量数)が異なる原子どうしを互いに同位体という。

同位体には安定同位体と，原子核が不安定で放射線を出しながら原子核が壊れる放射性同位体がある。

問2

質量数 = 陽子数 + 中性子数
$^{12}_{6}C$ ← 元素記号
原子番号 = 陽子数

中性子の数は質量数から原子番号を引いて求める。原子は電気的に中性なので，電子の数は陽子の数と同じになる。

問3 同位体の組合せで二酸化炭素 (O=C=O) 分子の種類を考える。

酸素原子2つの組み合わせは，

$\left(\begin{array}{ll}^{16}O, {}^{16}O & {}^{17}O, {}^{17}O \\ {}^{16}O, {}^{17}O & {}^{17}O, {}^{18}O \\ {}^{16}O, {}^{18}O & {}^{18}O, {}^{18}O\end{array}\right.$ の6種類

また炭素原子が ^{12}C, ^{13}C, ^{14}C の3種類あるので，求める種類は，

$3 \times 6 = \underline{18種類}$

質量数の和が48の二酸化炭素

$\left(\begin{array}{l}^{12}C を含む： {}^{18}O = {}^{12}C = {}^{18}O \\ {}^{13}C を含む： {}^{17}O = {}^{13}C = {}^{18}O \\ {}^{14}C を含む： {}^{17}O = {}^{14}C = {}^{17}O \\ \qquad\qquad {}^{16}O = {}^{14}C = {}^{18}O\end{array}\right.$

の4種類

問4 ^{14}C は放射性同位体であり，放射線を出して ^{14}N に変化(放射壊変)する。この変化は規則的で，一定時間ごとに元の原子数の半分が他の原子に変わり，この時間を半減期という。

植物は生きている間，光合成により大気中の CO_2 を取り込むため，大気と同じ割合の ^{14}C を体内に持つ。しかし，枯れると同時に大気からの ^{14}C の供給が途絶え，体内の ^{14}C は半減期5730年で規則的に ^{14}N に放射壊変して減り続ける。したがって，枯れた木の中に壊変せずに残っている ^{14}C の割合を調べれば木の枯れた年代を推定することができる。ただし，今も昔も大気中の ^{14}C の濃度が常に一定であるという前提が必要である。

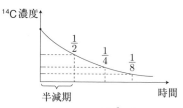

^{14}C 濃度が $\frac{1}{8}$ になるのは $\left(\frac{1}{2}\right)^3 = \frac{1}{8}$ より半減期の3倍の時間が経過したときである。

第6問

ア b イ d ウ c エ a

解説

電子は電子殻とよばれるいくつかの層に分かれて原子核のまわりに存在している。電子殻は原子核に近い内側から K 殻, L 殻, M 殻, N 殻, … と呼ばれ, それぞれに収容できる最大電子数は K 殻：2 個, L 殻：8 個, M 殻：18 個, N 殻：32 個と定まっている。各原子の電子配置によって原子の化学的な性質が決まる。

○原子核 ─ K殻 L殻 M殻 N殻
n=1 n=2 n=3 n=4
2個 8個 18個 32個 ⇒ 最大収容電子数 2n²個
電子殻

ア　原子番号 10 の Ne は L 殻に 8 個の電子があり, 安定な電子配置をとる。安定な電子配置をとる元素は貴ガス（希ガス）

とよばれ, 他の原子と結合することなく単原子分子として存在する。

イ　原子核中の陽子数と電子殻中の電子数が一致しないのがイオンである。原子番号 12 の Mg は M 殻の 2 個の電子を放出して 2 価の陽イオン Mg^{2+} となる。

ウ　原子番号 11 の Na は M 殻に 1 個の電子があり, 1 個の電子を放出して 1 価の陽イオンになりやすい。貴ガスより 1 個電子が多く, 1 価の陽イオンになりやすい元素はアルカリ金属とよばれる。

エ　原子番号 9 の F は L 殻に 7 個の電子があり, 1 個の電子を受け取って 1 価の陰イオンになりやすい。

第 7 問

問1　(c)

問2　(イ) 原子番号　(ウ) 質量数　(エ) 2　(オ) 8　(カ) 18　(キ) 32
(ク) 閉殻

問3　塩素：Cl (K2 L8 M7)　　カリウム：K (K2 L8 M8 N1)

問4　S^{2-}　理由：電子配置は同じであるが, 原子核の正電荷が最も小さいから。

問5　K

問6　名称：イオン化エネルギー　小さい原子：K

問7　名称：電子親和力　大きい原子：Cl

解説

問1　陽子と中性子の質量（約 1.67×10^{-24} g）は電子の質量（約 9.10×10^{-28} g）の約 1840 倍である。

問3　塩素は原子番号 17 であり, 17 個の電子が K 殻に 2 個, L 殻に 8 個, M 殻に 7 個入る。

カリウムは原子番号 19 であり, 19 個の電子が K 殻に 2 個, L 殻に 8 個, M 殻に 8 個, N 殻に 1 個入る。

※ M 殻は 18 個の電子を収容できるが, 9 個

目の電子は N 殻に 2 個の電子が入らないと M 殻に収容されない。

問4　同じ電子配置のイオンでは原子核中の陽子の数（正電荷）が多いほど, まわりの電子を強く原子核に引きつけるため, イオンの大きさが小さくなる。

$$Sc^{3+} < Ca^{2+} < K^{+} < Cl^{-} < S^{2-}$$

Ar 型電子配置
陽子数が多いほど半径⑦

問5　最外殻が異なる原子の原子半径は，一般に最外殻が大きい原子ほど原子半径は大きい。よって，最外殻がM殻のSとClより，最外殻がN殻のK，Ca，Scの方が，原子半径は大きい。また，同じ最外殻の原子どうしでは，原子核中の陽子の数が多いほど，電子を引きつける力が強く，原子半径は小さい。ゆえに，Sc＜Ca＜KとなりKの原子半径が最も大きい。

問6　原子から1個の電子を取り去ってイオンになるときに必要なエネルギーを(第1)イオン化エネルギーという。イオン化エネルギーが小さい原子ほど陽イオンになりやすく，一般に周期表の左下にある元素の原子ほどイオン化エネルギーが小さい。

よって，1族のKが電子を放出しやすくイオン化エネルギーが小さい。

問7　原子が1個の電子を受け取ってイオンになるときに放出されるエネルギーを電子親和力という。電子親和力が大きいほど陰イオンになりやすく，一般に17族のハロゲンは電子親和力が大きい。

よって，17族のClが電子を受けとりやすく電子親和力が大きい。

問1　(a)　原子番号　　(b)　周期律　　(c)　アルカリ金属　　(d)　アルカリ土類金属
　　　(e)　ハロゲン　　(f)　貴ガス　　(g)　陽性　　(h)　陰性

問2　(1)　(ア)，(イ)，(エ)，(オ)，(カ)，(キ)　　(2)　(ウ)
　　　(3)　(ア)，(イ)，(ウ)，(エ)　　(4)　(オ)，(カ)，(キ)

問3　③

解説

問1　周期表は，原子を原子番号の順に並べたもので，性質のよく似た元素が同じ縦の列に並んでいる。特に，水素以外の1族元素はアルカリ金属，2族元素はアルカリ土類金属，17族元素はハロゲン，18族元素は貴ガスとよばれる。周期表の左の族の元素ほど陽イオンになりやすい陽性元素，貴ガスを除いて右の族の元素ほど陰イオンになりやすい陰性元素である。

問2
　典型元素……周期表の1，2，13～18族に属する元素で，縦の同族の元素どうしで似たような性質をもつ。
　遷移元素……周期表の3～12族に属する元素で，横に並んだ元素どうしで似たような性質をもつ。

　金属元素……陽イオンになりやすい元素。H以外の1族元素，2～12族元素，B以外の13族元素などが該当する。

　非金属元素……金属元素でないもの。13族のB，14族のC，Si，15，16族の陰性の強い元素，17，18族元素などが該当する。

問3　イオン化エネルギーは同じ周期で比べると安定な電子配置をとる貴ガスで大きな値となり，陽性の強いアルカリ金属で小さな値となる。よって該当するグラフは③。

①は貴ガスが0となっているので価電子数を表すグラフ，②はハロゲンで大きな値となっているので電子親和力を表すグラフである。

⑤

解説 ••

① (正) 周期表は元素を原子番号の順に並べたものである。

② (正) 同一周期内で左から右に進むと，原子番号(陽子数)が増加するため電子の数は増加する。

③ (正) イオン化エネルギーは 1 族で小さくなり，18 族で大きくなるので，周期的に変化する。

④ (正) 陽子の数が同じで質量数が異なる原子は互いに同位体であり，元素としては同じである。

⑤ (誤) 典型元素では価電子の数が族の番号の一の位に一致するが，遷移元素の価電子の数はほとんどが 1 または 2 である。

問1 (ア) 8 (イ) 2 (ウ) 2 (エ) 2 (オ) 8 (カ) 2 (キ) Ne (ク) イオン (ケ) 5 (コ) 5 (サ) 3 (シ) 3 (ス) 共有

問2 $Al_2(SO_4)_3$, NaCl, $Mg(OH)_2$ **問3** SiO_2, Cl_2, SO_2

解説 ••

◆化学結合

イオン結合…主に金属元素＋非金属元素の結合

【例】

Na• ⌒→ :Cl̈: ⇒ Na⁺ ……… [:Cl̈:]⁻

クーロン力

化学式 NaCl…組成式
(Na⁺と Cl⁻が 1：1)
$M = 58.5$…式量

共有結合…主に非金属元素どうしの結合

【例】

非共有電子対

H• •Cl̈: ⇒ H:Cl̈:

不対電子　　　　　　共有電子対

化学式 HCl…分子式
$M = 36.5$…分子量

金属結合…金属元素どうしの結合

【例】

Na• •Na ⇒ (Na Na) ……
自由電子

化学式 Na…組成式
$M = 23$…式量(原子量)

問1 カルシウムは K 殻に 2 個，L 殻に 8 個，M 殻に 8 個，N 殻に 2 個の電子を有し，最外殻の 2 個の電子を放出して 2 価の陽イオンになる。酸素は K 殻に 2 個，L 殻に 6 個の電子を有し，最外殻に 2 個の電子を受け取って 2 価の陰イオンとなり，L 殻に 8 個の電子が入った Ne 型の安定な電子配置となる。この Ca^{2+} と O^{2-} の結合はイオン結合である。

※(オ)…酸化カルシウム中の酸素なので O^{2-} の電子配置を考える。

窒素は K 殻に 2 個，L 殻に 5 個の電子を有し，価電子数は 5 である。安定な電子配置に比べて最外殻に 3 個の電子が不足しているので，水素原子 3 個と共有結合により結びつ

いたものがアンモニアである。

問2 イオン結合は主に金属元素と非金属元素の結合であるため，金属元素と非金属元素からなるものを選ぶ。化学式は組成式で表す。

硫酸アルミニウム：$Al_2(SO_4)_3$

塩化ナトリウム：$NaCl$

水酸化マグネシウム：$Mg(OH)_2$

問3 共有結合は非金属元素どうしの結合であるため，非金属元素のみからなるものを選ぶ。化学式は巨大分子となる一部の物質を除き分子式で表す。

石英：SiO_2（組成式），塩素：Cl_2，

二酸化硫黄：SO_2

第⑪問

Ⅰ a ② b ③ c ③ Ⅱ （イ） Ⅲ （イ）

解説

Ⅰ a 原子間で共有結合をつくることにより分子ができるので，共有結合からなる物質を選ぶ。

①亜鉛 Zn…金属結合

②塩化水素 HCl…共有結合

③塩化ナトリウム $NaCl$

④炭酸水素ナトリウム $NaHCO_3$

⑤ミョウバン $AlK(SO_4)_2 \cdot 12H_2O$

…イオン結合

b 分子をつくるものは分子量を用いるので，共有結合からなる物質を選ぶ。

①水酸化ナトリウム $NaOH$

②硝酸アンモニウム NH_4NO_3

多原子イオン NH_4^+ と NO_3^-

④酸化アルミニウム Al_2O_3

…イオン結合

③アンモニア NH_3…共有結合

⑤金 Au…金属結合

c 構造式…共有電子対を1本の線（−）で表したもの。①〜⑤の各分子の構造式でその数が最も多い分子を選ぶとよい。

①窒素：$N≡N$ ②塩素：$Cl-Cl$

③メタン：

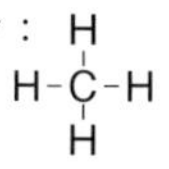

H
|
H-C-H
|
H

④水：$H-O-H$

⑤硫化水素：$H-S-H$

Ⅱ 各分子の構造式

水素：$H-H$ 窒素：$N≡N$

二酸化炭素：$O=C=O$ 水：$H-O-H$

メタン：

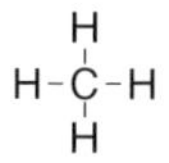

H
|
H-C-H
|
H

エチレン：

H   H
\ /
C=C
/ \
H   H

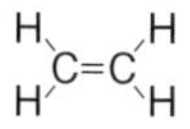

アセチレン：$H-C≡C-H$

よって，二重結合を含む分子は，二酸化炭素，エチレンの2つ。

Ⅲ 電子式…元素記号の周囲に最外殻電子を黒点で表したもの。4個目まで上下左右バラバラに書き，5個目からは電子対をつくるように4方向に書く。

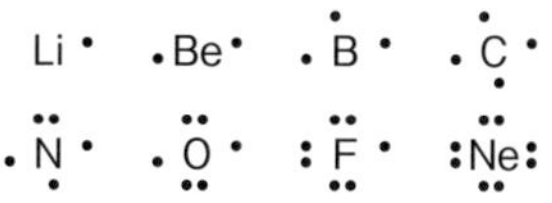

Li· ·Be· ·B· ·C:

·N: ·O: :F: :Ne:

分子の電子式は，原子での電子式を書き，不対電子どうしで結合を考えてなるべく電子殻が満たされるようにする。

（ア） SCl_2

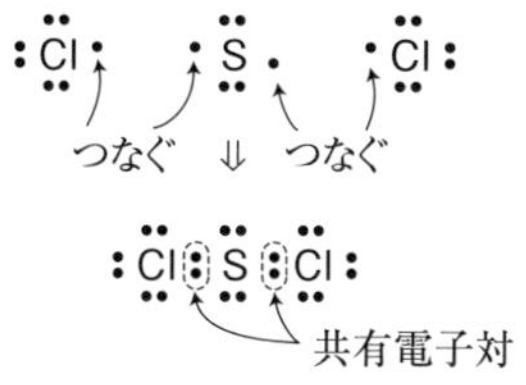

:Cl· ·S· ·Cl:

つなぐ ↓ つなぐ

:Cl:S:Cl:

共有電子対

9

（イ）CS₂

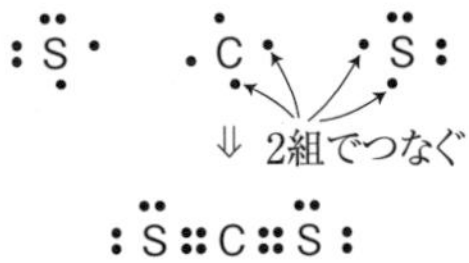

:S・ ・C・ ・S:

⇓ 2組でつなぐ

:S::C::S:

（ウ）HCN

H・ ・C・ ・N:

⇓ 3組でつなぐ

H:C:::N:

（エ）CH₃I

H・ ・C・ ・I:

⇓

H
H:C:I:
H

（オ）HBrO

H・ ・O・ ・Br:

⇓

H:O:Br:

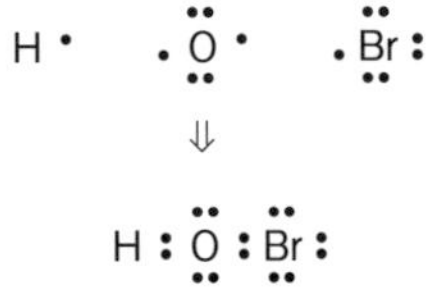

　よって，（イ）の CS₂ は共有電子対と非共有電子対が 4 組ずつで等しい。

第⑫問

問1　電気陰性度　　**問2**　AlN > MgO > CaO > KF

<u>解説</u>

問1　結合している原子が電子対を引き付ける強さを電気陰性度といい，貴ガスを除いて周期表の右上にある元素ほどその数値が大きくなる（F が最大）。

問2　結合がイオン結合になるか共有結合になるかは結合する原子の電気陰性度の差により考えることができる。結合する原子間で電気陰性度の差が大きい場合は，電子対が電気陰性度の大きい原子の方に偏りイオン結合性が強くなる。また，電気陰性度の差が小さい場合は，電子対が原子間に共有されて共有結合性が強くなる。

例

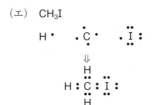

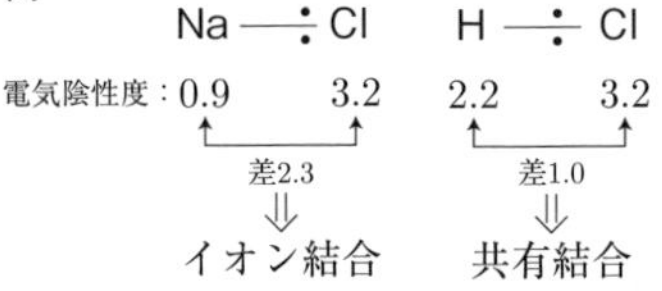

Na —:— Cl　　　H —:— Cl

電気陰性度：0.9　　3.2　　2.2　　3.2

差2.3　　　　差1.0

⇓　　　　　⇓

イオン結合　　共有結合

※一般に非金属元素どうしの結合は電気陰性度の差が小さく共有結合になる。

よって

Al−N > Mg−O > Ca−O > K−F の順
　1.6 3.0　　1.3 3.4　　1.0 3.4　　0.8 4.0

※電気陰性度の差は周期表で離れている元素ほど大きくなると考える。

第⑬問

問1　（**ア**）陽子　　（**イ**）K　　（**ウ**）不対電子　　（**エ**）3　　（**オ**）2

　　　（**カ**）共有結合　　（**キ**）非共有電子対　　（**ク**）1　　（**ケ**）2　　（**コ**）配位結合

問2 (1) (a)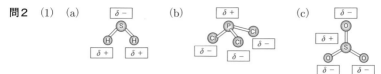

(b)

(c)

(2) (b) > (d) > (a) > (c)

解説

問1 窒素原子  非共有電子対1つ

不対電子3つ

酸素原子  非共有電子対2つ

不対電子2つ

原子どうしの結合には不対電子を出しあって結びつく共有結合と一方の原子がもつ非共有電子対を原子間で共有する配位結合がある。

【例】

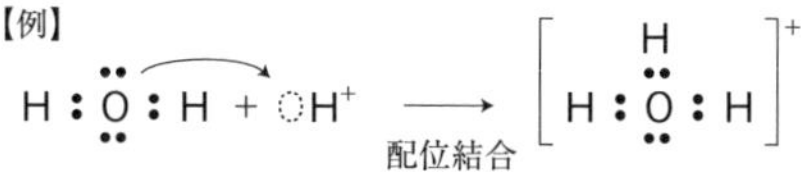

H : Ö : H + ÖH⁺ ⟶ [H : Ö : H]⁺
　　　　　　　　　　　H（上）
　　　　　配位結合

問2 原子どうしが共有結合で結びつくとき，結合する原子の電気陰性度に差がある場合は原子間の電子対が電気陰性度の大きい原子の方に偏るため，結合に電荷の偏りが生じる。これを結合に極性があるという。

【例】 H ─ H ⟹ 結合に極性なし 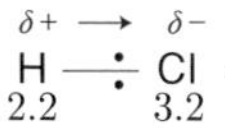
　　　2.2　2.2

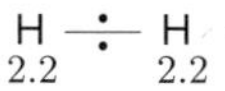

　　　 δ+　⟶　δ-
　　　H ── Cl ⟹ 結合に極性あり
　　　2.2　　3.2

※ δ（デルタ）は，ごくわずかという意味で，

δ + は正の電荷を帯び，δ - は負の電荷を帯びていることを表す。

(1) (a) (b) 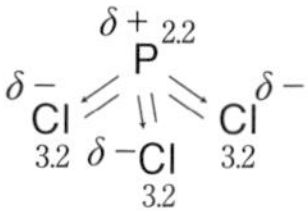 (c)

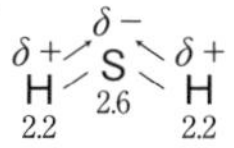

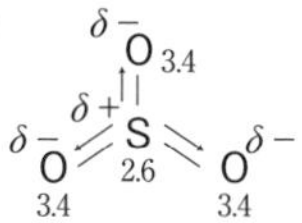

(2) 電気陰性度の差が大きいほど結合の極性が大きくなる。

(a) N─H …電気陰性度の差 0.8
　　3.0 2.2

(b) H─F …電気陰性度の差 1.8
　　2.2 4.0

(c) C─H …電気陰性度の差 0.4
　　2.6 2.2

(d) H─O …電気陰性度の差 1.2
　　2.2 3.4

よって，電気陰性度の差が大きい順に並べて，

(b) > (d) > (a) > (c)

の順となる。

第14問

問1 (a) :N ⫶⫶ N: (b) :Ö :: C :: Ö: (c) H : Ö : H

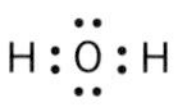

(d) H : N̈ : H （下に H）

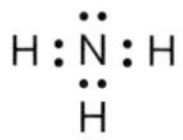

(e) H（上） H : C̈ : H （下に H）

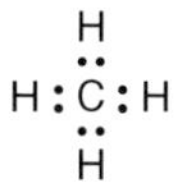

(f) :F̈ : B : F̈: （下に :F̈:）

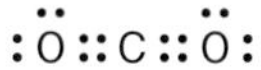

11

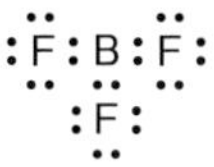

問2　(a)（キ）　(b)（オ）　(c)（カ）　(d)（イ）　(e)（ウ）　(f)（ア）

問3　（イ）

問4　アンモニアでは3つの共有電子対と1つの非共有電子対の計4つの電子対が反発しあうのに対し，三フッ化ホウ素では3つの共有電子対のみが反発しあうため。

解説 ···

問1

(a) .N. .N. 　(d) .N. H・×3

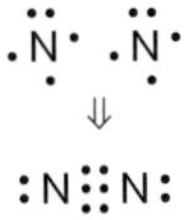

⇓ 　　　　　　⇓

:N⫶⫶N: 　　　　H:N:H
　　　　　　　　　　H

(f) ・B. ..F.×3

⇓

:F:B:F:
　　:F:

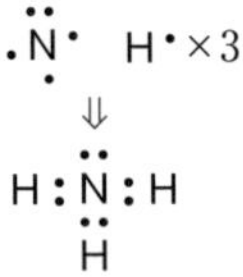

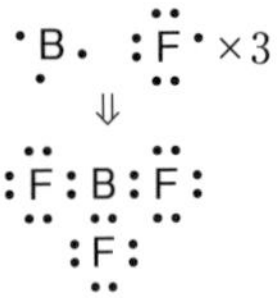

問2　分子の形の考え方

　分子の電子式を書き，中心原子のまわりにある電子対の配置を考える。原子の配列から形を考える。

(a) N_2　　:N⫶⫶N: ⇒ N≡N
　　　　　　　　　　　直線

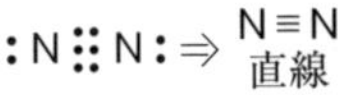

(b) CO_2

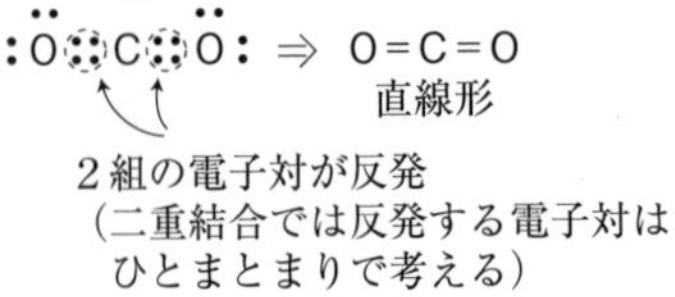

:O⫶⫶C⫶⫶O: ⇒ O=C=O
　　　　　　　　　　　　直線形

2組の電子対が反発
（二重結合では反発する電子対はひとまとまりで考える）

(c) H_2O

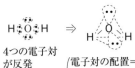

H:O:H ⇒

4つの電子対
が反発

/電子対の配置＝正四面体形
\原子の配置＝折れ線形

(d) NH_3

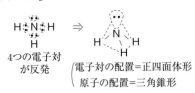

H:N:H ⇒
　　H

4つの電子対
が反発

/電子対の配置＝正四面体形
\原子の配置＝三角錐形

(e) CH_4

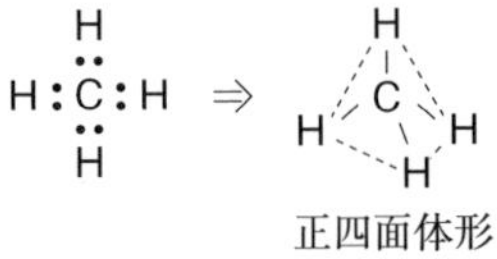

　　H
H:C:H ⇒
　　H

正四面体形

(f) BF_3

:F:B:F: ⇒ F＼B／F
　　:F:　　　　　F

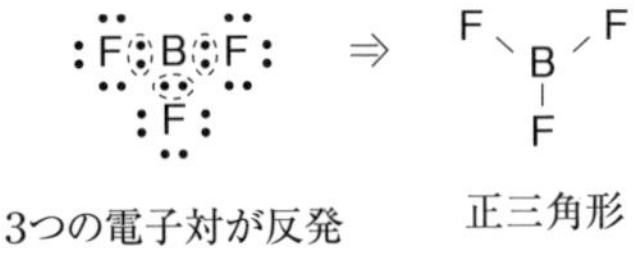

3つの電子対が反発　　正三角形

問3

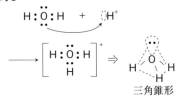

H:O:H ＋ H⁺
　　H

⟶ [H:O:H]⁺ ⇒
　　　H

三角錐形

問4　NH_3 と BF_3 では中心原子のまわりにある電子対の数が異なるため分子の形も異なる。

問1 （ア） 共有 （イ） 電気陰性度 （ウ） 共有電子対 （エ） 正四面体
（オ） 無極性 （カ） 折れ線 （キ） 三角錐 （ク） 極性 （ケ） 酸素
（コ） 水素結合

問2 エタノールは分子間に水素結合が働くため。

解説

問1 分子全体での極性は，分子の形によって決まる。直線形の二酸化炭素や正四面体形の四塩化炭素は分子を構成する結合には極性があるが，分子全体ではその極性が打ち消されるため無極性分子となる。

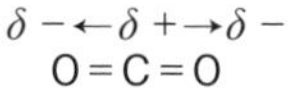

$$\delta - \leftarrow \delta + \rightarrow \delta - \\ O = C = O$$
直線

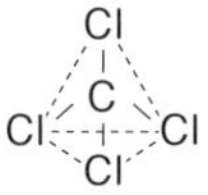

正四面体

直線形で異なる2原子からなる分子の塩化水素や，折れ線形の水・二酸化硫黄，三角錐形のアンモニアは，分子全体で結合の極性が打ち消されないため極性分子となる。

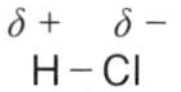

$$\delta + \quad \delta - \\ H - Cl$$
直線

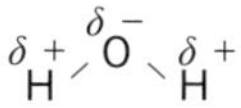

$$\delta + \diagup O \diagdown \delta + \\ \quad H \qquad H$$
折れ線

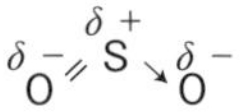

$$\delta + \\ \delta - \diagup S \diagdown \delta - \\ O \qquad O$$
折れ線

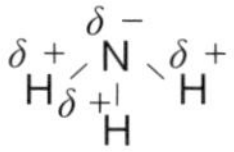

$$\delta + \diagup N \diagdown \delta + \\ H \quad \delta + | \quad H \\ \qquad H$$
三角錐

水素原子と電気陰性度の大きい窒素，酸素，フッ素などの原子が結合する場合，結合の極性が大きくなるため，分子間に強い静電気的な引力が働く。このような分子間力を水素結合という。

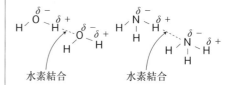

問2 エタノール分子中のヒドロキシ基（−OH）は極性が大きく分子間に水素結合が働くため，分子量が同じエーテルに比べて沸点が高くなる。

1 分子間 2 分子量 3 正四面体 4 共有 5 電気陰性度
6 極性 7 折れ線 8 無極性 9 クーロン(静電気) 10 水素

解説

共有結合からなる物質の多くは分子をつくり，分子間に働く分子間力により結晶となるとき，これを分子結晶という。

すべての分子間にはファンデルワールス力という弱い引力が働き，分子量が大きいほどその力は強くなる。また，極性分子間には極性に基づく静電気的な引力が働くので，分子量の近い無極性分子より強い分子間力が働く。

また NH_3，H_2O，HF に関しては，分子間に強い水素結合が働くため，他の同族の水素化合物に比べて特に沸点が高い。

※14族・17族の水素化合物の沸点

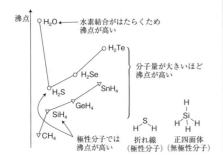

問1 (a) イオン　　(b) 共有電子対　　(c) 配位　　(d) 電気陰性度　　(e) 共有
　　(f) 分子　　(g) 電気陰性度

問2 電気伝導性，熱伝導性，展性，延性，特有の光沢がある　など

問3 (1)　　**問4** (3)

解説 ‥‥‥‥‥‥‥‥‥‥‥‥‥‥‥‥‥‥‥‥‥‥‥‥‥‥‥‥‥‥‥‥‥‥

問2　金属特有の性質である金属光沢，電気・熱伝導性，展性（たたくと広がる），延性（引っ張ると延びる）などは自由電子に由来する性質である。

問3　分子間力は分子をつくるものすべてに働き，極性がある分子は分子間力が強い。

問4　イオン結晶は固体状態では電気を導かないが，融解した状態や水溶液中ではイオンが自由に動けるため電気を導くようになる。

2章

第 18 問

A （ハ）　　B （ハ）　　C （ロ）

解説

原子の質量は，質量数 12 の炭素原子 ^{12}C 1 個の質量を 12 と定め，他の原子の質量を ^{12}C との質量比により相対的に表した相対質量を用いる。相対質量は原子の質量数にほぼ一致する。

例	原子 1 個の質量	相対質量
^{12}C	1.9926×10^{-23} g	12（基準）
^{16}O	2.6560×10^{-23} g	$12 \times \dfrac{2.6560 \times 10^{-23}}{1.9926 \times 10^{-23}}$ $= 15.995$

多くの元素にはいくつかの同位体が存在し，元素の原子量は各同位体の相対質量を存在比により平均して求める。

K の原子量

$^{39}K : {}^{40}K : {}^{41}K$

$= 93.26\ \% : 0.01\ \% : 6.73\ \%$　　より，

$$39 \times \frac{93.26}{100} + 40 \times \frac{0.01}{100} + 41 \times \frac{6.73}{100}$$

$$= 39 \times \frac{93.26}{100} + (39 + 1) \times \frac{0.01}{100}$$
$$+ (39 + 2) \times \frac{6.73}{100}$$

$$= 39 + 1 \times \frac{0.01}{100} + 2 \times \frac{6.73}{100}$$

$$= 39.13$$

地球での Ar の原子量

$^{36}Ar : {}^{38}Ar : {}^{40}Ar$

$= 0.34\ \% : 0.06\ \% : 99.60\ \%$　　より，

$$36 \times \frac{0.34}{100} + 38 \times \frac{0.06}{100} + 40 \times \frac{99.60}{100}$$

$$= 39.98$$

太陽での Ar の原子量

$^{36}Ar : {}^{38}Ar : {}^{40}Ar$

$= 84.17\ \% : 15.81\ \% : 0.02\ \%$　　より，

$$36 \times \frac{84.17}{100} + 38 \times \frac{15.81}{100} + 40 \times \frac{0.02}{100}$$

$$= 36.31$$

第 19 問

問1　3 種類

問2　$CH_2{}^{35}Cl^{35}Cl$, $CH_2{}^{35}Cl^{37}Cl$, $CH_2{}^{37}Cl^{37}Cl = 49\ \%$, $42\ \%$, $9\ \%$

問3　85.2

解説

問1　ジクロロメタン CH_2Cl_2 は正四面体構造なので，Cl の同位体を考慮しない場合の分子は 1 種類。

Cl に同位体が 2 種類存在するので，Cl_2 の組み合わせを考えると $^{35}Cl^{35}Cl$, $^{35}Cl^{37}Cl$, $^{37}Cl^{37}Cl$ の 3 通り。よって CH_2Cl_2 の分子は

3 種類。

問2　Cl_2 の組み合わせと存在割合

$^{35}Cl^{35}Cl$　$\dfrac{70.0}{100} \times \dfrac{70.0}{100} = \dfrac{49.0}{100}$

$^{35}Cl^{37}Cl$　$\dfrac{70.0}{100} \times \dfrac{30.0}{100} \times 2 = \dfrac{42.0}{100}$

$\begin{cases} {}^{35}Cl - {}^{37}Cl \\ {}^{37}Cl - {}^{35}Cl \end{cases}$ の 2 通りがある

$^{37}Cl^{37}Cl$　$\dfrac{30.0}{100} \times \dfrac{30.0}{100} = \dfrac{9.0}{100}$

求める百分率は，$CH_2{}^{35}Cl{}^{35}Cl$, $CH_2{}^{35}Cl{}^{37}Cl$,
$CH_2{}^{37}Cl{}^{37}Cl$ = 49 %，42 %，9 %

問3 分子量：構成元素の原子量の総和

C の原子量：12.0　　H の原子量：1.0

Cl の原子量：$35.0 \times \dfrac{70.0}{100} + 37.0 \times \dfrac{30.0}{100}$

$\qquad\qquad = 35.6$

よって，CH_2Cl_2 の分子量は，

$12.0 + 1.0 \times 2 + 35.6 \times 2 = 85.2$

第 ❷⓪ 問

I　(1)　0.20 mol　　(2)　7.5 g　　(3)　3.0×10^{-22} g　　(4)　3.6×10^{24} 個

II　④

III　④

解説

◆物質量

6.02×10^{23} 個の粒子の集団を1molとし，このような粒子の個数で表した物質の量を物質量，1 mol あたりの粒子の数をアボガドロ定数 N_A という。

$\qquad 1 \text{ mol} = 6.02 \times 10^{23}$（個）

1 mol あたりの質量は原子量・分子量・式量に g 単位をつけた値に等しく，これをモル質量という。

$\qquad 1 \text{ mol} = $ 原子量・分子量・式量（g）

同温・同圧・同体積の気体には，気体の種類によらず同数の分子が含まれ，これをアボガドロの法則という。これにより 0 ℃，1.013×10^5 Pa（標準状態）で気体 1 mol の体積はどんな気体でも 22.4 L になる。

$\qquad 1 \text{ mol} = 22.4 \text{ L}$

I　(1)　CH_4 の分子量 = 16 より，

$\qquad \dfrac{3.2\,\text{g}}{16\,\text{g/mol}} = \underline{0.20\,\text{mol}}$

(2)　C_2H_6 の分子量 = 30 より，

$\qquad \underset{C_2H_6 \text{ の mol}}{\underbrace{\dfrac{5.6\,\text{L}}{22.4\,\text{L/mol}}}} \times 30\,\text{g/mol} = \underline{7.5\,\text{g}}$

(3)　$C_6H_{12}O_6$ の分子量 = 180 より，

$\qquad \underset{C_6H_{12}O_6 \text{ の mol}}{\underbrace{\dfrac{1\,\text{個}}{6.0 \times 10^{23}\,\text{個/mol}}}} \times 180\,\text{g/mol}$

$\qquad = 3.0 \times 10^{-22}\,\text{g}$

(4)　水分子 1 mol（1 個）中には水素原子 2 mol（2 個）含まれるので，H_2O の分子量 = 18 より，

$\qquad \underset{H_2O \text{ の mol}}{\underbrace{\dfrac{54\,\text{mL} \times 1.0\,\text{g/mL}}{18\,\text{g/mol}}}} \times 6.0 \times 10^{23}\,\text{個/mol}$

$\qquad\qquad \underline{\times\, 2 = 3.6 \times 10^{24}\,\text{個}}$

II　ア　塩化物イオン Cl^- 2 個で塩化マグネシウム $MgCl_2$ が 1 個できるので，

$\qquad a = \underset{Cl^- \text{ の mol}}{\underbrace{\dfrac{8.0 \times 10^{23}\,\text{個}}{6.0 \times 10^{23}\,\text{個/mol}}}} \times \dfrac{1}{2}$

イ　Ar は貴ガスであり，Ar 原子 1 個で Ar 分子（単原子分子）をつくるので，

$\qquad b = \dfrac{5.0 \times 10^{23}\,\text{個}}{6.0 \times 10^{23}\,\text{個/mol}}$

ウ　H 原子 3 個でアンモニア NH_3 が 1 個できるので，

$\qquad c = \underset{H \text{ の mol}}{\underbrace{\dfrac{9.0 \times 10^{23}\,\text{個}}{6.0 \times 10^{23}\,\text{個/mol}}}} \times \dfrac{1}{3}$

以上より，$b > a > c$

Ⅲ　氷は H_2O の固体であり，密度(g/cm^3) より $1.0\,cm^3$ あたりの質量が求まるので，H_2O の分子量 $= 18$ より，

$$\underbrace{\frac{1.0\,cm^3 \times 0.91\,g/cm^3}{18\,g/mol}}_{H_2O\ \mathcal{O}\ mol} \times 6.0 \times 10^{23}\text{個}/mol$$

$$= \underline{0.303 \times 10^{23}\text{個}}$$

第 21 問

問1　$2C_4H_{10} + 13O_2 \longrightarrow 8CO_2 + 10H_2O$

問2　$1.8 \times 10^2\,g$　　**問3**　1.2×10^{24} 個　　**問4**　$3.6 \times 10^2\,L$

解説

問1　炭化水素(C と H の化合物)は完全燃焼により二酸化炭素と水になる。

問2　反応式の係数比よりブタン $2.0\,mol$ あたり，生じる水は $10\,mol$ なので，H_2O の分子量 $= 18$ より，

$$10\,mol \times 18\,g/mol = \underline{180\,g}$$

問3　反応式の係数比よりブタン $2.0\,mol$ あたり，生じる二酸化炭素は $8.0\,mol$ なので，C_4H_{10} の分子量 $= 58$ より，

$$\underbrace{\frac{29\,g}{58\,g/mol}}_{C_4H_{10}\ \mathcal{O}\ mol} \times \underbrace{\frac{8}{2}}_{CO_2\ \mathcal{O}\ mol} \times 6.0 \times 10^{23}\text{個}/mol$$

$$= 12 \times 10^{23}\text{個}$$

問4　反応式の係数比 ＝ 反応する物質の物質量比 ＝ 反応する気体の体積比（同温・同圧）

反応式の係数比よりブタン $2.0\,L$ あたり，反応する酸素は $13\,L$ なので，

$$11.2\,L \times \frac{13}{2} = 72.8\,L$$

空気中の酸素の割合は $\dfrac{1}{5}$ なので，求める空気の体積は

$$72.8\,L \times 5 = \underline{364\,L}$$

第 22 問

④

解説

金属の酸化を表す化学反応式

$$4M + 3O_2 \longrightarrow 2M_2O_3$$

金属 M $1\,mol$ あたり酸化物 M_2O_3 $0.5\,mol$ が生じるので，求める金属 M の原子量を x とすると，M_2O_3 の式量 $= 2x + 48$ より，

$$\underbrace{\frac{2.6\,g}{x\,(g/mol)}}_{M\ \mathcal{O}\ mol} \times \frac{1}{2} = \underbrace{\frac{3.8\,g}{(2x+48)\,g/mol}}_{M_2O_3\ \mathcal{O}\ mol}$$

$$x = \underline{52}$$

第 23 問

$2.0\,L$

解説

メタノールおよびエタノールの燃焼を表す化学反応式

$$2CH_3OH + 3O_2 \longrightarrow 2CO_2 + 4H_2O$$

$$C_2H_5OH + 3O_2 \longrightarrow 2CO_2 + 3H_2O$$

混合物中のメタノールを $x\,mol$，エタノールを $y\,mol$ とすると，生じた二酸化炭素と

水について，CO_2 の分子量 $= 44$，H_2O の分子量 $= 18$ より，

$$x + 2y = \frac{2.64\,g}{44\,g/mol} \qquad \cdots\cdots ①$$

$$2x + 3y = \frac{1.98\,g}{18\,g/mol} \qquad \cdots\cdots ②$$

①，②より $x = 0.040\,mol$，$y = 0.010\,mol$

よって，求める酸素の体積は，

$$(0.040 \times \frac{3}{2} + 0.010 \times 3)mol \times 22.4\,L/mol$$

$$\underset{O_2 \text{の} mol}{}$$

$$= \underline{2.01\,L}$$

第 24 問

問1　①　　問2　③

解説

　ステアリン酸は疎水性の長い炭素骨格と親水性のカルボキシ基($-COOH$)をもつ分子である。この分子を水面に滴下すると，親水基を水面側に，疎水基を空気側に向けて分子が並んで単分子膜をつくる。この単分子膜の面積を調べると，ステアリン酸1分子あたりの断面積で割ることによりおよその分子数を求めることができる。

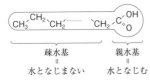

疎水基
＝
水となじまない　　親水基
＝
水となじむ

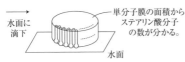

水面に滴下　　　単分子膜の面積から
ステアリン酸分子の数が分かる。

水面

実験の様子を図に示す

$w\,g$
ステアリン酸　　　　$v\,mL$ 取り出す

100 mL
ベンゼン溶液　　　$S_a\,cm^2$

問1　100 mL の溶液にしてから v mL 取り出すと，取り出したステアリン酸の物質量は $\frac{v}{100}$ 倍になるので，ステアリン酸のモル質量 M より，

$$\underset{\substack{\text{ステアリン酸}\\ \text{の} mol}}{\frac{w(g)}{M(g/mol)}} \underset{\text{体積比}}{\times \frac{v}{100}} = \frac{vw}{100M}\,mol$$

問2　単分子膜を形成しているステアリン酸分子の数は，

$$\frac{S_a(cm^2)}{S_1(cm^2/個)}$$

よって，ステアリン酸 1 mol あたりの分子数，つまりアボガドロ定数は，

$$\frac{S_a}{S_1}(個) \times \frac{100M}{vw}(\frac{1}{mol})$$

$$= \frac{100MS_a}{S_1vw}(個/mol)$$

第 25 問

Ⅰ　問1　11 %　　問2　1.1×10^2 g　　問3　1.0 mol/L　　問4　7.3×10^{-2} g

Ⅱ　④

◆溶液の濃度

質量パーセント濃度（%）……溶液の質量に対する溶質の質量百分率

$$\Rightarrow \frac{溶質(g)}{溶液(g)} \times 100$$

モル濃度（mol/L）……溶液 1 L 中に溶けている溶質の物質量（mol）

$$\Rightarrow \frac{溶質(mol)}{溶液(L)}$$

I 問1 $\dfrac{50}{400 + 50} \times 100 = \underline{11.1\%}$

問2 $500\,\text{mL} \times 1.14\,\text{g/mL} \times \underset{溶質の\,g}{\underline{\dfrac{20}{100}}} = \underline{114\,\text{g}}$
$\phantom{問2\ 500\,\text{mL} \times}\underset{溶液の\,g}{\underline{\phantom{1.14\,\text{g/mL}}}}$

問3 $\underset{NH_3\,の\,mol}{\underline{\dfrac{5.6\,\text{L}}{22.4\,\text{L/mol}}}} \times \underset{1\,L\,あたりに換算}{\underline{\dfrac{1000}{250}\ \dfrac{1}{L}}} = \underline{1.0\,\text{mol/L}}$

問4 HCl の分子量 = 36.5 より，

$$0.10\,\text{mol/L} \times \underset{溶質の\,mol}{\underline{\dfrac{20}{1000}\ \text{L}}} \times 36.5\,\text{g/mol}$$

$$= \underline{0.073\,\text{g}}$$

II

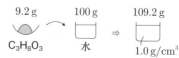

9.2 g　　　　100 g　　　　　109.2 g

$C_3H_8O_3$　　　水　　　　　　$\Rightarrow$　　　1.0 g/cm³

溶液全体の質量：9.2 + 100 = 109.2 g
密度 1.0 g/cm³ より，
溶液全体の体積：109.2 mL
$C_3H_8O_3$ の分子量 = 92 より，

$$\underset{C_3H_8O_3\,の\,mol}{\underline{\dfrac{9.2\,\text{g}}{92\,\text{g/mol}}}} \times \underset{1L\,あたりに換算}{\underline{\dfrac{1000}{109.2}\ \dfrac{1}{L}}} = \underline{0.915\,\text{mol/L}}$$

第26問

I 16 mol/L　　　II 20%

濃度を換算する問題では，溶液の量は定まっていないので，分かりやすいように具体化すればよい。

I 溶液が 1 L（= 1000 cm³）あるとすると，70%，1.4 g/cm³ より，

溶液全体の質量：1000 cm³ × 1.4 g/cm³
$$= 1400\,\text{g}$$

溶質の質量：$1400\,\text{g} \times \dfrac{70}{100} = 980\,\text{g}$

よって，溶液 1 L 中の物質量は，HNO_3 の分子量 = 63 より，

$$\frac{1000\,\text{cm}^3 \times 1.4\,\text{g/cm}^3 \times \dfrac{70}{100}}{63\,\text{g/mol}}$$

$$= \underline{15.5\,\text{mol}}$$

II 溶液が 1 L（= 1000 cm³）あるとすると，6.0 mol/L，1.2 g/cm³，NaOH の式量 = 40 より，

溶液全体の質量：1000 cm³ × 1.2 g/cm³
$$= 1200\,\text{g}$$

溶質の質量：6.0 mol × 40 g/mol = 240 g
よって，質量パーセント濃度は，

$$\frac{6.0\,\text{mol} \times 40\,\text{g/mol}}{1000\,\text{cm}^3 \times 1.2\,\text{g/cm}^3} \times 100 = \underline{20\%}$$

濃硫酸の体積：83 mL　　水の体積：437 mL

解説 ....

(1) 濃硫酸の体積

　溶液の希釈に関する問題では，うすめても溶質の量(mol, g)は変わらないため，溶質の量に関する等式を考える。

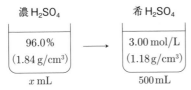

濃 H_2SO_4　　　　　　　　希 H_2SO_4

96.0%　　　　　　　　3.00 mol/L
(1.84 g/cm³)　　　　　　(1.18 g/cm³)

x mL　　　　　　　　500 mL

希釈前

　求める濃硫酸の体積を x mL とすると，溶質の質量は，

$$\underbrace{x(\text{mL}) \times 1.84\,\text{g/mL}}_{\text{溶液の g}} \times \underbrace{\frac{96.0}{100}}_{\text{溶質の g}}$$

希釈後

　溶質の物質量は，

$$3.00\,\text{mol/L} \times \frac{500}{1000}\,\text{L}$$

よって，H_2SO_4 の分子量 = 98 より，

$$\underbrace{\frac{x(\text{mL}) \times 1.84\,\text{g/mL} \times \dfrac{96.0}{100}}{98\,\text{g/mol}}}_{\text{希釈前の溶質の mol}}$$

$$= \underbrace{3.00\,\text{mol/L} \times \frac{500}{1000}\,\text{L}}_{\text{希釈後の溶質の mol}}$$

$$x = \underline{83.2\,\text{mL}}$$

(2) 水の体積

　密度の異なる液体どうしを混合する場合，分子間の相互作用が変わるため体積については和が成り立たない。よって，溶液全体の質量に関する等式を考える。

求める水の体積を y mL とすると，

$$\underbrace{83.2\text{mL} \times 1.84\text{g/mL}}_{\text{濃}H_2SO_4} + \underbrace{y(\text{mL}) \times 1.00\text{g/mL}}_{\text{水}}$$

$$= \underbrace{500\,\text{mL} \times 1.18\,\text{g/mL}}_{\text{希}H_2SO_4}$$

$$y = \underline{436.9\,\text{mL}}$$

3章

第28問

問1 (1)（ウ）　(2)（エ）　(3)（エ）　(4)（イ）　(5)（ウ）　(6)（エ）
(7)（ウ）　(8)（ウ）　(9)（イ）　(10)（ア）

問2 電離度　　**問3** 酸性酸化物　（ア），（ウ）　　塩基性酸化物　（イ），（エ）

解説

問1 アレーニウスの定義では，水溶液中で水素イオン H^+（オキソニウムイオン H_3O^+）を生じる物質が酸，水酸化物イオン OH^- を生じる物質が塩基となる。また，ブレンステッド・ローリーの定義では，他に水素イオン H^+ を与える物質が酸，他から水素イオン H^+ を受け取る物質が塩基となる。アンモニアは水溶液中で次のように電離して塩基性を示す。

$$NH_3 + H_2O \longrightarrow NH_4^+ + OH^-$$

（塩基）（酸）　H^+

問2 水に溶かすと陽イオンと陰イオンに分かれることを電離といい，電離する物質を電解質という。

電離度は，$\dfrac{\text{電離した電解質の物質量}}{\text{電解質全体の物質量}}$ で求められ，電離度が1に近い酸や塩基を強酸，強塩基，電離度が小さい酸や塩基を弱酸，弱塩基という。電離度は酸や塩基の濃度や温度によって変化し，特に濃度が小さいほど電離度は大きくなる。

問3 二酸化炭素 CO_2 は次のように水に溶けて酸をつくる。

$$CO_2 + H_2O \rightleftharpoons H_2CO_3$$

水に溶けて酸のはたらきをする酸化物を酸性酸化物といい，一般に非金属元素の酸化物が多い。

また，酸化ナトリウム Na_2O は次のように水に溶けて塩基をつくる。

$$Na_2O + H_2O \longrightarrow 2NaOH$$

水に溶けて塩基のはたらきをする酸化物を塩基性酸化物といい，一般に金属元素の酸化物が多い。

第29問

(1) 塩基　(2) 塩基　(3) 酸　(4) 塩基　(5) 酸　(6) 酸

解説

水素イオン H^+ のやり取りを考え，H^+ を与えると酸，受け取ると塩基と考える。

(1) $NH_3 + H_2O \rightleftharpoons NH_4^+ + OH^-$
　　（塩基）（酸）　（酸）　（塩基）
　　H^+　　H^+

(2) $CH_3COO^- + H_2O \rightleftharpoons CH_3COOH + OH^-$
　　（塩基）（酸）　（酸）　（塩基）
　　H^+　　H^+

(3) $HCO_3^- + H_2O \rightleftharpoons H_2CO_3 + OH^-$
　　（塩基）（酸）　（酸）　（塩基）
　　H^+　　H^+

(4) $HSO_4^- + H_2O \rightleftharpoons SO_4^{2-} + H_3O^+$
　　（酸）　（塩基）　（塩基）　（酸）
　　H^+　　H^+

(5) $NH_4^+ + H_2O \rightleftharpoons NH_3 + H_3O^+$
　　（酸）　（塩基）　（塩基）　（酸）
　　H^+　　H^+

(6) $CH_3COOH + H_2O \rightleftharpoons CH_3COO^- + H_3O^+$
　　（酸）　（塩基）　（塩基）　（酸）
　　H^+　　H^+

21

Ⅰ　6.25 mL　　Ⅱ　③　　Ⅲ　1.12 L　　Ⅳ　10 mL

解説 ・・・

　中和反応において，酸と塩基が過不足なく反応する点(中和点)では，酸が出す H^+ の物質量と塩基が出す OH^- の物質量が等しくなる。よって，中和点では，

酸の mol × 価数 = 塩基の mol × 価数

$\underbrace{\qquad}_{\text{酸が出す } H^+ \text{ の mol}}$　$\underbrace{\qquad}_{\text{塩基が出す } OH^- \text{ の mol}}$

という関係式が成り立つ。なお，酸・塩基の強弱は，中和の量的関係には無関係である。

Ⅰ　求める塩酸の体積を x mL とすると，

$$0.400 \text{ mol/L} \times \underbrace{\frac{x}{1000} \text{L} \overset{\text{価数}}{\boxed{\times 1}}}_{\text{HCl が出す } H^+ \text{ の mol}} = \underbrace{0.250 \text{ mol/L} \times \frac{10.0}{1000} \text{L} \overset{\text{価数}}{\boxed{\times 1}}}_{\text{NaOH が出す } OH^- \text{ の mol}} \qquad x = \underline{6.25 \text{ mL}}$$

Ⅱ　求める酸の分子量を M とすると，

$$\underbrace{\frac{0.300 \text{ g}}{M (\text{g/mol})} \overset{\text{価数}}{\boxed{\times 2}}}_{\text{酸が出す } H^+ \text{ の mol}} = \underbrace{0.100 \text{ mol/L} \times \frac{40.0}{1000} \text{L} \overset{\text{価数}}{\boxed{\times 1}}}_{\text{NaOH が出す } OH^- \text{ の mol}} \qquad M = \underline{150}$$

Ⅲ

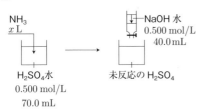

求めるアンモニアの体積を x L とすると，$H^+ (\text{mol})$ と $OH^- (\text{mol})$ の量的関係は以下の通り。

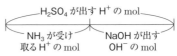

$$\underbrace{0.500 \text{ mol/L} \times \frac{70.0}{1000} \text{L} \boxed{\times 2}}_{H_2SO_4 \text{ が出す } H^+ \text{ の mol}} = \underbrace{\frac{x (\text{L})}{22.4 \text{ L/mol}} \boxed{\times 1}}_{NH_3 \text{ が受け取る } H^+ \text{ の mol}} + \underbrace{0.500 \text{ mol/L} \times \frac{40.0}{1000} \text{L} \boxed{\times 1}}_{NaOH \text{ が出す } OH^- \text{ の mol}}$$

$$x = \underline{1.12 \text{ L}}$$

Ⅳ

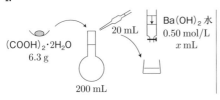

求める体積を x mL とすると，$(COOH)_2 \cdot 2 H_2O$ の式量 = 126 より，

体積比・・・200mLから20mL取ることで物質量は $\frac{1}{10}$ になる。

$$\underbrace{\frac{6.3 \text{ g}}{126 \text{ g/mol}} \times \frac{20}{200} \boxed{\times 2}}_{(COOH)_2 \text{ が出す } H^+ \text{ の mol}} = \underbrace{0.50 \text{ mol/L} \times \frac{x}{1000} \text{L} \boxed{\times 2}}_{Ba(OH)_2 \text{ が出す } OH^- \text{ の mol}} \qquad x = \underline{10 \text{ mL}}$$

問1 ② 　問2 ③ 　問3 ⑤

解説 ‥‥

問1 炭酸ナトリウムの質量より物質量が定まるため，後半の炭酸ナトリウムとの滴定から希硫酸の濃度を求めることができる。

希硫酸と炭酸ナトリウムとの化学反応式

$H_2SO_4 + Na_2CO_3$
　強酸　　弱酸の塩
$\longrightarrow Na_2SO_4 + H_2O + CO_2$
　　　　　　　　　　　　　弱酸が遊離

※この反応は $CO_3{}^{2-}$ が弱酸のイオンであるため，H^+ を2つ受け取って2価の塩基としてはたらく反応と考えるとよい。

求める希硫酸の濃度を x mol/L とすると，

$$x(\text{mol/L}) \times \frac{40.0}{1000}\text{L}\boxed{\times 2} = \frac{10.6}{106}\text{mol} \times \underbrace{\left(\frac{20.0}{500}\right)}_{\text{体積比}}\boxed{\times 2}$$
　$\llcorner$ H_2SO_4 が出す H^+ の mol 　$\llcorner$ Na_2CO_3 が受けとる H^+ の mol

※右辺は

$$= \frac{10.6}{106}\text{mol} \times \frac{1000}{500}\frac{1}{\text{L}} \times \frac{20.0}{1000}\text{L}\boxed{\times 2}$$
　$\llcorner$ 500 mL 中の Na_2CO_3 　$\llcorner$ 体積$\lrcorner$
　　のモル濃度

でも可

$x = \underline{0.10\,\text{mol/L}}$

問2 問1で求めた希硫酸の濃度より，アンモニアと希硫酸との滴定からアンモニア水の濃度を求めることができる。求めるアンモニア水の濃度を y mol/L とすると，

$0.10\,\text{mol/L} \times \frac{15.0}{1000}\text{L}\boxed{\times 2} = y(\text{mol/L}) \times \frac{20.0}{1000}\text{L}\boxed{\times 1}$
$\llcorner$ H_2SO_4 が出す H^+ の mol 　$\llcorner$ NH_3 が受けとる H^+ の mol

$$y = \underline{0.15\,\text{mol/L}}$$

問3 100倍にうすめたアンモニア水の濃度が 0.15 mol/L なので，薄める前の市販の濃アンモニア水の濃度は 15 mol/L

溶液の体積を 1.0 L として濃アンモニア水の質量パーセント濃度を求めると，NH_3 の分子量 = 17 より，

$$\frac{溶質 = NH_3(\text{g})}{溶液 = NH_3 \text{水(g)}} \times 100$$

$$= \frac{15\,\text{mol/L} \times 1.0\,\text{L} \times 17\,\text{g/mol}}{1000\,\text{mL} \times 0.90\,\text{g/mL}} \times 100$$

$$= \underline{28.3\,\%}$$

問1 1.6×10^{-2} 　問2 水のイオン積
問3 (1) 2 　(2) 11 　(3) 3 　(4) 11

解説 ‥‥

問1 酢酸の電離の式

$CH_3COOH \overset{\alpha}{\rightleftharpoons} CH_3COO^- + H^+$

電離度 $\alpha = \dfrac{電離した酢酸の物質量}{溶解した酢酸の物質量}$

$= \dfrac{0.0016\,\text{mol}}{0.10\,\text{mol}} = \underline{1.6 \times 10^{-2}}$

問2 どのような水溶液でも水溶液中の水素イオン濃度 $[H^+]$ と水酸化物イオン濃度 $[OH^-]$ の積は常に一定の値 K_w を示す。この K_w を水のイオン積といい，25℃において $K_w = 1.0 \times 10^{-14}(\text{mol/L})^2$ である。

問3 溶液中の水素イオン濃度 $[H^+]$ を求め，

$[H^+] = 1.0 \times 10^{-n}(\text{mol/L})$ と表したときの n の値を pH（水素イオン指数）という。

(1) HCl：1価の強酸，$\alpha = 1$
　$HCl \longrightarrow H^+ + Cl^-$
　$[H^+] = 0.010\,\text{mol/L}\boxed{\times 1}$
　　　　$= 1.0 \times 10^{-2}\,\text{mol/L}$　pH $= \underline{2}$

(2) NH_3：1価の弱塩基，$\alpha = 0.02$
　$NH_3 + H_2O \rightleftharpoons NH_4^+ + OH^-$
　$[OH^-] = 0.050\,\text{mol/L} \times 0.02$
　　　　$= 1.0 \times 10^{-3}\,\text{mol/L}$

$K_w = [H^+][OH^-] = 1.0 \times 10^{-14}(\text{mol/L})^2$ より，

$$[H^+] = \frac{K_w}{[OH^-]} = \frac{1.0 \times 10^{-14}}{1.0 \times 10^{-3}}$$

$$= 1.0 \times 10^{-11} \text{ mol/L} \quad pH = \underline{11}$$

(3) H_2SO_4：2価の強酸　$\alpha = 1$

$$H_2SO_4 \longrightarrow 2H^+ + SO_4^{2-}$$

硫酸水溶液のモル濃度は，H_2SO_4 の分子量 = 98 より，

$$\frac{0.098 \text{ g}}{98 \text{ g/mol}} \times \frac{1}{2.0}\frac{1}{L} = 5.0 \times 10^{-4} \text{ mol/L}$$

$$[H^+] = 5.0 \times 10^{-4} \text{ mol/L} \boxed{\times 2}$$

$$= 1.0 \times 10^{-3} \text{ mol/L} \quad pH = \underline{3}$$

(4) NaOH：1価の強塩基，$\alpha = 1$

$$NaOH \longrightarrow Na^+ + OH^-$$

水酸化ナトリウム水溶液のモル濃度は，NaOH の式量 = 40 より，

$$\frac{0.020 \text{ g}}{40 \text{ g/mol}} \times 1000 \frac{1}{500}\frac{1}{L} = 1.0 \times 10^{-3} \text{ mol/L}$$

$$[OH^-] = 1.0 \times 10^{-3} \text{ mol/L} \boxed{\times 1}$$

$$= 1.0 \times 10^{-3} \text{ mol/L}$$

$$[H^+] = \frac{K_w}{[OH^-]} = \frac{1.0 \times 10^{-14}}{1.0 \times 10^{-3}}$$

$$= 1.0 \times 10^{-11} \text{ mol/L} \quad pH = \underline{11}$$

第 **33** 問

I 問**1** 4　問**2** 10　　**II** ③

解説

I 中和点に達するまでに滴下した水酸化ナトリウム水溶液の体積を x mL とすると，

$$0.100 \text{ mol/L} \times \frac{25.00}{1000} \text{ L}\boxed{\times 1}$$
$$\underset{\text{HCl が出す H}^+ \text{の mol}}{\rule{0pt}{0pt}}$$

$$= 0.100 \text{ mol/L} \times \frac{x}{1000} \text{ L}\boxed{\times 1}$$
$$\underset{\text{NaOH が出す OH}^- \text{の mol}}{\rule{0pt}{0pt}}$$

$$x = 25.00 \text{ mL}$$

問1　中和点の1滴前のとき，多く含まれているのは水素イオン H^+ であり，その物質量は，

$$0.100 \text{ mol/L} \times \frac{0.05}{1000} \text{ L} = 5.0 \times 10^{-6} \text{ mol}$$

溶液中の水素イオン濃度 $[H^+]$ は，混合水溶液の体積が 25.00 + 24.95 ≒ 50 mL より，

$$[H^+] ≒ 5.0 \times 10^{-6} \text{ mol} \times \frac{1000}{50}\frac{1}{L}$$

$$= 1 \times 10^{-4} \text{ mol/L} \quad pH = \underline{4}$$

【別解】中和点の1滴前での溶液中の水素イオン濃度は，

$$[H^+] = \left(0.100 \text{ mol/L} \times \frac{25.00}{1000} \text{ L}\boxed{\times 1}\right.$$
$$\underset{\text{HCl が出す H}^+ \text{の mol}}{\rule{0pt}{0pt}}$$

$$\left. - 0.100 \text{ mol/L} \times \frac{24.95}{1000} \text{ L}\boxed{\times 1}\right) \times \frac{1000}{50}\frac{1}{L}$$
$$\underset{\text{NaOH が出す OH}^- \text{の mol}}{\rule{0pt}{0pt}}$$

$$≒ 1.0 \times 10^{-4} \text{ mol/L} \quad pH = 4$$

問2　中和点の1滴後のとき，多く含まれているのは水酸化物イオン OH^- であり，その物質量は，

$$0.100 \text{ mol/L} \times \frac{0.05}{1000} \text{ L} = 5.0 \times 10^{-6} \text{ mol}$$

溶液中の水酸化物イオン濃度 $[OH^-]$ は，混合水溶液の体積が 25.0 + 25.05 ≒ 50 mL より，

$$[OH^-] ≒ 5.0 \times 10^{-6} \text{ mol} \times \frac{1000}{50}\frac{1}{L}$$

$$= 1.0 \times 10^{-4} \text{ mol/L}$$

$$[H^+] = \frac{K_w}{[OH^-]} = \frac{1.0 \times 10^{-14}}{1.0 \times 10^{-4}}$$

$$= 1.0 \times 10^{-10} \text{ mol/L} \quad pH = \underline{10}$$

Ⅱ　pH = 2.0 より，

　　[H⁺] = 1.0×10^{-2} mol/L

　　求める塩酸の濃度を x mol/L とすると，混合後の溶液中の水素イオン濃度は，混合水溶液の体積が 500 + 500 = 1000 mL より，

$$[\text{H}^+] = \left(x\,(\text{mol/L}) \times \frac{500}{1000}\,\text{L}\,\boxed{\times\,1} \right.$$
$$\underbrace{\qquad\qquad\qquad}_{\text{HCl が出す H}^+ \text{の mol}}$$
$$\left. - 0.010\,\text{mol/L} \times \frac{500}{1000}\,\text{L}\,\boxed{\times\,1} \right) \times \frac{1}{1\text{L}}$$
$$\underbrace{\qquad\qquad\qquad\qquad}_{\text{NaOH が出す OH}^+ \text{の mol}}$$
$$= 1.0 \times 10^{-2}\,\text{mol/L}$$
$$x = \underline{0.030\,\text{mol/L}}$$

第 34 問

⑤

解説

　　中和反応における pH 変化を表す曲線を滴定曲線という。

　　正しい滴定曲線を選ぶ場合，滴定開始時および滴定終了時の pH を考えるとよい。

滴定前の水溶液：

　　酢酸の濃度を x mol/L とすると，グラフより水酸化ナトリウム水溶液 10 mL で中和するので，

$$x\,(\text{mol/L}) \times \frac{10.0}{1000}\,\text{L}\,\boxed{\times\,1}$$
$$\underbrace{\qquad\qquad\qquad}_{\text{CH}_3\text{COOH が出す H}^+ \text{の mol}}$$
$$= 0.010\,\text{mol/L} \times \frac{10.0}{1000}\,\text{L}\,\boxed{\times\,1}$$
$$\underbrace{\qquad\qquad\qquad}_{\text{NaOH が出す OH}^- \text{の mol}}$$
$$x = 0.010\,\text{mol/L}$$

　　よって，滴定前の酢酸水溶液の pH は酢酸の電離度が小さいことより，

　　[H⁺] < 1.0×10^{-2} mol/L, pH > 2.0

滴定後の水溶液：

$$[\text{OH}^-] = \left(0.010\,\text{mol/L} \times \frac{20.0}{1000}\,\text{L}\,\boxed{\times\,1} \right.$$
$$\underbrace{\qquad\qquad\qquad}_{\text{NaOH が出す OH}^- \text{の mol}}$$
$$\left. - 0.010\,\text{mol/L} \times \frac{10.0}{1000}\,\text{L}\,\boxed{\times\,1} \right)$$
$$\underbrace{\qquad\qquad\qquad}_{\text{CH}_3\text{COOH が出す H}^+ \text{の mol}}$$
$$\times \frac{1000}{10.0 + 20.0}\,\frac{1}{\text{L}}$$
$$= \frac{1}{3} \times 10^{-2}\,\text{mol/L}$$
$$[\text{H}^+] = \frac{K_w}{[\text{OH}^-]} = \frac{1.0 \times 10^{-14}}{\frac{1}{3} \times 10^{-2}}$$
$$= 3 \times 10^{-12}\,\text{mol/L}$$

よって，pH は 12 より小さい（約 11.5）。

この pH 変化を表す正しいグラフは⑤。

※滴定後の pH は数値を求めなくても 12 を超える⑥は不可，10 までしか上がらない④も不自然なので，解答は⑤になる。

25

第 35 問

(a) NH_4Cl, $CuSO_4$, $FeCl_3$, $(NH_4)_2SO_4$　　(b)　$NaHCO_3$

(c)　KNO_3, Na_2SO_4, $NaCl$　　(d)　$NaHSO_4$　　(e)　CH_3COONa

解説

◆塩の分類

・正塩…酸の H^+ も塩基の OH^- も含んでいない塩。

・酸性塩…酸の H^+ が残っている塩。

◆塩の水溶液の液性

　溶液中に弱酸や弱塩基のイオンが存在する場合，その一部が弱酸や弱塩基に変化するため，液性は中性とはならない。

例　CH_3COO^- + H_2O
　　弱酸由来のイオン

$$\rightleftarrows CH_3COOH + \underline{OH^-}$$
　　　　　　　　弱酸　　　塩基性

$$NH_4^+ + H_2O \rightleftarrows NH_3 + \underline{H_3O^+}$$
弱塩基由来のイオン　　　　弱塩基　　酸性

このような反応を塩の加水分解という。

・強酸＋強塩基の中和で生じる正塩
　　　…加水分解せず中性を示す。

・強酸＋弱塩基の中和で生じる正塩
　　　…加水分解により酸性を示す。

・弱酸＋強塩基の中和で生じる正塩
　　　…加水分解により塩基性を示す。

※酸性塩の場合

　$NaHCO_3$…HCO_3^- の加水分解により塩基性

$$HCO_3^- + H_2O \rightleftarrows H_2CO_3 + OH^-$$

　$NaHSO_4$…電離により H^+ が生じ酸性

$$HSO_4^- \rightleftarrows H^+ + SO_4^{2-}$$

10 種の化合物の化学式，〔塩の分類，酸・塩基の反応で生じるとしたときの組み合わせ，水溶液の液性〕を示す。

KNO_3〔正塩，強酸＋強塩基…中性〕

Na_2SO_4〔正塩，強酸＋強塩基…中性〕

NH_4Cl〔正塩，強酸＋弱塩基…酸性〕

CH_3COONa〔正塩，弱酸＋強塩基…塩基性〕

$NaHCO_3$〔酸性塩，弱酸＋強塩基…塩基性〕

$NaHSO_4$〔酸性塩，強酸＋強塩基…酸性〕

$CuSO_4$〔正塩，強酸＋弱塩基…酸性〕

$FeCl_3$〔正塩，強酸＋弱塩基…酸性〕

$(NH_4)_2SO_4$〔正塩，強酸＋弱塩基…酸性〕

$NaCl$〔正塩，強酸＋強塩基…中性〕

第 36 問

問1　（エ）　　問2　（ウ）　　問3　（エ）　　問4　$8.2 \times 10^{-2}\,mol/L$

解説

中和滴定の様子を図で示す。

問1　ホールピペット…一定体積の溶液をは

かりとるための器具。

問2　ビュレット…滴定に要した溶液の体積をはかるための器具。

問3　ビュレットやホールピペットは，溶液の濃度を変えないように使用するため，用いる溶液で数回洗ってから使う。内容積が変化するおそれがあるので加熱乾燥をしてはならない。

問4　CH₃COOH(溶液 A)の濃度を x mol/L とすると，

$$\underbrace{x\,(\text{mol/L}) \times \frac{10.0}{1000}\,\text{L} \times \overset{\text{価数}}{\boxed{\times 1}}}_{\text{CH}_3\text{COOH が出す H}^+ \text{の mol}} = \underbrace{0.10\,\text{mol/L} \times \frac{8.20}{1000}\,\text{L}\overset{\text{価数}}{\boxed{\times 1}}}_{\text{NaOH が出す OH}^- \text{の mol}} \qquad x = \underline{0.082\,\text{mol/L}}$$

第 37 問 ━━━━━━━━━━━━━━━━━━━━━━━━━━━━━━━

問1　0.630 g

問2　水酸化ナトリウムは空気中の水分や二酸化炭素を吸収する性質があるから。

問3　$(\text{COOH})_2 + 2\text{NaOH} \longrightarrow (\text{COONa})_2 + 2\text{H}_2\text{O}$

問4　0.680 mol/L

問5　4.1 %

解説 ┄┄

問1　$(\text{COOH})_2 \cdot 2\text{H}_2\text{O}$ の式量 $= 126.0$ より，

$$0.0500\,\text{mol/L} \times \frac{100}{1000}\,\text{L} \times 126.0\,\text{g/mol}$$

$$= \underline{0.630\,\text{g}}$$

問2　固体が空気中の水分を吸収して，固体の一部が溶解する現象を潮解という。水酸化ナトリウムは潮解性があり水分を吸収するほか，空気中の二酸化炭素とも反応するため，正確な質量がはかれない。

問4　実験①〜③より，水酸化ナトリウム水溶液の濃度が求まる。

実験の様子を図に示す。

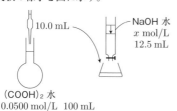

水酸化ナトリウム水溶液の濃度を x mol/L とすると，

$$\underbrace{0.0500\,\text{mol/L} \times \frac{10.0}{1000}\,\text{L}\boxed{\times 2}}_{(\text{COOH})_2 \text{ が出す H}^+ \text{の mol}}$$

$$= \underbrace{x\,(\text{mol/L}) \times \frac{12.5}{1000}\,\text{L}\boxed{\times 1}}_{\text{NaOH が出す OH}^- \text{の mol}}$$

$$x = 0.0800\,\text{mol/L}$$

実験④，⑤より，食酢中の酢酸の濃度が求まる。

実験の様子を図に示す。

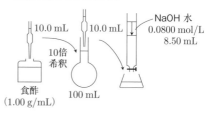

食酢中の酢酸の濃度を y mol/L とすると，

$$\underbrace{y \times \frac{1}{10}\,\text{mol/L}}_{\substack{\text{うすめた CH}_3\text{COOH の濃度}}} \times \frac{10.0}{1000}\,\text{L}\boxed{\times 1}}_{\text{CH}_3\text{COOH が出す H}^+ \text{の mol}}$$

$$= 0.0800\,\text{mol/L} \times \underbrace{\frac{8.50}{1000}\,\text{L}\boxed{\times 1}}_{\text{NaOH が出す OH}^- \text{の mol}}$$

$$y = \underline{0.680\,\text{mol/L}}$$

問5　溶液の体積を 1.00 L として，食酢中の酢酸の質量パーセント濃度を求めると，

CH_3COOH の分子量 = 60.0 より，

$$\frac{溶質 = CH_3COOH(g)}{溶液 = CH_3COOH 水(g)} \times 100$$

$$= \frac{0.680 \text{ mol/L} \times 1.00 \text{ L} \times 60.0 \text{ g/mol}}{1000 \text{ mL} \times 1.00 \text{ g/mL}} \times 100$$

$$= \underline{4.08 \text{ %}}$$

第 38 問

問1 $CO_2 + Ba(OH)_2 \longrightarrow BaCO_3 + H_2O$ **問2** 1.5×10^{-4} mol

問3 3.4×10^{-2} %

解説

問2 実験の様子を図に示す。

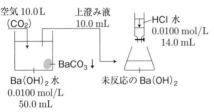

空気中の二酸化炭素と水酸化バリウムが反応すると炭酸バリウムの白色沈殿が生じる。吸収後の溶液に塩酸を加えると炭酸バリウムと塩酸が反応してしまうため，上澄み液を一部分け取り，未反応の水酸化バリウムを塩酸で滴定する。

反応の量的関係

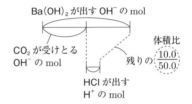

空気中の CO_2 を x mol とする。CO_2 との中和後に残った OH^- の mol に合わせるため，HCl から生じる H^+ の mol を $\frac{50.0}{10.0}$ 倍して OH^- とのつり合いを等式にする。

$$\underbrace{0.0100 \text{ mol/L} \times \frac{50.0}{1000} \text{ L} \boxed{\times 2}}_{\text{Ba(OH)}_2 \text{が出す OH}^- \text{の mol}} = \underbrace{x(\text{mol})\boxed{\times 2}}_{\substack{\text{CO}_2\text{が}\\\text{受けとる OH}^-\text{の mol}}} + \underbrace{0.0100 \text{ mol/L} \times \frac{14.0}{1000} \text{ L} \boxed{\times 1}}_{\text{HCl が出す H}^+ \text{の mol}} \times \overset{\text{体積比}}{\frac{50.0}{10.0}}$$

$$x = \underline{1.5 \times 10^{-4} \text{ mol}}$$

問3 空気中の CO_2 の体積百分率（%）は，

$$\frac{1.5 \times 10^{-4} \text{ mol} \times 22.4 \text{ L/mol}}{10.0 \text{ L}} \times 100 = \underline{3.36 \times 10^{-2} \text{ %}}$$

第 39 問

問1 6.4×10^{-3} mol   **問2** 28 %

解説

食品 2.0 g 中のタンパク質に含まれる N 原子は濃硫酸との反応により $(NH_4)_2SO_4$ に変化し，さらに水酸化ナトリウムとの反応により NH_3 に変化する。

$$N 原子 \longrightarrow (NH_4)_2SO_4 \longrightarrow NH_3$$

実験の様子を図に示す。

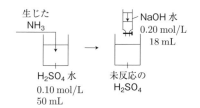

生じた NH₃ → NaOH 水 0.20 mol/L 18 mL

H₂SO₄ 水 0.10 mol/L 50 mL

未反応の H₂SO₄

アンモニアと硫酸が反応すると硫酸アンモニウムが生じる。吸収後の溶液に水酸化ナトリウムを加え続けると硫酸アンモニウムと水酸化ナトリウムが反応してしまうた

め，指示薬としてメチルオレンジを加え，酸性側で滴定を止めることで未反応の硫酸のみを滴定する。

問1 反応の量的関係

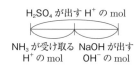

H₂SO₄ が出す H⁺ の mol

NH₃ が受け取る H⁺ の mol / NaOH が出す OH⁻ の mol

発生した NH₃ を x mol とすると，

$$0.10 \text{ mol/L} \times \frac{50}{1000} \text{ L} \boxed{\times 2} = x(\text{mol}) \boxed{\times 1} + 0.20 \text{ mol/L} \times \frac{18}{1000} \text{ L} \boxed{\times 1}$$

└─ H₂SO₄ が出す H⁺ の mol ─┘ └NH₃が受け取るH⁺の mol┘ └─NaOH が出す OH⁻ の mol─┘

$$x = \underline{6.40 \times 10^{-3} \text{ mol}}$$

問2 生じた NH₃ の物質量とタンパク質中に含まれる N の物質量は等しい。よって，N の質量は，N の原子量 = 14 より，

$$6.40 \times 10^{-3} \text{ mol} \times 14 \text{ g/mol}$$
$$= 8.96 \times 10^{-2} \text{ g}$$

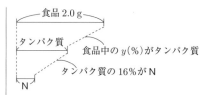

食品 2.0 g

タンパク質

食品中の $y(\%)$ がタンパク質

タンパク質の 16% が N

N

食品 2.0 g 中の量的関係より，求める百分率を y % とすると，

$$2.0 \text{ g} \times \frac{y}{100} \times \frac{16}{100} = 8.96 \times 10^{-2} \text{ g}$$

タンパク質の g ／ N の g

$$y = \underline{28 \%}$$

第 40 問 ━━━━━━━━━━━━━━━━━━━━━━

問1 $2\text{NaOH} + \text{CO}_2 \longrightarrow \text{Na}_2\text{CO}_3 + \text{H}_2\text{O}$

問2 $\text{NaOH} + \text{HCl} \longrightarrow \text{NaCl} + \text{H}_2\text{O}$

$\text{Na}_2\text{CO}_3 + \text{HCl} \longrightarrow \text{NaHCO}_3 + \text{NaCl}$

問3 1.06 g　**問4** 80.0 %

解説 ⋯⋯⋯⋯⋯⋯⋯⋯⋯⋯⋯⋯⋯⋯⋯⋯⋯⋯⋯⋯⋯⋯

NaOH と Na₂CO₃ の混合物を HCl で滴定する実験では，指示薬を 2 種類用いることで NaOH，Na₂CO₃ それぞれが反応する HCl の量を求めることができる。

実験の様子を図に示す。

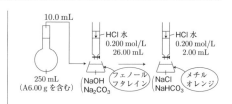

10.0 mL

250 mL (A6.00 g を含む)

HCl 水 0.200 mol/L 26.00 mL

NaOH Na₂CO₃ → フェノールフタレイン

HCl 水 0.200 mol/L 2.00 mL

NaCl NaHCO₃ → メチルオレンジ

29

問1　NaOHにCO₂を吸収させる場合，NaOH が過剰に存在するため Na_2CO_3 が生じる。

問2・3　滴定によるpH変化を次に示す。

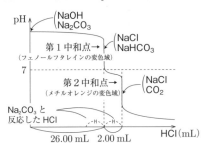

NaOH は第1中和点までにおいて HCl との中和が完了する。

Na_2CO_3 は弱酸のイオンである CO_3^{2-} が H^+ を受け取り，

$$Na_2CO_3 + 2HCl$$
$$\longrightarrow 2NaCl + H_2O + CO_2$$

と反応するが，第1中和点までにおいて

$$Na_2CO_3 + HCl \longrightarrow NaHCO_3 + NaCl$$

の反応が，第1〜第2中和点において

$$NaHCO_3 + HCl \longrightarrow NaCl + H_2O + CO_2$$

の反応が進む（2段階滴定）。

このとき，始め〜第1中和点で Na_2CO_3 との反応に必要な塩酸の体積と，第1〜第2中和点で $NaHCO_3$ との反応に必要な塩酸の体積（2.00mL）は等しくなる。

よって，滴定で加えた塩酸の体積28.00 mL の内訳が，

Na_2CO_3 と反応した体積…
$$2.00 + 2.00 = 4.00 \text{ mL}$$

NaOH と反応した体積…
$$26.00 - 2.00 = 24.00 \text{ mL}$$

となる。

試料A 6.00 g中の Na_2CO_3 を x gとすると，第1中和点までで $Na_2CO_3 : HCl = 1:1$ の mol比で反応するので，Na_2CO_3 の式量 = 106 より，

$$\underbrace{\frac{x}{106} \text{ mol}}_{Na_2CO_3 \text{ の mol}} \times \overbrace{\frac{10.0}{250}}^{体積比} = \underbrace{0.200 \text{ mol/L} \times \frac{2.00}{1000} \text{ L}}_{HCl \text{ の mol}}$$

$$x = \underline{1.06 \text{ g}}$$

【別解】Na_2CO_3 を完全に中和するのに必要な塩酸の体積，計4.00mLを用いて，

$$\underbrace{\frac{x}{106} \text{ mol} \times \frac{10.0}{250} \boxed{\times 2}}_{\substack{Na_2CO_3 \text{ が受けとる} \\ H^+ \text{ の mol}}} = \underbrace{0.200 \text{ mol/L} \times \frac{4.00}{1000} \text{ L} \boxed{\times 1}}_{HCl \text{ が出す } H^+ \text{ の mol}}$$

$$x = \underline{1.06 \text{ g}}$$

問4　試料A 6.00 g中のNaOHを y gとすると，NaOHの式量 = 40.0 より，

$$\frac{y}{40.0} \text{ mol} \times \overbrace{\frac{10.0}{250}}^{体積比} \boxed{\times 1}$$
$$= 0.200 \text{ mol/L} \times \frac{24.00}{1000} \text{ L} \boxed{\times 1}$$
$$y = 4.80 \text{ g}$$

求めるNaOHの純度（%）は，

$$\frac{4.80 \text{ g}}{6.00 \text{ g}} \times 100 = \underline{80.0 \text{ %}}$$

第**41**問

問1　第1中和点　フェノールフタレイン　　第2中和点　メチルオレンジ

問2　第1中和点まで　$Na_2CO_3 + HCl \longrightarrow NaHCO_3 + NaCl$

　　　第2中和点まで　$NaHCO_3 + HCl \longrightarrow NaCl + H_2O + CO_2$

問3　3.36 g　　問4　134 mL

解説 ‥‥‥‥‥‥‥‥‥‥‥‥‥‥‥‥‥‥‥‥‥‥‥‥‥‥‥‥‥‥‥‥‥‥‥‥‥

実験の様子を図に示す。

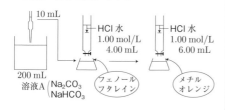

滴定による pH 変化を次に示す。

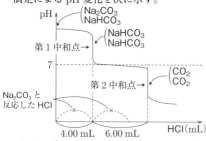

Na_2CO_3 は前問と同様に二段階で反応が進む。$NaHCO_3$ は第 1 中和点までは反応せず，第 1 ～第 2 中和点でのみ HCl と反応する。

よって，第 1 ～第 2 中和点で加えた HCl の体積 6.00 mL の内訳が，

$\begin{cases} Na_2CO_3 \text{ より生じた } NaHCO_3 \text{ と反応した体積} \\ \qquad\qquad\qquad\qquad\qquad \cdots 4.00 \text{ mL} \\ \text{はじめからあった } NaHCO_3 \text{ と反応した体積} \\ \qquad\qquad\qquad \cdots 6.00 - 4.00 = 2.00 \text{ mL} \end{cases}$

となる。

問 1 　第 1 中和点は塩基性なので，変色域が塩基性側のフェノールフタレインを用いる。

　第 2 中和点は酸性なので，変色域が酸性側のメチルオレンジを用いる。

問 3 　はじめの溶液 A 200 mL 中に含まれていた $NaHCO_3$ を x mol とすると，第 1 ～第 2 中和点で $NaHCO_3$：HCl = 1：1 の mol 比で反応するので，

$$x\,(\text{mol}) \times \underset{\substack{\text{体積比}}}{\underbrace{\frac{10}{200}}} = 1.00 \text{ mol/L} \times \frac{2.00}{1000} \text{ L}$$

$$x = 4.00 \times 10^{-2} \text{ mol}$$

よって，求める質量は，$NaHCO_3$ の式量 = 84.0 より，

　4.00×10^{-2} mol $\times$ 84.0 g/mol = 3.36 g

問 4 　発生した気体は CO_2 であり，その発生量は第 1 ～第 2 中和点で加えた HCl の物質量と等しいので，HCl の物質量は，

$$1.00 \text{ mol/L} \times \frac{6.00}{1000} \text{ L} = 6.00 \times 10^{-3} \text{ mol}$$

よって，求める CO_2 の体積は，

　6.00×10^{-3} mol $\times$ 22.4×10^3 mL/mol

$$= 134.4 \text{ mL}$$

第 42 問

問 1 　(1) 　$NaOH + HCl \longrightarrow NaCl + H_2O$

　　　　　$Na_2CO_3 + 2HCl \longrightarrow 2NaCl + H_2O + CO_2$

　　　(2) 　$BaCl_2 + Na_2CO_3 \longrightarrow BaCO_3 + 2NaCl$

問 2 　NaOH　7.00×10^{-1} g　　　Na_2CO_3　1.33×10^{-1} g

実験の様子を図に示す。

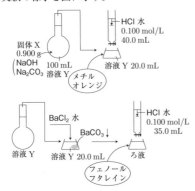

問1 （1） 変色域が酸性側のメチルオレンジを用いているので，Na_2CO_3 は CO_2 まで反応する。

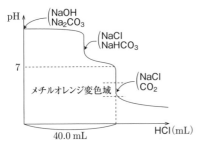

（2） CO_3^{2-} は Ba^{2+} と反応して炭酸バリウム $BaCO_3$ の白色沈殿が生じる。

問2 NaOH について

（2）の滴定では，NaOH と Na_2CO_3 の混合物に Ba^{2+} を加えることで CO_3^{2-} を沈殿させて取り除き，NaOH のみを滴定することができる。

溶液 Y 中の NaOH を $x\,\mathrm{mol/L}$ とすると，

$$0.100\ \mathrm{mol/L} \times \frac{35.0}{1000}\ \mathrm{L}\ \boxed{\times 1}$$
$$\underbrace{\qquad\qquad\qquad\qquad}_{\text{HCl が出す H}^+ \text{の mol}}$$

$$= x\,(\mathrm{mol/L}) \times \frac{20.0}{1000}\ \mathrm{L}\ \boxed{\times 1}$$
$$\underbrace{\qquad\qquad\qquad}_{\text{NaOH が出す OH}^- \text{の mol}}$$

$$x = 0.175\ \mathrm{mol/L}$$

よって固体 X 中に含まれる NaOH の質量は，NaOH の式量 $= 40.0$ より，

$$0.175\ \mathrm{mol/L} \times \frac{100}{1000}\ \mathrm{L} \times 40.0\ \mathrm{g/mol}$$

$$= \underline{0.700\ \mathrm{g}}$$

Na_2CO_3 について

（1）の滴定では，$Na_2CO_3 + NaOH$ と HCl が反応している。

溶液 Y 中の Na_2CO_3 を $y\,\mathrm{mol/L}$ とすると，

$$0.100\ \mathrm{mol/L} \times \frac{40.0}{1000}\ \mathrm{L}\ \boxed{\times 1}$$
$$\underbrace{\qquad\qquad\qquad}_{\text{HCl が出す H}^+ \text{の mol}}$$

$$= 0.175\ \mathrm{mol/L} \times \frac{20.0}{1000}\ \mathrm{L}\ \boxed{\times 1}$$
$$\underbrace{\qquad\qquad\qquad}_{\text{NaOH が出す OH}^- \text{の mol}}$$

$$+ y\,(\mathrm{mol/L}) \times \frac{20.0}{1000}\ \mathrm{L}\ \boxed{\times 2}$$
$$\underbrace{\qquad\qquad\qquad}_{\text{Na}_2\text{CO}_3 \text{が受けとる H}^+ \text{の mol}}$$

$$y = 0.0125\ \mathrm{mol/L}$$

よって固体 X 中に含まれる Na_2CO_3 の質量は，Na_2CO_3 の式量 $= 106$ より，

$$0.0125\ \mathrm{mol/L} \times \frac{100}{1000}\ \mathrm{L} \times 106\,\mathrm{g/mol}$$

$$= \underline{0.1325\,\mathrm{g}}$$

4章

第43問

問1 （ア）酸化　（ウ）増加　（カ）酸化　※（イ）還元　（エ）減少
（キ）還元　**問2** （a）

問3 Mn：$+\text{VII} \longrightarrow +\text{II}$　　O：$-\text{I} \longrightarrow -\text{II}$　　**問4** $H_2O_2 + 2H^+ + 2e^- \longrightarrow 2H_2O$

解説

問1，2 酸化還元の定義は電子のやり取りで定められており，物質中のある原子が電子を失うとその原子は酸化されたという。電子の過不足は酸化数で表され，電子を失うと酸化数は増加する。

　反応する相手を酸化するはたらきを持つ物質を酸化剤といい，酸化剤自身には還元される原子を含む。酸化剤と還元剤が過不足なく反応するとき，酸化剤が受け取る電子の物質量と還元剤が放出する電子の物質量が等しくなる。

問4 酸化剤や還元剤それぞれの電子の授受を表す反応式は次のようにつくる。

　例　過マンガン酸カリウム（酸性溶液中）

(1)　反応前後の物質の変化を覚えておく。

$$MnO_4^- \longrightarrow Mn^{2+}$$

(2)　両辺の酸素原子をそろえるため H_2O を加える。

$$MnO_4^- \longrightarrow Mn^{2+} + 4H_2O$$

(3)　両辺の水素原子をそろえるため H^+ を加える。

$$MnO_4^- + \underline{8H^+} \longrightarrow Mn^{2+} + 4H_2O$$

(4)　両辺の電荷をそろえるため e^- を加える。（e^- の数は酸化数の変化に等しい。）

$$\underset{\text{電荷：}+7}{\underline{MnO_4^- + 8H^+ + 5e^-}} \longrightarrow \underset{\text{電荷：}+2}{\underline{Mn^{2+}}} + 4H_2O$$

　過酸化水素が酸化剤としてはたらくときは水に変化する（$H_2O_2 \longrightarrow 2H_2O$）ことを覚えておき，上と同様に作る。

第44問

(1) 2　　(2) 0　　(3) 2　　(4) 1　　(5) 2

解説

　反応の前後で酸化数が変化している原子があるときは酸化還元反応であり，酸化剤は自身に還元される原子を含む。

◆酸化数の決め方

①単体中の原子の酸化数は 0 とする。

②単原子イオンの酸化数はイオンの電荷に等しい。

③化合物中の H 原子の酸化数は + 1，O 原子の酸化数は − 2 となることが多い。

④電荷をもたない化合物では，各原子の酸化数の総和は 0 である。

⑤多原子イオンでは，各原子の酸化数の総和は多原子イオンの電荷に等しい。

(1)　$\underset{0}{2\underline{Al}} + \underset{+1}{6\underline{H}Cl} \longrightarrow \underset{+3}{2\underline{Al}Cl_3} + \underset{0}{3\underline{H}_2}$

　※ Al（金属単体）は還元剤であり，H^+ に電子を与える。よって，HCl が酸化剤としてはたらく。

(2)　$\underset{+1 \ +6 \ -2}{2\underline{K}_2\underline{Cr}\,\underline{O}_4} + \underset{+1 \ -1}{2\underline{H}\,\underline{Cl}}$

$$\longrightarrow \underset{+1 \ +6 \ -2}{\underline{K}_2\underline{Cr}_2\underline{O}_7} + \underset{+1 \ -2}{\underline{H}_2\underline{O}} + \underset{+1 \ -1}{2\underline{K}\,\underline{Cl}}$$

※クロム酸イオン CrO_4^{2-} は酸性溶液中で
は二クロム酸イオン $Cr_2O_7^{2-}$ に変化する。
反応の前後で酸化数が変化している原子
はない。

(3) Cl_2（非金属単体）は酸化剤であり，I^-
から電子を受け取る。
（I の酸化数：$-1 \to 0$，Cl の酸化数：$0 \to$
-1）

(4) $KMnO_4$ は酸化剤であり，H_2O_2 から電
子を受け取る。
（O の酸化数：$-1 \to 0$，Mn の酸化数：

$+7 \to +2$）

(5) I_2（非金属単体）は酸化剤であり，SO_2
から電子を受け取る。
（S の酸化数：$+4 \to +6$，I の酸化数：
$0 \to -1$）

※単体が反応（または生成）する場合，必ず酸
化数が変化する。よって(2)以外は単体が
反応に関係しているためすべて酸化還元反
応と分かる。

第 45 問

③

解説

a について，酸化剤としてはたらいている
のは Fe^{3+} で，Fe^{3+} が Sn^{2+} を Sn^{4+} に酸化し
ている。遊離した Sn^{4+} は自身が還元される
ことにより酸化剤のはたらきができる。a の反
応が右向きに進むので酸化力の強さは Fe^{3+}
$> Sn^{4+}$ となる。

$2\boxed{Fe^{3+}} + Sn^{2+} \longrightarrow 2Fe^{2+} + \boxed{Sn^{4+}}$
　酸化剤　　　　　　　　　　　　酸化

Fe^{3+} は遊離する Sn^{4+} より酸化力が強い。

同様に，b について，酸化剤としてはたらい
ているのは $Cr_2O_7^{2-}$ で，$Cr_2O_7^{2-}$ が Fe^{2+} を
Fe^{3+} に酸化している。遊離した Fe^{3+} は酸化
剤のはたらきができる。b の反応が右向きに
進むので酸化力の強さは $Cr_2O_7^{2-} > Fe^{3+}$ と
なる。

$\boxed{Cr_2O_7^{2-}} + 6Fe^{2+} + \cdots \longrightarrow 2Cr^{3+} + 6\boxed{Fe^{3+}} + \cdots$
　酸化剤　　　　　　　　　　　　　　　酸化

$Cr_2O_7^{2-}$ は遊離する Fe^{3+} より酸化力が強い。

第 46 問

I　問1　(a) 5　　(b) 8　　(c) 4　　(d) 2　　(e) 2

問2　$2MnO_4^- + 5(COOH)_2 + 6H^+ \longrightarrow 2Mn^{2+} + 10CO_2 + 8H_2O$

問3　$2KMnO_4 + 5(COOH)_2 + 3H_2SO_4 \longrightarrow 2MnSO_4 + 10CO_2 + 8H_2O + K_2SO_4$

II　問1　$CrO_7^{2-} + 14H^+ + 6e^- \longrightarrow 2Cr^{3+} + 7H_2O$

問2　$SO_2 + 2H_2O \longrightarrow SO_4^{2-} + 4H^+ + 2e^-$

問3　$K_2Cr_2O_7 + 3SO_2 + H_2SO_4 \longrightarrow Cr_2(SO_4)_3 + H_2O + K_2SO_4$

III　問1　(a) 2　　(b) 2　　(c) H_2O

問2　$O_3 + 2I^- + 2H^+ \longrightarrow O_2 + I_2 + H_2O$

問3　$O_3 + 2KI + H_2O \longrightarrow O_2 + I_2 + 2KOH$

解 説 ••••••••••••••••••••••••

Ⅰ **問1** 過マンガン酸カリウムおよびシュウ酸のはたらきを示す反応式

$KMnO_4 : MnO_4^- + 8H^+ + 5e^-$
$\longrightarrow Mn^{2+} + 4H_2O$ ……①

$(COOH)_2 : (COOH)_2$
$\longrightarrow 2CO_2 + 2H^+ + 2e^-$ ……②

問2 酸化剤が受け取る電子と還元剤が放出する電子が等しくなるように上の2つの式から電子を消去してイオン反応式を作る。

①×2 + ②×5 より

$2MnO_4^- + 5(COOH)_2 + 6H^+$
$\longrightarrow 2Mn^{2+} + 10CO_2 + 8H_2O$

問3 省略されているイオンを両辺に同じ数だけ補い，イオン式を化学式に変える。

MnO_4^- は $KMnO_4$ から，H^+ は硫酸酸性では H_2SO_4 から生じるイオンなので，両辺に $2K^+$，$3SO_4^{2-}$ を加える。

$2KMnO_4 + 5(COOH)_2 + 3\underline{H_2SO_4}$
$\longrightarrow 2Mn\underline{SO_4} + 10CO_2 + 8H_2O + \underline{K_2SO_4}$

Ⅱ **問1，2** 酸化剤：二クロム酸カリウム，還元剤：二酸化硫黄であり，はたらきを示す反応式は次の通り。

$K_2Cr_2O_7 : Cr_2O_7^{2-} + 14H^+ + 6e^-$
$\longrightarrow 2Cr^{3+} + 7H_2O$ ……①

$SO_2 : SO_2 + 2H_2O \longrightarrow SO_4^{2-} + 4H^+ + 2e^-$
……②

問3 ①+②×3 より

$Cr_2O_7^{2-} + 3SO_2 + 2H^+$
$\longrightarrow 2Cr^{3+} + 3SO_4^{2-} + H_2O$

$Cr_2O_7^{2-}$ は $K_2Cr_2O_7$ から，H^+ は硫酸酸性では H_2SO_4 から生じるイオンなので，両辺に $2K^+$，SO_4^{2-} を加える。反応後のイオンは陽イオンと陰イオンを結合させる。

$\underline{K_2}Cr_2O_7 + 3SO_2 + \underline{H_2SO_4}$
$\longrightarrow Cr_2(SO_4)_3 + H_2O + K_2SO_4$

Ⅲ **問1** 酸化剤：オゾン，還元剤：ヨウ化カリウムであり，はたらきを示す反応式は次の通り。

$O_3 : O_3 + 2H^+ + 2e^- \longrightarrow O_2 + H_2O$
……①

$KI : 2I^- \longrightarrow I_2 + 2e^-$ ……②

問2・3 ①+② より

$O_3 + 2I^- + 2H^+ \longrightarrow O_2 + I_2 + H_2O$

I^- は KI から，H^+ は中性水溶液では H_2O から生じるイオンなので，両辺に $2K^+$，$2OH^-$ を加える。

$O_3 + 2KI + \cancel{2}H_2O$
$\longrightarrow O_2 + I_2 + \cancel{H_2O} + 2KOH$

第 47 問 ━━━━━━━━━━━━━━━━━━

Ⅰ 4.0mL　　Ⅱ ③　　Ⅲ **問1** 2.0×10^{-2} mol/L　　**問2** 1.1 mg/mL

解 説 ••••••••••••••••••••••••

　酸化還元反応において，酸化剤と還元剤が過不足なく反応する点では，酸化剤が受け取る電子の物質量と還元剤が放出する電子の物質量が等しくなる。

　よって，反応の量的関係では酸化剤や還元剤 1 mol あたりがやり取りする電子が何 mol になるかを考え，電子の物質量に関する等式をつくる。

Ⅰ MnO_4^- と Fe^{2+} のはたらきを示す反応式

$MnO_4^- + 8H^+ + \underline{5e^-} \longrightarrow Mn^{2+} + 4H_2O$

$KMnO_4$ 1mol あたり 5mol の電子を受け取る。

35

$$Fe^{2+} \longrightarrow Fe^{3+} + \underline{e^-}$$

$FeSO_4$ 1 mol あたり 1 mol の電子を放出する。

$KMnO_4$ 水溶液の体積を x mL とすると，

$$0.10 \text{ mol/L} \times \underbrace{\frac{x}{1000} \text{L} \boxed{\times 5}}_{KMnO_4 \text{が得る} e^- \text{のmol}} = 0.050 \text{ mol/L} \times \underbrace{\frac{40}{1000} \text{L} \boxed{\times 1}}_{FeSO_4 \text{が出す} e^- \text{のmol}}$$

$$x = \underline{4.0 \text{ mL}}$$

Ⅱ

200 mL の $SnCl_2$（還元剤）を2等分し，一方に 100 mL $+$ $KMnO_4$（酸化剤）0.10 mol/L 30 mL，他方に 100 mL $+$ $K_2Cr_2O_7$（酸化剤）0.10 mol/L x mL。

酸化剤と反応する $SnCl_2$ 水溶液の濃度を求めてもよいが，$SnCl_2$ 水溶液を 100 mL ずつに 2 等分してそれぞれ酸化剤と反応させているため，反応する $KMnO_4$ と $K_2Cr_2O_7$ は同じ物質量の電子を受け取る。よって $KMnO_4$ と $K_2Cr_2O_7$ それぞれが受け取った電子の物質量について等式を作る。

$K_2Cr_2O_7$ 水溶液の体積を x mL とすると，

$$0.10 \text{ mol/L} \times \underbrace{\frac{30}{1000} \text{L} \boxed{\times 5}}_{KMnO_4 \text{が得る} e^- \text{のmol}} = 0.10 \text{ mol/L} \times \underbrace{\frac{x}{1000} \text{L} \boxed{\times 6}}_{K_2Cr_2O_7 \text{が得る} e^- \text{のmol}}$$

$$x = \underline{25 \text{ mL}}$$

Ⅲ 問1 IO_3^- と SO_3^{2-} のはたらきを示す反応式

$$IO_3^- + 6H^+ + \underline{6e^-} \longrightarrow I^- + 3H_2O$$

IO_3^- 1 mol あたり 6 mol の電子を受け取る。

$$SO_3^{2-} + H_2O \longrightarrow SO_4^{2-} + 2H^+ + \underline{2e^-}$$

SO_3^{2-} 1 mol あたり 2 mol の電子を放出する。

ヨウ素酸カリウム水溶液の濃度を x （mol/L）とすると，

$$x \text{(mol/L)} \times \frac{5.0}{1000} \text{L} \boxed{\times 6} = 1.0 \times 10^{-2} \text{ mol/L} \times \frac{30}{1000} \text{L} \boxed{\times 2}$$

$$x = \underline{2.0 \times 10^{-2} \text{ mol/L}}$$

問2 アスコルビン酸の濃度を y mg/mL とすると，

$$2.0 \times 10^{-2} \text{ mol/L} \times \underbrace{\frac{10}{1000} \text{L} \boxed{\times 6}}_{IO_3^- \text{が得る} e^- \text{のmol}} = \underbrace{\frac{100 \text{ mL} \times y \text{ (mg/mL)}}{176 \times 10^3 \text{ mg/mol}} \boxed{\times 2}}_{\substack{100 \text{ mL中の} \\ \text{アスコルビン酸のmol} \\ \text{アスコルビン酸が出す} e^- \text{のmol}}}$$

$$y = \underline{1.05 \text{ mg/mL}}$$

第48問

問1 （A） CO_2 （B） Cl_2 （C） MnO_2 問2 （イ）

問3 （1） $KMnO_4 : (COOH)_2 = 2 : 5$ （2） $1.0 \times 10^{-2} \text{ mol/L}$

問4 塩化物イオンが還元剤として働き，過マンガン酸カリウムと反応してしまうため。

解説

問1 （A） シュウ酸が酸化され CO_2 が発生する。

$$(COOH)_2 \longrightarrow 2CO_2 + 2H^+ + 2e^-$$

（B） 塩酸を用いると過マンガン酸カリウムの強い酸化力により，Cl^- が酸化され Cl_2 が発生する。

$$2Cl^- \longrightarrow Cl_2 + 2e^-$$

（C） 中性条件では過マンガン酸イオンの還元は MnO_2 で止まる。

$$MnO_4^- + 2H_2O + 3e^- \longrightarrow MnO_2 + 4OH^-$$

問2 この実験では過マンガン酸カリウムとシュウ酸との酸化還元反応が起こる。過マンガン酸カリウムを用いた酸化還元滴定では，MnO_4^- の色の変化により還元剤と過不足なく反応する点を知ることができる。

シュウ酸に過マンガン酸カリウムを加える場合，反応前の MnO_4^- が赤紫色であり，シュウ酸に加えて反応すると Mn^{2+} に変化して色が消える。シュウ酸がすべて反応したとき，加えた MnO_4^- の赤紫色が消えずに溶液中にわずかに残るようになるため，この時点で終点とする。

問3 （1） 過マンガン酸カリウムとシュウ酸のはたらきを示す反応式

$KMnO_4 : MnO_4^- + 8H^+ + 5e^-$
$$\longrightarrow Mn^{2+} + 4H_2O$$

$(COOH)_2 : (COOH)_2$
$$\longrightarrow 2CO_2 + 2H^+ + 2e^-$$

電子の授受が過不足なく行われるとき，過マンガン酸カリウム：シュウ酸 ＝ 2：5 の物質量の比で反応する。

（2） 過マンガン酸カリウム水溶液の濃度を x mol/L とすると，

$$\underbrace{x\,(\text{mol/L}) \times \frac{16.0}{1000}\,\text{L} \boxed{\times 5}}_{KMnO_4 \text{が得る } e^- \text{ の mol}} = \underbrace{0.040\,\text{mol/L} \times \frac{10.0}{1000}\,\text{L} \boxed{\times 2}}_{(COOH)_2 \text{ が出す } e^- \text{ の mol}}$$

$$x = \underline{0.010\,\text{mol/L}}$$

※希硫酸は H^+ 存在下で滴定を行うために加えたもので，その物質量は計算に関係ない。

【別解】

（1）の物質量比より

$$\underbrace{x\,(\text{mol/L}) \times \frac{16.0}{1000}\,\text{L}}_{KMnO_4 \text{の mol}} : \underbrace{0.040\,\text{mol/L} \times \frac{10.0}{1000}\,\text{L}}_{(COOH)_2 \text{ の mol}} = 2:5$$

$$x = \underline{0.010\,\text{mol/L}}$$

問4 溶液中に Cl^- が存在すると，滴下した過マンガン酸カリウムによって Cl^- が酸化され，余分に過マンガン酸カリウムを消費してしまう。このため，過マンガン酸カリウム水溶液の滴下量からシュウ酸の濃度を決定できなくなる。

第 49 問

問1 (A) (d)　(B) (a)　(C) (e)　(D) (g)　問2 2.9%

解説

オキシドール中の過酸化水素は通常は酸化剤として働くが，過マンガン酸カリウムのような強い酸化剤が相手のときは還元剤として働く。このため過マンガン酸カリウムを用いた滴定により過酸化水素の定量ができる。

問1 実験の様子を図に示す。

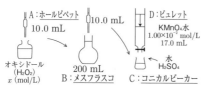

オキシドール
(H_2O_2)
x (mol/L)　200 mL　B：メスフラスコ　C：コニカルビーカー

※コニカルビーカーに水を加えても，はかりとった H_2O_2 の物質量は変わらない。また，硫酸は H^+ 存在下で滴定を行うために加えたもので，その物質量は計算に関係ない。

問2 過マンガン酸カリウムおよび過酸化水素のはたらきを示す反応式

$KMnO_4 : MnO_4^- + 8H^+ + 5e^-$
$$\longrightarrow Mn^{2+} + 4H_2O$$
$H_2O_2 : H_2O_2 \longrightarrow O_2 + 2H^+ + 2e^-$

オキシドール中の過酸化水素のモル濃度を x mol/L とすると，希釈後の濃度は $x \times \frac{1}{20}$ mol/L なので，

$$\underbrace{1.00 \times 10^{-2}\,\text{mol/L} \times \frac{17.0}{1000}\,\text{L} \boxed{\times 5}}_{KMnO_4 \text{が得る } e^- \text{ の mol}}$$

$$= \underbrace{x \times \frac{1}{20}\,(\text{mol/L}) \times \frac{10.0}{1000}\,\text{L} \boxed{\times 2}}_{H_2O_2 \text{が出す } e^- \text{ の mol}}$$

$$x = 0.85\,\text{mol/L}$$

溶液 1L とすると，溶液全体の質量は，

$$1000\,\text{mL} \times 1.00\,\text{g/mL} = 1000\,\text{g}$$

溶質の質量は，H_2O_2 の分子量 ＝ 34 より，

$$0.85\,\text{mol} \times 34\,\text{g/mol} = 28.9\,\text{g}$$

よって，求める濃度は，

$$\frac{\text{溶質(g)}}{\text{溶液(g)}} \times 100 = \frac{0.85\,\text{mol} \times 34\,\text{g/mol}}{1000\,\text{mL} \times 1.00\,\text{g/mL}} \times 100$$

$$= \underline{2.89\,\%}$$

第 50 問

問1 (ア) d　(イ) g　(ウ) b　(エ) e

問2 (1)　$ClO^- + 2I^- + 2H^+ \longrightarrow Cl^- + I_2 + H_2O$

(2)　ClO^- との反応で生じる I_2 より ClO^- の濃度を求めるため，はかり取る KI の量は過剰量でよいから。

問3　$I_2 + 2S_2O_3{}^{2-} \longrightarrow 2I^- + S_4O_6{}^{2-}$　　**問4**　0.500 mol/L

解説

問1　次亜塩素酸ナトリウムのような酸化剤を定量する場合，酸化剤とヨウ化カリウムを反応させてヨウ素を遊離し，生じたヨウ素をチオ硫酸ナトリウムで滴定することで酸化剤の定量ができる。

ヨウ素とチオ硫酸ナトリウムとの酸化還元滴定では，ヨウ素を含む褐色の溶液にチオ硫酸ナトリウム水溶液を加え，褐色が薄くなってから指示薬としてデンプン溶液を加えるとヨウ素デンプン反応により溶液は青紫色となる。ヨウ素がすべて反応したとき，溶液の色は青紫色から無色となるため，この時点で終点とする。

問2 (1)　次亜塩素酸ナトリウム NaClO は Cl の酸化数が + 1 であり Cl^- に還元されることから酸化剤としてはたらく。

次亜塩素酸ナトリウムとヨウ化カリウムのはたらきを示す反応式

$NaClO : ClO^- + 2H^+ + 2e^-$
$\qquad\qquad \longrightarrow Cl^- + H_2O$　……①

$KI : 2I^- \longrightarrow I_2 + 2e^-$　……②

①+②より

$ClO^- + 2I^- + 2H^+ \longrightarrow Cl^- + I_2 + H_2O$

(2)　KI の量は ClO^- がすべて反応するように過剰量を加える。

問3　ヨウ素とチオ硫酸ナトリウムのはたらきを示す反応式

$I_2 : I_2 + 2e^- \longrightarrow 2I^-$　……①

$Na_2S_2O_3 : 2S_2O_3{}^{2-} \longrightarrow S_4O_6{}^{2-} + 2e^-$
$\qquad\qquad\qquad\qquad$……②

①+②より

$I_2 + 2S_2O_3{}^{2-} \longrightarrow 2I^- + S_4O_6{}^{2-}$

問4　実験の様子を図に示す。

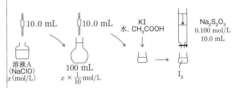

※コニカルビーカーに水を加えても，はかりとった NaClO の物質量は変わらない。また，酢酸は H^+ 存在下で滴定を行うために加えたもので，その物質量は計算に関係ない。

次亜塩素酸ナトリウムのモル濃度を x mol/L とすると，**問2** の反応式より次亜塩素酸ナトリウム 1 mol あたりヨウ素 1 mol が遊離し，**問3** の反応式より生じたヨウ素 1 mol あたりチオ硫酸ナトリウム 2 mol が反応するので，

$x \times \dfrac{1}{10}$ mol/L $\times \dfrac{10.0}{1000}$ L : 0.100 mol/L $\times \dfrac{10.0}{1000}$ L = 1 : 2

うすめた濃度┘　　　　　　└$Na_2S_2O_3$ の mol

└ NaClO の mol

$x = \underline{0.500\,\text{mol/L}}$

38

問1 $I_2 + H_2S \longrightarrow S + 2HI$　　**問2** 2.50×10^{-3} mol/L　　**問3** 84 mL　　**問4** d

解説

問1　ヨウ素と硫化水素のはたらきを示す反応式

$I_2 : I_2 + 2e^- \longrightarrow 2I^-$　　　……①

$H_2S : H_2S \longrightarrow S + 2H^+ + 2e^-$　……②

①+②より

$I_2 + H_2S \longrightarrow S + 2HI$

問2　硫化水素のような還元剤はヨウ素－ヨウ化カリウム水溶液中のヨウ素と反応する。未反応で残っているヨウ素にチオ硫酸ナトリウムを加え，ヨウ素の褐色が薄くなったところでデンプンを加える。チオ硫酸ナトリウムによる滴定を続け，ヨウ素がすべて反応してなくなるとヨウ素デンプン反応の青紫色が消えて無色になるため，この時点で滴下を止めて滴定の終点とする。

B液中のヨウ素の濃度を x mol/L とする

と，ヨウ素 1 mol あたりチオ硫酸ナトリウム 2 mol が反応するので，

$$\underbrace{x\text{(mol/L)} \times \frac{50.0}{1000}\,\text{L}}_{I_2\,\text{の mol}} : \underbrace{0.0100\,\text{mol/L} \times \frac{25.0}{1000}\,\text{L}}_{Na_2S_2O_3\,\text{の mol}} = 1 : 2$$

$$x = 2.50 \times 10^{-3}\,\text{mol/L}$$

問3　B液 500 mL 中のヨウ素の物質量は，

$$2.50 \times 10^{-3}\,\text{mol/L} \times \frac{500}{1000}\,\text{L}$$

$$= 1.25 \times 10^{-3}\,\text{mol}$$

よって，硫化水素の体積を y mL とすると，I_2 の分子量 = 254 より，

$$\frac{1.27\text{g}}{254\text{g/mol}} - 1.25 \times 10^{-3}\,\text{mol}$$

$$= \frac{y \times 10^{-3}\text{L}}{22.4\,\text{L/mol}}\,\text{mol}$$

$$y = \underline{84\,\text{mL}}$$

問1　(A) 5　　(B) Mn^{2+}　　**問2**　(C) $4H^+$　　(D) 4　　(E) 2

問3　1.45×10^{-5} mol　　**問4**　5.80 mg/L　　**問5**　(1)，(3)

解説

COD とは試料水溶液中に有機物などの還元性物質がどの程度含まれているかを表す指標である。COD の値は，試料水 1 L 中に含まれる還元性物質を過マンガン酸カリウムを用いて酸化し，その反応量を酸素がかわりに反応したと考えた反応量(mg/L)に換算して求める。

工場排水などで COD の値が大きいと，河川などに流した際に微生物が増加して水中の溶存酸素が減少し，好気性生物が減少するため環境に負荷を与えることになる。

問2　O_2 は酸性溶液中で酸化剤としてはた

らき，e^- を受けとって H_2O に変化する。

$$O_2 + 4H^+ + 4e^- \longrightarrow 2H_2O$$

問3　実験の様子を図に示す。

操作 1〜3

操作4　ブランクテスト

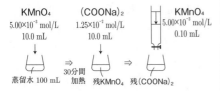

KMnO₄
5.00×10⁻³ mol/L
10.0 mL

(COONa)₂
1.25×10⁻² mol/L
10.0 mL

KMnO₄
5.00×10⁻³ mol/L
0.10 mL

蒸留水 100 mL ⇒ 30分間加熱 残KMnO₄ ⇒ 残(COONa)₂

　試料水 100 mL のかわりに蒸留水 100 mL を用いて同様の実験操作を行い，試料水を用いた場合と比較する実験をブランクテストという。

　ブランクテストを行うことで，試料水の実験と蒸留水の実験で加えた過マンガン酸カリウムの差が試料水中の還元性物質と反応した量と分かる。

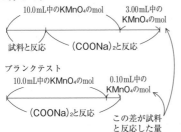

10.0 mL中のKMnO₄のmol　　3.00 mL中のKMnO₄のmol

試料と反応　　(COONa)₂と反応

ブランクテスト
10.0 mL中のKMnO₄のmol　　0.10 mL中のKMnO₄のmol

(COONa)₂と反応　　この差が試料と反応した量

よって，試料水 100 mL に含まれる還元性質と反応する過マンガン酸カリウムの物質量は，

$$5.00 \times 10^{-3} \text{ mol/L} \times \frac{3.00 - 0.10}{1000} \text{ L}$$
$$= \underline{1.45 \times 10^{-5} \text{ mol}}$$

問4　過マンガン酸カリウムの反応量を酸素の反応量に換算する場合，それぞれが受け取る電子の物質量が等しくなるように換算する。

$$KMnO_4 : MnO_4^- + 5e^- + \cdots\cdots$$
1 mol　⟶ 5 mol （×5）

$$O_2 : O_2 + 4e^- + \cdots\cdots$$
$\frac{5}{4}$ mol　⟶ 5 mol ←等しい物質量 （×4）

　KMnO₄ 1 mol が受け取る e^- の物質量と O₂ $\frac{5}{4}$ mol が受け取る e^- の物質量が等しく，

KMnO₄ 1 mol は O₂ $\frac{5}{4}$ mol に相当する。よって，求める COD の値は，

$$1.45 \times 10^{-5} \text{ mol} \times \frac{5}{4} \times 32.0 \times 10^3 \text{ mg/mol}$$

（KMnO₄ の mol　O₂ の mol　O₂ の mg）

$$\times \frac{1000}{100} \frac{1}{\text{L}} = 5.80 \text{ mg/L}$$

（試料 1 L あたりに換算）

問5　試料水中に還元剤として働く物質が含まれると，過マンガン酸カリウムと反応して COD の値が大きくなる。

(1)　$FeSO_4 : Fe^{2+} \longrightarrow Fe^{3+} + e^-$

(3)　$NaCl : 2Cl^- \longrightarrow Cl_2 + 2e^-$

※特に NaCl は海水などに由来して，試料水中に含まれることが多い。この場合には，滴定前に硝酸銀水溶液を加えて $Ag^+ + Cl^- \longrightarrow AgCl\downarrow$ の反応によって沈殿させて除く。

第53問

問1　$O_2 + 2Mn(OH)_2 \longrightarrow 2MnO(OH)_2$

問2　(1)　(A)　+4　　(B)　+2　　(C)　−1　　(D)　0

　　　(2)　$MnO(OH)_2 + 4H^+ + 2e^- \longrightarrow Mn^{2+} + 3H_2O$　　(3)　1 mol

問3　8.0 mg/L

溶存酸素(DO)は，試料水 1 L 中に溶けている酸素の質量(mg/L)を表す値である。試料水中の酸素は一般に次のように反応させてその量を調べる。

空気中の酸素が反応しないように密栓できる容器に試料水を入れ，Mn^{2+} と OH^- を混合して $Mn(OH)_2$ を生成させると，試料水中の O_2 と $Mn(OH)_2$ が反応して $MnO(OH)_2$ が生じる。(塩基性溶液中では O_2 による Mn^{2+} の酸化が進む。)

溶液を酸性にすると，生じた $MnO(OH)_2$ は酸化剤としてはたらくようになるため，**第 50 問**のようなヨウ素滴定(KI と反応させ，生じた I_2 を $Na_2S_2O_3$ で滴定)によって $MnO(OH)_2$ の量を定量し，初めに反応した O_2 の量を求める。

問 1 O_2 および $Mn(OH)_2$ のはたらきを示す反応式(塩基性条件下)

$$O_2 : O_2 + 2H_2O + 4e^- \longrightarrow 4OH^- \quad \cdots\cdots①$$

$$Mn(OH)_2 : Mn(OH)_2 + 2OH^-$$
$$\longrightarrow MnO(OH)_2 + H_2O + 2e^- \cdots\cdots②$$

①＋②×2 より，

$$O_2 + 2Mn(OH)_2 \longrightarrow 2MnO(OH)_2$$

問 2 $MnO(OH)_2$ および KI のはたらきを示す反応式

$$MnO(OH)_2 : MnO(OH)_2 + 4H^+ + 2e^-$$
$$\longrightarrow Mn^{2+} + 3H_2O \cdots\cdots①$$

$$KI : 2I^- \longrightarrow I_2 + 2e^- \quad \cdots\cdots②$$

①＋②より，

$$MnO(OH)_2 + 2I^- + 4H^+$$
$$\longrightarrow Mn^{2+} + I_2 + 3H_2O$$

この反応式より，$MnO(OH)_2$ 1 mol あたり，生じる I_2 は 1 mol と分かる。

問 3 実験の様子を図に示す。

試料水 100 mL 中の酸素の物質量を x mol とすると，**問 1** の反応式より O_2 1 mol あたり $MnO(OH)_2$ 2 mol が生成，**問 2** の反応式より $MnO(OH)_2$ 2 mol あたり I_2 2 mol が生成，さらに生じた I_2 2 mol あたり $Na_2S_2O_3$ 4 mol が反応するので，

$$x\,(\text{mol}) \times 4 = 2.50 \times 10^{-2}\,\text{mol/L} \times \frac{4.00}{1000}\,\text{L}$$
$$\underset{Na_2S_2O_3 \text{ の mol}}{}$$

$$x = 2.50 \times 10^{-5}\,\text{mol}$$

よって，求める値は，

$$2.50 \times 10^{-5}\,\text{mol} \times 32 \times 10^3\,\text{mg/mol} \times \frac{1000}{100}\,\frac{1}{L}$$
$$\underset{\substack{O_2 \quad\quad 試料1L \\ \text{の mg} \quad あたりに換算}}{}$$
$$= \underline{8.00\ \text{mg/L}}$$

第 54 問

問1　(a)　クーロン(静電気)　　(b)　同素体　　(c)　分子間　　(d)　自由電子

問2　(A)，(B)，(D)　　問3　(ア) (A)　　(イ) (C)　　(ウ) (B)

問4　4個の価電子のうち3個を用いて正六角形の平面網目構造をつくり，残り1個が平面内を自由に移動できる

問5　面心立方格子(立方最密構造)，六方最密構造

解説 ....

問1，2　固体結晶の分類と性質

結合	金属結合	イオン結合	共有結合 分子をつくらない	共有結合 分子をつくる
結晶	金属結晶	イオン結晶	共有結合結晶	分子結晶
結合力	自由電子	クーロン力	共有電子対	分子間力
構成粒子	金属原子 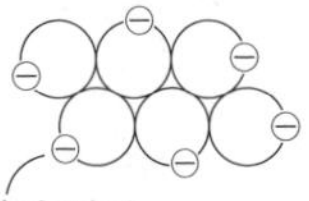 / 自由電子	陽イオンと陰イオン 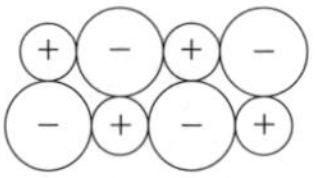	原子 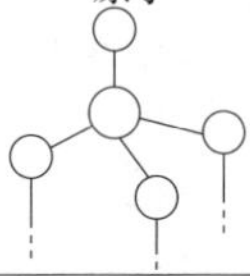	分子 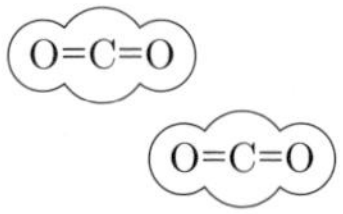 O=C=O O=C=O
化学式	組成式	組成式	組成式	分子式
性質	固体でも電気をよく導く。展性，延性に富む。	硬いがもろい。水溶液や融解液は電気を導く。	融点が高く極めて硬い。黒鉛には電気伝導性がある。	融点が低く，やわらかい。昇華性を持つものが多い。

問3　塩化カリウムはイオン結合からなる物質。単斜硫黄は共有結合からなり，分子をつくる物質。二酸化ケイ素は共有結合からなり，分子をつくらない物質である。

問4　黒鉛は炭素原子による正六角形の網目状の層が重なり合った構造をとり，層内の原子は共有結合で結びつくが，層間は弱い分子間力（ファンデルワールス力）のためはがれやすく，電気を導く。

問5　面心立方格子と六方最密構造はともに原子が最も密につまった最密構造である。

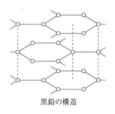

黒鉛の構造

第 55 問

問1　a　面心立方格子(立方最密構造)　　b　六方最密構造　　c　体心立方格子

問2　a　12個　　b　12個　　c　8個　　問3　1.3×10^{-8} cm　　問4　7.7 g/cm^3

解説 ....

問1　結晶構造の繰り返しの配列を結晶格子といい，その最小単位を単位格子とよぶ。金属の結晶には主に面心立方格子，六方最密構造，体心立方格子の3種類がある。

問2　面心立方格子と六方最密構造はともに最密構造であり，1個の原子に接触する他の原子数（配位数）は12となる。体心立方格子は単位格子の中心の原子と各頂点の原子8個

が接触している。

問3 単位格子一辺の長さを a とすると，体心立方格子では立方体の対角線 $\sqrt{3}a$ が原子半径 r の4倍に相当する。

$4r = \sqrt{3}a$ より，$r = \dfrac{\sqrt{3}}{4}a$

$= \dfrac{1.73}{4} \times 2.9 \times 10^{-8} = \underline{1.25 \times 10^{-8}\,\text{cm}}$

問4 密度は体積あたりの質量を表す。よって，単位格子の体積と単位格子中に含まれる原子の質量を求めればよい。

単位格子の体積は $(2.9 \times 10^{-8})^3\,\text{cm}^3$

鉄原子について，$1\,\text{mol} = 6.0 \times 10^{23}$ 個の質量が56g，単位格子中の鉄原子は2個なので単位格子中に含まれる鉄原子の質量は，

$\dfrac{56}{6.0 \times 10^{23}}\,\text{g/個} \times 2\,\text{個}$

よって，求める密度 d は，

$d(\text{g/cm}^3) = \dfrac{\dfrac{56}{6.0 \times 10^{23}}\,\text{g/個} \times 2\,\text{個}}{(2.9 \times 10^{-8})^3\,\text{cm}^3}$

$= \underline{7.65\,\text{g/cm}^3}$

第 56 問

(1) **(ア)** 8　　**(イ)** 12　　(2) **(ウ)** 2　　**(エ)** 4

(3) **(オ)** 2.9　　**(カ)** 68　　(4) **(キ)** 2.8

5章

解説

◆金属の単位格子

	体心立方格子	面心立方格子
単位格子	$\sqrt{3}a$　$\dfrac{1}{8}$個　1個　a　a　a	$\sqrt{2}a$　$\dfrac{1}{8}$個　$\dfrac{1}{2}$個　a　a　a
単位格子中の粒子数	$\dfrac{1}{8} \times 8 + 1 = 2$ 個	$\dfrac{1}{8} \times 8 + \dfrac{1}{2} \times 6 = 4$ 個
最近接粒子数（配位数）	8個	12個
一辺の長さ a と半径 r の関係	$4r = \sqrt{3}a$　$\left(r = \dfrac{\sqrt{3}}{4}a\right)$	$4r = \sqrt{2}a$　$\left(r = \dfrac{\sqrt{2}}{4}a\right)$

(オ) $4r = \sqrt{3}a$ より，$a = \dfrac{4}{\sqrt{3}}r = \dfrac{4\sqrt{3}}{3}r$

$= \dfrac{4 \times 1.73}{3} \times 1.25 \times 10^{-8}$

$= \underline{2.88 \times 10^{-8}\,\text{cm}}$

(カ) 充填率は結晶全体の体積に対する粒子の占める体積の割合を百分率（%）で表す。よって，単位格子の体積と単位格子中に含まれる粒子の体積を求めればよい。

単位格子の体積は $a^3(\text{cm}^3)$

単位格子中の鉄原子は2個なので単位格子中に含まれる鉄原子の体積は $\dfrac{4}{3}\pi r^3(\text{cm}^3/\text{個}) \times 2\,\text{個}$

よって，求める割合は，

$充填率(\%) = \dfrac{\dfrac{4}{3}\pi\left(\dfrac{\sqrt{3}}{4}a\right)^3 \times 2\,\text{個}}{a^3(\text{cm}^3)} \times 100$

$= \dfrac{\sqrt{3}}{8}\pi \times 100 = \underline{67.9\,\%}$

(キ) 単位格子の体積は $(4.0 \times 10^{-8})^3\,\text{cm}^3$

AI 原子について，$1\,\mathrm{mol} = 6.0 \times 10^{23}$ 個の質量が 27g，単位格子中の AI 原子は 4 個なので単位格子中に含まれる AI 原子の質量は，$\dfrac{27}{6.0 \times 10^{23}}$ g/個× 4 個

よって，求める密度 d は，

$$d\,(\mathrm{g/cm^3}) = \dfrac{\dfrac{27}{6.0 \times 10^{23}}\,\mathrm{g/個} \times 4\,\text{個}}{(4.0 \times 10^{-8})^3\,\mathrm{cm^3}}$$
$$= \underline{2.81\,\mathrm{g/cm^3}}$$

第 57 問

（ A ）（イ）　（ B ）（ロ）　（ C ）（ニ）

解説 ....

（ A ）　上面の正六角形において，頂点どうし，頂点と中心にある原子は互いに接しているので，原子半径は a の $\dfrac{1}{2}$ になる。

（ B ）　上面と下面で六角柱の中にある原子はそれぞれ $\dfrac{1}{6} \times 6 + \dfrac{1}{2} = \dfrac{3}{2}$ 個なので，$\dfrac{3}{2} + 3 + \dfrac{3}{2} = 6$ 個となる。

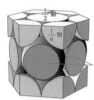

（ C ）　六角柱の体積は，

$$\left(a \times \dfrac{\sqrt{3}}{2}a \times \dfrac{1}{2}\right) \times 6 \times b = \dfrac{3\sqrt{3}}{2}a^2b$$

Zn 原子について，$1\,\mathrm{mol} = N$ 個の質量が $M\,(\mathrm{g})$，単位格子中の Zn 原子は 6 個なので単位格子中に含まれる Zn 原子の質量は，

$$\dfrac{M}{N}\,\mathrm{g/個} \times 6\,\text{個}$$

よって，密度を表す式は，

$$\dfrac{\dfrac{M}{N}\,\mathrm{g/個} \times 6\,\text{個}}{\dfrac{3\sqrt{3}}{2}a^2b\,(\mathrm{cm^3})} = \dfrac{4\sqrt{3}\,M}{3a^2bN}$$

第 58 問

問 1 へき開性　**問 2** 4, 5, 2, 1, 3　**問 3** 167

解説 ....

問 2　イオン結晶の融点は，同じ結晶構造をもつ場合，イオン結合の結合力に比例して高くなる。イオン結合は一般に，構成イオンの電荷が大きいほど，またイオン半径（大きさ）が小さいほど結合力が強くなる。

　よって，2 価のイオンどうしの SrO（Sr^{2+} と O^{2-}），MgO（Mg^{2+} と O^{2-}）は，1 価のイオンどうしの NaF（Na^+ と F^-），NaI（Na^+ と I^-），NaBr（Na^+ と Br^-）より融点が高い。また，Mg^{2+} の半径より電子殻が大きい Sr^{2+} の半径が大きく，SrO より MgO の方が融点が高い。同様に F^-，Br^-，I^- の順に半径が大きくなり，NaI，NaBr，NaF の順に融点

が高い。

問 3　CsCl 型イオン結晶の単位格子は立方体の体心の位置に陽イオン，各頂点の位置に陰イオンが配置された構造である。

　単位格子の体積は $(4.10 \times 10^{-8})^3\,\mathrm{cm^3}$

　塩化セシウムの式量

Cs⁺：1 個
Cl⁻：$\dfrac{1}{8} \times 8 = 1$ 個

を M とすると，$1\,\mathrm{mol} = 6.02 \times 10^{23}$ 個の質量が $M\,(\mathrm{g})$，単位格子中の塩化セシウムは 1 個（Cs^+ 1 個＋ Cl^- 1 個）なので単位格子中に含まれる塩化セシウムの質量は，

44

$$\frac{M}{6.02 \times 10^{23} \,\text{g/個}} \times 1\,\text{個}$$

よって，結晶の密度 $4.02\,\text{g/cm}^3$ より，

$$\frac{\dfrac{M}{6.02 \times 10^{23}\,\text{g/個}} \times 1\,\text{個}}{(4.10 \times 10^{-8})^3\,\text{cm}^3} = 4.02\,\text{g/cm}^3$$

$$M = \underline{166.7}$$

第 59 問

問1 4個　　**問2** 4個　　**問3** $5.6 \times 10^{-10}\,\text{m}$　　**問4** $2.1\,\text{g/cm}^3$（$2.2\,\text{g/cm}^3$）

解説

問1，2 NaCl型
イオン結晶の単位
格子は面心立方
格子と同じ配置
をした陽イオン，
陰イオンが交互
に配列した構造
である。

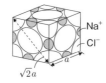

Na$^+$：$\dfrac{1}{4} \times 12 + 1 = 4$個

Cl$^-$：$\dfrac{1}{2} \times 6 + \dfrac{1}{8} \times 8 = 4$個

問3 単位格子一辺の長さを a とすると，面の対角線 $\sqrt{2}a$ が同符号イオン間の距離（Na$^+$中心間の最短距離または Cl$^-$ 中心間の最短距離）の 2 倍に相当する。

$$2 \times 4.0 \times 10^{-10} = \sqrt{2}a$$

$$a = 4\sqrt{2} \times 10^{-10} = \underline{5.64 \times 10^{-10}\,\text{m}}$$

問4 単位格子の体積は $(4\sqrt{2} \times 10^{-8})^3\,\text{cm}^3$

塩化ナトリウムについて，$1\,\text{mol} = 6.0 \times 10^{23}$ 個の質量が $58.5\,\text{g}$，単位格子中の塩化ナトリウムは 4 個なので単位格子中に含まれる塩化ナトリウムの質量は，

$$\frac{58.5}{6.0 \times 10^{23}\,\text{g/個}} \times 4\,\text{個}$$

よって，求める密度 d は，

$$d\,(\text{g/cm}^3) = \frac{\dfrac{58.5}{6.0 \times 10^{23}\,\text{g/個}} \times 4\,\text{個}}{(4\sqrt{2} \times 10^{-8})^3\,\text{cm}^3}$$

$$= \underline{2.14\,\text{g/cm}^3}$$

第 60 問

NaCl型　1　　CsCl型　2

解説

　イオン結晶が安定な構造の結晶として存在するためには，となり合う陽イオンと陰イオンが接触し，陽イオンどうしや陰イオンどうしが接触しない構造でなければならない。

　この条件を関係式にするには，一般に陽イオンより陰イオンが大きいため，陰イオンの中心間の長さを陽イオンの半径 r と陽イオンの半径 R を用いて表すと考えやすい。

【例】　NaCl型

　単位格子の立方体の 1 つの面に注目すると，

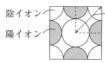

陰イオンの中心間の長さ
$(r+R) \times \sqrt{2}$

　陽イオンが小さくなり，陰イオンどうしが接触している限界状態では，

陰イオンの中心間の長さ
$2R$

陰イオンどうしが接触しないためには，次の不等式が成立すればよい。

$$(r + R) \times \sqrt{2} > 2R$$

よって，

$$\sqrt{2}r > (2 - \sqrt{2})R$$

$$\frac{r}{R} > \sqrt{2} - 1$$

この問いでは，近接する陰イオンどうしが接しているとあるので，$(r + R) \times \sqrt{2} = 2R$ として整理すると，$\dfrac{r}{R} = \underline{\sqrt{2} - 1}$ となる。

同様にCsCl型について，立方体の対角線の断面に注目すると，

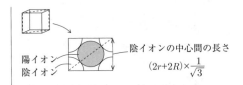

陽イオン 陰イオンの中心間の長さ
陰イオン $(2r+2R) \times \dfrac{1}{\sqrt{3}}$

陽イオンが小さくなり，陰イオンどうしが接触している限界状態では，

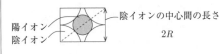

陽イオン 陰イオンの中心間の長さ
陰イオン $2R$

よって，

$$(2r + 2R) \times \frac{1}{\sqrt{3}} = 2R \qquad \frac{r}{R} = \underline{\sqrt{3} - 1}$$

第 61 問

問1　3　　問2　8　　問3　63

解説

問1　単位格子中の粒子数

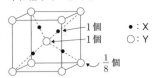

・1個
・1個
$\dfrac{1}{8}$個

●：X
○：Y

原子 X：4 個　　原子 Y：$\dfrac{1}{8} \times 8 + 1 = 2$ 個

原子 X：原子 Y = 2：1 より，組成式は $\underline{X_2Y}$

問2　単位格子一辺の長さを a とすると，$4r$ が立方体の対角線に相当するので，

$$4r = \sqrt{3}a \qquad a = \frac{4\sqrt{3}}{3}r$$

よって，求める体積は，

$$a^3 = \left(\frac{4\sqrt{3}}{3}r\right)^3 = \frac{64\sqrt{3}}{9}r^3$$

問3　求める金属原子（原子 X）の原子量を x とすると，X_2Y について，$1\,\mathrm{mol} = 6.0 \times 10^{23}$ 個の質量が $2x + 16\,\mathrm{g}$，単位格子中の X_2Y は 2 個なので単位格子中に含まれる X_2Y の質量は，

$$\frac{2x + 16}{6.0 \times 10^{23}}\,\mathrm{g/個} \times 2\,個$$

よって，結晶の密度 $6.10\,\mathrm{g/cm^3}$ より，

$$\frac{\dfrac{2x + 16}{6.0 \times 10^{23}}\,\mathrm{g/個} \times 2\,個}{7.8 \times 10^{-23}\,\mathrm{cm^3}} = 6.10\,\mathrm{g/cm^3}$$

$$x = \underline{63.3}$$

問 1　8 個　　**問 2**　3.6×10^{-8} cm　　**問 3**　12　　**問 4**　ダイヤモンド

解説 ・・・

問 1　単位格子中の粒子数

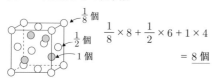

$\frac{1}{8} \times 8 + \frac{1}{2} \times 6 + 1 \times 4$

$= 8$ 個

問 2　単位格子を 8 分割した小立方体について，その対角線 $\sqrt{3} \times \frac{a}{2}$ が原子間の結合距離の 2 倍に相当する。

よって，

$$\sqrt{3} \times \frac{a}{2} = 1.54 \times 10^{-8} \times 2$$

$$a = \underline{3.56 \times 10^{-8}\,\text{cm}}$$

問 3　単位格子の体積は $(3.56 \times 10^{-8})^3\text{cm}^3$

求める原子量を x とすると，この結晶の原子について，1 mol $= 6.0 \times 10^{23}$ 個の質量が x(g)，単位格子中の原子は 8 個なので単位格子中に含まれる原子の質量は，

$$\frac{x}{6.0 \times 10^{23}}\,\text{g/個} \times 8\ \text{個}$$

よって，結晶の密度 $3.5\,\text{g/cm}^3$ より，

$$\frac{\frac{x}{6.0 \times 10^{23}}\,\text{g/個} \times 8\ \text{個}}{(3.56 \times 10^{-8})^3\,\text{cm}^3} = 3.5\,\text{g/cm}^3$$

$$x = \underline{11.8}$$

問 4　原子量 12 より，この原子は炭素原子とわかる。炭素 4 本の結合がすべて共有結合で結びつく結晶はダイヤモンドである。

問 1　（イ）共有　（ロ）イオン　（ハ）自由　（ニ）金属　（ホ）水素
　　　　（ヘ）ファンデルワールス

問 2　c　　**問 3**　1.4 nm　　**問 4**　4 個　　**問 5**　1.7 g/cm³

解説 ・・・

問 2　アンモニア NH_3 とメタノール CH_3OH は分子間に水素結合がはたらく。石英 SiO_2 とケイ素 Si は共有結合結晶である。

問 3　単位格子一辺の長さを a とすると，面心立方格子の構造で C_{60} 分子の中心間距離は $\frac{\sqrt{2}}{2}a$ となることから，

$$\frac{\sqrt{2}}{2}a = 1.0\,\text{nm}\quad a = \sqrt{2}\ \text{nm}$$

問 4　C_{60} 分子が面心立方格子の配置をとるので，単位格子中に含む C_{60} は 4 個である。

問 5　単位格子の体積は $(\sqrt{2} \times 10^{-7})^3\text{cm}^3$

C_{60} について，C_{60} の分子量 $= 720$ より，1 mol $= 6.0 \times 10^{23}$ 個の質量が 720 g，単位格子中の C_{60} 分子は 4 個なので単位格子中に含まれる C_{60} の質量は，

$$\frac{720}{6.0 \times 10^{23}}\,\text{g/個} \times 4\ \text{個}$$

よって，求める密度 d は，

$$d(\text{g/cm}^3) = \frac{\frac{720}{6.0 \times 10^{23}}\,\text{g/個} \times 4\ \text{個}}{(\sqrt{2} \times 10^{-7})^3\,\text{cm}^3}$$

$$= \underline{1.69\,\text{g/cm}^3}$$

問1 a **問2** d **問3** 108 kJ

解説 ••

問1，2 固体に熱を加えると，その温度が融点に達すると融解が始まり，状態変化にエネルギーが使われるため，すべて液体になるまで温度は上昇しない。

問3 H_2O の分子量 = 18 より，

A	融解	B	温度上昇	C	蒸発	D
0 ℃	→	0 ℃	→	100 ℃	→	100 ℃
氷36.0 g		水36.0 g		水36.0 g		水蒸気36.0 g

6.01 kJ/mol   4.18 J/(g・℃) ×   40.7 kJ/mol

$\times \dfrac{36.0}{18}$ mol   36.0 g × 100 ℃ $\times \dfrac{36.0}{18}$ mol

求める熱量は

$$6.01 \times \frac{36.0}{18} + \underbrace{(4.18 \times 36.0 \times 100)}_{J} \times 10^{-3} + 40.7 \times \frac{36.0}{18} = \underline{108.4\,kJ}$$
$$\phantom{6.01 \times \frac{36.0}{18} + (4.18 \times 36.0 \times 100) }_{kJ}$$

問1 （ア） 液体 （イ） 温度 （ウ） 固体 （エ） 融点 （オ） ②

問2 (1) c (2) b (3) a (4) × (5) ×

解説 ••

問1 OA を融解曲線，OB を蒸気圧曲線，OC を昇華(圧)曲線と呼び，融点(凝固点)，沸点，昇華点での圧力と温度の関係を表している。

問2 矢印 a では融解，矢印 b では蒸発，矢印 c では昇華が起こっている。

(1) 水を含んだ物質を凍らせて減圧すると，水が昇華して物質から失われて乾燥したものが得られる。この方法をフリーズドライ(凍結乾燥法)という。

(2) 加熱によってビーカーの水が蒸発し水の量が減少した。

(3) 針金と接している氷の部分におもりの圧力がかかると融点が下がるので，氷が融解して針金が氷にくい込んでいく。針金が通過したあとは圧力がもとに戻るため再び凝固が起こる。

(4) 水蒸気(気体)が上昇すると上空で急激に冷やされ凝縮して水滴(液体)になる。

(5) 吐きだした息に含まれる水蒸気(気体)が急激に冷やされ凝縮して水滴(液体)に変わり白くなる。

Ⅰ (1) 1.6 L (2) 27 ℃ (3) 8.0 L (4) 6.8×10^5 Pa (5) 29

Ⅱ 2.9 L

I (1)

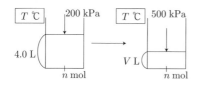

求める体積を V(L) とすると, n, T = 一定
より, $PV = P'V'$ が成立する。

$$200\,\text{kPa} \times 4.0\,\text{L} = 500\,\text{kPa} \times V(\text{L})$$

$$V = \underline{1.6\,\text{L}}$$

(2)

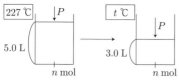

求める温度を t(℃) とすると, n, P = 一定
より, $\dfrac{V}{T} = \dfrac{V'}{T'}$ が成立する。

$$\frac{5.0\,\text{L}}{(273 + 227)\,\text{K}} = \frac{3.0\,\text{L}}{(273 + t)\,\text{K}}$$

$$t + 273 = 300\,\text{K} \qquad t = \underline{27\text{℃}}$$

(3)

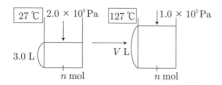

求める体積を V(L) とすると, n = 一定よ
り, $\dfrac{PV}{T} = \dfrac{P'V'}{T'}$ が成立する。

$$\frac{2.0 \times 10^5\,\text{Pa} \times 3.0\,\text{L}}{(273 + 27)\,\text{K}}$$

$$= \frac{1.0 \times 10^5\,\text{Pa} \times V(\text{L})}{(273 + 127)\,\text{K}}$$

$$V = \underline{8.0\,\text{L}}$$

(4)

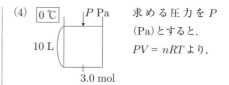

求める圧力を P
(Pa) とすると,
$PV = nRT$ より,

$$P(\text{Pa}) \times 10\,\text{L} = 3.0\,\text{mol} \times 8.3 \times 10^3 \times 273\,\text{K}$$

$$P = \underline{6.79 \times 10^5\,\text{Pa}}$$

(5)

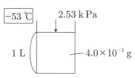

密度 4.0×10^{-2} g/L より, 気体の体積 1 L
あたりの質量は 4.0×10^{-2} g となる。

求める分子量を M とすると,
$PV = \dfrac{w}{M}RT$ より,

$$2.53 \times 10^3\,\text{Pa} \times 1\,\text{L}$$

$$= \frac{4.0 \times 10^{-2}}{M}\,\text{mol} \times 8.3 \times 10^3 \times (273 - 53)\,\text{K}$$

$$M = \underline{28.8}$$

II

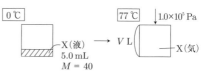

液体のある物質 X 5.0 mL の質量は, 密度
0.80 g/cm³ より,

$$5.0\,\text{mL} \times 0.80\,\text{g/mL} = 4.0\,\text{g}$$

77 ℃, 1.0×10^5 Pa 下での体積を V(L) と
すると, $PV = \dfrac{w}{M}RT$ より,

$$1.0 \times 10^5\,\text{Pa} \times V(\text{L})$$

$$= \frac{4.0}{40}\,\text{mol} \times 8.3 \times 10^3 \times (273 + 77)\,\text{K}$$

$$V = \underline{2.90\,\text{L}}$$

第 **67** 問 ────────

問1 $1.2 \times 10^{-1}\,\mathrm{mol}$　　問5

問2 $6.0\,\mathrm{L}$

問3 $1.5 \times 10^5\,\mathrm{Pa}$

問4 $30\,℃$

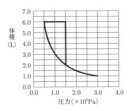

解説 ••

問1

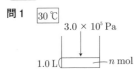

実験に用いたある気体を $n\,(\mathrm{mol})$ とすると，$PV = nRT$ より，

$3.0 \times 10^5\,\mathrm{Pa} \times 1.0\,\mathrm{L}$

$\quad = n\,(\mathrm{mol}) \times 8.3 \times 10^3 \times (273+30)\,\mathrm{K}$

$n = \underline{0.119\,\mathrm{mol}}$

問2

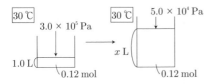

求める体積を $x\,(\mathrm{L})$ とすると，実験(1)は温度一定で行ったので，$PV = P'V'$ より，

$3.0 \times 10^5\,\mathrm{Pa} \times 1.0\,\mathrm{L} = 5.0 \times 10^4\,\mathrm{Pa} \times x\,(\mathrm{L})$

$x = \underline{6.0\,\mathrm{L}}$

問3

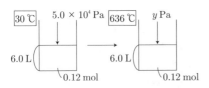

求める圧力を $y\,(\mathrm{Pa})$ とすると，実験(2)は体積一定で行ったので，$\dfrac{P}{T} = \dfrac{P'}{T'}$ より，

$\dfrac{5.0 \times 10^4\,\mathrm{Pa}}{(30 + 273)\,\mathrm{K}} = \dfrac{y\,(\mathrm{Pa})}{(636 + 273)\,\mathrm{K}}$

$y = \underline{1.5 \times 10^5\,\mathrm{Pa}}$

問4

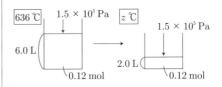

求める温度を $z\,(℃)$ とすると，実験(3)は圧力一定で行ったので，$\dfrac{V}{T} = \dfrac{V'}{T'}$ より，

$\dfrac{6.0\,\mathrm{L}}{(636 + 273)\,\mathrm{K}} = \dfrac{2.0\,\mathrm{L}}{(z + 273)\,\mathrm{K}}$

$z = \underline{30℃}$

問5　(1)～(3)の変化を〔圧力($\times 10^5\,\mathrm{Pa}$)，体積(L)〕で表すと，〔3.0, 1.0〕→〔0.5, 6.0〕→〔1.5, 6.0〕→〔1.5, 2.0〕となる。実験(1)はボイルの法則に従うので，グラフは反比例のグラフになり，実験(2)は体積一定，実験(3)は体積一定より，直線のグラフになる。

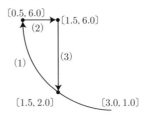

50

問1 質量：1.47 g　理由：(c)　**問2**　(E)

解説

　実験の様子を図に示す。ある物質を X とする。

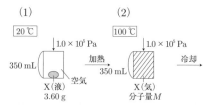

(1)→(2)のとき，余分な X はフラスコ内の空気とともに外へ放出される。(2)において，フラスコ内は水の沸点 100 ℃の X(気)で占められる。よって，(2)において気体の状態方程式を適用することで気体の分子量を求め

ることができる。

問1　(4)と(5)の質量の差より(2)においてフラスコ内に残っている X の質量が求まる。

　128.62 − 127.15 = $\underline{1.47\,\text{g}}$

したがって，1.47 g 以上あらかじめ容器内に入れておかないとフラスコ内の空気を完全に追い出してフラスコ内を X で満たすことができない。

問2　$PV = \dfrac{w}{M}RT$ より，$M = \dfrac{wRT}{PV}$

よって，求める分子量 M は

$$M = \frac{1.47\,\text{g} \times 8.3 \times 10^3 \times (273 + 100)\,\text{K}}{1.0 \times 10^5\,\text{Pa} \times \dfrac{350}{1000}\,\text{L}}$$

$M = 130.0$

(A)〜(E) の分子量は，

(A) $C_6H_6 = 78$　　(B) $CH_2Cl_2 = 85$

(C) $CHCl_3 = 119.5$　(D) $CCl_4 = 154$

(E) $C_2HCl_3 = 131.5$

よって最も近い分子量の気体は　$\underline{(E)}$

---

(1)　①　　(2)　③　　(3)　②　　(4)　⑤

解説

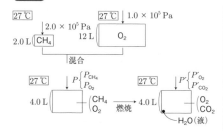

　2種以上の気体を同じ体積 V(L) の容器に混合するとき，成分気体の体積は V(L) を共有すると考える。このとき成分気体の示す圧

力を分圧といい，全圧は成分気体の分圧の和に等しい。（ドルトンの分圧の法則）

(1)　4.0 L の容器内でのメタンの分圧 P_{CH_4} は，

$PV = P'V'$ より，

$2.0 \times 10^5\,\text{Pa} \times 2.0\,\text{L} = P_{CH_4}(\text{Pa}) \times 4.0\,\text{L}$

　　　　　$P_{CH_4} = \underline{1.0 \times 10^5\,\text{Pa}}$

(2)　4.0 L の容器内での酸素の分圧 P_{O_2} は，

$PV = P'V'$ より，

$1.0 \times 10^5\,\text{Pa} \times 12\,\text{L} = P_{O_2}(\text{Pa}) \times 4.0\,\text{L}$

　　　　　$P_{O_2} = \underline{3.0 \times 10^5\,\text{Pa}}$

(3) 混合気体の燃焼反応の量的関係を示す。温度，体積一定では，成分気体について物質量の比＝分圧の比が成立するので分圧で考える。

$(\times 10^5 \mathrm{Pa})$	CH_4	$+$	$2O_2$	$\longrightarrow$	CO_2	$+$	$2H_2O$
反応前	1.0		3.0		0		0
変化量	-1.0		-2.0		$+1.0$		$+2.0$
反応後	0		1.0		1.0		(2.0)

すべて液体

水の蒸気圧は無視できるので，反応後の

H_2O はすべて液体となり，圧力は0となる。よって混合気体の全圧は，

$$P_{O_2} + P_{CO_2} = (1.0 + 1.0) \times 10^5$$
$$= \underline{2.0 \times 10^5 \mathrm{Pa}}$$

(4) 生じたCO_2の物質量をx molとすると，$PV = nRT$より，

$$1.0 \times 10^5 \mathrm{Pa} \times 4.0 \mathrm{L}$$
$$= x(\mathrm{mol}) \times 8.3 \times 10^3 \times (273 + 27)\mathrm{K}$$
$$x = \underline{0.160 \mathrm{mol}}$$

第 70 問

問1 12 L　　**問2** 30　　**問3** 1.6×10^2 kPa

問4 (1) $2CO + O_2 \longrightarrow 2CO_2$　　(2) 8.0 L

解説

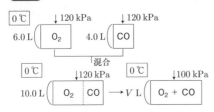

問1 成分気体が常に同じ圧力で存在すると考える場合，成分気体の体積（分体積）の和＝全体積と考えることができる。圧力変化前の全体積は　$6.0 + 4.0 = 10.0$L

圧力変化後の体積をV(L)とすると，$PV = P'V'$ より，

$$120\mathrm{kPa} \times 10.0\mathrm{L} = 100\mathrm{kPa} \times V(\mathrm{L})$$
$$V = \underline{12.0\mathrm{L}}$$

問2 混合前のO_2，COで，温度，圧力一定では，成分気体について物質量の比＝体積の比が成立するので，

$$n_{O_2} : n_{CO} = 6.0\mathrm{L} : 4.0\mathrm{L} = 3 : 2$$

よって，O_2の分子量＝32，COの分子量＝28より，

$$32 \times \frac{3}{5} + 28 \times \frac{2}{5} = \underline{30.4}$$

問3

0℃		100℃	
12.0 L	$O_2 + CO$ $\downarrow$100 kPa	$\longrightarrow$ 10.0 L	$O_2 + CO$ $\downarrow P$ kPa

求める圧力をP(kPa)とすると，

$$\frac{PV}{T} = \frac{P'V'}{T'} \ \text{より}，$$

$$\frac{100\mathrm{kPa} \times 12.0\mathrm{L}}{273\mathrm{K}} = \frac{P(\mathrm{kPa}) \times 10.0\mathrm{L}}{(273 + 100)\mathrm{K}}$$

$$P = \underline{163\mathrm{kPa}}$$

問4 混合気体の燃焼反応の量的関係を示す。0℃，120 kPa一定では，成分気体について物質量の比＝体積の比が成立するので分体積で考える。

(L)	$2CO$	$+$	O_2	$\longrightarrow$	$2CO_2$	
反応前	4.0		6.0		0	0℃，
変化量	-4.0		-2.0		$+4.0$	120 kPa
反応後	0		4.0		4.0	一定

よって，混合気体の全体積は，

$$V_{O_2} + V_{CO_2} = 4.0 + 4.0 = \underline{8.0\mathrm{L}}$$

第 71 問

問1 （ア）　蒸発　　**（イ）**　凝縮　　**（ウ）**　気液平衡(蒸発平衡)

　　　（エ）　蒸気圧(飽和蒸気圧)　　　**（オ）**　大きく

問2　0.28 g

解説

問1　蒸発速度と凝縮速度が等しくなり，見かけ上，蒸発が起こっていないような状態を気液平衡(蒸発平衡)という。気液平衡が成立しているときに気体が示す圧力を蒸気圧(飽和蒸気圧)といい，高温ほどその値は大きくなる。

問2　問題文より，気液平衡の状態になっているので，容器内のエタノールの分圧は 40 ℃の蒸気圧を示す。これより，気体として存在するエタノールの質量 w(g)が求まる。

$$PV = \frac{w}{M}RT \text{ より,}$$

$$0.18 \times 10^5 \,\text{Pa} \times 2.0\,\text{L}$$

$$= \frac{w}{46}\,\text{mol} \times 8.3 \times 10^3 \times (273+40)\,\text{K}$$

$$w = 0.637\,\text{g} \cdots \text{エタノール蒸気の質量}$$

よって，液体として存在するエタノールは

$$0.92 - 0.637 = \underline{0.283\,\text{g}}$$

第 72 問

問1　シリンダー内に捕集した気体の圧力を大気圧に合わせるため。

問2　31.9

解説

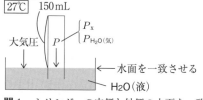

問1　シリンダーの内側と外側の水面を一致させたとき，シリンダー内に捕集した気体の圧力は大気圧と等しくなる。

問2　水上置換で捕集した気体は，水蒸気との混合気体となる。そのため，捕集した気体の圧力の分圧は全圧から水蒸気の分圧 (水の蒸気圧) を引いて求める。

よって，捕集した気体の圧力は，

$$1.013 \times 10^5 - 3.60 \times 10^3 = 0.977 \times 10^5 \,\text{Pa}$$

また，体積は 150mL，質量は耐圧容器の質量差より 188mg，温度は 27℃なので，

$$PV = \frac{w}{M}RT \text{ より,}$$

$$0.977 \times 10^5 \,\text{Pa} \times \frac{150}{1000}\,\text{L}$$

$$= \frac{188 \times 10^{-3}\,\text{g}}{M\,(\text{g/mol})} \times 8.30 \times 10^3 \times (273+27)\,\text{K}$$

$$M = \underline{31.94}$$

第 73 問

問1　5.0×10^5 Pa　　**問2**　1.0×10^{-1} mol　　**問3**　3.2×10^5 Pa　　**問4**　1.8 g(1.7 g)

53

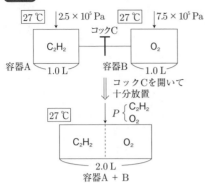

コック C を開き，2.0 L の容器内での C_2H_2，O_2 の分圧は，$PV = P'V'$ より，

$$2.5 \times 10^5\,\text{Pa} \times 1.0\,\text{L} = P_{C_2H_2}(\text{Pa}) \times 2.0\,\text{L}$$
$$P_{C_2H_2} = 1.25 \times 10^5\,\text{Pa}$$
$$7.5 \times 10^5\,\text{Pa} \times 1.0\,\text{L} = P_{O_2}(\text{Pa}) \times 2.0\,\text{L}$$
$$P_{O_2} = 3.75 \times 10^5\,\text{Pa}$$

よって，混合気圧の全圧は，

$$P_{C_2H_2} + P_{O_2} = (1.25 + 3.75) \times 10^5$$
$$= 5.00 \times 10^5\,\text{Pa}$$

問 2　混合気体の燃焼反応の量的関係を示す。温度，体積一定では成分気体について物質量の比 = 分圧の比が成立するので分圧で考える。

$(\times 10^5\text{Pa})$	$2C_2H_2$	$+$	$5O_2$	$\longrightarrow$	$4CO_2$	$+$	$2H_2O$
反応前	1.25		3.75		0		0
変化量	-1.25		-3.125		$+2.5$		$+1.25$
反応後	0		0.625		2.5		1.25

H_2O の圧力は，反応後 27 ℃，2.0 L において すべて気体と仮定したときの圧力を示し

ている。よって，生じた H_2O の物質量を x (mol) とすると，$PV = nRT$ より，

$$1.25 \times 10^5\,\text{Pa} \times 2.0\,\text{L}$$
$$= x(\text{mol}) \times 8.3 \times 10^3 \times (273 + 27)\text{K}$$
$$x = \underline{0.100\,\text{mol}}$$

問 3　反応後，生じた H_2O の分圧は蒸気圧より大きいので，生じた H_2O の一部は凝縮し，気体の圧力は蒸気圧を示す。

よって，求める圧力は，

$$P_{O_2} + P_{CO_2} + P_{H_2O\cdot\text{蒸気圧}}$$
$$= (0.625 + 2.50 + 0.035) \times 10^5$$
$$= \underline{3.16 \times 10^5\,\text{Pa}}$$

問 4　気体で存在する H_2O の質量を y (g) とすると，$PV = \dfrac{w}{M}RT$，H_2O の分子量 = 18 より，

$$0.035 \times 10^5\,\text{Pa} \times 2.0\,\text{L}$$
$$= \frac{y}{18}\text{mol} \times 8.3 \times 10^3 \times (273 + 27)\text{K}$$
$$y = 0.050\,\text{g}$$

よって，求める質量は，

$$0.100\,\text{mol} \times 18\,\text{g/mol} - 0.050\,\text{g} = \underline{1.75\,\text{g}}$$

【別解】27 ℃において，H_2O がすべて気体と仮定したときの圧力と，実際に示した圧力の差が凝縮した H_2O の圧力に相当する。

よって，

$$0.100\,\text{mol} \times \underbrace{\frac{(1.25 - 0.035) \times 10^5\,\text{Pa}}{1.25 \times 10^5\,\text{Pa}}}_{\text{凝縮した}H_2O\text{の mol}}$$
$$\times\, 18\,\text{g/mol}$$
$$= \underline{1.74\,\text{g}}$$

第 74 問

(1)　2.0×10^4　　(2)　3.0×10^4　　(3)　46

解説 ･･････････････････････････････････････

(1) 40℃では容器内で一部が液体として存在するため，気体の圧力は40℃での蒸気圧を示す。よって，グラフより $\underline{2.0 \times 10^4\,\mathrm{Pa}}$

(2) 90℃で有機化合物はすべて気体として存在するため，$PV = nRT$ より，

$P(\mathrm{Pa}) \times 1.0\,\mathrm{L}$
$\quad = 0.010\,\mathrm{mol} \times 8.3 \times 10^3 \times (273 + 90)\mathrm{K}$
$P = \underline{3.01 \times 10^4\,\mathrm{Pa}}$

(3) 40℃で有機化合物 0.010 mol がすべて気体と仮定すると，その圧力は，

$\dfrac{P}{T} = \dfrac{P'}{T'}$ より，

$\dfrac{3.01 \times 10^4\,\mathrm{Pa}}{(273 + 90)\mathrm{K}} = \dfrac{P(\mathrm{Pa})}{(273 + 40)\mathrm{K}}$

$\qquad\qquad P = 2.59 \times 10^4\,\mathrm{Pa}$

温度を変えたときの圧力変化は，すべて気体と考えると絶対温度に比例する直線となるが，蒸気圧を超える領域では一部は凝縮し，気体の圧力は蒸気圧を示すため，以下のよう

になる。

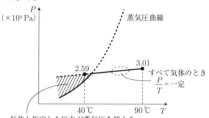

気体と仮定した圧力が蒸気圧を超えると圧力は蒸気圧を示し，蒸気圧を超えた分は液化する。

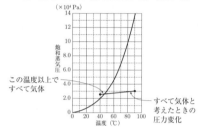

よって，すべて気体となるのは，グラフより $\underline{45 \sim 47℃}$ と読み取れる。

第 75 問 ━━━━━━━━━━━━━━━━━━━━━━━

問1 $1.7 \times 10^5\,\mathrm{Pa}$　　**問2** 2.8 %

解説 ･･････････････････････････････････････

問1　反応に用いた気体の物質量は，H_2 の分子量 = 2.0，O_2 の分子量 = 32 より，

$H_2 : \dfrac{1.0\,\mathrm{g}}{2.0\,\mathrm{g/mol}} = 0.50\,\mathrm{mol}$

$O_2 : \dfrac{8.0\,\mathrm{g}}{32\,\mathrm{g/mol}} = 0.25\,\mathrm{mol}$

混合気体の燃焼反応の量的関係を示す。

(mol)	$2H_2$	$+$	O_2	$\longrightarrow$	$2H_2O$
反応前	0.50		0.25		0
変化量	-0.50		-0.25		$+0.50$
反応後	0		0		0.50

生じた H_2O がすべて気体と仮定すると，その分圧 P_{H_2O} は，$PV = nRT$ より，

$P_{H_2O}(\mathrm{Pa}) \times 10\,\mathrm{L}$
$\quad = 0.50\,\mathrm{mol} \times 8.3 \times 10^3 \times (273 + 127)\mathrm{K}$
$P_{H_2O} = 1.66 \times 10^5\,\mathrm{Pa} < \underset{\text{127℃での蒸気圧}}{2.5 \times 10^5\,\mathrm{Pa}}$

求めた P_{H_2O} は蒸気圧より小さいので，生じた H_2O はすべて気体で存在する。

よって，求める圧力は　$\underline{1.66 \times 10^5\,\mathrm{Pa}}$

問2　気体で存在する H_2O の物質量を x (mol)とすると，$PV = nRT$ より，

$0.035 \times 10^5\,\mathrm{Pa} \times 10\,\mathrm{L}$
$\quad = x(\mathrm{mol}) \times 8.3 \times 10^3 \times (273 + 27)\mathrm{K}$
$x = 0.0140\,\mathrm{mol}$

よって，求める割合は，

$$\frac{0.0140\,\mathrm{mol}}{0.50\,\mathrm{mol}} \times 100 = \underline{2.8\,\%}$$

【別解】 27℃において，H_2O がすべて気体と仮定すると，その分圧 P_{H_2O} は，$PV = nRT$ より，

$$P_{H_2O}(\mathrm{Pa}) \times 10\,\mathrm{L}$$
$$= 0.50\,\mathrm{mol} \times 8.3 \times 10^3 \times (273 + 27)\,\mathrm{K}$$

$$P_{H_2O} = 1.245 \times 10^5\,\mathrm{Pa} > \underset{27℃での蒸気圧}{0.035 \times 10^5\,\mathrm{Pa}}$$

気体と仮定したときの圧力に対する蒸気圧の割合を求めればよいので，

$$\frac{0.035 \times 10^5\,\mathrm{Pa}}{1.245 \times 10^5\,\mathrm{Pa}} \times 100 = \underline{2.81\,\%}$$

第76問

問1 0.20 mol　**問2** 0.70 mol　**問3** （ウ）　**問4** （1）（イ）　（2）11 L

解説

問1 C_3H_8 の物質量を $n\,(\mathrm{mol})$ とすると，$PV = nRT$ より，

$$1.00 \times 10^5\,\mathrm{Pa} \times 4.98\,\mathrm{L}$$
$$= n \times 8.3 \times 10^3 \times (273 + 27)\,\mathrm{K}$$
$$n = \underline{0.200\,\mathrm{mol}}$$

問2 プロパンの燃焼の化学反応式

$$C_3H_8 + 5O_2 \longrightarrow 3CO_2 + 4H_2O$$

反応で生じた H_2O の物質量は，

$$0.200\,\mathrm{mol} \times 4 = 0.800\,\mathrm{mol}$$

気体で存在する H_2O の物質量を $n\,(\mathrm{mol})$ とすると，$PV = nRT$ より，

$$3.6 \times 10^3\,\mathrm{Pa} \times 70\,\mathrm{L}$$
$$= n \times 8.3 \times 10^3 \times (273 + 27)\,\mathrm{K}$$
$$n = 0.101\,\mathrm{mol}$$

よって，求める物質量は，

$$0.800 - 0.101 = \underline{0.699\,\mathrm{mol}}$$

問3 温度が低い場合，H_2O は気液平衡となり，分圧は蒸気圧を示す。温度が高い場合はすべて気体となり，温度と圧力は比例の関係となる。

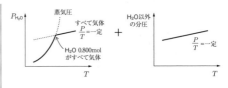

分圧の和を表すグラフは（ウ）となる。

問4 （1） 体積が小さい場合，H_2O は気液平衡となり，分圧は蒸気圧を示す。体積が大きい場合はすべて気体となり，圧力と体積は反比例の関係となる。

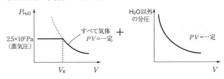

分圧の和を表すグラフは（イ）となる。

（2） 反応で生じた H_2O の 0.800mol すべてが気体で存在し，その分圧が127℃の蒸気圧を示すときの体積を求めればよい。

よって，H_2O について，$PV = nRT$ より，

$$2.5 \times 10^5\,\mathrm{Pa} \times V(\mathrm{L})$$
$$= 0.800\,\mathrm{mol} \times 8.3 \times 10^3 \times (273 + 127)\,\mathrm{K}$$
$$V = \underline{10.6\,\mathrm{L}}$$

第 77 問

問1 4.0×10^4 Pa　　**問2** 50 L　　**問3** 12 g

解説

問1

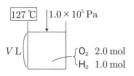

混合気体の燃焼反応の量的関係を示す。

(mol)	2H$_2$	+	O$_2$	→	2H$_2$O
反応前	1.0		2.0		0
変化量	− 1.0		− 0.5		+ 1.0
反応後	0		1.5		1.0

127℃において，生じた H$_2$O はすべて気体
であり，ピストンが自由に動く容器内では全
圧は 1.0×10^5 Pa で一定なので，水の分圧
P_{H_2O} は，

$$P_{H_2O} = 1.0 \times 10^5 \times \frac{1.0}{1.5 + 1.0}$$
$$\underset{全圧}{} \qquad \underset{モル分率}{}$$

$$= \underline{0.40 \times 10^5 \text{Pa}}$$

問2　57℃に冷却したとき，生じた H$_2$O が
すべて気体と仮定すると，

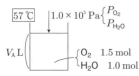

$\begin{pmatrix} P_{O_2}=0.60\times10^5\text{Pa} & V_{O_2}=V_A(\text{L}) & n_{O_2}=1.5\text{mol} \\ P_{H_2O}=0.40\times10^5\text{Pa} & V_{H_2O}=V_A(\text{L}) & n_{H_2O}=1.0\text{mol} \end{pmatrix}$

P_{H_2O} は 57℃での蒸気圧より大きいので，実
際には生じた H$_2$O の一部は凝縮し，P_{O_2} +
$P_{H_2O \cdot 蒸気圧}$ が 1.0×10^5 Pa の一定圧力とつり
合うようにピストンが下がる。(この問では
水滴が見られたとの記述からも判断できる。)

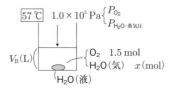

$\begin{pmatrix} P_{O_2}=0.83\times10^5\text{Pa} & V_{O_2}=V_B(\text{L}) & n_{O_2}=1.5\text{mol} \\ P_{H_2O}=0.17\times10^5\text{Pa} & V_{H_2O}=V_B(\text{L}) & n_{H_2O \cdot 気}=x(\text{mol}) \end{pmatrix}$

容器内の体積を V_B L とすると，容器内の
O$_2$ について，$PV = nRT$ より，

$$0.83 \times 10^5 \text{Pa} \times V_B(\text{L})$$
$$= 1.5 \text{mol} \times 8.3 \times 10^3 \times (273 + 57)\text{K}$$

$$V_B = \underline{49.5 \text{L}}$$

(参考)　温度を変えたときの体積変化は，す
べて気体と考えると絶対温度に比例する直線
となるが，H$_2$O が液化する温度ではその直
線より小さくなる。

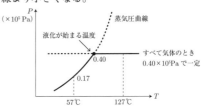

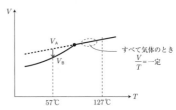

H$_2$O が液化した分，体積が小さくなる。

問3　混合気体では物質量比＝分圧比が成立
するので，気体の H$_2$O の物質量を x(mol)と
すると，

$$O_2 : H_2O = 1.5 \text{mol} : x(\text{mol})$$
$$= 0.83 \times 10^5 \text{Pa} : 0.17 \times 10^5 \text{Pa}$$

$x = 0.307\,\text{mol}$

（注意）　H_2O がすべて気体と仮定した圧力 $0.40 \times 10^5\,\text{Pa}$ と実際の圧力 $0.17 \times 10^5\,\text{Pa}$ は体積が異なる $(V_A \neq V_B)$ ので物質量比＝圧力比とはならない。

よって，求める質量は，H_2O の分子量 = 18 より，

$$\underset{\text{液化した}H_2O\text{の mol}}{(1.0\,\text{mol} - 0.307\,\text{mol})} \times 18\,\text{g/mol} = \underline{12.4\,\text{g}}$$

第 78 問

問1　一部液体　　問2　(1)　$4.9 \times 10^{-3}\,\text{mol}$　　(2)　$7.9 \times 10^4\,\text{Pa}$

問3　(1)　$4.2 \times 10^4\,\text{Pa}$　　(2)　$1.9 \times 10^{-3}\,\text{mol}$

解説

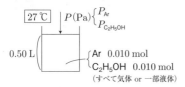

問1　C_2H_5OH がすべて気体と仮定すると，その分圧 $P_{C_2H_5OH}$ は，$PV = nRT$ より，

$P_{C_2H_5OH}(\text{Pa}) \times 0.50\text{L}$

$\quad = 0.010\,\text{mol} \times 8.3 \times 10^3 \times (273 + 27)\text{K}$

$P_{C_2H_5OH} = 4.98 \times 10^4\,\text{Pa} > \underset{27℃での蒸気圧}{8.0 \times 10^3\,\text{Pa}}$

求めた $P_{C_2H_5OH}$ は蒸気圧より大きいので，エタノールの一部は液体で存在する。

問2　問1と同様，47℃での気体と仮定したときの $P_{C_2H_5OH}$ は，$PV = nRT$ より，

$P_{C_2H_5OH}(\text{Pa}) \times 0.50\text{L}$

$\quad = 0.010\,\text{mol} \times 8.3 \times 10^3 \times (273 + 47)\text{K}$

$P_{C_2H_5OH} = 5.31 \times 10^4\,\text{Pa} > \underset{47℃での蒸気圧}{2.6 \times 10^4\,\text{Pa}}$

求めた $P_{C_2H_5OH}$ は蒸気圧より大きいので，エタノールの一部は液体で存在する。

(1)　気体で存在している C_2H_5OH の物質量を $x(\text{mol})$ とすると，$PV = nRT$ より，

$2.6 \times 10^4\,\text{Pa} \times 0.50\text{L}$

$\quad = x(\text{mol}) \times 8.3 \times 10^3 \times (273 + 47)\text{K}$

$x = \underline{4.89 \times 10^{-3}\,\text{mol}}$

【別解】　同温・同体積下であれば，すべて気体と仮定したときの圧力に対する蒸気圧の割合から求められるので，

$$0.010\,\text{mol} \times \frac{2.6 \times 10^4\,\text{Pa}}{5.31 \times 10^4\,\text{Pa}}$$

$$= \underline{4.89 \times 10^{-3}\,\text{mol}}$$

(2)　シリンダー内のアルゴンとエタノールの物質量は等しいので，アルゴンの示す分圧は気体と仮定した $P_{C_2H_5OH}$ と同じ $5.31 \times 10^4\,\text{Pa}$ を示す。

よって，

$P_{Ar} + P_{C_2H_5OH} = (5.31 + 2.6) \times 10^4$

$\qquad\qquad\qquad = \underline{7.91 \times 10^4\,\text{Pa}}$

問3　(1)　問3ではピストンが動く容器内で圧力を $5.0 \times 10^4\,\text{Pa}$ に保つ。

C_2H_5OH について，すべて気体と仮定すると，

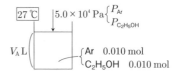

$\begin{cases} P_{Ar} = 2.5 \times 10^4\,\text{Pa} & V_{Ar} = V_A(\text{L}) & n_{Ar} = 0.010\,\text{mol} \\ P_{エタ} = 2.5 \times 10^4\,\text{Pa} & V_{エタ} = V_A(\text{L}) & n_{エタ} = 0.010\,\text{mol} \end{cases}$

$P_{C_2H_5OH}$ は 27℃での蒸気圧より大きいので，C_2H_5OH の一部は液体で存在し，$P_{C_2H_5OH}$ は蒸気圧である $0.80 \times 10^4\,\text{Pa}$ を示す。また，$P_{Ar} +$

$P_{C_2H_5OH} = 5.0 \times 10^4\,Pa$ となるようにピストンが下がるため,

$P_{Ar} = (5.0 - 0.80) \times 10^4 = \underline{4.2 \times 10^4\,Pa}$

(2)

$$\begin{cases} P_{Ar} = 4.2 \times 10^4\,Pa & V_{Ar} = V_B\,(L) & n_{Ar} = 0.010\,mol \\ P_{x\hbar} = 0.80 \times 10^4\,Pa & V_{x\hbar} = V_B\,(L) & n_{x\cdot\hbar} = x\,(mol) \end{cases}$$

混合気体では, 物質量比 = 分圧比が成立するので, 気体の C_2H_5OH の物質量を $x\,(mol)$ とすると,

$$\begin{aligned} Ar : C_2H_5OH &= 0.010\,mol : x\,(mol) \\ &= 4.2 \times 10^4\,Pa : 0.80 \times 10^4\,Pa \end{aligned}$$

$x = \underline{1.90 \times 10^{-3}\,mol}$

第 79 問

問1 e)　　**問2** d)

問3 (A) d)　　(B) b)　　(C) k)　　(D) a)　　(E) h)　　(F) d)

　　　(G) a)

解説

問1 理想気体は, 分子間力が働かず, 分子自身の体積がないと考えた仮想の気体で, どのような条件下においても気体の状態方程式が完全に成立する。これに対して実際に存在する気体を実在気体という。

問2 理想気体は常に気体の状態方程式が成立するので, $PV = nRT$ より $\dfrac{PV}{RT} = n$ となり, 高圧に(横軸の値を大きく)しても $\dfrac{PV}{RT}$ は常に一定値 n をとる。

問3 (A)~(D) 実在気体の場合, 低温では, 分子の熱運動が弱くなり, 分子間力の影響が大きくなるので, 実在気体の体積は理想気体に比べて小さくなる。また, 高圧では, 単位体積あたりの分子の数が増えるので, 分子自身の占める体積の影響が大きくなるので, 実在気体の体積は理想気体に比べて大きくなる。

(E) 実在気体も高温・低圧条件では気体の振る舞いが理想気体に近く, グラフのずれは小さくなる。

(F) H_2, CO_2 とも, $T_2\,K$ と比べて $T_1\,K$ のほうが圧力を小さくしたとき, $\dfrac{PV}{RT}$ の値が 1.0 より小さくなるので, 分子間力の影響が大きいことがわかる。したがって, $T_1\,K$ のほうが低温である。

(G) $6.0 \times 10^7\,Pa$ のとき, $CO_2(T_1\,K)$ と比べて $H_2(T_1\,K)$ のほうが $\dfrac{PV}{RT}$ の値が大きいので, V の値も大きくなる。

問1 （**ア**）（16）　（**イ**）（9）　（**ウ**）（10）　（**エ**）（11）　（**オ**）（4）
（**カ**）（14）　（**キ**）（2）　（**ク**）（7）　（**ケ**）（6）　（**コ**）（3）

問2 （1），（3），（4）

[解説] ●●

問1 塩化ナトリウムは Na の最外殻電子 1 個が Cl の最外殻である M 殻に移り，Na^+（Ne 型電子配置）と Cl^-（Ar 型電子配置）がクーロン力により結びついたイオン結合

水和されたNa^+

NaCl の溶解のモデル
Na^+ は，H_2O の−側と引き合い，
Cl^- は+側と引き合う。

水和されたCl^-

でできている。イオン結合からなる結晶が水に溶けた場合は，結晶が水中で電離し，水分子がそのイオンを取り囲む。このような現象を水和という。

水分子は，電気陰性度の大きい酸素原子が水素原子との共有電子対を引き付けるため，酸素原子が負の電荷，水素原子が正の電荷を帯びている。水分子は折れ線形なので，分子全体で電荷の偏りがある極性分子である。

一般に，水などの極性のある溶媒はイオン結晶や極性分子をよく溶かす。よって NaCl は水によく溶ける。

問2 硝酸ナトリウム $NaNO_3$ や塩化カリウム KCl はイオン結晶で水に溶ける。また，スクロースは分子内に極性のあるヒドロキシ基−OH を多くもち水分子と水和するため水に溶ける。

一方，ベンゼン C_6H_6 や四塩化炭素 CCl_4 は極性のない物質で水に溶けない。

問1 5.0g　**問2** $CuSO_4 \cdot 5H_2O$　4.9g　　水　195.1g　　**問3** 食塩　10g　　水　190g
問4 A（**ア**）　B（**イ**）　C（**イ**）

[解説] ●●

◆溶液の濃度

　質量パーセント濃度（%）……溶液の質量に対する溶質の質量百分率

　　$\Rightarrow \dfrac{溶質(g)}{溶液(g)} \times 100$

　モル濃度（mol/L）……溶液 1 L 中に溶けている溶質の物質量（mol）

　　$\Rightarrow \dfrac{溶質(mol)}{溶液(L)}$

　質量モル濃度（mol/kg）……溶媒 1 kg あたりに溶けている溶質の物質量（mol）

　　$\Rightarrow \dfrac{溶質(mol)}{溶媒(kg)}$

問1 硫酸銅（Ⅱ）水溶液中の $CuSO_4$ の物質量と，はかり取る $CuSO_4 \cdot 5H_2O$ の物質量は等しい。

必要な質量は，$CuSO_4 \cdot 5H_2O$ の式量 = 250 より，

$$0.10\,mol/L \times \frac{200.0}{1000}\,L \times 250\,g/mol = \underline{5.0\,g}$$

問2 はかり取る $CuSO_4 \cdot 5H_2O$ の結晶を x（g）とすると，水溶液 200.0 g 中の溶媒の質量は，$CuSO_4$ の式量 = 160 より，

$$200.0 - x \times \frac{160}{250}\,g$$

質量モル濃度を求める式より，

$$\frac{x}{250}\text{mol} \times \frac{1000}{200 - x \times \frac{160}{250}} \cdot \frac{1}{\text{kg}} = 0.10\text{mol/kg}$$

$$x = \underline{4.92\,\text{g}}$$

溶媒の水の質量は，

$$200.0 - 4.92 = 195.08\,\text{g}$$

問3 水溶液 $200\,\text{g}$ 中の溶質の質量は，

$$200 \times \frac{5}{100} = \underline{10\,\text{g}}$$

溶媒の水の質量は，$200 - 10 = \underline{190\,\text{g}}$

問4 温度が上昇すると，溶液や溶媒の質量は変化しないが，溶液の体積は熱運動により大きくなる。よって，モル濃度は溶液の温度が上昇するとその値は小さくなる。

7章

第 82 問

問1 24 g **問2** 67 g **問3** 13 g **問4** 38 g

解説

溶解度は一般に水 $100\,\text{g}$ に溶けることができる溶質の最大質量 (g) で表す。つまり，水 $100\,\text{g}$ に溶解度で表される溶質の質量 (g) を溶かすと飽和溶液となる。

同じ温度の飽和溶液どうしでは溶液・溶質・溶媒の質量に比例関係が成り立つため，溶解度に関する計算問題では，飽和溶液における比例関係を考えるとよい。

問1 加えた塩化カリウムの質量を x (g) とおく。

40℃ 20% KCl 水		40℃ 飽和 KCl 水	
溶液:200 g	溶液:200 + x (g)	溶液:140 g	
溶質:40 g	溶質:40 + x (g)	溶質:40 g	
溶媒:160 g	溶媒: 160 g	溶媒:100 g	

溶解度から考えた飽和溶液

塩化カリウムを加えた後の溶液は飽和溶液なので，

$$\frac{溶質}{溶媒} = \frac{40 + x}{160} = \frac{40}{100} \qquad x = \underline{24.0\,\text{g}}$$

問2 飽和溶液 $200\,\text{g}$ 中の塩化カリウムの質量を $x\,(\text{g})$ とおく。

75℃ 飽和 KCl 水		
溶液: 200 g	溶液:150 g	
溶質: x(g)	溶質: 50 g	
溶媒:200 − x(g)	溶媒:100 g	

$$\frac{溶質}{溶液} = \frac{x}{200} = \frac{50}{150} \qquad x = \underline{66.6\,\text{g}}$$

問3 $40℃$ まで冷却したときに析出した塩化カリウムの質量を y (g) とおく。

75℃ 飽和 KCl 水	冷却 →	40℃ 飽和 KCl 水 y(g)析出	
溶液: 200 g	溶液:200 − y (g)	溶液:140 g	
溶質: 66.6 g	溶質:66.6 − y (g)	溶質: 40 g	
溶媒:133.4 g	溶媒: 133.4 g	溶媒:100 g	

冷却後の溶液は飽和溶液なので，

$$\frac{溶質}{溶媒} = \frac{66.6 - y}{133.4} = \frac{40}{100} \qquad y = \underline{13.2\,\text{g}}$$

【別解】

$75℃$ の飽和溶液 $100 + 50 = 150\,\text{g}$ を $40℃$ まで冷却すると，$50 - 40 = 10\,\text{g}$ 析出する。求めるのは飽和溶液の冷却による析出量なので，$75℃$ の飽和溶液の質量と $40℃$ まで冷却したときの析出量は比例する。

飽和溶液:200 g	$100 + 50 = 150\,\text{g}$
析出量 : y g	$50 - 40 = 10\,\text{g}$

$$y = \underline{13.3\,\text{g}}$$

ただし，このやり方は飽和溶液を冷却する場合で，析出する結晶が水和水を持たない場合に限られる。

61

問4 10℃まで冷却したときに析出した塩化カリウムの質量を z (g) とおく。

溶液： 200 g　溶液：200 − 40 − z g　溶液：131 g
溶質： 66.6 g　溶質： 66.6 − z g　溶質： 31 g
溶媒：133.4 g　溶媒：133.4 − 40 g　溶媒：100 g

冷却後の溶液は飽和溶液なので，

$$\frac{溶質}{溶媒} = \frac{66.6 - z}{133.4 - 40} = \frac{31}{100} \qquad z = 37.6 \, \mathrm{g}$$

第 83 問

I　49 g　　II　問1　70%　　問2　水の質量　300g　　回収率　40%

解説

I　硝酸カリウムの飽和溶液 200g 中の溶質の質量を x (g) とすると，

$$\frac{溶質}{溶液} = \frac{x}{200} = \frac{32}{132} \qquad x = 48.4 \, \mathrm{g}$$

加えた硝酸カリウムの質量を y (g) とおく。

溶液：200 g　溶液：200 + y (g)　溶液：164 g
溶質：48.4 g　溶質：48.4 + y (g)　溶質：64 g
溶媒：151.6 g　溶媒：151.6 g　溶媒：100 g

加熱した後の溶液は飽和溶液なので，

$$\frac{溶質}{溶媒} = \frac{48.4 + y}{151.6} = \frac{64}{100} \qquad y = 48.6 \, \mathrm{g}$$

II　問1　10℃に冷却したとき，水 200 g に溶ける KCl の質量は $30 \times \dfrac{200}{100} = 60 \, \mathrm{g}$，

KNO_3 の質量は $20 \times \dfrac{200}{100} = 40 \, \mathrm{g}$ であるため，

KCl の析出量は $90 - 60 = 30 \, \mathrm{g}$，$KNO_3$ の析出量は $110 - 40 = 70 \, \mathrm{g}$ である。

求める割合は，

$$\frac{70}{30 + 70} \times 100 = 70 \, \%$$

問2　10℃に冷却時に KCl がちょうど飽和状態になるように水を加えると，冷却したとき KNO_3 のみが析出する。

加えた水の質量を x g とすると，KCl の溶液について，

溶液：90 + x (g)　溶液：90 + x (g)　溶液：130 g
溶質：90 g　溶質：90g　溶質：30 g
溶媒：x (g)　溶媒：x (g)　溶媒：100 g

冷却後の溶液は KCl の飽和溶液なので，

$$\frac{溶質}{溶媒} = \frac{90}{x} = \frac{30}{100} \qquad y = 300 \, \mathrm{g}$$

10℃に冷却したとき，水 300 g に溶ける KNO_3 の質量は $20 \times \dfrac{300}{100} = 60 \, \mathrm{g}$ であるため，KNO_3 の析出量は $100 - 60 = 40 \, \mathrm{g}$ である。

KNO_3 の回収率は，

$$\frac{40}{100} \times 100 = 40 \, \%$$

第 84 問

問1 50 g **問2** 44 g

解説

結晶中に水分子を含む物質を水和物といい，硫酸銅(Ⅱ)五水和物(CuSO₄・5H₂O)や炭酸ナトリウム十水和物(Na₂CO₃・10H₂O)などがある。結晶中の水分子を水和水といい，水和物を水に溶かすと水和水の質量は溶媒の一部に含まれる。

問1 求める硫酸銅(Ⅱ)無水物の質量を x (g)とおく。

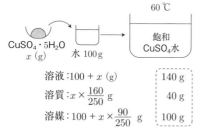

溶解度から考えた飽和溶液

$$\frac{溶質}{溶液} = \frac{x}{175} = \frac{40}{140} \qquad x = \underline{50\,g}$$

問2 20℃まで冷却したときに析出した

硫酸銅(Ⅱ)五水和物の質量を y (g)とおく。CuSO₄・5H₂O の式量 = 250，CuSO₄ の式量 = 160 より，

	60℃	20℃	析出した結晶
溶液	175 g	$175 - y$ (g)	120 g
溶質	50 g	$50 - y \times \dfrac{160}{250}$ g	20 g
溶媒	125 g	$125 - y \times \dfrac{90}{250}$ g	100 g

冷却後の溶液は飽和溶液なので，

$$\frac{溶質}{溶液} = \frac{50 - y \times \dfrac{160}{250}}{175 - y} = \frac{20}{120}$$

$$y = \underline{44.0\,g}$$

第 85 問

Ⅰ　80.6 g　　Ⅱ　⑤

解説

Ⅰ　加えた硫酸銅(Ⅱ)五水和物の質量を x (g)とおく。

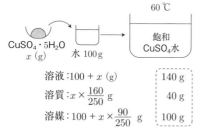

		60℃
溶液	$100 + x$ (g)	140 g
溶質	$x \times \dfrac{160}{250}$ g	40 g
溶媒	$100 + x \times \dfrac{90}{250}$ g	100 g

加えた後の溶液は飽和溶液なので，

$$\frac{溶質}{溶液} = \frac{x \times \dfrac{160}{250}}{100 + x} = \frac{40}{140} \qquad y = \underline{80.64\,g}$$

Ⅱ　飽和溶液中の溶液・溶質・溶媒の質量を表しやすいように炭酸ナトリウム十水和物の

質量を x (g)とおく。

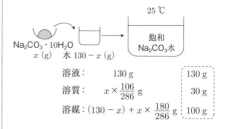

		25℃
溶液	130 g	130 g
溶質	$x \times \dfrac{106}{286}$ g	30 g
溶媒	$(130 - x) + x \times \dfrac{180}{286}$ g	100 g

加えた後の溶液は飽和溶液なので，

$$\frac{溶質}{溶液} = \frac{x \times \dfrac{106}{286}}{130} = \frac{30}{130} \qquad x = 80.9\,g$$

求める水の質量は，130 − 80.9 = $\underline{49.1\,g}$

第86問

a ③　　b ④

解説 ....

　温度一定のとき，一定量の水に溶ける気体の量（質量，物質量）は，その気体の圧力（混合気体では分圧）に比例し，これをヘンリーの法則という。よって，a は比例関係となる③が正解。

　また，溶解量を体積で表すときは次のように考える。

【例】

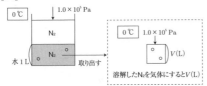

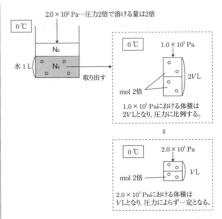

よって，b は溶解した圧力のもとでの体積で，圧力によらず一定となる④が正解。

第87問

Ⅰ　（ア）②　　（イ）④　　（ウ）⑨

Ⅱ　問1　A　　問2　7.5×10^{-2} g　　問3　6.2×10^{-2} L　　問4　0.34 L

解説 ....

Ⅱ　問1　気体の溶解では，高温になるほど気体分子の熱運動が激しくなり，溶媒分子との分子間力をふり切って溶液外へ飛び出すため，溶解度は小さくなる。よって0℃は数値の大きい A になる。

問2

20℃での N_2 の溶解度 0.015 L

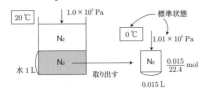

　20℃のもとで溶ける N_2 を取り出して，標準状態のもとではかった体積が0.015 Lにな

るので，その物質量は $\dfrac{0.015}{22.4}$ mol になる。

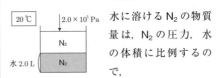

水に溶ける N_2 の物質量は，N_2 の圧力，水の体積に比例するので，

$$\dfrac{0.015}{22.4}\text{mol} \times \underbrace{\dfrac{2.0 \times 10^5 \text{Pa}}{1.0 \times 10^5 \text{Pa}}}_{\text{圧力比}} \times \underbrace{\dfrac{2.0\text{L}}{1.0\text{L}}}_{\substack{\text{水の}\\\text{体積比}}}$$

$$= \dfrac{0.060}{22.4}\text{mol}$$

求める質量は，N_2 の分子量 = 28 より，

$$\dfrac{0.060}{22.4}\text{mol} \times 28\text{ g/mol} = \underline{0.075\text{g}}$$

問3

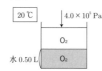

水に溶ける O_2 の物質量は，O_2 の圧力，水の体積に比例するので，

$$\frac{0.031}{22.4}\,\text{mol} \times \underbrace{\frac{4.0 \times 10^5\,\text{Pa}}{1.0 \times 10^5\,\text{Pa}}}_{\text{圧力比}} \times \underbrace{\frac{0.50\text{L}}{1.0\text{L}}}_{\substack{\text{水の}\\\text{体積比}}}$$

$$= \frac{0.062}{22.4}\,\text{mol}$$

求める 0℃，$1.01 \times 10^5\,\text{Pa}$ に換算した体積は，

$$\frac{0.062}{22.4}\,\text{mol} \times 22.4\,\text{L/mol} = \underline{0.062\text{L}}$$

問4

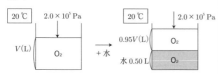

溶解した O_2 の 20℃，$2.0 \times 10^5\,\text{Pa}$ における体積を求めると，その値が求める体積の 5.0 %に相当する。溶解した O_2 の物質量は，

$$\frac{0.031}{22.4}\,\text{mol} \times \underbrace{\frac{2.0 \times 10^5\,\text{Pa}}{1.0 \times 10^5\,\text{Pa}}}_{\text{圧力比}} \times \underbrace{\frac{0.50\text{L}}{1.0\text{L}}}_{\substack{\text{水の}\\\text{体積比}}}$$

$$= \frac{0.031}{22.4}\,\text{mol}$$

溶解した 20℃，$2.0 \times 10^5\,\text{Pa}$ における体積は，気体の状態方程式 $PV = nRT$，$R = 8.3 \times 10^3\,\text{Pa·L/(mol·K)}$ を用いて，

$$2.0 \times 10^5\,\text{Pa} \times V\,\text{(L)} = \frac{0.031}{22.4}\,\text{mol}$$
$$\times 8.3 \times 10^3 \times (273 + 20)\,\text{K}$$
$$V = 1.68 \times 10^{-2}\,\text{L}$$

よって，求める体積は，

$$1.68 \times 10^{-2} \times \frac{100}{5.0} = \underline{0.336\text{L}}$$

【別解】

溶解した O_2 の 0℃，$1.01 \times 10^5\,\text{Pa}$ での体積は，

$$0.031\text{L} \times \underbrace{\frac{2.0 \times 10^5\,\text{Pa}}{1.0 \times 10^5\,\text{Pa}}}_{\text{圧力比}} \times \underbrace{\frac{0.50\text{L}}{1.0\text{L}}}_{\substack{\text{水の}\\\text{体積比}}}$$

$$= 0.031\text{L}$$

求めた体積を 20℃，$2.0 \times 10^5\,\text{Pa}$ のもとでの体積で表すと，$\dfrac{PV}{T} = \dfrac{P'V'}{T'}$ より，

$$\frac{1.01 \times 10^5\,\text{Pa} \times 0.031\text{L}}{273\,\text{K}} = \frac{2.0 \times 10^5\,\text{Pa} \times V\,\text{(L)}}{(273 + 20)\,\text{K}}$$

$$V = 0.0168\text{L}$$

よって，求める体積は，

$$0.0168\text{L} \times \frac{100}{5.0} = \underline{0.336\text{L}}$$

第88問

Ⅰ　②　　Ⅱ　51 %

解説

Ⅰ

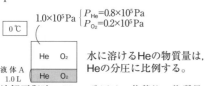

水に溶ける He の物質量は，He の分圧に比例する。

溶解平衡時の He の分圧は，体積比＝物質量比＝分圧比より，

$$1.0 \times 10^5\,\text{Pa} \times \frac{4}{4 + 1} = 0.8 \times 10^5\,\text{Pa}$$

よって，溶解した He は，

$$\underbrace{\frac{9.7}{22.4} \times 10^{-3}\,\text{mol}}_{\text{溶解度}} \times \underbrace{\frac{0.8 \times 10^5\,\text{Pa}}{0.8 \times 10^5\,\text{Pa}}}_{\text{圧力比}} \times \underbrace{\frac{1.0\text{L}}{1.0\text{L}}}_{\substack{\text{水の}\\\text{体積比}}}$$

$$= \frac{7.76}{22.4} \times 10^{-3}\,\text{mol}$$

求める体積は，

$$\frac{7.76}{22.4} \times 10^{-3}\,\text{mol} \times 22.4 \times 10^3\,\text{mL/mol}$$
$$= \underline{7.76\,\text{mL}}$$

Ⅱ

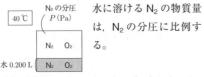

水に溶ける N_2 の物質量は，N_2 の分圧に比例する。

溶解平衡時の N_2 の分圧を $P\,(\text{Pa})$ とすると，溶解した N_2 の物質量について，

$$5.18 \times 10^{-4}\,\text{mol} \times \underbrace{\frac{P}{1.01 \times 10^5}}_{\text{圧力比}} \times \underbrace{\frac{0.200}{1}}_{\substack{\text{水の}\\\text{体積比}}}$$
（溶解度）

$$= 2.80 \times 10^{-4}\,\text{mol}$$
$$P = 2.72 \times 10^5\,\text{Pa}$$

よって，溶解平衡時の O_2 の分圧は，

$$(5.60 - 2.72) \times 10^5 = 2.88 \times 10^5\,\text{Pa}$$

分圧比＝物質量比＝体積比より，求める割合は，

$$\frac{2.88 \times 10^5\,\text{Pa}}{5.60 \times 10^5\,\text{Pa}} \times 100 = \underline{51.4\,\%}$$

第 89 問

問1 $1.0 \times 10^{-3}\,\text{mol}$　　**問2** $4.0 \times 10^{-3}\,\text{mol}$　　**問3** $1.1 \times 10^5\,\text{Pa}$

解説 ··

27℃で気液平衡になったとき

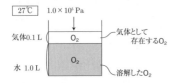

問1 水に溶解した O_2 の物質量は，溶解度より，

$$1.0 \times 10^{-3}\,\text{mol} \times \underbrace{\frac{1.0 \times 10^5\,\text{Pa}}{1.0 \times 10^5\,\text{Pa}}}_{\text{分圧比}} \times \underbrace{\frac{1.0}{1.0}}_{\substack{\text{水の}\\\text{体積比}}}$$
$$= \underline{1.0 \times 10^{-3}\,\text{mol}}$$

問2 気体として存在する O_2 の体積は $1.1 - 1.0 = 0.1\,\text{L}$ なので，$PV = nRT$ より，

$$1.0 \times 10^5\,\text{Pa} \times 0.1\,\text{L}$$
$$= n \times 8.3 \times 10^3 \times (273 + 27)\,\text{K}$$
$$n = \underline{4.01 \times 10^{-3}\,\text{mol}}$$

問3

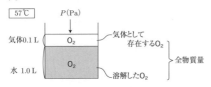

気液平衡における平衡圧 $P\,(\text{Pa})$ を求める場合，溶解した気体の物質量と溶解しないで残る気体の物質量を P で表してその合計について関係式をつくる。

問1，2より，容器内の O_2 の全物質量は，

$$1.0 \times 10^{-3} + 4.01 \times 10^{-3} = 5.01 \times 10^{-3}\,\text{mol}$$

水に溶解した O_2 の物質量は，

$$9.0 \times 10^{-4}\,\text{mol} \times \underbrace{\frac{P\,(\text{Pa})}{1.0 \times 10^5\,\text{Pa}}}_{\text{圧力比}} \times \underbrace{\frac{1.0}{1.0}}_{\substack{\text{水の}\\\text{体積比}}}$$
$$= 9.0 \times 10^{-9}\,P\,(\text{mol})$$

気体として存在する O_2 の物質量は，$PV = nRT$ より，

$$P\,(\text{Pa}) \times 0.1\,\text{L} = n \times 8.3 \times 10^3 \times (273 + 57)\,\text{K}$$
$$n = 3.65 \times 10^{-8}\,P\,(\text{mol})$$

よって，O_2 の全物質量より P を求めると，

$$(0.90 + 3.65) \times 10^{-8}\,P = 5.01 \times 10^{-3}$$
$$P = \underline{1.10 \times 10^5\,\text{Pa}}$$

第90問

(1) (h)　　(2) (b)　　(3) (e)　　(4) (a)　　(5) (j)

解説

不揮発性物質を溶かした溶液では，溶質粒子が溶けこんだ分だけ，蒸発できる分子の数が減少する。このため，溶液の蒸気圧は純溶媒の蒸気圧に比べて低くなり，この現象を蒸気圧降下という。

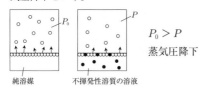

$P_0 > P$

蒸気圧降下

純溶媒　　不揮発性溶質の溶液

液体は，その蒸気圧が外圧（通常 1013 hPa）と等しくなる温度で沸騰し，この温度が沸点である。溶液では蒸気圧降下のため，純溶媒の沸点になっても蒸気圧は 1013 hPa に達しないため，純溶媒より Δt_b だけ高い温度で沸騰する。この Δt_b を沸点上昇度という。希薄溶液では Δt_b は溶液の質量モル濃度に比例する。

$$\Delta t_b = K_b \cdot m$$

（K_b：モル沸点上昇，m：質量モル濃度）

K_b は溶質の種類によらない，溶媒に固有の定数である。

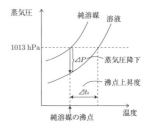

第91問

問1　a　　**問2**　d　　**問3**　0.0258 K　　**問4**　0.155 K

解説

問1　溶液では蒸気圧降下が起こるため，純溶媒である水の蒸気圧が最も大きくなる。

問2　溶液では沸点上昇が起こるため，溶液の質量モル濃度に比例して沸点が高くなる。なお，濃度は溶液中の溶質粒子（電離後のイオンの全粒子）の濃度を考える。

b　$NaCl \longrightarrow \underbrace{Na^+ + Cl^-}$
　0.1 mol/kg　　　計 0.2 mol/kg

d　$MgCl_2 \longrightarrow \underbrace{Mg^{2+} + 2Cl^-}$
　0.1 mol/kg　　　計 0.3 mol/kg

よって，溶質粒子の濃度が大きい d の沸点が最も高くなる。

問3　グルコース水溶液について，$C_6H_{12}O_6$ の分子量 = 180，$\Delta t_b = K_b \cdot m$ より，

$$0.0515\,K = K_b(K \cdot kg/mol)$$
$$\times \frac{1.80}{180}\,mol \times \frac{1000}{100}\frac{1}{kg}$$

$K_b = 0.515\,K \cdot kg/mol$

尿素水溶液について，尿素の分子量 = 60，$\Delta t_b = K_b \cdot m$ より，

$$\Delta t_b(K) = 0.515\,K \cdot kg/mol$$
$$\times \frac{3.00}{60}\,mol \times \frac{1000}{1000}\frac{1}{kg}$$

$\Delta t_b = \underline{0.02575\,K}$

問4　硫酸ナトリウム水溶液について，Na_2SO_4 の式量 = 142，溶液中で $Na_2SO_4 \longrightarrow 2Na^+ + SO_4^{2-}$ と電離するので，$\Delta t_b = K_b \cdot m$ より，

$$\Delta t_b(K) = 0.515\,K\cdot kg/mol$$

$$\times \frac{7.10}{142} \times 3\,mol \times \frac{1000}{500}\frac{1}{kg}$$

$$\Delta t_b = \underline{0.1545\,K}$$

第92問 ────────────────────────────

問1 $1.9\,K\cdot kg/mol$ **問2** 39 g

解説 ·····································

　不揮発性物質を溶かした溶液では，溶質粒子が溶けたため，凝固する溶媒分子の割合が少なくなる。このため，純溶媒に比べて凝固が起こりにくく，純溶媒より Δt_f だけ低い温度で凝固が始まる。この Δt_f を凝固点降下度という。希薄溶液では Δt_f は溶液の質量モル濃度に比例する。

$$\Delta t_f = K_f \cdot m$$

（K_f：モル凝固点降下，m：質量モル濃度）

問1 $\Delta t_f = K_f \cdot m$ より，

$$2.0\,K = K_f(K\cdot kg/mol) \times 1.05\,mol/kg$$

$$K_f = \underline{1.90\,K\cdot kg/mol}$$

問2 求める質量を x g とすると，$CaCl_2$ の式量 = 111，溶液中で $CaCl_2 \longrightarrow Ca^{2+} + 2Cl^-$ と電離するので，$\Delta t_f = K_f \cdot m$ より，

$$2.0\,K = 1.90\,K\cdot kg/mol \times \frac{x}{111} \times 3\,mol/kg$$

$$x = \underline{38.9\,g}$$

第93問 ────────────────────────────

問1 （**ア**）過冷却　（**イ**）水素　（**ウ**）低く　（**エ**）凝固点降下　（**オ**）溶媒
　　　（**カ**）大きく

問2 t_2　**問3** （1）$-0.074\,℃$　（2）315 g

解説 ·····································

問1，2 液体を冷却したときの温度変化を表す曲線を冷却曲線という。純溶媒の場合，冷却したとき凝固点に達してもすぐには凝固が始まらず，いったん凝固点以下まで温度が下がる（過冷却現象）。凝固が始まると凝固熱が放出され凝固点まで温度が上昇し，固体と液体の共存状態では冷却による吸熱量と凝固による発熱量がつり合うため温度が一定に保たれる。

　溶液の場合，溶媒のみが凝固することにより溶液の濃度が大きくなるため，凝固点が下がり続ける。

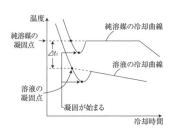

問3 ショ糖溶液について，$C_{12}H_{22}O_{11}$ の分子量 = 342，$\Delta t_f = K_f \cdot m$ より，

$$0.185\,K = K_f(K\cdot kg/mol) \times \frac{34.2}{342}\,mol/kg$$

$$K_f = 1.85\,K\cdot kg/mol$$

※セルシウス温度（℃）と絶対温度（K）の目盛りは同じなので，1℃下降 = 1K下降である。

(1) NaCl の式量 = 58.5, 溶液中で
NaCl $\longrightarrow$ Na$^+$ + Cl$^-$ と電離するので,
$\Delta t_f = K_f \cdot m$ より,

Δt_f (K) = 1.85K·kg/mol
$\qquad \times \dfrac{0.585}{58.5} \times 2\text{mol} \times \dfrac{1000}{500} \dfrac{1}{\text{kg}}$

Δt_f = 0.0740 K

よって, 凝固点は, 0 − 0.074 = <u>− 0.074℃</u>

(2) − 0.200℃まで冷却したときに生じた
氷を x g とすると, 溶媒の質量は 500 − x g
となる. 残りの溶液については − 0.200℃が
凝固点なので, $\Delta t_f = K_f \cdot m$ より,

0.200K = 1.85K·kg/mol
$\qquad \times \dfrac{0.585}{58.5} \times 2\text{mol} \times \dfrac{1000}{500-x} \dfrac{1}{\text{kg}}$

x = <u>315 g</u>

第 94 問

A （ハ）　　B （イ）　　C （ニ）

解説

A　$\Delta t_f = K_f \cdot m$ より,

$5.50 - 5.10$ K =
5.12 K·kg/mol $\times \dfrac{\dfrac{1.00}{M}(\text{mol})}{} \times \dfrac{1000}{100} \dfrac{1}{\text{kg}}$

$\qquad M$ = <u>128</u>

B, C　ベンゼンなどの無極性溶媒に酢酸な
どのカルボン酸を溶かすと, カルボキシ基ど
うしの水素結合により 2 分子が会合した二量
体を形成する.

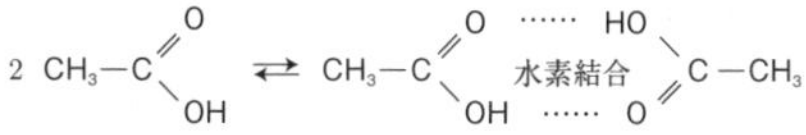

	(mol)	酢酸分子	酢酸二量体
会合前		n	0
変化量		$-n\alpha$	$+\frac{1}{2}n\alpha$
平衡時		$n(1-\alpha)$	$\frac{1}{2}n\alpha$

全物質量：$n(1-\frac{1}{2}\alpha)$ mol

求める割合を α とすると, 酢酸の分子量
= 60.0, $\Delta t_f = K_f \cdot m$ より,

$5.50 - 4.89$ K = 5.12K·kg/mol
$\qquad \times \dfrac{1.20}{60.0} \times (1-\frac{1}{2}\alpha)\text{mol} \times \dfrac{1000}{100} \dfrac{1}{\text{kg}}$

$\qquad \alpha$ = <u>0.808</u>

第 95 問

問 1　7.7×10^5 Pa　　**問 2**　11 g　　**問 3**　(b)

解説

　右の図のように純溶媒
と溶液を半透膜で隔てて
接触させると, 溶質粒子
は半透膜を通過できない
が, 溶媒分子は半透膜を
自由に通過することがで
きる. 溶液側は溶質粒子
が含まれている分だけ溶

媒分子が少ないため, 純溶媒側から溶液側へ
移動する分子が多くなり, ここに浸透圧 Π
が生じる. 浸透圧は溶質粒子のモル濃度と絶
対温度に比例する.

$\Pi = CRT$ （C：モル濃度　R：気体定数）

問 1　溶液中で NaCl $\longrightarrow$ Na$^+$ + Cl$^-$ と電
離するので, $\Pi = CRT$ より,

$$\Pi(\text{Pa}) = 0.15 \underset{\sim}{\times 2}\,\text{mol/L} \times 8.3 \times 10^3$$
$$\times (273 + 37)\,\text{K}$$
$$\Pi = 7.71 \times 10^5\,\text{Pa}$$

問2 生理食塩水と同じ濃度になればよいので，求めるグルコース($C_6H_{12}O_6$)の質量を x (g)とすると，$C_6H_{12}O_6$ の分子量 $= 180$ より，

$$0.15 \underset{\sim}{\times 2}\,\text{mol/L} = \frac{x}{180}\,\text{mol} \times \frac{1000}{200}\,\frac{1}{\text{L}}$$
$$x = 10.8\,\text{g}$$

問3 濃度の濃い赤血球の内部に蒸留水が浸透すると考える。

第96問

問1 ファントホッフ　　**問2** $\dfrac{wRT}{\Pi V}$　　**問3** $3.9 \times 10^2\,\text{Pa}$

問4 6.5×10^4　　**問5** (1) (ウ)　　(2) (ア)

解説

問2 $\Pi V = \dfrac{w}{M}RT$ より，$M = \dfrac{wRT}{\Pi V}$

問3 圧力(Pa)と単位面積あたりの質量(g/cm^2)は比例する。

水銀柱 $\begin{cases} 1.0 \times 10^5\,\text{Pa} \\ 76.0\,\text{cm} \times 13.6\,\text{g/cm}^3 = 1033.6\,\text{g/cm}^2 \end{cases}$

水柱 $\begin{cases} \text{浸透圧}\ \pi\ (\text{Pa}) \\ 4.0\,\text{cm} \times 1.0\,\text{g/cm}^3 = 4.0\,\text{g/cm}^2 \end{cases}$

よって，求める浸透圧は，

$$1.0 \times 10^5\,\text{Pa} \times \frac{4.0}{1033.6} = \underline{3.86 \times 10^2\,\text{Pa}}$$

【別解】 浸透圧 $1.0 \times 10^5\,\text{Pa}$ による水柱の高さは Hg と水溶液の密度の比より，$76\,\text{cm} \times \dfrac{13.6\,\text{g/cm}^3}{1.0\,\text{g/cm}^3} = 1033.6\,\text{cm}$ なので，高さの

比より浸透圧を求めると考えてもよい。

問4 $\Pi V = \dfrac{w}{M}RT$ より，

$$3.86 \times 10^2\,\text{Pa} \times \frac{100}{1000}\,\text{L} =$$
$$\frac{1.00\,\text{g}}{M(\text{g/mol})} \times 8.3 \times 10^3 \times (273 + 27)\,\text{K}$$
$$M = \underline{6.45 \times 10^4}$$

問5(1) 低分子化合物 B の拡散により内液と外液の濃度差が小さくなるため，浸透圧は小さくなり，細管の液面は下がる。

(2) 分解により分子数が増加することで内液の濃度が大きくなるため，浸透圧は大きくなり，細管の液面は上がる。

第97問

問1 (ア) 水酸化鉄(Ⅲ)　(イ) 赤褐　(ウ) チンダル　(エ) 疎水　(オ) 凝析　(カ) 大きい　(キ) 親水　(ク) 塩析

問2 ②，④　　**問3** ③

解説

問1 直径が $10^{-9} \sim 10^{-7}\,\text{m}\,(10^{-7} \sim 10^{-5}\,\text{cm})$ 程度の大きさの溶質粒子が溶媒(分散媒)中に分散している状態をコロイドといい，その溶液をコロイド溶液という。沸騰している水に塩化鉄(Ⅲ)水溶液を加えると赤褐色の水酸化

鉄(Ⅲ)コロイド溶液が得られる。

コロイド溶液に強い光線をあてたとき，コロイド粒子が光を散乱して光の通路が明るく光って見える。この現象はチンダル現象という。

水酸化鉄(Ⅲ)は水になじみにくい疎水コロイドであり，少量の電解質を加えるとコロイド粒子どうしの表面電荷の電気的反発力が失われて沈殿が生じる。この現象は凝析という。また，デンプンは水になじみやすい親水コロイドであり，多量の電解質を加えるとコロイド粒子に水和している水分子が失われて沈殿が生じる。この現象は塩析という。

問2① 疎水コロイドに親水コロイドを加えると親水コロイドが疎水コロイドを取り囲んで凝析が起こりにくくなる。このような親水コロイドを保護コロイドという。

② セッケン水はセッケン分子が疎水基を内側に集合して分散している。このようなコロイドを会合コロイドまたはミセルコロイドという。

③ コロイド溶液（ゾル）には，加熱などにより流動性を失い固まるものがあり，この状態をゲルという。

④ デンプンのような高分子化合物は1分子でコロイドの大きさをもつ。このようなコロイドを分子コロイドという。

問3 疎水コロイドの凝析では，コロイドの電荷と反対電荷のイオンで価数の大きいイオンほど沈殿が生じやすい。水酸化鉄(Ⅲ)は正コロイドなので，反対符号の陰イオンで価数の大きいイオンを含む電解質が効果的である。

凝析力：Cl^-，I^-，$NO_3^- < SO_4^{2-}$

第98問

問1 （ア）発熱 （イ）小さ **問2** 記号：(a)

問3（1）$C_2H_6(気) + \dfrac{7}{2}O_2(気) \longrightarrow 2CO_2(気) + 3H_2O(液)$

$$\Delta H = -1560 \text{ kJ}$$

（2）$2C(黒鉛) + 3H_2(気) + \dfrac{1}{2}O_2(気) \longrightarrow C_2H_5OH(液)$

$$\Delta H = -278 \text{ kJ}$$

（3）$NaOH(固) + aq \longrightarrow NaOHaq \quad \Delta H = -45 \text{ kJ}$

（4）$HClaq + NaOHaq \longrightarrow NaClaq + H_2O(液) \qquad \Delta H = -56 \text{ kJ}$

図：

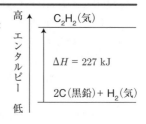

解説 ··

問1 物質のもつ固有のエネルギーはエンタルピー H で表す。化学反応に伴って放出または吸収するエネルギーを反応エンタルピーといい，反応物がもつエンタルピーと生成物がもつエンタルピーの差を ΔH で表す。

【例】

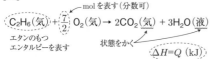

発熱反応ではエンタルピーが減少するため，Q は負の値になる。吸熱反応では逆に Q は正の値になる。

問2 アセチレンの生成エンタルピー ΔH は正の値であり，吸熱反応である。このとき左辺の単体より右辺のアセチレンの方がエンタルピーが大きくなるため，左辺を下，右辺を上に，矢印を上向きにして図を書く。

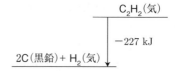

または矢印を逆にして次のように書くこともできる。

問3（1）燃焼エンタルピーは，物質 1 mol が完全燃焼するときに放出する反応エンタルピーである。酸化物は 25℃で最も安定なものを考える。

（2）生成エンタルピーは，化合物 1 mol がその成分元素の単体から生成するときに放出または吸収する反応エンタルピーである。

（3）溶解エンタルピーは，物質 1 mol が多量に水に溶解するときに放出または吸収する反応エンタルピーである。多量の溶媒の水をaq と表す。

溶かした NaOH は NaOH の式量 = 40 より，

$$\dfrac{4.0 \text{ g}}{40 \text{ g/mol}} = 0.10 \text{ mol}$$

よって，溶解エンタルピーは，

$$4.5\text{kJ} \times \dfrac{1}{0.10 \text{ mol}} = 45\text{kJ/mol}$$

（4）中和エンタルピーは，水溶液中で H^+ 1 mol と OH^- 1 mol から H_2O（液）1 mol ができるときの反応エンタルピーである。

反応した H^+，OH^- の物質量は，

$$0.100 \text{ mol/L} \times \dfrac{400}{1000}\text{L} = 0.040 \text{ mol}$$

よって，中和エンタルピーは，

$$2.24 \text{ kJ} \times \dfrac{1}{0.040\text{mol}} = 56 \text{ kJ/mol}$$

問1　C(黒鉛) + $\frac{1}{2}$O$_2$(気体) $\longrightarrow$ CO(気体)　　$\Delta H = -125$ kJ　　**問2**　45 %

解説

問2　黒鉛の完全燃焼

C(黒鉛) + O$_2$(気) $\longrightarrow$ CO$_2$(気)

$$\Delta H = -394 \text{ kJ}$$

黒鉛の不完全燃焼

C(黒鉛) + $\frac{1}{2}$O$_2$(気) $\longrightarrow$ CO(気)

$$\Delta H = -125 \text{ kJ}$$

黒鉛 24 g の物質量は，

$$\frac{24 \text{ g}}{12 \text{ g/mol}} = 2.0 \text{ mol}$$

黒鉛 2.0 mol 中，x(mol) が不完全燃焼，2.0 $- x$(mol) が完全燃焼したとすると，生じた熱量について，

125 kJ/mol $\times$ x(mol)

$+$ 394 kJ/mol $\times (2.0 - x)$mol $= 546$ kJ

$$x = 0.899 \text{ mol}$$

よって，求める割合は，

$$\frac{0.90 \text{ mol}}{2.0 \text{ mol}} \times 100 = \underline{44.9 \text{ \%}}$$

Ⅰ　-2222 kJ/mol　　Ⅱ　-75 kJ/mol

解説

Ⅰ　反応エンタルピーを他の反応エンタルピーの組合せで求めるときはヘスの法則を用いる。次の解法1または2のように考える。

解法1　エンタルピー変化を付した反応式を数式と同様に考え，その式の組み合わせによって求める反応エンタルピーを表す式を導く。

求める反応エンタルピーを付した反応式

C$_3$H$_8$(気) + 5O$_2$(気)→3CO$_2$(気) + 4H$_2$O(液)　$\Delta H = Q$(kJ)

与えられた反応式

C(黒鉛) + O$_2$(気)→CO$_2$(気)　$\Delta H = -394$ kJ…①

H$_2$(気) + $\frac{1}{2}$O$_2$(気)→H$_2$O(液)　$\Delta H = -286$ kJ…②

3C(黒鉛) + 4H$_2$(気)→C$_3$H$_8$(気)　$\Delta H = -104$ kJ…③

求める式は，①× 3 +②× 4 −③より，

　　−③　　C$_3$H$_8$(気) $\longrightarrow$ 3C(黒鉛) + 4H$_2$(気)

　　①×3　3C(黒鉛) + 3O$_2$(気) $\longrightarrow$ 3CO$_2$(気)

+)　②×4　4H$_2$(気) + 2O$_2$(気) $\longrightarrow$ 4H$_2$O(液)

　　C$_3$H$_8$(気) + 5O$_2$(気) $\longrightarrow$ 3CO$_2$(気) + 4H$_2$O(液)

と導けるので，ΔH も同様に計算すると，

$Q = (-394) \times 3 + (-286) \times 4 - (-104)$

$\quad = -2222$ kJ/mol

解法2　反応エンタルピーを表した図を書いて，求める ΔH を導く ΔH の組合せを図より考える。

step1　まず求める反応エンタルピーを表した図を書く。

C$_3$H$_8$ + 5O$_2$

発熱なので 矢印は下向き　Q(kJ)　燃焼は発熱なので 反応後のエンタルピー小

3CO$_2$ + 4H$_2$O (液)

step2　与えられた生成エンタルピーを用いて単体とのエンタルピー変化を加える。

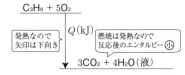

単体：3C(黒鉛) + 4H$_2$ + 5O$_2$

① C$_3$H$_8$の生成　-104 kJ

② CO$_2$の生成 H$_2$Oの生成　-394×3 kJ　-286×4 kJ

C$_3$H$_8$ + 5O$_2$

③ Q(kJ)

3CO$_2$ + 4H$_2$O (液)

8 章

求める Q（③）は矢印の差より②－①で求まる。

$$Q = (-394) \times 3 + (-286) \times 4 - (-104)$$
$$= \underline{-2222\,kJ/mol}$$

または，矢印をつなげて①＋③＝②と関係式をつくる。

$$-104 + Q = (-394) \times 3 + (-286) \times 4$$
$$Q = \underline{-2222\,kJ/mol}$$

※ヘスの法則（総熱量保存の法則）

物質が変化するときの反応エンタルピーの総和は，変化の前後の物質の種類と状態で決まり，変化の経路に関係なく一定となる。

Ⅱ　解法1

求める反応エンタルピーを付した反応式

C（黒鉛）$+ 2H_2$（気）$\rightarrow CH_4$（気）　$\Delta H = Q$（kJ）

与えられた反応式

C（黒鉛）$+ O_2$（気）$\rightarrow CO_2$（気）$\Delta H = -394\,kJ$…①

CH_4（気）$+ 2O_2$（気）$\rightarrow CO_2$（気）$+ 2H_2O$（液）$\Delta H = -891kJ$…③

H_2（気）$+ \dfrac{1}{2}O_2$（気）$\rightarrow H_2O$（液）$\Delta H = -286kJ$…④

求める式は，①＋④×2－③より，

$$
\begin{array}{ll}
① & C（黒鉛）+ \cancel{O_2（気）} \longrightarrow \cancel{CO_2（気）} \\
④×2 & 2H_2（気）+ \cancel{O_2（気）} \longrightarrow \cancel{2H_2O（液）} \\
-③ & \cancel{CO_2（気）}+ \cancel{2H_2O（液）} \\
+) & \longrightarrow CH_4（気）+ \cancel{2O_2（気）} \\
\hline
& C（黒鉛）+ 2H_2（気）\longrightarrow CH_4（気）
\end{array}
$$

と導けるので，ΔH も同様に計算すると，

$$Q = (-394) + (-286) \times 2 - (-891)$$
$$= \underline{-75\,kJ/mol}$$

解法2

求める式

$$C（黒鉛）+ 2H_2（気）\longrightarrow CH_4（気）$$
$$\Delta H = Q \text{（kJ）}$$

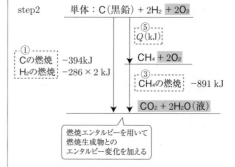

求める Q（⑤）は矢印の差より①－③で求まる。

$$Q = (-394) + (-286) \times 2 - (-891)$$
$$= \underline{-75\,kJ/mol}$$

または，矢印をつなげて①＝⑤＋③と関係式をつくる。

$$(-394) + (-286) \times 2 = Q + (-891)$$
$$Q = \underline{-75\,kJ/mol}$$

第 101 問

Ⅰ　$-1369\,kJ/mol$　　Ⅱ　$52\,kJ/mol$　　Ⅲ　$-1301\,kJ/mol$

解説 ···

Ⅰ　反応エンタルピーを付した反応式が与えられていない場合，ヘスの法則は図を用いて考えるとよい。

step1　エタノールの燃焼エンタルピーを表した図

$$\underline{C_2H_5OH（液）+ 3O_2（気）}$$
$$\downarrow Q \text{（kJ）}$$
$$\downarrow 2CO_2（気）+ 3H_2O（液）$$

step2 生成エンタルピーを加える

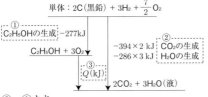

②－①より，

$$Q = (-394) \times 2 + (-286) \times 3 - (-277)$$
$$= -1369\,kJ$$

※ step2 の図からわかるように一般に反応エンタルピーは，(生成物の生成エンタルピーの総和)－(反応物の生成エンタルピーの総和)で求めることができる。

Ⅱ step1 エチレンの生成エンタルピーを表した図

step2 燃焼エンタルピーを加える

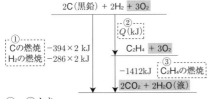

①－③より

$$Q = (-394) \times 2 + (-286) \times 2 - (-1412)$$
$$= 52\,kJ$$

※計算の結果，Q が正の値となり，エチレンの生成は吸熱反応であったことがわかる。

Ⅲ step1 アセチレンの燃焼エンタルピーを表した図

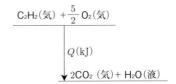

step2 生成エンタルピーを加える

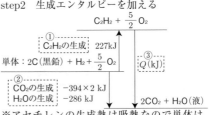

※アセチレンの生成熱は吸熱なので単体は C_2H_2 よりエンタルピーが小さくなることに注意する。

$$2C(黒鉛) + H_2(気) \rightarrow C_2H_2(気) \quad \Delta H = 227\,kJ$$
エンタルピー小 ― エンタルピー大

矢印の向きをそろえるように①にマイナスをかける。

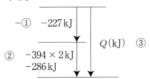

よって，

$$Q = -227 + (-394) \times 2 + (-286)$$
$$= -1301\,kJ$$

※ (生成物の生成エンタルピーの総和)－(反応物の生成エンタルピーの総和)で求める式と同じになる。

または，矢印をつなげて①＋③＝②と関係式をつくる。

$$227 + Q = (-394) \times 2 + (-286)$$
$$Q = -1301\,kJ$$

I ③　　II　34 kJ/mol　　III　（ア）

解説 •••

　反応エンタルピーを付した反応式が与えられていない場合，ヘスの法則は図を用いて考えるとよい。

I

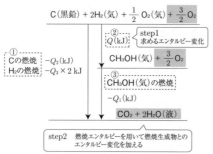

　求める Q（②）は矢印の差より ① − ③ で求まる。

$$Q = (-Q_2) + (-Q_3) \times 2 - (-Q_1)$$

【別解】メタノール，炭素（黒鉛），水素の燃焼エンタルピーを付した反応式は次の通り。

$$CH_3OH（液） + \frac{3}{2}O_2（気） \rightarrow CO_2（気） + 2H_2O（液）$$
$$\Delta H = -Q_1（kJ）\cdots①$$

$$C（黒鉛） + O_2（気） \longrightarrow CO_2（気）$$
$$\Delta H = -Q_2（kJ）\cdots②$$

$$H_2（気） + \frac{1}{2}O_2（気） \longrightarrow H_2O（液）$$
$$\Delta H = -Q_3（kJ）\cdots③$$

メタノールの生成エンタルピーを付した反応式は，

$$C（黒鉛） + 2H_2（気） + \frac{1}{2}O_2（気） \rightarrow CH_3OH（液）$$
$$\Delta H = Q（kJ）$$

求める式は，② + ③ × 2 − ① より，

$$Q = (-Q_2) + (-Q_3) \times 2 - (-Q_1)$$

II

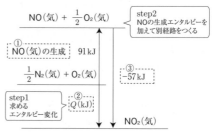

　求める Q（②）は矢印をつなげて ② = ① + ③ で求まる。

$$Q = 91 + (-57) = \underline{34 \, kJ/mol}$$

※計算の結果，Q が正の値となり，NO_2 の生成は吸熱反応であったことがわかる。

【別解】　問題文で与えられた反応エンタルピーを付した反応式は次の通り。

$$\frac{1}{2}N_2 + \frac{1}{2}O_2 \longrightarrow NO \quad \Delta H = 91 \, kJ \quad \cdots①$$

$$NO + \frac{1}{2}O_2 \longrightarrow NO_2 \quad \Delta H = -57 \, kJ \cdots②$$

二酸化窒素 NO_2 の生成エンタルピーを付した反応式は，

$$\frac{1}{2}N_2 + O_2 \longrightarrow NO_2 \quad \Delta H = Q（kJ）$$

求める式は，① + ② より，

$$Q = 91 + (-57) = \underline{34 \, kJ}$$

III

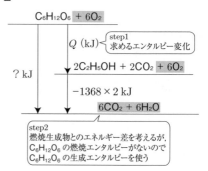

⇓

$$6C(黒鉛) + 6H_2 + 3O_2 \boxed{+ 6O_2}$$

$$C_6H_{12}O_6 \boxed{+ 6O_2}$$ ↓ $-1273\,kJ$

右側: $-394 \times 6\,kJ$

$$Q\,(kJ)$$
↓ $2C_2H_5OH + 2CO_2 \boxed{+ 6O_2}$

$-286 \times 6\,kJ$

↓ $-1368 \times 2\,kJ$
$$6CO_2 + 6H_2O$$

$$(-1273) + Q + (-1368) \times 2$$
$$= (-394) \times 6 + (-286) \times 6$$
$$Q = \underline{-71\,kJ}$$

第 103 問

Ⅰ (d)　Ⅱ 問1 $151\,kJ/mol$　問2 $-285\,kJ$　Ⅲ ⑧

解 説

Ⅰ 分子中の共有結合を切断するのに必要な
エネルギーを結合エネルギーという。

結合エネルギーを用いた反応エンタルピー
の計算は，エンタルピー変化を表した図で考
えるとよい。

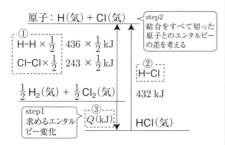

原子：H(気) + Cl(気)

① H-H × $\frac{1}{2}$　$436 \times \frac{1}{2}\,kJ$
　Cl-Cl × $\frac{1}{2}$　$243 \times \frac{1}{2}\,kJ$

step2 結合をすべて切った原子とのエンタルピーの差を考える

② H-Cl

$\frac{1}{2}$ H$_2$(気) + $\frac{1}{2}$ Cl$_2$(気)　$432\,kJ$

step1 求めるエンタルピー変化

③ $Q\,(kJ)$　HCl(気)

矢印の向きをそろえるように③にマイナスを
かける。

$$436 \times \frac{1}{2} + 243 \times \frac{1}{2} - Q = 432$$
$$Q = \underline{-92.5\,kJ}$$

または，矢印をつなげて①＝③＋②と関係式
をつくる。

$$436 \times \frac{1}{2} + 243 \times \frac{1}{2} = Q + 432$$
$$Q = \underline{-92.5\,kJ}$$

Ⅱ 問1 (O-O)の結合を含む過酸化水素
の生成エンタルピーが与えられているので，
過酸化水素の生成エンタルピーを各結合エネ
ルギーを使って表す。

O-O結合の結合エネルギーを $x\,(kJ/mol)$ とすると，

原子：2H(気) + 2O(気)

① H-H $436\,kJ$　O=O $498\,kJ$　$463 \times 2\,kJ$　$x\,(kJ)$　② H-O×2　O-O

H$_2$(気) + O$_2$(気)

③ $-143\,kJ$　H$_2$O$_2$(気)

H$_2$O$_2$ の生成エンタルピー

矢印の向きをそろえるように③にマイナスを
かける。

$$436 + 498 - (-143) = 463 \times 2 + x$$
$$x = \underline{151\,kJ/mol}$$

または，矢印をつなげて①＝③＋②と関係式
をつくる。

$$436 + 498 = -143 + 463 \times 2 + x$$
$$x = \underline{151\,kJ/mol}$$

問2

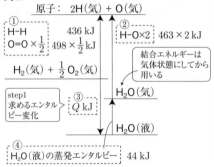

原子： 2H（気）+ O（気）

① H-H　436 kJ
O=O×$\frac{1}{2}$　498×$\frac{1}{2}$ kJ

② H-O×2　463×2 kJ

結合エネルギーは気体状態にしてから用いる

H_2（気）+ $\frac{1}{2}O_2$（気）

step1 求めるエンタルピー変化

③ Q kJ

H_2O（気）

H_2O（液）

④ H_2O（液）の蒸発エンタルピー　44 kJ

図より Q を求める。矢印の向きをそろえるように③にマイナスをかける。

$$436 + 498 \times \frac{1}{2} - Q = 463 \times 2 + 44$$

$$Q = -285\,\text{kJ}$$

または，矢印をつなげて①＝③+④+②と関係式をつくる。

$$436 + 498 \times \frac{1}{2} = Q + 44 + 463 \times 2$$

$$Q = -285\,\text{kJ}$$

Ⅲ　（C=O）の結合を含む二酸化炭素の生成エンタルピーが与えられているので，C=O の結合エネルギーを x（kJ/mol）とすると，

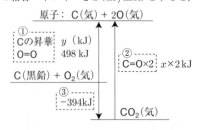

原子： C（気）+ 2O（気）

① Cの昇華　y（kJ）
O=O　498 kJ

② C=O×2　x×2 kJ

C（黒鉛）+ O_2（気）

③ -394 kJ

CO_2（気）

C（黒鉛）の昇華エンタルピーを y（kJ/mol）として，

$$y + 498 - (-394) = 2x \quad \cdots\cdots (1)$$

CH_4 の生成エンタルピーについて，

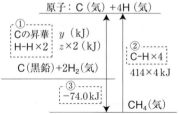

原子：C（気）+4H（気）

① Cの昇華　y（kJ）
H-H×2　z×2（kJ）

② C-H×4　414×4 kJ

C（黒鉛）+2H_2（気）

③ -74.0 kJ

CH_4（気）

H-H 結合の結合エネルギーを z（kJ/mol）として，

$$y + z \times 2 - (-74.0) = 414 \times 4 \cdots (2)$$

H_2O の生成エンタルピーについて，

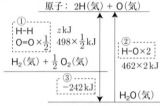

原子： 2H（気）+ O（気）

① H-H　z kJ
O=O×$\frac{1}{2}$　498×$\frac{1}{2}$ kJ

② H-O×2　462×2 kJ

H_2（気）+ $\frac{1}{2}O_2$（気）

③ -242 kJ

H_2O（気）

$$z + 498 \times \frac{1}{2} - (-242) = 462 \times 2 \cdots (3)$$

(3) より $z = 433\,\text{kJ/mol}$,

(2) より $y = 716\,\text{kJ/mol}$ と求めると，

(1) より，$x = \underline{804\,\text{kJ/mol}}$

第 104 問

問1　ア ＋ イ ＋ ウ − 　問2　(A) イオン化エネルギー　(B) 電子親和力

問3　NaCl（固）$\longrightarrow$ Na^+（気）+ Cl^-（気）　$\Delta H = 771\,\text{kJ}$

問1

ア：原子から電子を1つ取り去るのに必要なエネルギーをイオン化エネルギーという。イオン化エネルギーは吸熱（$\Delta H > 0$）である。

イ：結合エネルギーは吸熱（$\Delta H > 0$）である。

ウ：原子が電子を1つ受けとったときに放出されるエネルギーを電子親和力という。電子親和力は発熱（$\Delta H < 0$）である。

問3　格子エネルギーとは，イオン結晶1 mol のイオン結合を切断して，ばらばらのイオン（気体状）にするのに必要なエネルギーである。格子エネルギーは①～⑤の反応エンタルピーを用いて，エンタルピー変化を表した図から次のように求まる。

求める格子エネルギーを Q（kJ/mol）とすると，

矢印の向きをそろえるように④と⑤にマイナスをかける。

$$496 + 89 + 244 \times \frac{1}{2} - (-413)$$
$$= -(-349) + Q$$
$$Q = \underline{771 \text{ kJ}}$$

または，矢印をつなげて③＋①＋②＋④＝⑤＋ Q と関係式をつくる。

$$244 \times \frac{1}{2} + 89 + 496 + (-349) = -413 + Q$$
$$Q = \underline{771 \text{ kJ}}$$

③

A～Cの反応エンタルピーが何を表しているかを考える。

A　水溶液中で H^+ と OH^- が1 mol ずつ反応するので，生じる水1 mol あたりの中和エンタルピーを表す。

B　硫酸1 mol から生じる H^+ が2 mol なので，これと中和する KOH は2 mol である。

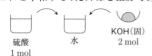

硫酸　　　水　　　KOH(固)
1 mol　　　　　　　2 mol

よって，硫酸1 mol の溶解エンタルピー ＋ KOH(固)2 mol の溶解エンタルピー ＋ 生

じる水2 mol あたりの中和エンタルピーの合計を表す。

C　硫酸が水に溶解するときの溶解エンタルピーを表す。

よって，求める KOH(固)の溶解エンタルピーを Q（kJ/mol）とすると，ヘスの法則より B で生じた反応エンタルピーについて，

$$\underbrace{-95 \text{kJ/mol} \times 1 \text{mol}}_{\text{硫酸の溶解}} + \underbrace{Q(\text{kJ/mol}) \times 2 \text{mol}}_{\text{KOH(固)の溶解}}$$

$$+ \underbrace{(-56 \text{kJ/mol}) \times 2 \text{mol}}_{\text{中和}} = -323 \text{kJ}$$

$$Q = \underline{-58 \text{kJ/mol}}$$

問1 $-44.5\mathrm{kJ}$　　**問2** $-56.3\mathrm{kJ}$　　**問3** $-101\mathrm{kJ}$　　**問4** $27.0℃$

解説 ‥‥‥‥‥‥‥‥‥‥‥‥‥‥‥‥‥‥‥‥‥‥‥‥‥‥‥‥‥‥‥

溶液中で生じる反応エンタルピー(中和エンタルピーや溶解エンタルピー)は,溶液の温度上昇を調べることで実験により求めることができる。

問1 温度上昇から熱量を計算する場合,その溶液の比熱(溶液1gの温度を1℃上げるのに要する熱量)を用いて求める。

$$Q(\mathrm{J}) = 比熱(\mathrm{J/g・℃}) × 溶液の質量(\mathrm{g})$$
$$× 上昇温度(℃)$$

溶液の温度上昇には時間がかかるので,上昇中に逃げた熱を補正するため,上昇温度はbまで上昇したと考える。

よって,実験1において生じた熱量は,

$Q = 4.2\,\mathrm{J/(g・℃)} × 100\,\mathrm{g} × (25.6 - 15.0)℃$
$= 4452\,\mathrm{J} = 4.452\,\mathrm{kJ}$

NaOH の式量 $= 40$ より,NaOH を $\dfrac{4.00}{40} =$ 0.10 mol 溶かしたときの熱量が 4.452 kJ であるため,NaOH 1 mol 溶かしたときの熱量は,

$$4.452\,\mathrm{kJ} × \dfrac{1}{0.10\,\mathrm{mol}} = 44.52\,\mathrm{kJ/mol}$$

求める Q_1 の値は発熱反応であることから,$-44.5\mathrm{kJ}$ となる。

※温度が上昇する溶液の質量は溶かした水酸化ナトリウム 4.00 g を加えて 100 + 4.00 = 104 g とするのが正しいが,この問題では溶解による水溶液の体積変化は無視するとあるため,溶液の密度が 1.0 g/mL より,溶液の質量は 100 g で計算した。

問2 実験2において生じた熱量は,

$Q = 4.2\,\mathrm{J/(g・℃)} × (100 + 100)\mathrm{g}$
$× (21.7 - 15.0)℃$
$= 5628\,\mathrm{J} = 5.628\,\mathrm{kJ}$

塩酸 $1.0\,\mathrm{mol/L} × \dfrac{100}{1000}\,\mathrm{L} = 0.10\,\mathrm{mol}$ と

水酸化ナトリウム 0.10 mol との中和反応により水が 0.10 mol 生成したときの熱量なので,H_2O 1 mol 生成したときの熱量は,

$$5.628\,\mathrm{kJ} × \dfrac{1}{0.10\,\mathrm{mol}} = 56.28\,\mathrm{kJ/mol}$$

求める Q_2 の値は発熱であることから,$-56.3\mathrm{kJ}$ となる。

問3 求める反応エンタルピー Q_3 は溶解エンタルピー + 中和エンタルピーによる反応エンタルピーなので,ヘスの法則より,

$Q_3 = Q_1 + Q_2 = -44.5 + (-56.3)$
$= -100.8\,\mathrm{kJ}$

問4 実験3はヘスの法則より,実験1 + 実験2で生じる熱量と等しいので,生じる熱量は,

$4.452 + 5.628 = 10.08\,\mathrm{kJ}$

よって,溶液の上昇温度を $\varDelta T$ とすると,

$4.2\,\mathrm{J/(g・℃)} × 200\,\mathrm{g} × \varDelta T(℃)$
$= 10.08 × 10^3\,\mathrm{J}$
$\varDelta T = 12.0℃$

求める温度は,

$15.0 + 12.0 = \underline{27.0℃}$

問1 （ア）化学発光　（イ）ルミノール　（ウ）生物発光　（エ）光合成

問2 （1）a　（2）a　（3）b　（4）b

問3 ルミノール反応の触媒としてはたらく。

問4 $2H_2O \longrightarrow O_2 + 4H^+ + 4e^-$

解説

問1～3 化学反応の際に，反応物と生成物の化学エネルギーの差が光エネルギーに変換され，光を放出することを化学発光または化学ルミネッセンスという。

ルミノール $C_8H_7N_3O_2$ が，塩基性条件下で Fe などの金属を触媒として H_2O_2 と反応し，波長 460nm の青色の化学発光を示す反応をルミノール反応という。血液中のヘモグロビンには鉄分が含まれていて反応が促進されるため，血痕の検出に用いられている。

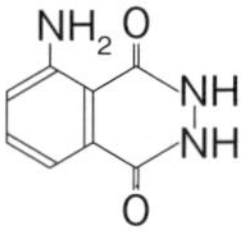

ルミノール

また，ホタル，ウミホタル，オワンクラゲ中の発光物質が，酵素の作用により変化して光を発する現象を生物発光という。発光する有機化合物をルシフェリン，ルシフェリンの反応を促進する酵素をルシフェラーゼという。

問4 可視光線や紫外線などの光の吸収によって引き起こされる化学反応を光化学反応という。緑色植物が光エネルギーを吸収して CO_2 と H_2O から化学エネルギーの高い糖類（デンプン）を合成する反応を光合成といい，光化学反応の一つである。

$6CO_2(気) + 6H_2O(液) \longrightarrow$

$\qquad C_6H_{12}O_6(固) + 6O_2(気)$ 　$\Delta H = 2803kJ$

この反応で H_2O は電子 e^- を出す還元剤としてはたらく。

第 108 問

問1　$2Na + 2H_2O \longrightarrow 2NaOH + H_2$

問2　(2)　　問3　(1)　NO　(2)　SO_2　　問4　(1)

問5　(1)　変化なし

(2)　$Cu \longrightarrow Cu^{2+} + 2e^-$

$Ag^+ + e^- \longrightarrow Ag$

解説

◆金属のイオン化傾向と水・酸との反応

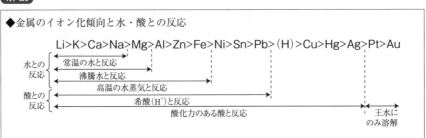

問1　$Na \longrightarrow Na^+ + e^-$　　……①

$2H_2O + 2e^- \longrightarrow H_2 + 2OH^-$……②

①×2＋②より

$2Na + 2H_2O \longrightarrow 2NaOH + H_2$

問2　Pb は生じる Pb^{2+} が Cl^-，$SO_4{}^{2-}$ と水に難溶の $PbCl_2$ や $PbSO_4$ の塩をつくるため，塩酸や希硫酸にはほとんど溶けない。

問3　希硝酸は，

$HNO_3 + 3e^- + 3H^+ \longrightarrow NO + 2H_2O$

の反応によって NO を，濃硫酸は，

$H_2SO_4 + 2e^- + 2H^+ \longrightarrow SO_2 + 2H_2O$

の反応によって SO_2 を発生する。

問4　白金や金は，濃塩酸と濃硝酸を体積比 3：1 で混合した王水に溶ける。

問5　(1)　イオン化傾向 Zn ＞ Cu より，イオン化傾向の大きい亜鉛イオンを含む水溶液に銅を浸しても反応は起こらない。

(2)　イオン化傾向 Cu ＞ Ag より，イオン化傾向の小さい銀イオンを含む水溶液に銅を浸すと，銅がイオンとなって溶解し，銀イオンは銅から電子を受け取って銅板上に単体が析出する。

第 109 問

問1　(ア) 大きな　(イ) 小さな　(ウ) 負極　(エ) 正極　(オ) 放電

(カ) 電位差　(キ) 活物質　(ク) 還元剤

問2　硫酸亜鉛の濃度を薄くして，硫酸銅(Ⅱ)の濃度を濃くする。

解説

問1　電池とは酸化還元反応により生じる化学エネルギー(電子の流れ)を電気エネルギーとして外部回路(導線)に取り出す装置である。電極において酸化反応が起こり，電子が導線に流れ出る極を負極，還元反応が起こり，電子が導線から流れ込む極を正極という。両極間の電位差(電圧)を電池の起電力という。

※ /電子…⊖から⊕に流れる。
  \電流…⊕から⊖に流れる。

問2 ダニエル電池は亜鉛 Zn 板を浸した硫酸亜鉛 ZnSO$_4$ 水溶液と，銅 Cu 板を浸した硫酸銅（Ⅱ）CuSO$_4$ 水溶液が素焼き板などで仕切ってある。

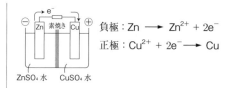

負極：$Zn \longrightarrow Zn^{2+} + 2e^-$
正極：$Cu^{2+} + 2e^- \longrightarrow Cu$

起電力は電解液の濃度によって変化し，溶液中に Zn^{2+} が生じる硫酸亜鉛水溶液は薄く，溶液中の Cu^{2+} が反応する硫酸銅水溶液は濃くした方が長持ちする。

第 110 問

問1 $Cu^{2+} + 2e^- \longrightarrow Cu$ **問2** $+ 0.13\,g$

問3 正極側の溶液と負極側の溶液の混合を防ぐとともに，溶液中のイオンを通過させて電荷のつり合いを保つ。

問4 起電力はイオン化傾向の差により決まるため，小さくなる。

解説 ••••••••••••••••••••••••••••••••••

問1 ダニエル電池はイオン化傾向の大きい亜鉛が電子を出し，硫酸銅水溶液中の銅イオンが電子を受け取る。

問2

◆電気量
1 クーロン（C）……1 A の電流を 1 秒間流したときの電気量
⇒電気量（C）＝ 電流（A）× 時間（秒）
ファラデー定数（F）＝ 9.65×10^4 C/mol
……電子 1 mol のもつ電気量の絶対値
⇒電子（mol）＝ $\dfrac{電流（A）× 時間（秒）}{ファラデー定数（C/mol）}$

流れた電子の物質量

$$\dfrac{0.20\,A \times (32 \times 60 + 10) 秒}{9.65 \times 10^4\,C/mol}$$

$$= 4.0 \times 10^{-3}\,mol$$

よって，正極で析出する Cu の質量は，Cu

の原子量＝ 64 より，

$$4.0 \times 10^{-3}\,mol \times \underbrace{\frac{1}{2}}_{Cu\,の\,mol} \times 64\,g/mol = \underline{0.128\,g}$$

問3 硫酸亜鉛（Ⅱ）水溶液と硫酸銅（Ⅱ）水溶液が混合すると，Zn 板の表面上で電子のやり取り（$Zn + Cu^{2+} \longrightarrow Zn^{2+} + Cu$）が行われてしまう。このため溶液の混合を防ぐために素焼き板で溶液を仕切る。また，負極で生じた Zn^{2+} や正極側で反応しない SO$_4^{2-}$ は通過させて電解液全体の電荷のつり合いを保つはたらきをしている。

問4 ダニエル電池の起電力は金属のイオン化傾向の差により決まる。銅と亜鉛より銅とニッケルの方がイオン化傾向の差が小さくなるためニッケル板に変えると起電力は小さくなる。

9章

第 111 問

問1 （ア） PbO_2 （イ） Pb （ウ） SO_4^{2-} （エ） $PbSO_4$ （オ） $+ 4$

（カ）　+2　　（キ）　0　　（ク）　+2

問2　硫酸の質量：49 g　　濃度：27 %　　**問3**　正極

解説 ••

問1　鉛蓄電池は負極活物質に鉛 Pb，正極活物質に酸化鉛（Ⅳ）PbO_2，電解液に希硫酸を用いた二次電池である。

　放電の際は，Pb が電子を出して酸化，PbO_2 が電子を受けとって還元され，両電極から Pb^{2+} が生じる。Pb^{2+} は水溶液中の SO_4^{2-} により難溶性の塩となるため，電極表面に硫酸鉛（Ⅱ）$PbSO_4$ が析出する。

正極（PbO_2 板）：

$$PbO_2 + 4H^+ + 2e^- \longrightarrow Pb^{2+} + 2H_2O$$
$$\underline{\hspace{4mm} + SO_4^{2-} \hspace{18mm} + SO_4^{2-}\hspace{8mm}}$$
$$PbO_2 + SO_4^{2-} + 4H^+ + 2e^- \longrightarrow PbSO_4 + 2H_2O$$
（Pb の酸化数　+4 → +2）

負極（Pb 板）：

$$Pb \longrightarrow Pb^{2+} + 2e^-$$
$$\underline{) + SO_4^{2-} \hspace{18mm} + SO_4^{2-}\hspace{6mm}}$$
$$Pb + SO_4^{2-} \longrightarrow PbSO_4 + 2e^-$$
（Pb の酸化数　0 → +2）

電池全体の反応：

$$PbO_2 + Pb + 2H_2SO_4$$
$$\longrightarrow 2PbSO_4 + 2H_2O$$
$$(2e^-)$$

問2　鉛蓄電池は放電による質量変化がよく出題される。

電子が 1 mol 流れたとき，
　　負極：Pb 0.5 mol　⟶　$PbSO_4$ 0.5 mol
　　　　より 48 g の質量増加
　　正極：PbO_2 0.5 mol ⟶ $PbSO_4$ 0.5 mol
　　　　より 32 g の質量増加
　　水溶液中の硫酸：H_2SO_4 1 mol の減少より
　　　　　　98 g の質量減少
　　水溶液全体：H_2SO_4 1 mol ⟶ H_2O 1 mol
　　　　　　より 80 g の質量減少

電子 0.50 mol 流れたとき，

放電前

　溶液：$1000\,\mathrm{mL} \times 1.22\,\mathrm{g/mL} = 1220\,\mathrm{g}$

　溶質：$1220\,\mathrm{g} \times \dfrac{30}{100} = 366\,\mathrm{g}$

放電後

　減少した溶液の質量

　　$\underset{\substack{\uparrow\\ e^-1\,\mathrm{mol}\\ \text{あたりの変化量}}}{80\,\mathrm{g/mol}} \times 0.50\,\mathrm{mol} = 40\,\mathrm{g}$

　減少した溶質の質量

　　$\underset{\substack{\uparrow\\ e^-1\,\mathrm{mol}\\ \text{あたりの変化量}}}{98\,\mathrm{g/mol}} \times 0.50\,\mathrm{mol} = 49\,\mathrm{g}$

求める濃度（%）は，

$$\dfrac{溶質（g）}{溶液（g）} \times 100 = \dfrac{366 - 49}{1220 - 40} \times 100$$
$$= \underline{26.8\,\%}$$

問3　充電は，放電と逆向きに電子を流して逆反応を起こさせることである。このため，外部電源の（+）端子を電池の正極に接続する。

84

電源（より強い電池）

e⁻ ⊖ ⊕ e⁻

⊖ Pb | PbO₂ ⊕ （鉛蓄電池）

第 112 問

問1 (a) $H_2 \longrightarrow 2H^+ + 2e^-$

(b) $O_2 + 4H^+ + 4e^- \longrightarrow 2H_2O$

問2 水の生成：負極　反応式：$H_2 + 2OH^- \longrightarrow 2H_2O + 2e^-$

問3 3.9×10^4 C　**問4** 34%

解説

問1　水素−酸素型の燃料電池は，水素と酸素の反応($2H_2 + O_2 \longrightarrow 2H_2O$)における電子の流れを外部回路に取り出して電気エネルギーとして利用する電池である。

　負極活物質に水素 H_2，正極活物質に酸素 O_2，電解液にリン酸 H_2SO_4 を用いた燃料電池では，負極において水素が電子を出して酸化されるとともに電解液に水素イオンを出す。正極において酸素が水素イオンと電子を受け取ることで，反応生成物の水は正極側で生じる。

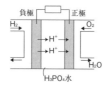

負極：$H_2 \longrightarrow 2H^+ + 2e^-$

正極：$O_2 + 4H^+ + 4e^- \longrightarrow 2H_2O$

問2　電解液に水酸化カリウム KOH を用いた燃料電池では，負極において水素が水素イオンになると同時に水酸化物イオンと結合して水になる。また，正極において酸素と水が水酸化物イオンとなる。リン酸型とは水溶液中のイオンの流れが逆になり，反応生成物の水は負極側で生じる。反応式はリン酸型における反応式の両辺に水素イオンと同じ数の水酸化物イオンを加えるとよい。

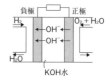

負極：

$H_2 \longrightarrow 2H^+ + 2e^-$

$)+2OH^- \qquad +2OH^-$

$H_2 + 2OH^- \longrightarrow 2H_2O + 2e^-$

正極：

$O_2 + 4H^+ + 4e^- \longrightarrow 2H_2O$

$) \qquad +4OH^- \qquad +4OH^-$

$O_2 + 2H_2O + 4e^- \longrightarrow 4OH^-$

問3　電池全体の反応：

$$2H_2 + O_2 \xrightarrow[(4e^-)]{} 2H_2O$$

電子 1 mol あたり水が $\frac{1}{2}$ mol 生じるので，H_2O の分子量 $= 18$ より，

$$\underbrace{\frac{3.6\,\text{g}}{18\,\text{g/mol}}}_{H_2O \text{ の mol}} \times \underbrace{2}_{e^- \text{ の mol}} \times 9.65 \times 10^4\,\text{C/mol}$$

$$= 3.86 \times 10^4\,\text{C}$$

問4　問3の反応量において，燃焼で生じるエネルギー（化学エネルギー）と電池として用いたときのエネルギー（電気エネルギー）

85

を求め，その割合を求める。

化学エネルギー：

$$\frac{3.6\,\mathrm{g}}{\underbrace{18\,\mathrm{g/mol}}_{\mathrm{H_2O\ の\ mol\ =\ H_2\ の\ mol}}} \times 286\,\mathrm{kJ/mol} = 57.2\,\mathrm{kJ}$$

電気エネルギー：

$$(\mathrm{J}) = (\mathrm{C}) \times (\mathrm{V}) \ \text{より,}$$

$$3.86 \times 10^4\,\mathrm{C} \times 0.50\,\mathrm{V} = 1.93 \times 10^4\,\mathrm{J}$$

よって，求める変換効率は，

$$\frac{1.93 \times 10^4\,\mathrm{J}}{57.2 \times 10^3\,\mathrm{J}} \times 100 = \underline{33.7\,\%}$$

第 113 問

問1 $x = 0 : +3$　　$x = 1 : +4$　　**問2** 水溶液の電気分解により水素が発生する。

問3 $6.0 \times 10^{-2}\,\mathrm{mol}$

解説

リチウムイオン電池は正極にコバルト酸リチウム $\mathrm{LiCoO_2}$，負極に黒鉛 C，電解液に有機溶媒を用いた二次電池である。

はじめに充電すると，問題文のように $\mathrm{Li^+}$ が電解液中を正極から負極に流れ，放電の際は逆反応によって電子の流れを取り出す。

正極：$\mathrm{Li_{1-x}CoO_2} + x\mathrm{Li^+} + x\mathrm{e^-} \longrightarrow \mathrm{LiCoO_2}$

負極：$\mathrm{Li_x C_6} \longrightarrow 6\,\mathrm{C} + x\mathrm{Li^+} + x\mathrm{e^-}$

問1　$x = 0$ のとき $\mathrm{LiCoO_2}$ となり Co の酸化数は $+3$，$x = 1$ のとき $\mathrm{CoO_2}$ となり，Co の酸化数は $+4$ となる。つまり，充電の際に正極では Co の一部が酸化されると同時に $\mathrm{Li^+}$ が電解液中に流れ出している。

問2　LiOH 水溶液を電気分解すると，

陰極：$2\mathrm{H_2O} + 2\mathrm{e^-} \longrightarrow \mathrm{H_2} + 2\mathrm{OH^-}$

陽極：$4\mathrm{OH^-} \longrightarrow \mathrm{O_2} + 2\mathrm{H_2O} + 4\mathrm{e^-}$

の反応により水の電気分解と同じ反応が起こる。リチウムイオン電池は起電力が大きいため，電解液に水溶液を用いると同様の反応が起こると考えられる。

問3　流れた電子 $\mathrm{e^-}$ の物質量は，

$$\frac{0.800\,\mathrm{A} \times (2 \times 60^2)\ \text{秒}}{9.65 \times 10^4\,\mathrm{C/mol}} = 5.96 \times 10^{-2}\,\mathrm{mol}$$

電子 $1\,\mathrm{mol}$ あたりリチウムイオンが $1\,\mathrm{mol}$ 流れるので，求める物質量は流れた電子 $\mathrm{e^-}$ の物質量に等しい。

第 114 問

問1　(1)（イ）　　(2)（ア）　　(3)（エ）　　(4)（ウ）　　(5)（カ）

問2　陰極：$\mathrm{Cu^{2+}} + 2\mathrm{e^-} \longrightarrow \mathrm{Cu}$　　陽極：$2\mathrm{Cl^-} \longrightarrow \mathrm{Cl_2} + 2\mathrm{e^-}$

問3　$9.65 \times 10^4\,\mathrm{C}$　　**問4** 銅の質量：$0.635\,\mathrm{g}$　　塩素の体積：$0.224\,\mathrm{L}$

解説

電気分解とは電源(電池)から出される電気エネルギーによって強制的に酸化・還元反応を起こすことである。電源の正極につないだ電極を陽極とし，電子を出す反応が起こる。電源の負極につないだ電極を陰極とし，電子を受け取る反応が起こる。

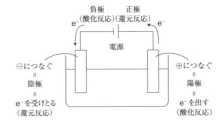

◆電気分解時に電極で起こる反応

・陰極での反応（還元反応）

　※電極によらず水溶液中のイオンで反応を考える。

　①主な陽イオンが Cu^{2+}，Ag^+ のとき

　　$Cu^{2+} + 2e^- \longrightarrow Cu$

　　$Ag^+ + e^- \longrightarrow Ag$

　②主な陽イオンが H^+ のとき

　　$2H^+ + 2e^- \longrightarrow H_2$

　③主な陽イオンが K^+，Ca^{2+}，Na^+，Mg^{2+}，Al^{3+} のとき

　　$2H_2O + 2e^- \longrightarrow H_2 + 2OH^-$

・陽極での反応（酸化反応）

　※電極が Cu, Ag のとき電極が溶解する。

　　$Cu \longrightarrow Cu^{2+} + 2e^-$

　　$Ag \longrightarrow Ag^+ + e^-$

　※電極が Pt または C（黒鉛）のとき，溶液中のイオンで反応を考える。

　①主な陰イオンが Cl^-，Br^-，I^- のとき

　　$2Cl^- \longrightarrow Cl_2 + 2e^-$　など

　②主な陰イオンが OH^- のとき

　　$4OH^- \longrightarrow O_2 + 2H_2O + 4e^-$

　③主な陰イオンが SO_4^{2-}，NO_3^- のとき

　　$2H_2O \longrightarrow O_2 + 4H^+ + 4e^-$

問1　陰極では還元反応，陽極では酸化反応が起こる。陰極で反応する Cu^{2+} の酸化数は

＋2から0に減少，陽極で反応する Cl^- の酸化数が－1から0に増加し，外部回路の導線を陽極から陰極に電子が流れる。

問2　各電極における反応

CuCl$_2$ 水

（存在イオン：Cu^{2+}, Cl^-, H^+, OH^-）

陰極：$Cu^{2+} + 2e^- \longrightarrow Cu$

陽極：$2Cl^- \longrightarrow Cl_2 + 2e^-$

問3　$1mol = 6.02 \times 10^{23}$ 個なので，電子 6.02×10^{23} 個あたりの電気量を求める。この値がファラデー定数である。

1.6022×10^{-19}C/個$\times 6.02 \times 10^{23}$個/mol
$= 9.645 \times 10^4$C/mol

問4　流れた電流と電気分解した時間より，流れた電子の物質量は，

$$\frac{10.0\,A \times (3 \times 60 + 13)秒}{9.65 \times 10^4\,C/mol} = 0.020\,mol$$

電子 $1mol$ あたり Cu が $\frac{1}{2}$ mol 析出し，Cl_2 が $\frac{1}{2}$ mol 生じるので，析出する Cu の質量は，

$$0.020\,mol \times \underset{\substack{e^- \text{の mol}}}{} \times \underset{\substack{Cu \text{の mol}}}{\frac{1}{2}} \times 63.5\,g/mol = \underline{0.635\,g}$$

発生する Cl_2 の体積は，

$$0.020\,mol \times \underset{\substack{e^- \text{の mol}}}{} \times \underset{\substack{Cl_2 \text{の mol}}}{\frac{1}{2}} \times 22.4\,L/mol = \underline{0.224\,L}$$

第 115 問

問1　電極 A：$2H_2O \longrightarrow O_2 + 4H^+ + 4e^-$　　電極 B：$2H^+ + 2e^- \longrightarrow H_2$

　　　　電極 C：$2Cl^- \longrightarrow Cl_2 + 2e^-$　　電極 D：$2H_2O + 2e^- \longrightarrow H_2 + 2OH^-$

問2　5.0 A　　**問3**　3.6 g

解 説

　電気分解の問題では電極で起こる反応の反応式，流れた e^- の物質量を考えるとよい。

問1　各電極での反応式

電解槽Ⅰ　H_2SO_4 水

（存在イオン：H^+, SO_4^{2-}, OH^-）

陰極(B)：$2H^+ + 2e^- \longrightarrow H_2$

陽極(A)：$2H_2O \longrightarrow O_2 + 4H^+ + 4e^-$

電解槽II　KCl 水

（存在イオン：K^+, Cl^-, H^+, OH^-）

　陰極(D)：$2H_2O + 2e^- \longrightarrow H_2 + 2OH^-$

　陽極(C)：$2Cl^- \longrightarrow Cl_2 + 2e^-$

問2　流れた e^- の物質量

電極 B では電子 1 mol あたり H_2 が $\dfrac{1}{2}$ mol 生じるので，生じた H_2 の体積より，

$$\underset{\substack{\rule{2.2em}{0.4pt}\\ H_2\,の\,mol}}{\underset{\substack{\\ }}{\dfrac{1.12\,L}{22.4\,L/mol}}} \times 2 = 0.10\,mol$$
$$\phantom{\dfrac{1.12\,L}{22.4\,L/mol} \times 2 = }\underset{e^-\,の\,mol}{}$$

求める電流を x A とすると，

$$\dfrac{x\,(A) \times (32 \times 60 + 10)\,秒}{9.65 \times 10^4\,C/mol} = 0.10\,mol$$

$$x = \underline{5.00\,A}$$

問3　電極 C では電子 1 mol あたり Cl_2 が $\dfrac{1}{2}$ mol 生じるので，Cl_2 の分子量 = 71 より，

$$\underset{e^-\,の\,mol}{0.10\,mol} \times \underset{Cl_2\,の\,mol}{\dfrac{1}{2}} \times 71\,g/mol = \underline{3.55\,g}$$

第 116 問

問1　電極 A：$2H_2O \longrightarrow O_2 + 4H^+ + 4e^-$　　電極 B：$Cu^{2+} + 2e^- \longrightarrow Cu$

　　　　電極 C：$4OH^- \longrightarrow O_2 + 2H_2O + 4e^-$　　電極 D：$2H_2O + 2e^- \longrightarrow H_2 + 2OH^-$

問2　1.5 倍

解説

問1　各電極での反応式

電解槽I　$CuSO_4$ 水

（存在イオン：Cu^{2+}, $SO_4{}^{2-}$, H^+, OH^-）

　陰極(B)：$Cu^{2+} + 2e^- \longrightarrow Cu$

　陽極(A)：$2H_2O \longrightarrow O_2 + 4H^+ + 4e^-$

電解槽II　NaOH 水

（存在イオン：Na^+, H^+, OH^-）

　陰極(D)：$2H_2O + 2e^- \longrightarrow H_2 + 2OH^-$

　陽極(C)：$4OH^- \longrightarrow O_2 + 2H_2O + 4e^-$

問2　流れた e^- の物質量

※並列回路では，電解槽Iの回路と電解槽IIの回路に流れた電気量の和は，電源から流れた電気量に等しい。

電源から流れた e^- の物質量は，

$$\dfrac{1.0\,A \times (96 \times 60 + 30)\,秒}{9.65 \times 10^4\,C/mol} = 0.060\,mol$$

電解槽Iを流れた e^- の物質量は，陰極（電極 B）で電子 1 mol あたり Cu が $\dfrac{1}{2}$ mol 析出するので，Cu の原子量 = 63.5 より，

$$\underset{\substack{Cu\,の\,mol}}{\dfrac{1.27\,g}{63.5\,g/mol}} \times 2 = 0.040\,mol$$
$$\phantom{\dfrac{1.27\,g}{63.5\,g/mol} \times 2 = }\underset{e^-\,の\,mol}{}$$

よって，電解槽IIを流れた e^- の物質量は，

$$0.060 - 0.040 = 0.020\,mol$$

電解槽Iでは電子 1 mol あたり O_2 が $\dfrac{1}{4}$ mol 生じるので，生じる気体の物質量は，

$$\underset{e^-\,の\,mol}{0.040\,mol} \times \underset{O_2\,の\,mol}{\dfrac{1}{4}} = 0.010\,mol$$

電解槽IIでは電子 1 mol あたり H_2 が $\dfrac{1}{2}$ mol, O_2 が $\dfrac{1}{4}$ mol 生じるので，生じる気体の物質量は，

$$\underset{e^-\,の\,mol}{0.020\,mol} \times \underset{H_2 + O_2\,の\,mol}{\left(\dfrac{1}{2} + \dfrac{1}{4}\right)} = 0.015\,mol$$

物質量比＝気体の体積比より，

求める体積比は，$\dfrac{0.015\,mol}{0.010\,mol} = \underline{1.5\,倍}$

問1 電極 A：$2H_2O + 2e^- \longrightarrow H_2 + 2OH^-$　　電極 B：$2H_2O \longrightarrow O_2 + 4H^+ + 4e^-$

　　　電極 C：$Ag^+ + e^- \longrightarrow Ag$　　電極 D：$Ag \longrightarrow Ag^+ + e^-$

問2　$1.0 \times 10^{-2}\,mol$　　**問3**　14 %

解説

問1　各電極での反応式

電解槽 I　Na_2SO_4 水

（存在イオン：Na^+，$SO_4{}^{2-}$，H^+，OH^-）

　陰極：$2H_2O + 2e^- \longrightarrow H_2 + 2OH^-$

　陽極：$2H_2O \longrightarrow O_2 + 4H^+ + 4e^-$

電解槽 II　$AgNO_3$ 水

（存在イオン：Ag^+，$NO_3{}^-$，H^+，OH^-）

　陰極：$Ag^+ + e^- \longrightarrow Ag$

　陽極（Ag）：$Ag \longrightarrow Ag^+ + e^-$

問2　流れた e^- の物質量

電源から流れた e^- の物質量は，

$$\frac{0.200\,A \times (13 \times 60^2 + 24 \times 60 + 10)\text{秒}}{9.65 \times 10^4\,C/mol}$$

$$= 0.100\,mol$$

電解槽 II を流れた e^- の物質量は，陰極（電極 C）で電子 1 mol あたり Ag が 1 mol 析出するので，Ag の原子量 = 108 より，

$$\underset{\text{Ag の mol} = e^- \text{の mol}}{\frac{6.48\,g}{108\,g/mol}} = 0.060\,mol$$

よって，電解槽 I を流れた e^- の物質量は，

$0.100 - 0.060 = 0.040\,mol$

電解槽 I の陽極（電極 B）では電子 1 mol あたり O_2 が $\frac{1}{4}$ mol 生じるので，求める物質量は，

$$\underset{e^- \text{の mol}\ \ O_2 \text{の mol}}{0.040\,mol \times \frac{1}{4} = 0.010\,mol}$$

問3　電解槽 III の陽極での反応式

$$\begin{cases} Cu \longrightarrow Cu^{2+} + 2e^- \\ Ni \longrightarrow Ni^{2+} + 2e^- \end{cases}$$

流れた e^- の物質量は 0.100 mol なので，溶解した銅とニッケルの物質量の合計は，

$$0.100 \times \frac{1}{2} = 0.050\,mol$$

溶解したニッケルの物質量を $x\,(mol)$ とすると，Ni の原子量 = 58.7，Cu の原子量 = 63.5 より，

$$x\,(mol) \times 58.7\,g/mol + (0.050 - x)\,mol$$
$$\times 63.5\,g/mol = 3.14\,g$$
$$x = 0.00729\,mol$$

よって，求める含有率は，

$$\frac{0.00729\,mol \times 58.7\,g/mol}{3.14\,g} \times 100 = \underline{13.6\,\%}$$

第 118 問

問1　発熱反応　　問2　活性化エネルギー：$E_3 - E_2$　　反応エンタルピー：$E_1 - E_2$

問3

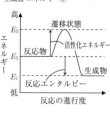

解説

問1　図1より反応物のもつエネルギーは生成物のもつエネルギーよりも大きいので，発熱反応である。

$$\underbrace{物質A + 物質B}_{反応物\ エネルギー \Ⓐ} \longrightarrow \underbrace{物質C}_{生成物\ エネルギー \Ⓑ}\quad \Delta H = -Q(\mathrm{kJ})$$

問2　化学反応は反応物どうしの衝突によって始まり，エネルギーの高い遷移状態（活性化状態）を経て生成物に変化する。このとき反応物が遷移状態になるために必要なエネルギー差を活性化エネルギーという。また，反応物と生成物のもつエンタルピーによって反応エンタルピー ΔH が求まる。

$$\Delta H = （生成物がもつエンタルピー）$$
$$\qquad - （反応物がもつエンタルピー）$$
$$\qquad = E_1 - E_2$$

問3　触媒は活性化エネルギーを下げる働きをする。より低いエネルギー経路で反応が起こるため，反応が起こりやすくなる。また，反応エンタルピーは変化しない。

第 119 問

問1　$2H_2O_2 \longrightarrow O_2 + 2H_2O$　　問2　$1.2 \times 10^{-3}\,\mathrm{mol}$　　問3　$8.0 \times 10^{-3}\,\mathrm{mol/(L \cdot s)}$

解説

問1　過酸化水素水に酸化マンガン(Ⅳ)を加えると酸素が発生する。このとき，酸化マンガン(Ⅳ)は触媒としてはたらくため反応の前後で変化しない。

問2　発生した気体A(O_2)について，$PV = nRT$ より，

$$1.0 \times 10^5\,\mathrm{Pa} \times \frac{30}{1000}\,\mathrm{L}$$
$$= n(\mathrm{mol}) \times 8.3 \times 10^3 \times (273 + 27)\,\mathrm{K}$$
$$n = \underline{1.20 \times 10^{-3}\,\mathrm{mol}}$$

問3　反応で減少した過酸化水素の物質量は

$$1.20 \times 10^{-3}\,\mathrm{mol} \times 2 = 2.40 \times 10^{-3}\,\mathrm{mol}$$

よって，単位時間（1秒）あたりの H_2O_2 のモル濃度の変化量（mol/L）で表される平均反応速度は，

$$\underbrace{\frac{2.40 \times 10^{-3}\,\mathrm{mol}}{10 \times 10^{-3}\,\mathrm{L}}}_{H_2O_2\ の\ mol/L} \times \underbrace{\frac{1}{30\,\mathrm{s}}}_{1秒あたり}$$

$$= \underline{8.0 \times 10^{-3}\,\mathrm{mol/(L \cdot s)}}$$

10 章

第 120 問

問 1　(ア)　7.2　　(イ)　3.0　　(ウ)　1.2　　(エ)　0.33

問 2　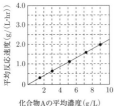

問 3　②

解説

$$CH_3COOR + H_2O$$
（化合物 A）

$$\longrightarrow CH_3COOH + ROH$$
（化合物 B）

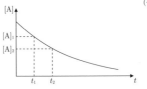

問 1　時間 t_1 における A の濃度を $[A]_1$，時間 t_2 における A の濃度を $[A]_2$ とすると，

$$平均濃度\ \overline{[A]} = \frac{[A]_1 + [A]_2}{2}$$

$$平均反応速度\ \overline{v} = -\frac{[A]_2 - [A]_1}{t_2 - t_1}$$

で求まる。

(ア)　$\dfrac{8.0 + 6.4}{2} = \underline{7.2}$

(イ)　$\dfrac{4.0 + 2.0}{2} = \underline{3.0}$

(ウ)　$-\dfrac{4.0 - 6.4}{4 - 2} = \underline{1.2}$

(エ)　$-\dfrac{1.0 - 2.0}{10 - 7} = \underline{0.33}$

問 2　平均反応速度と平均濃度をグラフで表

すと，反応速度は化合物 A の濃度の 1 乗に比例しているので，この反応は一次反応であり，反応速度式 $v = k[A]$ で表される。

問 3　$v = k[A]$ より，

時間 0 ～ 1 の数値を代入して

$$2.0 = k \times 9.0 \quad k = 0.222$$

時間 1 ～ 2 の数値を代入して

$$1.6 = k \times 7.2 \quad k = 0.222$$

時間 2 ～ 4 の数値を代入して

$$1.2 = k \times 5.2 \quad k = 0.230$$

時間 4 ～ 7 の数値を代入して

$$0.67 = k \times 3.0 \quad k = 0.223$$

時間 7 ～ 10 の数値を代入して

$$0.33 = k \times 1.5 \quad k = 0.220$$

よって，

$$k = \frac{0.222 + 0.222 + 0.230 + 0.223 + 0.220}{5}$$

$$= \underline{0.223}$$

※この問題では解答を選択肢から選ぶため，任意の時間 1 ヶ所より値を求めてもよい。

第 121 問

問 1　$x = 2$　　$y = 1$　　問 2　$0.20\ L^2/(mol^2 \cdot s)$

問 3　$4.0 \times 10^{-3}\ mol/(L \cdot s)$　　問 4　(ア)，(ウ)

問1 化学反応式を $aA + bB \longrightarrow cC$ (a, b, c：係数) とすると，C の生成速度 v は，$v = k[A]^x[B]^y$ と表せ，反応の次数 x, y と反応式の係数は一致するとは限らないので実験より求める。

実験 2，3 より，A の初期濃度が 2 倍になったとき，C の生成速度が $2^2 = 4$ 倍になるので $x = 2$，

実験 1，2 より，B の初期濃度が 2 倍になったとき，C の生成速度が 2 倍になるので $y = 1$ となる。

問2 問1 より反応速度式は $v = k[A]^2[B]$ 実験 1 の数値を代入して，

$1.8 \times 10^{-2} = k \times (0.30)^2 \times (1.00)$

単位：$\mathrm{mol/(L \cdot s)} = k$ の単位 $\times (\mathrm{mol/L})^3$

$k = \underline{0.20\,\mathrm{L^2/(mol^2 \cdot s)}}$

問3 $v = k[A]^2[B]$

$= 0.20 \times (0.20)^2 \times (0.50)$

$= \underline{4.0 \times 10^{-3}\,\mathrm{mol/(L \cdot s)}}$

問4

（ア）誤　温度が上昇しても活性化エネルギーは変わらない。

（イ）正　触媒を加えると活性化エネルギーが小さくなり，反応速度が大きくなる。

（ウ）誤　10 ℃上昇ごとに速度が 2 倍になるので 40 ℃上昇すると速度は $2^4 = 16$ 倍になる。

第 122 問

問1 ③　　**問2** ④

問1 可逆反応において，正反応と逆反応の反応速度が等しくなった状態を平衡状態(化学平衡の状態)という。

平衡状態では化学平衡の法則が成り立ち，温度によって決まる平衡定数が求められる。

$X + 2Y \rightleftharpoons 2Z$

$K_c = \dfrac{[Z]^2}{[X][Y]^2}$

（濃度）平衡定数

単位：$\dfrac{(\mathrm{mol/L})^2}{(\mathrm{mol/L})(\mathrm{mol/L})^2}$

$= (\mathrm{mol/L})^{-1} = \mathrm{L/mol}$

問2 反応の量的関係を示す。

(mol)	X	+	2Y	$\rightleftharpoons$	2Z
反応前	0.20		0.28		0
変化量	-0.10		-0.20		$+0.20$
平衡時	0.10		0.08		0.20

問題文より

……体積 2.0 L 中

平衡状態において化学平衡の法則より，

$K_c = \dfrac{[Z]^2}{[X][Y]^2} = \dfrac{\left(\dfrac{0.20}{2.0}\right)^2}{\left(\dfrac{0.10}{2.0}\right)\left(\dfrac{0.08}{2.0}\right)^2} = 125$

モル濃度(mol/L)を代入

第 123 問

Ⅰ　**問1**　9.0 mol　　**問2**　9.5 mol

Ⅱ　**問1**　4.0　　**問2**　1.3 mol　　**問3**　1.0 mol

解 説 ･･････････････････････････････

I 問1 反応の量的関係を示す。

(mol)	A	+	2B	⇌	2C
反応前	4.0		6.0		0
変化量	− 1.0		− 2.0		+ 2.0
平衡時	3.0		4.0		2.0

問題文より

求める物質量は,

$$3.0 + 4.0 + 2.0 = \underline{9.0\,\text{mol}}$$

問2 追加した A の物質量を $x\,(\text{mol})$, A の変化量を $y\,(\text{mol})$ とすると,

(mol)	A	+	2B	⇌	2C
反応前	3.0 + x		4.0		2.0
変化量	− y		− 2y		+ 2y
平衡時	3.0 + x − y		4.0 − 2y		2.0 + 2y

B と C の分圧が等しいので物質量も等しい。

$$4.0 - 2y = 2.0 + 2y \qquad y = 0.50\,\text{mol}$$

また, **問1**と**問2**では温度一定より平衡定数が等しいので,

$$K = \frac{[\text{C}]^2}{[\text{A}][\text{B}]^2} = \frac{\left(\dfrac{2.0}{V}\right)^2}{\left(\dfrac{3.0}{V}\right) \times \left(\dfrac{4.0}{V}\right)^2}$$

$$= \frac{\left(\dfrac{3.0}{V}\right)^2}{\left(\dfrac{2.5+x}{V}\right) \times \left(\dfrac{3.0}{V}\right)^2} \qquad x = \underline{9.5\,\text{mol}}$$

II 問1 反応の量的関係を示す。

(mol)	CH₃COOH	+	C₂H₅OH	⇌	CH₃COOC₂H₅	+	H₂O
反応前	1.05		1.44		0		0
変化量	− 0.80		− 0.80		+ 0.80		+ 0.80
平衡時	0.25		0.64		0.80		0.80

平衡状態において化学平衡の法則より,

$$K = \frac{[\text{CH}_3\text{COOC}_2\text{H}_5][\text{H}_2\text{O}]}{[\text{CH}_3\text{COOH}][\text{C}_2\text{H}_5\text{OH}]}$$

$$= \frac{\dfrac{0.80}{V} \times \dfrac{0.80}{V}}{\dfrac{0.25}{V} \times \dfrac{0.64}{V}} = \underline{4.0}$$

問2 平衡状態に達するまでの

$\text{CH}_3\text{COOC}_2\text{H}_5$ の変化量を $x\,(\text{mol})$ とすると,

(mol)	CH₃COOH	+	C₂H₅OH	⇌	CH₃COOC₂H₅	+	H₂O
反応前	0		0		2.00		2.00
変化量	+ x		+ x		− x		− x
平衡時	x		x		2.00 − x		2.00 − x

温度一定なら平衡定数は変わらないので, 平衡定数は $K = 4.0$ である。

平衡状態において化学平衡の法則より,

$$K = \frac{\dfrac{2.00 - x}{V} \times \dfrac{2.00 - x}{V}}{\dfrac{x}{V} \times \dfrac{x}{V}} = 4.0$$

両辺の $\sqrt{\ }$ をとると, $\dfrac{2.00 - x}{x} = \pm\, 2.0$

$0 < x < 2.00$ より, $x = 0.666$

よって, 平衡時の $\text{CH}_3\text{COOC}_2\text{H}_5$ の物質量は,

$$2.00 - x = 2.00 - 0.666 = \underline{1.33\,\text{mol}}$$

問3 H_2O を平衡状態で加えても反応前に加えても, たどりつく平衡は同じになるので新しい平衡状態での $\text{CH}_3\text{COOC}_2\text{H}_5$ の物質量は同じになる。よって, 反応前の $\text{CH}_3\text{COOC}_2\text{H}_5$ 2.00 mol, H_2O 2.00 + 3.00 = 5.00 mol, $\text{CH}_3\text{COOC}_2\text{H}_5$ の変化量を $y\,(\text{mol})$ とすると,

(mol)	CH₃COOH	+	C₂H₅OH	⇌	CH₃COOC₂H₅	+	H₂O
反応前	0		0		2.00		5.00
変化量	+ y		+ y		− y		− y
平衡時	y		y		2.00 − y		5.00 − y

平衡状態において化学平衡の法則より,

$$K = \frac{\dfrac{2.00 - y}{V} \times \dfrac{5.00 - y}{V}}{\dfrac{y}{V} \times \dfrac{y}{V}} = 4.0$$

$$3y^2 + 7y - 10 = 0 \quad (y - 1)(3y + 10) = 0$$

$0 < y < 2.00$ より, $y = 1.00$

よって, 平衡時の $\text{CH}_3\text{COOC}_2\text{H}_5$ の物質量は,

$$2.00 - 1.00 = \underline{1.00\,\text{mol}}$$

(1)　左に移動　　(2)　右に移動　　(3)　左に移動　　(4)　右に移動　　(5)　左に移動
(6)　移動しない　　(7)　左に移動

解説

　ある平衡状態で，平衡の条件(温度・圧力・濃度など)が変化すると，その変化を打ち消す方向に反応が進行し，新たな平衡状態になる。これを平衡移動の原理(ルシャトリエの原理)という。

(1)　温度を上げると平衡は温度を下げる方向(＝吸熱方向)に移動する。

(2)　圧力を上げると平衡は気体の分子数が減少する方向(＝反応式の気体物質の係数の和が小さくなる方向)に移動する。

$$2CO + O_2 \rightleftharpoons 2CO_2$$

気体3分子　　　　気体2分子

(3)　ある物質を加えてその濃度が大きくなると平衡は加えた物質の濃度が減少する方向に移動する。

(4)　圧力を下げると平衡は気体の分子数が増加する方向に移動する。固体は圧力に関係しないので分子数に含めない。

$$CO_2 + C(固体) \rightleftharpoons 2CO$$

気体1分子　　　気体2分子

(5)　CH_3COONa を加えると，CH_3COO^- が増加するため CH_3COO^- が減少する方向に移動する。

(6)　体積一定で平衡混合気体に関係ない He(不活性ガス)を加えると，全圧は増加するが平衡混合気体の分圧の和は変化しないので平衡は移動しない。

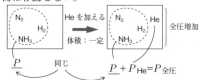

(7)　圧力一定で平衡混合気体に関係ない He(不活性ガス)を加えると，体積が増加して平衡混合気体の分圧の和は減少するので平衡は気体分子数が増加する方向に移動する。

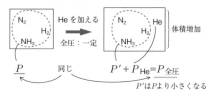

P'はPより小さくなる

問1　1.2 mol　　**問2**　1.0 mol

問3　吸熱反応　　理由：温度を下げると平衡は左に移動したので，左方向が発熱方向であり，正反応は吸熱反応となるため。

問4　a

解説

(mol)	A_2	$+ 2B_2$	$\rightleftharpoons$	$2AB_2$	
反応前	1.0	2.0		0	全モル:3.0 mol
変化量	$-x$	$-2x$		$+2x$	
平衡時	$1.0-x$	$2.0-2x$		$2x$	全モル:$3.0-x$(mol)

問1　圧力一定では反応前と反応後の体積比

は，容器内の気体の全物質量に比例する。

$$3.0\,mol \times \frac{80}{100} = 3.0 - x\,(mol)$$

反応前　　　　　　　反応後

$$x = 0.60\,mol$$

AB_2 の物質量は $2 \times 0.60 = \underline{1.20\,mol}$

94

問2 全圧に対する気体 A_2 の分圧は，容器内の気体の全物質量に対する A_2 の物質量に比例する。（ドルトンの法則）

$$1.0 \times 10^5 \, \text{Pa} \times \underset{\text{モル分率}}{\frac{1.0 - x \, (\text{mol})}{3.0 - x \, (\text{mol})}}$$
（全圧）

$$= \underset{\text{分圧}}{0.20 \times 10^5 \, \text{Pa}}$$
$$x = 0.50 \, \text{mol}$$

AB_2 の物質量は $2 \times 0.50 = \underline{1.00 \, \text{mol}}$

問3 温度を下げると平衡は発熱方向に移動する。**問1→問2**において，温度を 200℃ から 100℃ に下げたことにより AB_2 の割合が減少し平衡は左に移動したことが分かる。このため，左方向が発熱方向であり，右方向である正反応は吸熱反応である。

問4 圧力を増加させることにより，反応速度と平衡がどのように変化するかを考える。

圧力を上げると物質の濃度が増加し，分子の衝突回数が増加するため反応速度は速くなる。よって平衡に達するまでの曲線の勾配が大きくなる。また，圧力を上げると，気体分子数が減少する方向に平衡が移動する。この反応では平衡が右に移動し，平衡時の A_2 の物質量が減少する。

よって，この2つを表している曲線は a となる。

第 126 問 ━━━━━━━━━━━━━━━━━━━━━━━━━━━━━━━━

問1 0.40 mol/L　　**問2** 4.5 mol　　**問3** (1) 大きくなる　　(2) 移動しない

問4 (1) 変わらない　　(2) (イ)　　(3) 右に移動

解説 ┈┈

問1 反応の量的関係を示す。

(mol)	N_2O_4	$\rightleftharpoons$	$2NO_2$
反応前	1.0		0
変化量	-0.50		$+1.0$
平衡時	0.50		1.0

平衡状態において化学平衡の法則より，

$$K = \frac{[NO_2]^2}{[N_2O_4]} = \frac{\left(\frac{1.0}{5.0}\right)^2}{\left(\frac{0.50}{5.0}\right)} = \underline{0.40 \, \text{mol/L}}$$

問2 N_2O_4 1.0 + 5.0 = 6.0 mol から反応が始まると考え，平衡に達するまでの N_2O_4 の変化量を x (mol) とすると，

(mol)	N_2O_4	$\rightleftharpoons$	$2NO_2$
反応前	6.0		0
変化量	$-x$		$+2x$
平衡時	$6.0 - x$		$2x$

温度一定なら平衡定数は変わらないので，平衡状態において化学平衡の法則より，

$$K = \frac{[NO_2]^2}{[N_2O_4]} = \frac{\left(\frac{2x}{5.0}\right)^2}{\left(\frac{6.0 - x}{5.0}\right)} = 0.40 \, \text{mol/L}$$

$$2x^2 + x - 6 = 0 \quad (2x - 3)(x + 2) = 0$$
$$x > 0 \text{ より，} \quad x = 1.5$$

よって，平衡時の N_2O_4 の物質量は，

$$6.0 - x = 6.0 - 1.5 = \underline{4.5 \, \text{mol}}$$

問3 (1) 温度を上げると平衡は吸熱方向，すなわち右へ移動する。したがって，N_2O_4 が減少，NO_2 が増加するので K の値は大きくなる。

(2) 体積一定の条件で Ar(不活性ガス)を加えると，全圧は大きくなるが，N_2O_4 と NO_2 の分圧は変わらないので平衡は移動しない。

問4 (1) 平衡定数は温度が変わらなければ常に一定の値をとる。

(2) 体積を 1/2 倍にすると，容器内の気体分子数が変わらなければ圧力は2倍になる。

95

ただし，この場合は体積を小さくすると平衡は気体分子数減少方向へ移動する。したがって圧力は2倍より小さくなる。

(3) 圧力一定の条件で Ar（不活性ガス）を加

えると，体積が大きくなり，N_2O_4 と NO_2 の分圧はそれぞれ小さくなる。したがって平衡は分子数増加方向，すなわち右へ移動する。

第 127 問

問1 （ア） $\dfrac{[C_2H_4][H_2]}{[C_2H_6]}$　　（イ） $\dfrac{P_{C_2H_4}\cdot P_{H_2}}{P_{C_2H_6}}$　　（ウ） $\dfrac{1}{RT}$

問2 （エ） $(1.0 + a) \times 10^5$　　（オ） $\dfrac{a^2}{1.0 - a} \times 10^5$

問3 （カ） 0.33　　（キ） 1.3×10^5

解説

問1 $C_2H_6 \rightleftharpoons C_2H_4 + H_2$

$$K_c = \frac{[C_2H_4][H_2]}{[C_2H_6]}$$

モル濃度 $\dfrac{n}{V}$ と気体の分圧 P は比例するのでモル濃度を分圧に変えても平衡定数を導くことができる。

$$K_P = \frac{P_{C_2H_4}\cdot P_{H_2}}{P_{C_2H_6}}$$

$PV = nRT$ より $P = \underset{C\,(\text{mol/L})}{\underbrace{\dfrac{n}{V}}}RT$ なので

$$[C_2H_6] = P_{C_2H_6} \times \frac{1}{RT},\ [C_2H_4] = P_{C_2H_4} \times \frac{1}{RT}$$

$$[H_2] = P_{H_2} \times \frac{1}{RT}$$

よって，

$$K_c = \frac{\left(P_{C_2H_4}\times\dfrac{1}{RT}\right) \times \left(P_{H_2}\times\dfrac{1}{RT}\right)}{P_{C_2H_6}\dfrac{1}{RT}}$$

$$= \underset{\text{ウ}}{K_P \times \frac{1}{RT}}$$

問2

(mol)	C_2H_6	$\rightleftharpoons$	C_2H_4	+	H_2
反応前	1.0		0		0
変化量	$-a$		$+a$		$+a$
平衡時	$1.0 - a$		a		a

平衡時の全モル：$1.0 + a$ (mol)

温度・体積一定では反応前と反応後の圧力比は容器内の気体の全物質量に比例する。

$$\underset{\text{反応前}}{1.0\,\text{mol}} : \underset{\text{反応後}}{1.0 + a\,(\text{mol})}$$

$$= 1.0 \times 10^5\,\text{Pa} : P\,(\text{Pa})$$

$$P = \underset{\text{エ}}{\underline{(1.0 + a) \times 10^5\,\text{Pa}}}$$

モル分率を用いて，平衡時の各気体の分圧を求めると，

$$P_{C_2H_6} = P \times \frac{1.0 - a}{1.0 + a} = (1.0 - a) \times 10^5\,\text{Pa}$$

$$P_{C_2H_4} = P_{H_2} = P \times \frac{a}{1.0 + a} = a \times 10^5\,\text{Pa}$$

よって，

$$K_P = \frac{P_{C_2H_4}\cdot P_{H_2}}{P_{C_2H_6}} = \underset{\text{オ}}{\underline{\frac{a^2}{1.0 - a} \times 10^5\,\text{Pa}}}$$

問3 $K_P = \dfrac{1}{6} \times 10^5\,\text{Pa}$ より，

$$\frac{a^2}{1.0 - a} \times 10^5 = \frac{1}{6} \times 10^5$$

$$6a^2 + a - 1 = 0$$

$$(2a + 1)(3a - 1) = 0$$

$a > 0$ より，$a = \underline{0.333\,\text{mol}}$

よって，

$$P = (1.0 + a) \times 10^5 = \underline{1.33 \times 10^5\,\text{Pa}}$$

問1 $0.020(1 + \alpha)\,\mathrm{mol}$ **問2** 0.20

問3 $N_2O_4 : \dfrac{1 - \alpha}{1 + \alpha} \times 10^5\,\mathrm{Pa}$ $NO_2 : \dfrac{2\,\alpha}{1 + \alpha} \times 10^5\,\mathrm{Pa}$

問4 $\dfrac{4\,\alpha^2}{1 - \alpha^2} \times 10^5\,\mathrm{Pa}$ **問5** $1.7 \times 10^4\,\mathrm{Pa}$ **問6** （オ）

問7 吸熱反応

　　理由：加熱により解離度が大きくなったので，平衡は右に移動したと分かり正反応は吸
　　　　　熱反応である。

解説 ....

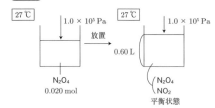

問1　反応の量的関係を示す。

(mol)	N_2O_4	$\rightleftarrows$	$2NO_2$
反応前	0.020		0
変化量	$-0.020\,\alpha$		$+0.040\,\alpha$
平衡時	$0.020(1-\alpha)$		$0.040\,\alpha$

シリンダーの中の全気体の物質量は，

　　$0.020(1 - \alpha) + 0.040\,\alpha$

　$= \underline{0.020(1 + \alpha)\,\mathrm{mol}}$

問2　平衡状態での圧力，体積，温度，物質量を $PV = nRT$ に代入して α を求める。

$1.0 \times 10^5\,\mathrm{Pa} \times 0.60\,\mathrm{L}$

$= 0.020(1 + \alpha)\,\mathrm{mol} \times 8.3 \times 10^3 \times (273 + 27)\,\mathrm{K}$

　　$1 + \alpha = 1.204$

　　　　$\alpha = \underline{0.204}$

問3　分圧＝全圧×モル分率より，平衡時の N_2O_4，NO_2 の分圧を α を用いて表す。

　　N_2O_4 の分圧

　　$1.0 \times 10^5 \times \dfrac{0.020(1 - \alpha)}{0.020(1 + \alpha)}$

　$= \underline{\dfrac{1 - \alpha}{1 + \alpha} \times 10^5\,\mathrm{Pa}}$

NO_2 の分圧

　　$1.0 \times 10^5 \times \dfrac{0.040\,\alpha}{0.020(1 + \alpha)}$

　$= \underline{\dfrac{2\,\alpha}{1 + \alpha} \times 10^5\,\mathrm{Pa}}$

問4　問3で求めた分圧より，圧平衡定数 K_p を α を用いて表す。

平衡状態において化学平衡の法則より，

$$K_\mathrm{p} = \frac{(P_{NO_2})^2}{P_{N_2O_4}} = \frac{\left(\dfrac{2\,\alpha}{1 + \alpha} \times 10^5\right)^2}{\dfrac{1 - \alpha}{1 + \alpha} \times 10^5}$$

$$= \frac{(2\,\alpha)^2}{(1 + \alpha)(1 - \alpha)} \times 10^5$$

$$= \underline{\frac{4\,\alpha^2}{1 - \alpha^2} \times 10^5\,\mathrm{Pa}}$$

問5　$\alpha = 0.204$ を代入して K_p を求める。

$$K_\mathrm{p} = \frac{4 \times 0.204^2}{1 - 0.204^2} \times 10^5 = \underline{0.173 \times 10^5\,\mathrm{Pa}}$$

問6　平衡時の N_2O_4，NO_2 のモル濃度を α を用いて表す。

　　$[N_2O_4] = \dfrac{0.020(1 - \alpha)}{0.60}\,\mathrm{mol/L}$

　　$[NO_2] = \dfrac{0.040\,\alpha}{0.60}\,\mathrm{mol/L}$

よって，求めたモル濃度より，濃度平衡定数 K_c を α を用いて表す。

$$K_\mathrm{c} = \frac{[NO_2]^2}{[N_2O_4]} = \frac{(0.040\,\alpha)^2 \times 0.60}{0.60^2 \times 0.020(1 - \alpha)}$$

$$= \underline{\frac{2\,\alpha^2}{15(1 - \alpha)}\,\mathrm{mol/L}}$$

問7 ルシャトリエの原理によると，温度を上げると平衡は吸熱方向に移動する。温度を上げたことにより，N_2O_4 の解離度が大きくなったので平衡は右に移動したことが分かる。これより，正反応は吸熱反応である。

第129問

問1 (a) $\dfrac{[CH_3COO^-][H^+]}{[CH_3COOH]}$ (b) $C(1-\alpha)$ (c) $C\alpha$ (d) $\dfrac{C\alpha^2}{1-\alpha}$

(e) $\sqrt{\dfrac{K_a}{C}}$ (f) $\sqrt{CK_a}$

問2 0.70 倍 **問3** 2.79

解 説

問1 弱酸水溶液の$[H^+]$を電離定数K_aを用いて求めるには次のように考える。

酢酸の濃度を$C\,(mol/L)$，電離度をαとすると，まず溶液中での平衡より電離定数K_aをCとαを用いて表す。

(mol/L)	CH_3COOH	$\rightleftarrows$	CH_3COO^-	$+$	H^+
電離前	C				
変化量	$-C\alpha$		$+C\alpha$		$+C\alpha$
平衡時	$\underset{(b)}{C(1-\alpha)}$		$\underset{(c)}{C\alpha}$		$\underset{(c)}{C\alpha}$

平衡状態において化学平衡の法則より，

$$K_a = \underset{(a)}{\dfrac{[CH_3COO^-][H^+]}{[CH_3COOH]}} = \dfrac{(C\alpha)^2}{C(1-\alpha)}$$

酸の電離定数

$$= \underset{(d)}{\dfrac{C\alpha^2}{1-\alpha}}$$

式変形によりαをCとK_aを用いて表す。酢酸の電離度αは1に比べて極めて小さいの

で，$1-\alpha \fallingdotseq 1$と近似すると，

$$K_a \fallingdotseq C\alpha^2 \quad \underset{(e)}{\alpha = \sqrt{\dfrac{K_a}{C}}}$$

$[H^+] = C\alpha$より，

$$[H^+] = C \times \sqrt{\dfrac{K_a}{C}} = \underset{(f)}{\sqrt{CK_a}}$$

問2 $\alpha = \sqrt{\dfrac{K_a}{C}}$より，モル濃度$C\,(mol/L)$を2倍にすると$\alpha = \sqrt{\dfrac{K_a}{2C}}$となり，$\alpha$は$\sqrt{\dfrac{1}{2}}$倍になる。よって，$\sqrt{\dfrac{1}{2}} = \dfrac{\sqrt{2}}{2} = \underline{0.70\,倍}$

問3 $[H^+] = \sqrt{CK_a}$より，

$$[H^+] = \sqrt{0.10 \times 2.6 \times 10^{-5}}$$
$$= \sqrt{2.6} \times 10^{-3}\,mol/L$$
$$pH = -\log(\sqrt{2.6} \times 10^{-3})$$
$$= 3 - \dfrac{1}{2} \times \log 2.6 = \underline{2.79}$$

第130問

問1 (ア) b (イ) h (ウ) d (エ) h (オ) c (カ) e (キ) a
(ク) b

問2 $1.8 \times 10^{-4}\,mol/L$

解 説

問1 弱酸とその塩の混合溶液，または弱塩基とその塩の混合溶液は緩衝液とよばれる。

酢酸と酢酸ナトリウムの混合溶液の場合，酢酸ナトリウムは水溶液中でほぼ完全に電離する。

$$CH_3COONa \longrightarrow CH_3COO^- + Na^+$$

酢酸は水溶液中で次の(1)式の電離平衡が成り立つが，混合溶液中では酢酸ナトリウム

から生じた$\underset{ア}{CH_3COO^-}$が多量に存在するので平衡は$\underset{イ}{左}$に移動する。（共通イオン効果）

$$CH_3COOH \rightleftarrows CH_3COO^- + H^+ \cdots (1)$$

よって，酢酸の電離平衡において，平衡時の$[CH_3COOH]$は電離前の酢酸濃度に，$[CH_3COO^-]$は酢酸ナトリウムの濃度に等しいと近似でき，溶液中にCH_3COOHとCH_3COO^-が共存する。

99

11章

この溶液に少量の酸を加えると，

$$CH_3COO^- + \underline{H^+}_{\text{オ}} \longrightarrow CH_3COOH$$

… (1)式の$\underline{\text{左向き}}_{\text{エ}}$の反応

少量の塩基を加えると，

$$\underline{CH_3COOH}_{\text{キ}} + OH^- \underset{\text{カ}}{\longrightarrow} \underline{CH_3COO^-}_{\text{ク}} + H_2O$$

の反応が起こるため，溶液の水素イオン濃度はあまり変化しない。

問2 緩衝液の$[H^+]$を電離定数K_aを用いて求めるには次のように考える。酢酸の濃度を$C_a(\text{mol/L})$，酢酸ナトリウムの濃度をC_s (mol/L)とすると，

$$CH_3COONa \longrightarrow CH_3COO^- + Na^+$$

電離前　$C_s \, \text{mol/L}$
↓
電離後　0　　　　　　$C_s \, \text{mol/L}$

$$CH_3COOH \rightleftarrows CH_3COO^- + H^+$$

電離前　$C_a \, \text{mol/L}$　^{左に偏る}
↓
平衡時　$C_a \, \text{mol/L}$　　　$C_s \, \text{mol/L}$　　$[H^+]$

平衡状態において化学平衡の法則より，

$$K_a = \frac{[CH_3COO^-][H^+]}{[CH_3COOH]}$$

平衡時の$[CH_3COO^-] \fallingdotseq C_s$，$[CH_3COOH]$ $\fallingdotseq C_a$と近似できるので，

$$K_a = \frac{C_s \times [H^+]}{C_a}$$

よって，$[H^+] = K_a \times \dfrac{C_a}{C_s}$

1.0 L 中に酢酸 $1.0 \times 10^{-1} \, \text{mol}$ と酢酸ナトリウム $1.0 \times 10^{-2} \, \text{mol}$ が含まれる場合，$C_a : C_s = 10 : 1$ となる。

$$\begin{aligned}
[H^+] &= K_a \times \frac{C_a}{C_s} \\
&= 1.8 \times 10^{-5} \times \frac{10}{1} \\
&= \underline{1.8 \times 10^{-4} \, \text{mol/L}}
\end{aligned}$$

第131問

問1 (A) $NH_3 + H_2O \rightleftarrows NH_4^+ + OH^-$　　(B) $NH_4Cl \longrightarrow NH_4^+ + Cl^-$

(C) $NH_3 + H^+ \longrightarrow NH_4^+$　　(D) $NH_4^+ + OH^- \longrightarrow NH_3 + H_2O$

問2 (ア) アンモニウムイオン　(イ) 小さく　**問3** 加水分解

解説

問1，2 アンモニアと塩化アンモニウムの混合溶液の場合，アンモニアは次の電離平衡が成り立つ。

$$NH_3 + H_2O \rightleftarrows NH_4^+ + OH^- \quad \cdots (A)$$

塩化アンモニウムは水溶液中でほぼ完全に電離する。

$$NH_4Cl \longrightarrow NH_4^+ + Cl^- \quad\quad \cdots (B)$$

混合溶液中では塩化アンモニウムから生じた$\underline{NH_4^+}_{\text{ア}}$が多量に存在するので，(A)の平衡は左に移動し，アンモニア水だけの場合に比べて pH は$\underline{\text{小さく}}_{\text{イ}}$なる。(共通イオン効果)

この溶液に少量の酸を加えると，

$$NH_3 + H^+ \longrightarrow NH_4^+ \quad\quad \cdots (C)$$

少量の塩基を加えると，

$$NH_4^+ + OH^- \longrightarrow NH_3 + H_2O \quad \cdots (D)$$

の反応が起こるため，溶液の水素イオン濃度はあまり変化しない。

問3 弱酸から生じるイオンや弱塩基から生じるイオンが，水と反応してもとの弱酸・弱塩基に変化する反応は塩の加水分解という。

$$NH_4^+ + H_2O \rightleftarrows NH_3 + H_3O^+$$

問1 11.0 　**問2** (b), (c) 　**問3** 4.4

問4 塩酸を加えたとき　4.0 　水酸化ナトリウムを加えたとき　4.7

解説 ••

問1　$[OH^-] = 1.0\,mol/L \times \underbrace{\dfrac{1.0}{1000}\,L}_{OH^- の\,mol} \times \dfrac{1}{1.0L}$

$= 1.0 \times 10^{-3}\,mol/L$

$[H^+] = \dfrac{K_w}{[OH^-]} = 1.0 \times 10^{-11}\,mol/L$

pH = 11.0

問2　H^+, OH^- を加えて反応するものを選ぶ。(b) は $H_2PO_4^-$ が酸，HPO_4^{2-} が塩基となり，反応する。(c) は H_2CO_3 が酸，HCO_3^- が塩基となり，反応する。

問3　酢酸と酢酸ナトリウムの混合溶液は緩衝液であり，混合溶液中の酢酸濃度を C_a（mol/L），酢酸ナトリウム濃度を C_s（mol/L）として $[H^+]$ を求める。酢酸 0.20 mol/L 100 mL と酢酸ナトリウム 0.10 mol/L 100 mL を混合すると，$C_a : C_s$ = 2：1 となる。

$[H^+] = K_a \times \dfrac{C_a}{C_s}$

$= 2.0 \times 10^{-5} \times \dfrac{2}{1}$

$= 4.0 \times 10^{-5}\,mol/L$

pH $= -\log(4.0 \times 10^{-5}) = 5 - 2 \times \log2$

$= 4.40$

問4　塩酸を加えたとき：混合溶液に塩酸を加えると，溶液中の CH_3COO^- が H^+ と反応する。

反応前の CH_3COOH の物質量

$0.20\,mol/L \times \dfrac{100}{1000}\,L = 0.020\,mol$

反応前の CH_3COO^- の物質量

$0.10\,mol/L \times \dfrac{100}{1000}\,L = 0.010\,mol$

加えた H^+ の物質量

$1.0\,mol/L \times \dfrac{5.0}{1000}\,L = 0.005\,mol$

(mol)	CH_3COO^-	+	H^+	$\longrightarrow$	CH_3COOH
反応前	0.010		0.005		0.020
変化量	-0.005		-0.005		$+0.005$
反応後	0.005		0		0.025

混合後 $C_a : C_s = 5 : 1$

$[H^+] = K_a \times \dfrac{C_a}{C_s}$

$= 2.0 \times 10^{-5} \times \dfrac{5}{1}$

$= 1.0 \times 10^{-4}\,mol/L$

pH $= -\log(1.0 \times 10^{-4}) = 4.0$

水酸化ナトリウムを加えたとき：混合溶液に水酸化ナトリウムを加えると，溶液中の CH_3COOH が OH^- と反応する。

加えた OH^- の物質量

$1.0\,mol/L \times \dfrac{5.0}{1000}\,L = 0.005\,mol$

(mol)	CH_3COOH	+	OH^-	$\longrightarrow$	CH_3COO^-
反応前	0.020		0.005		0.010
変化量	-0.005		-0.005		$+0.005$
反応後	0.015		0		0.015

混合後 $C_a : C_s = 1 : 1$

$[H^+] = K_a \times \dfrac{C_a}{C_s}$

$= 2.0 \times 10^{-5} \times \dfrac{1}{1}$

$= 2.0 \times 10^{-5}\,mol/L$

pH $= -\log(2.0 \times 10^{-5}) = 5 - \log2$

$= 4.70$

※**問4**のように緩衝液に少量の酸や塩基を加えても pH はほとんど変化しない。このような働きは緩衝作用とよばれる。

問1　(a) $\dfrac{[CH_3COOH][OH^-]}{[CH_3COO^-]}$　(b) $\dfrac{K_w}{K_a}$　(c) $c - x$　(d) $\dfrac{x^2}{C}$

　　(e) $\sqrt{C \cdot \dfrac{K_w}{K_a}}$　(f) $\sqrt{\dfrac{K_a \cdot K_w}{C}}$

問2　8.7

解説 ‥‥‥‥‥‥‥‥‥‥‥‥‥‥‥‥‥‥‥‥‥‥‥‥‥‥‥‥‥‥‥‥‥‥‥‥‥‥‥

問1　酢酸ナトリウム水溶液は，CH_3COO^- の加水分解により塩基性を示す。この塩の水溶液の $[H^+]$ を求めるには次のように考える。

酢酸ナトリウムの濃度を C（mol/L），加水分解の変化量を x とおくと，

$$\underset{C\,(\text{mol/L})}{CH_3COONa} \xrightarrow{\text{完全電離}} CH_3COO^- + Na^+$$

(mol/L)	CH_3COO^-	$+ H_2O \rightleftarrows$	CH_3COOH	$+ OH^-$
加水分解前	C			
変化量	$-x$		$+x$	$+x$
平衡時	$C - x$ (c)		x	x

（H_2O は大量に存在するので一定とみなせる）

平衡状態において化学平衡の法則より，

$$\underset{\text{加水分解定数}}{K_h} = \frac{[CH_3COOH][OH^-]}{[CH_3COO^-]} = \frac{x^2}{C - x}\ {}_{(a)}$$

加水分解の変化量 x は極めて小さいため，$C - x \fallingdotseq C$ と近似すると，

$$K_h = \frac{x^2}{C}\ {}_{(d)} \qquad x = \sqrt{CK_h}$$

また，

$$K_h = \frac{[CH_3COOH]\,\boxed{[OH^-]}}{[CH_3COO^-]} \cdot \frac{\boxed{[H^+]}}{[H^+]} = \boxed{\frac{K_w}{K_a}}_{(b)}$$

よって，$[OH^-] = \sqrt{CK_h} = \sqrt{C \cdot \dfrac{K_w}{K_a}}\ {}_{(e)}$

$$[H^+] = \frac{K_w}{[OH^-]} = K_w \times \sqrt{\frac{K_a}{CK_w}}$$

$$= \sqrt{\frac{K_a \cdot K_w}{C}}\ {}_{(f)}$$

問2　$[H^+] = \sqrt{\dfrac{K_a \cdot K_w}{C}}$

$$= \sqrt{\frac{2.8 \times 10^{-5} \times 1.0 \times 10^{-14}}{0.070}}$$

$$= 2.0 \times 10^{-9}\,\text{mol/L}$$

$$pH = -\log(2.0 \times 10^{-9}) = 9 - \log 2 = \underline{8.70}$$

問1　$CH_3COOH + NaOH \longrightarrow CH_3COONa + H_2O$

問2　点A　2.9　　点B　4.7　　点C　5.2　　点D　8.7

解説 ‥‥‥‥‥‥‥‥‥‥‥‥‥‥‥‥‥‥‥‥‥‥‥‥‥‥‥‥‥‥‥‥‥‥‥‥‥‥‥

問2　点A　滴定前は，0.10mol/L CH_3COOH 水溶液であり，その pH を求める。

$$[H^+] = \sqrt{CK_a}$$

$$= \sqrt{0.10 \times 2.0 \times 10^{-5}}$$

$$= \sqrt{2.0} \times 10^{-3}\,\text{mol/L}$$

$$pH = -\log(\sqrt{2.0} \times 10^{-3})$$

$$= 3 - \frac{1}{2} \times \log 2 = \underline{2.85}$$

酢酸を水酸化ナトリウムで中和するとき，酢酸に対して加える水酸化ナトリウムが少ない場合は，反応後に緩衝液となる。

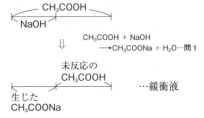

CH₃COONa の電離で生じる CH₃COO⁻ により CH₃COOH の電離は無視できるため，[CH₃COOH]は電離前の CH₃COOH の濃度にほぼ等しい。また CH₃COONa は完全に電離するため，[CH₃COO⁻]は CH₃COONa の濃度にほぼ等しい。よって，中和後の CH₃COOH の濃度を C_a(mol/L)，CH₃COONa の濃度を C_s(mol/L) とすると，その濃度比により pH が求まる。

点 B　NaOH 10 mL を加えた溶液の pH

	CH₃COOH	+	NaOH	⟶	CH₃COONa
	0.10 mol/L		0.10 mol/L		+H₂O
	20 mL		10 mL		
(mol)	⇓		⇓		
反応前	2.0×10^{-3} mol		1.0×10^{-3} mol		0 mol
変化量	-1.0×10^{-3} mol		-1.0×10^{-3} mol		$+1.0 \times 10^{-3}$ mol
反応後	1.0×10^{-3} mol		0		1.0×10^{-3} mol

中和後の溶液中では $C_a : C_s = n_a : n_s = 1 : 1$

$$[\mathrm{H^+}] = K_a \times \frac{C_a}{C_s} = 2.0 \times 10^{-5} \,\mathrm{mol/L}$$

$$\mathrm{pH} = -\log(2.0 \times 10^{-5}) = 5 - \log 2$$
$$= \underline{4.70}$$

点 C　NaOH 15 mL を加えた溶液の pH

	CH₃COOH	+	NaOH	⟶	CH₃COONa
	0.10 mol/L		0.10 mol/L		+ H₂O
	20 mL		15 mL		
(mol)	⇓		⇓		
反応前	2.0×10^{-3} mol		1.5×10^{-3} mol		
変化量	-1.5×10^{-3} mol		-1.5×10^{-3} mol		$+1.5 \times 10^{-3}$ mol
反応後	0.5×10^{-3} mol		0		1.5×10^{-3} mol

中和後の溶液中では $C_a : C_s = n_a : n_s = 1 : 3$

$$[\mathrm{H^+}] = K_a \times \frac{C_a}{C_s} = 2.0 \times 10^{-5} \times \frac{1}{3}$$

$$= \frac{2}{3} \times 10^{-5} \,\mathrm{mol/L}$$

$$\mathrm{pH} = -\log\left(\frac{2}{3} \times 10^{-5}\right)$$
$$= 5 - (\log 2 - \log 3) = \underline{5.18}$$

点 D　中和点は CH₃COONa 水溶液であり，その pH を求める。

	CH₃COOH	+	NaOH	⟶	CH₃COONa + H₂O
	0.10 mol/L		0.10 mol/L		
	20 mL		20 mL		
	⇓		⇓		
	2.0×10^{-3} mol		2.0×10^{-3} mol		

中和点における CH₃COONa の濃度

$$2.0 \times 10^{-3}\,\mathrm{mol} \times \frac{1000}{40}\,\frac{1}{\mathrm{L}} = 0.050\,\mathrm{mol/L}$$

加水分解で生じる $[\mathrm{OH^-}] = \sqrt{CK_h}$

$K_h = \dfrac{K_w}{K_a}$ より，

$$[\mathrm{OH^-}] = \sqrt{0.050 \times \frac{1.0 \times 10^{-14}}{2.0 \times 10^{-5}}}$$

$$= \frac{1}{2.0} \times 10^{-5}\,\mathrm{mol/L}$$

$$[\mathrm{H^+}] = \frac{K_w}{[\mathrm{OH^-}]} = 2.0 \times 10^{-9}\,\mathrm{mol/L}$$

$$\mathrm{pH} = -\log(2.0 \times 10^{-9}) = 9 - \log 2 = \underline{8.70}$$

【別解】

$$[\mathrm{H^+}] = \sqrt{\frac{K_a \cdot K_w}{C}}$$
$$= \sqrt{\frac{2.0 \times 10^{-5} \times 1.0 \times 10^{-14}}{0.050}}$$

$$= 2.0 \times 10^{-9}\,\mathrm{mol/L}$$

と求めてもよい。

第 135 問

1	$C(1-\alpha)$	2	$C\alpha$	3	$C\alpha$	4	$\sqrt{CK_b}$	5	$K_b \dfrac{[\mathrm{NH_3}]}{[\mathrm{NH_4^+}]}$

6	$\mathrm{NH_3 + H_3O^+}$	7	$\sqrt{\dfrac{[\mathrm{NH_4^+}] \cdot K_w}{K_b}}$	ア	1.4×10^{-3}	イ	11	ウ	1.0

エ　2.0×10^{-5}　　オ　9.3　　カ　5.3　　キ　3.3×10^{-2}　　ク　1.5

解説 ･････････････････････････････

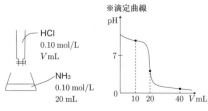

※滴定曲線

(a)加えた HCl 0 mL のとき

　…0.10 mol/L NH₃ 水の pH

NH₃ の電離平衡を考えて生じる$[OH^-]$を求める。

$$\text{(mol/L)} \quad NH_3 + H_2O \underset{\alpha}{\overset{}{\rightleftharpoons}} NH_4^+ + OH^-$$

電離前	C		
変化量	$-C\alpha$	$+C\alpha$	$+C\alpha$
平衡時	$\underset{1}{C(1-\alpha)}$	$\underset{2}{C\alpha}$	$\underset{3}{C\alpha}$

$$K_b = \frac{[NH_4^+][OH^-]}{[NH_3]} = \frac{(C\alpha)^2}{C(1-\alpha)}$$

$$= \frac{C\alpha^2}{1-\alpha}$$

$1 - \alpha \fallingdotseq 1$ と近似して，$K_b = C\alpha^2$

よって，$\alpha = \sqrt{\dfrac{K_b}{C}}$

$[OH^-] = C\alpha$ より，

$$[OH^-] = C \times \sqrt{\frac{K_b}{C}} = \underset{4}{\sqrt{CK_b}}$$

$C = 0.10$ mol/L，$K_b = 2.0 \times 10^{-5}$ mol/L より，

$$[OH^-] = \sqrt{0.10 \times 2.0 \times 10^{-5}}$$

$$= \sqrt{2.0} \times 10^{-3}$$

$$= \underset{ア}{1.4 \times 10^{-3} \text{mol/L}}$$

$$pOH = -\log(\sqrt{2} \times 10^{-3})$$

$$= 3 - \frac{1}{2} \times \log 2 = 2.85$$

$$pH = 14 - 2.85 = \underset{イ}{11.15}$$

(b)加えた HCl 10 mL のとき

…NH₃ 0.10 mol/L 20 mL + HCl 0.10 mol/L 10 mL の混合溶液の pH

中和後の緩衝液の$[OH^-]$を求める。

$$NH_3 + HCl \longrightarrow NH_4Cl$$
$$\begin{array}{ccc} 0.10\,\text{mol/L} & 0.10\,\text{mol/L} & \\ 20\,\text{mL} & 10\,\text{mL} & \end{array}$$

(mol)	$\Downarrow$	$\Downarrow$	
反応前	2.0×10^{-3}	1.0×10^{-3}	
変化量	-1.0×10^{-3}	-1.0×10^{-3}	$+1.0 \times 10^{-3}$
反応後	1.0×10^{-3}	0	1.0×10^{-3}

中和後の溶液中では $[NH_3]:[NH_4^+] = n_{NH_3} : n_{NH_4^+}$
$$= 1 \; : \; 1$$

$K_b = \dfrac{[NH_4^+][OH^-]}{[NH_3]}$ より，

$$[OH^-] = K_b \times \underset{5}{\frac{[NH_3]}{[NH_4^+]}}$$

$$= 2.0 \times 10^{-5} \times \underset{ウ}{\frac{1}{1}}$$

$$= \underset{エ}{2.0 \times 10^{-5} \text{mol/L}}$$

$$pOH = -\log(2.0 \times 10^{-5})$$

$$= 5 - \log 2 = 4.7$$

$$pH = 14 - 4.7 = \underset{オ}{9.3}$$

(c)加えた HCl 20 mL のとき

…0.050 mol/L NH₄Cl 水溶液の pH

※中和点の NH₄Cl の濃度

$$0.10\,\text{mol/L} \times \underset{\substack{\text{生じるNH}_4\text{Clのmol}}}{\frac{20}{1000}\text{L}} \times \underset{\substack{1\text{L あたり}\\\text{に換算}}}{\frac{1000}{40}\frac{1}{\text{L}}}$$

$$= 0.050\,\text{mol/L}$$

中和後の塩の水溶液の$[H^+]$を求める。加水分解で生じる$[H^+]$を x (mol/L) とすると，

$$NH_4Cl \longrightarrow NH_4^+ + Cl^-$$
$$C\,\text{mol/L}$$

$$\text{(mol/L)} \quad NH_4^+ + H_2O \rightleftharpoons NH_3 + \underset{(H^+)}{H_3O^+}$$

加水分解前	C		
変化量	$-x$	$+x$	$+x$
平衡時	$C-x$	x	x

104

$$K_h = \frac{[NH_3][H^+]}{[NH_4^+]} = \frac{x^2}{C-x}$$

$C - x \fallingdotseq C$ と近似すると, $K_h = \dfrac{x^2}{C}$

$$[H^+] = x = \sqrt{CK_h}$$

また,

$$K_h = \frac{[NH_3]\boxed{[H^+]}}{[NH_4^+]} \cdot \frac{\boxed{[OH^-]}}{[OH^-]} = \frac{\boxed{K_w}}{K_b}$$

よって,

$$[H^+] = \sqrt{C \cdot \frac{K_w}{K_b}} = \sqrt{\frac{[NH_4^+] \cdot K_w}{K_b}}_{7}$$

$C = 0.050 \text{mol/L}, K_b = 2.0 \times 10^{-5} \text{mol/L},$
$K_w = 1.0 \times 10^{-14} (\text{mol/L})^2$ より,

$$[H^+] = \sqrt{0.050 \times \frac{1.0 \times 10^{-14}}{2.0 \times 10^{-5}}}$$

$$= \sqrt{\frac{5}{2} \times 10^{-11}} \text{ mol/L}$$

$$pH = -\log\sqrt{\frac{5}{2} \times 10^{-11}}$$

$$= \frac{1}{2} \times \{11 - (\log 5 - \log 2)\} = \underline{5.3}_{\text{カ}}$$

(d) 加えた HCl 40 mL のとき

$$[H^+] = \underbrace{\left(0.10 \times \frac{40}{1000} \boxed{\times 1}\right.}_{\substack{\text{HCl から生じる} \\ \text{H}^+ \text{の mol}}} - \underbrace{\left.0.10 \times \frac{20}{1000} \boxed{\times 1}\right)}_{\substack{\text{NH}_3 \text{から生じる} \\ \text{OH}^- \text{の mol}}}$$

$$\times \underbrace{\frac{1000}{20+40} \frac{1}{L}}_{\substack{1 \text{ L あたり} \\ \text{に換算}}} = \frac{1}{3} \times 10^{-1} \text{mol/L}_{\text{キ}}$$

$$pH = -\log\left(\frac{1}{3} \times 10^{-1}\right)$$

$$= 1 + \log 3 = \underline{1.48}_{\text{ク}}$$

第 136 問

問1 ① $BaSO_4(固) \rightleftarrows Ba^{2+} + SO_4^{2-}$ $\quad K_{sp} = [Ba^{2+}][SO_4^{2-}]$

    ② $Ag_2CrO_4(固) \rightleftarrows 2Ag^+ + CrO_4^{2-}$ $\quad K_{sp} = [Ag^+]^2[CrO_4^{2-}]$

問2 $1.0 \times 10^{-10} \text{ mol}^2/L^2$ **問3** 沈殿は生じない   **問4** $1.8 \times 10^{-7} \text{ mol/L}$

解説 ....

問1

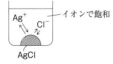

難溶性の塩 (例 AgCl) が沈殿している場合,
溶液中では次の溶解平衡が成り立つ。

$$AgCl(固) \rightleftarrows Ag^+ + Cl^-$$

平衡状態において化学平衡の法則より,

$$K = \frac{[Ag^+][Cl^-]}{[AgCl(固)]}$$

$[AgCl(固)]$ は一定とみなせるので,

$$\underbrace{K \cdot [AgCl(固)]}_{\text{溶解度積 } K_{sp}} = [Ag^+][Cl^-]$$

飽和溶液中ではイオン濃度の積は一定とな
り, この値を溶解度積 K_{sp} という。K_{sp} は溶

液中のイオン濃度の積の最大値を表す。

問2 硫酸バリウムの溶解量より, 飽和溶液
中の $[Ba^{2+}]$ および $[SO_4^{2-}]$ は,

$$[Ba^{2+}] = [SO_4^{2-}]$$

$$= \underbrace{\frac{2.33 \times 10^{-4} \text{g}}{233 \text{g/mol}}}_{\text{BaSO}_4 \text{の mol}} \times \frac{1000}{100} \frac{1}{L}$$
$$\qquad\qquad\qquad \small{1 \text{ L あたりに換算}}$$

$$= 1.00 \times 10^{-5} \text{mol/L}$$

よって, $K_{sp} = [Ba^{2+}][SO_4^{2-}]$

$$= (1.00 \times 10^{-5}) \times (1.00 \times 10^{-5})$$

$$= \underline{1.00 \times 10^{-10} \text{mol}^2/L^2}$$

問3

CaCl₂ 水	MgSO₄ 水	混合溶液
1.0×10^{-3} mol/L	2.0×10^{-3} mol/L	20 mL
10 mL	10 mL	

CaCl₂ 水 1.0×10^{-3} mol/L 10 mL + MgSO₄ 水 2.0×10^{-3} mol/L 10 mL ⇒ 混合溶液 20 mL (Ca²⁺ Cl⁻ Mg²⁺ SO₄²⁻)

Ca²⁺とSO₄²⁻は難溶性であるが，それぞれの濃度が小さいときは沈殿しないことがある。

沈殿が生じるかどうかの判断は，沈殿しないと考えてイオン濃度の積を求め，溶解度積(最大値)と比較する。混合後のイオン濃度は，

$$[Ca^{2+}]=1.0\times10^{-3}mol/L\times\underset{Ca^{2+}の\,mol}{\underline{\frac{10}{1000}L}}\times\frac{1000}{20}\frac{1}{L}$$
$$= 5.0 \times 10^{-4}\,mol/L$$

$$[SO_4^{2-}]=2.0\times10^{-3}mol/L\times\frac{10}{1000}L\times\frac{1000}{20}\frac{1}{L}$$
$$= 1.0 \times 10^{-3}\,mol/L$$

よって，

$$[Ca^{2+}][SO_4^{2-}]=(5.0\times10^{-4})\times(1.0\times10^{-3})$$
$$= 5.0 \times 10^{-7}\,mol^2/L^2$$
$$< \underset{CaSO_4の溶解度積}{2.2\times10^{-5}\,mol^2/L^2}$$

ゆえに，溶液のイオン濃度は飽和濃度に達していないので，CaSO₄の沈殿は生じない。

問4

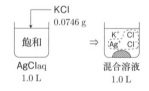

AgClaq
1.0 L

混合溶液
1.0 L

加えたKClの物質量

$$\frac{0.0746g}{74.6g/mol} = 1.0 \times 10^{-3}\,mol$$

よって，水溶液中のKCl由来のCl⁻濃度は1.0×10^{-3} mol/L。AgClの飽和溶液にCl⁻を加えるのでAgCl（固） $\rightleftarrows$ Ag⁺ + Cl⁻の平衡が左に移動してAgClが析出する。

KClを加えた後，沈殿せずに溶液中に残るAgCl由来のAg⁺，Cl⁻の濃度をx mol/Lとすると，溶解平衡時の混合溶液のイオン濃度は，

$$[Ag^+] = x(mol/L)$$
$$[Cl^-] = (x + 1.0 \times 10^{-3})mol/L$$

と表せる。

よって，

$$[Ag^+][Cl^-] = x \times (x + 1.0 \times 10^{-3})$$
$$= \underset{AgClの溶解度積}{1.8 \times 10^{-10}\,mol^2/L^2}$$

xは1.0×10^{-3}に比べて十分に小さく，
$x + 1.0 \times 10^{-3} \fallingdotseq 1.0 \times 10^{-3}$とみなせるので，

$$x \times (1.0 \times 10^{-3}) = 1.8 \times 10^{-10}$$
$$x = \underline{1.8 \times 10^{-7}\,mol/L}$$

第137問

問1 $9.6 \times 10^{-22}\,mol^2/L^2$　　**問2** $9.6 \times 10^{-21}\,mol/L$　　**問3** 水溶液X

問4 弱塩基性にすると，溶液中の硫化物イオン濃度が大きくなり，飽和濃度を超えてしまうため。

解説

水に硫化水素を溶かすとその一部が電離して硫化物イオンが生じる。

$$\begin{cases} H_2S \underset{}{\overset{K_1}{\rightleftarrows}} H^+ + HS^- & \cdots (1) \\ HS^- \underset{}{\overset{K_2}{\rightleftarrows}} H^+ + S^{2-} & \cdots (2) \end{cases}$$

溶液中の$[S^{2-}]$を求める場合は全体での電離

平衡を考えて，その電離定数と溶液の$[H^+]$により求める。

問1 (1) + (2) より，

$$H_2S \overset{K}{\rightleftarrows} 2H^+ + S^{2-} \qquad \cdots (3)$$

この平衡の電離定数Kは$K_1 \times K_2$により求

めることができる。

$$K = \frac{[H^+]^2[S^{2-}]}{[H_2S]} = K_1 \times K_2$$
$$= 9.6 \times 10^{-8} \times 1.0 \times 10^{-14}$$
$$= \underline{9.6 \times 10^{-22}(mol/L)^2}$$

問2　$K = \dfrac{[H^+]^2[S^{2-}]}{[H_2S]}$

0.10 mol/L 塩酸酸性なので[H^+] = 0.10 mol/L, また, [H_2S] = 0.10 mol/L より,

$$9.6 \times 10^{-22} = \frac{(0.10)^2 \times [S^{2-}]}{0.10}$$

$$[S^{2-}] = \underline{9.6 \times 10^{-21} \, mol/L}$$

問3　pH = 1.0 において硫化水素を飽和させると, **問2**より[S^{2-}] = 9.6×10^{-21} mol/L となる。

水溶液 X について, CuS の沈殿が生じないと考えて,

$$[Cu^{2+}][S^{2-}] = (1.0 \times 10^{-4})$$
$$\times (9.6 \times 10^{-21})$$
$$= 9.6 \times 10^{-25} \, mol^2/L^2$$
$$> 6.0 \times 10^{-36} \, mol^2/L^2$$
$$_{CuS の溶解度積}$$

よって, 溶液のイオン濃度は飽和濃度を超えているので, CuS の沈殿が生じる。

水溶液 Y について, MnS の沈殿が生じないと考えて,

$$[Mn^{2+}][S^{2-}] = 9.6 \times 10^{-25} \, mol^2/L^2$$
$$< 3.0 \times 10^{-13} \, mol^2/L^2$$
$$_{MnS の溶解度積}$$

よって, 溶液のイオン濃度は飽和濃度に達していないので MnS の沈殿は生じない。

問4　弱塩基性にすると[H^+]が小さくなり(3)式の平衡が右に移動して[S^{2-}]は大きくなる。よって, [Mn^{2+}][S^{2-}]の値が飽和濃度の値(溶解度積)に達して MnS の沈殿が生じる。

第 138 問

問1　③　　**問2**　6.0×10^{-5} mol/L　　**問3**　1.8 g

解説 ･･････････････････････････････････････

滴定の様子を図に示す。

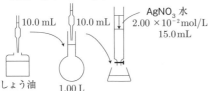

しょう油　1.00 L

AgNO_3 水を滴下すると, 難溶性の AgCl の白色沈殿が生じ, 溶液中では $[Ag^+][Cl^-] = K_{sp}$ が成立する。このとき, 沈殿していない Cl^- が残っている場合, 溶液中の $[Ag^+]$ はあまり大きく増加しない。溶液中に指示薬として CrO_4^{2-} を加えておくと, Cl^- がほぼすべて沈殿したのち, 続いて難溶性の Ag_2CrO_4 の暗赤色 (赤褐色) 沈殿が生じる。この暗赤色沈殿の生成を滴定の終点とすると, 加えた Ag^+ の物質量 ≒ 溶液中の Cl^- の物質量と考えることができ, 溶液中の Cl^- の定量ができる。

問1

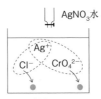

AgCl↓(白)　　Ag_2CrO_4↓(赤褐)

仮に $[Cl^-]$, $[CrO_4^{2-}]$ ともに 1.00×10^{-3} mol/L とすると AgCl が飽和する $[Ag^+]$ は,

$$[Ag^+] \times 1.00 \times 10^{-3} = 1.8 \times 10^{-10} (mol/L)^2$$

$[Ag^+] = 1.8 \times 10^{-7}\,mol/L$

Ag_2CrO_4 が飽和する $[Ag^+]$ は,

$[Ag^+]^2 \times 1.00 \times 10^{-3} = 3.6 \times 10^{-12}\,(mol/L)^3$

$[Ag^+] = 6.0 \times 10^{-5}\,mol/L$

より $AgCl$ の方がより小さい $[Ag^+]$ の値で沈殿する。

問2　Ag_2CrO_4 の沈殿が生じはじめたときの $[Ag^+]$ を $x\,(mol/L)$ とする。溶液の体積は $10.0 + 15.0 = 25.0\,mL$ になっているので,

$[CrO_4^{2-}] = 2.50 \times 10^{-5}\,mol \times \dfrac{1000}{25.0}\dfrac{1}{L}$

$\qquad\quad = 1.00 \times 10^{-3}\,mol/L$

よって,

$[Ag^+]^2[CrO_4^{2-}] = x^2 \times (1.00 \times 10^{-3})$

$\qquad\qquad\qquad = 3.6 \times 10^{-12}\ (mol/L)^3$

<small>Ag_2CrO_4 の溶解度積</small>

$\underline{x = 6.00 \times 10^{-5}\,mol/L}$

問3　しょう油中の $[Cl^-]$ を $y\,mol/L$ とすると,

$2.00 \times 10^{-2}\,mol/L \times \underset{\text{\tiny Ag^+ の mol}}{\underline{\dfrac{15.0}{1000}L}}$

$\qquad\qquad = y \times \dfrac{10.0}{1000}\,mol/L \times \underset{\text{\tiny Cl^- の mol}}{\underline{\dfrac{10.0}{1000}L}}$

<small>うすめた濃度</small>

$\qquad\qquad y = 3.0\,mol/L$

よって,求める質量は,$NaCl$ の式量 $= 58.5$ より,

$3.0\,mol/L \times \dfrac{10.0}{1000}L \times 58.5\,g/mol = \underline{1.75\,g}$

問1 (A) 17　　(B), (C) フッ素, 塩素（順不同）　　(D) 臭素　　(E) ヨウ素
　　　　(F) 7　　(G) 陰イオン　　(H) フッ素　　(I) 塩素　　(J) 臭素
　　　　(K) ヨウ素　　(L) さらし粉　　(M) ヨウ化カリウム

問2 $2KBr + Cl_2 \longrightarrow 2KCl + Br_2$

問3 $2F_2 + 2H_2O \longrightarrow 4HF + O_2$

問4 過塩素酸　$HClO_4$　　塩素酸　$HClO_3$　　亜塩素酸　$HClO_2$

問5 $CaCl(ClO)\cdot H_2O + 2HCl \longrightarrow CaCl_2 + 2H_2O + Cl_2$

問6 $I_2 + I^- \longrightarrow I_3^-$

解説

問1 周期表の17族元素はハロゲンとよばれ，単体は常温でフッ素が淡黄色の気体，塩素が黄緑色の気体，臭素が赤褐色の液体，およびヨウ素が黒紫色の固体となる。ハロゲンの単体は酸化剤としてはたらき，その強さは $F_2 > Cl_2 > Br_2 > I_2$ の順となる。

※ハロゲン原子は，半径が小さいほど電子を引き付けやすく，酸化力が強くなる。

問2 塩素は臭素よりも酸化力が強く，e^- を受けとって陰イオンになりやすい。

$$2KBr + Cl_2 \longrightarrow 2KCl + Br_2$$
（e^-）

問3 フッ素は酸化力が非常に強く，水と激しく反応して酸素を発生する。

酸化剤：$F_2 + 2e^- \longrightarrow 2F^-$ ……①
還元剤：$2H_2O \longrightarrow O_2 + 4H^+ + 4e^-$……②
①×2 +②より
$$2F_2 + 2H_2O \longrightarrow 4HF + O_2$$

問4 塩素を水に溶かすと，塩化水素と次亜塩素酸を生じる。次亜塩素酸は酸化力が強く，漂白・殺菌作用を持つ。

$$Cl_2 + H_2O \rightleftharpoons HCl + HClO$$

※塩素のオキソ酸

過塩素酸	塩素酸	亜塩素酸	次亜塩素酸
$HClO_4$	$HClO_3$	$HClO_2$	$HClO$
+7	+5	+3	+1

問5 塩素を水酸化カルシウムに吸収させるとさらし粉が得られる。

$$Cl_2 + H_2O \rightleftharpoons HCl + HClO \quad ……①$$
$$Ca(OH)_2 + HCl + HClO$$
$$\longrightarrow CaCl(ClO)\cdot H_2O + H_2O \quad ……②$$
①+②より
$$Cl_2 + Ca(OH)_2 \longrightarrow CaCl(ClO)\cdot H_2O$$
（さらし粉）

さらし粉に含まれる次亜塩素酸イオンに塩化水素を加えると次亜塩素酸が遊離し，さらに過剰の塩化水素により塩素が発生する。

$$CaCl(ClO)\cdot H_2O + HCl$$
（H^+）
$$\longrightarrow CaCl_2 + H_2O + HClO \quad ……①$$
$$HClO + HCl \rightleftharpoons Cl_2 + H_2O \quad ……②$$
①+②より，
$$CaCl(ClO)\cdot H_2O + 2HCl$$
$$\longrightarrow CaCl_2 + 2H_2O + Cl_2$$

問6 ヨウ素は水に不溶であるが，ヨウ化カリウム水溶液には三ヨウ化物イオン（褐色）となり溶ける。

$$KI + I_2 \longrightarrow K^+ + I_3^-$$
（三ヨウ化物イオン）

問1　$MnO_2 + 4HCl \longrightarrow MnCl_2 + 2H_2O + Cl_2$

問2　（イ）水　　（ウ）濃硫酸　　（エ）下方　　（オ）陽

問3　$NaCl + H_2SO_4 \longrightarrow NaHSO_4 + HCl$

問4　沸点は分子量に比例し，単体の塩素はフッ素に比べて沸点は高い。フッ化水素は分子間に水素結合が働くため，塩化水素はフッ化水素に比べて沸点は低い。

問5　$2AgBr \longrightarrow 2Ag + Br_2$

解説

問1　実験室での塩素の製法

酸化マンガン(IV)に濃塩酸を加えて加熱すると塩素が発生する。酸化マンガン(IV)の酸化力を利用する反応であるが，発生する塩素の方が酸化力が強いため，反応の際に加熱して塩素を追い出す。

$$MnO_2 + 4HCl(濃) \xrightarrow[\text{加熱}]{e^-} MnCl_2 + 2H_2O + Cl_2$$

問2　問1の反応では加熱により塩素以外にも塩化水素，水蒸気が気体として発生する。乾燥した塩素のみを得るために最初に水に通して塩化水素を吸収させ，次に濃硫酸に通して水蒸気を吸収させる。塩素は水に溶けやすく空気より重いので下方置換で捕集する。

また，塩化銅(II)水溶液の電気分解でも陽極から塩素が発生する。

$CuCl_2 水$　陰極：$Cu^{2+} + 2e^- \longrightarrow Cu$

　　　　　陽極：$2Cl^- \longrightarrow Cl_2 + 2e^-$

問3　実験室での塩化水素の製法

塩化ナトリウムに濃硫酸を加えて加熱すると塩化水素が発生する。濃硫酸は不揮発性の酸であり，Cl^- が存在すると揮発性の酸である塩化水素が追い出される。また，酸の強さが $HCl > HSO_4^-$ より，HSO_4^- は H^+ を出しにくいので Na_2SO_4 は生じない。

$$\underset{\text{不揮発性}}{NaCl} + H_2SO_4(濃) \xrightarrow{\quad} NaHSO_4 + \underset{\text{揮発性}}{HCl}$$

問4　分子量が大きくなるほど分子間力が大きくなるため，一般に沸点は分子量に比例する。ハロゲンの単体は無極性分子であり，分子量が大きいほど沸点は高くなる。ただし，ハロゲン化水素ではフッ化水素のみ分子間に強い水素結合がはたらくため，他のハロゲン化水素に比べて分子量が小さいにもかかわらず沸点は異常に高くなる。

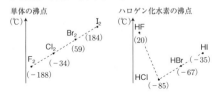

問5　ハロゲン化銀は光を当てると，分解して銀が遊離する。写真フィルムには感光剤として臭化銀などが用いられる。

問1　$2H_2O_2 \longrightarrow 2H_2O + O_2$　　　問2　$O_3 + 2KI + H_2O \longrightarrow O_2 + I_2 + 2KOH$

問3　$2KMnO_4 + 5H_2O_2 + 3H_2SO_4 \longrightarrow 2MnSO_4 + 5O_2 + 8H_2O + K_2SO_4$

問4　$8.00 \times 10^{-2} \, mol/L$

問5　$H_2O_2 + 2H^+ + 2e^- \longrightarrow 2H_2O$

問1 実験室での酸素の製法

① 過酸化水素水に酸化マンガン(Ⅳ)を加えると酸素が発生する。このとき，酸化マンガン(Ⅳ)は触媒としてはたらく。

$$\underset{\text{酸化数 }-1}{2H_2O_2} \longrightarrow \underset{-2}{2H_2O} + \underset{0}{O_2}$$

② 塩素酸カリウムに酸化マンガン(Ⅳ)を加えて加熱すると酸素が発生する。①と同様に酸化マンガン(Ⅳ)は触媒としてはたらく。塩素酸カリウムと酸化マンガン(Ⅳ)はともに固体なので反応の際に加熱が必要となる。

$$\underset{\text{酸化数 }+5-2}{2KClO_3} \overset{\blacktriangle}{\longrightarrow} \underset{-1}{2KCl} + \underset{0}{3O_2}$$

問2 湿らせたヨウ化カリウムデンプン紙は，酸化剤によりヨウ素が遊離してヨウ素デンプン反応による青紫色を示すため，O_3，Cl_2 などの酸化剤の検出に用いられる。

O_3：$O_3 + 2H^+ + 2e^- \longrightarrow O_2 + H_2O$ ……①

KI：$2I^- \longrightarrow I_2 + 2e^-$ ……②

①＋②より

$O_3 + 2I^- + 2H^+ \longrightarrow O_2 + I_2 + H_2O$

I^- は KI から，H^+ は中性水溶液では H_2O から生じるイオンなので，両辺に $2K^+$，$2OH^-$ を加える。

$O_3 + 2KI + 2H_2O$
$\longrightarrow O_2 + \underset{\text{デンプンにより青紫色}}{\underline{I_2}} + H_2O + 2KOH$

問3 過酸化水素は通常は酸化剤であるが，過マンガン酸カリウムとの反応では還元剤となる。

$KMnO_4$：$MnO_4^- + 8H^+ + 5e^-$
$\longrightarrow Mn^{2+} + 4H_2O$ …①

H_2O_2：$H_2O_2 \longrightarrow O_2 + 2H^+ + 2e^-$ …②

①×2＋②×5より

$2MnO_4^- + 5H_2O_2 + 6H^+$
$\longrightarrow 2Mn^{2+} + 5O_2 + 8H_2O$

MnO_4^- は $KMnO_4$ から，H^+ は H_2SO_4 から生じるイオンなので，両辺に $2K^+$，$3SO_4^{2-}$ を加える。

$2KMnO_4 + 5H_2O_2 + 3H_2SO_4$
$\longrightarrow 2MnSO_4 + 5O_2 + 8H_2O + K_2SO_4$

問4 過酸化水素水の濃度を x（mol/L）とすると，

$$\underset{\text{KMnO}_4\text{が得る e}^-\text{のmol}}{\underline{0.0200\,\text{mol/L} \times \frac{16.0}{1000}\text{L}\;\boxed{\times5}}}$$

$$= \underset{\text{H}_2\text{O}_2\text{が出す e}^-\text{の mol}}{\underline{x\,(\text{mol/L}) \times \frac{10.0}{1000}\text{L}\;\boxed{\times2}}}$$

$$x = 0.0800\,\text{mol/L}$$

第 142 問 ━━━━━━━━━━━

問1 (ア) 同素体　(イ) 無　(ウ) 亜硫酸　(エ) 青　(オ) 赤
　　　 (カ) 酸化　(キ) 還元

問2 $SO_2 + H_2O \longrightarrow H_2SO_3$　　**問3** $SO_2 + 2H_2S \longrightarrow 3S + 2H_2O$

問4 (a) 2　(b) 5

硫黄の単体は，斜方硫黄，単斜硫黄，ゴム状硫黄などの同素体があり，常温では斜方硫黄で安定に存在する。

硫黄は燃焼により無色・刺激臭の二酸化硫黄を生じる。二酸化硫黄は酸性雨の原因となる気体で，水に溶けると亜硫酸を生じて酸性

を示す。

$$SO_2 + H_2O \longrightarrow H_2SO_3 \quad \cdots\text{問2の反応式}$$

二酸化硫黄は通常は還元剤であるが，還元力の強い硫化水素との反応では酸化剤となる。

二酸化硫黄と硫化水素との化学反応式

$$SO_2 : SO_2 + 4H^+ + 4e^- \longrightarrow S + 2H_2O$$
（酸化剤）
$$\cdots\cdots①$$

$$H_2S : H_2S \longrightarrow S + 2H^+ + 2e^- \quad\cdots\cdots②$$

①＋②×2より

$$SO_2 + 2H_2S \longrightarrow 3S + 2H_2O$$

$\cdots$問3の反応式

過マンガン酸カリウムと二酸化硫黄とのイオン反応式

$$KMnO_4 : MnO_4^- + 8H^+ + 5e^-$$
$$\longrightarrow Mn^{2+} + 4H_2O\cdots\cdots①$$

$$SO_2 : SO_2 + 2H_2O$$
（還元剤）
$$\longrightarrow SO_4^{2-} + 4H^+ + 2e^-\cdots\cdots②$$

①×2＋②×5より

$$2MnO_4^- + 5SO_2 + 2H_2O$$
$$\longrightarrow 2Mn^{2+} + 5SO_4^{2-} + 4H^+$$

$\cdots$問4の反応式

第 143 問 ━━━━━━━━

問1 （**ア**）　酸化バナジウム（Ｖ）　（**イ**）　発煙硫酸　（**ウ**）　接触　（**エ**）　酸化力

問2 (a)　$S + O_2 \longrightarrow SO_2$　(b)　$2SO_2 + O_2 \longrightarrow 2SO_3$

(c)　$SO_3 + H_2O \longrightarrow H_2SO_4$　まとめた式：$2S + 3O_2 + 2H_2O \longrightarrow 2H_2SO_4$

問3　11 L　**問4**　(1)　②　(2)　①　(3)　④

解説 ••

問1，2　硫酸の工業的製法は接触法とよばれる。

まず原料となる二酸化硫黄を硫黄の燃焼や，黄鉄鉱（主成分 FeS_2）などの硫黄を含む鉱石の燃焼により得る。

$$S + O_2 \longrightarrow SO_2 \quad\cdots(a)$$

$$4FeS_2 + 11O_2 \longrightarrow 2Fe_2O_3 + 8SO_2$$

生じた二酸化硫黄を酸化バナジウム（Ｖ）V_2O_5 を触媒として空気酸化すると三酸化硫黄となる。

$$2SO_2 + O_2 \longrightarrow 2SO_3 \quad\cdots(b)$$

生じた三酸化硫黄を濃硫酸に吸収させて発煙硫酸とし，これに希硫酸を加えると濃硫酸が得られる。

$$SO_3 + H_2O \longrightarrow H_2SO_4 \quad\cdots(c)$$

(a)〜(c)の反応をまとめて1つの反応式で表すと，

(a)×2＋(b)＋(c)×2より

$$2S + 3O_2 + 2H_2O \longrightarrow 2H_2SO_4$$

問3　硫黄1 mol あたり硫酸1 mol が得られるので，求める硫酸の体積を x L とすると，H_2SO_4 の分子量 $= 98$ より，

$$\underbrace{\frac{6.4\times10^3\text{g}}{32\text{g/mol}}}_{S\ \text{の mol}} = \underbrace{\frac{x\times10^3\text{mL}\times1.8\text{g/mL}\times\frac{98}{100}}{98\text{g/mol}}}_{H_2SO_4\ \text{の mol}}$$

$$x = \underline{11.1 \text{ L}}$$

問4　濃硫酸は酸化力が強い，不揮発性である，脱水作用をもつ，溶解熱が大きいなどの性質がある。

(1)　デンプンに濃硫酸を加えると，脱水作用により炭素が生じ，黒色に変化する。

(2)　濃硫酸の不揮発性により，揮発性酸の塩と反応して揮発性の酸が遊離する。

$$NaCl + H_2SO_4 \longrightarrow NaHSO_4 + HCl$$
揮発性酸の塩　　　　　　　　　　　　揮発性の酸

(3)　加熱した濃硫酸は酸化力があり，イオ

ン化傾向の小さい銀を酸化する。

$2Ag + 2H_2SO_4 \longrightarrow Ag_2SO_4 + 2H_2O + SO_2$

第144問

問1 （ア）無　（イ）ハーバー・ボッシュ　（ウ）上方
（エ）三角錐　（オ）塩基

問2 （2）　**問3** $2NH_4Cl + Ca(OH)_2 \longrightarrow CaCl_2 + 2H_2O + 2NH_3$

問4 $NH_3 + H_2O \rightleftharpoons NH_4^+ + OH^-$

問5 $2NH_3 + CO_2 \longrightarrow (NH_2)_2CO + H_2O$

問6 酸性になった土壌を中和するため。

問7 $(NH_4)_2SO_4 + Ca(OH)_2 \longrightarrow CaSO_4 + 2H_2O + 2NH_3$

理由：硫安と消石灰が反応してしまうため。

解説

問1 周期表の15族元素にはN，P，As，Sb，Biがあり，N，P，Kは植物の成長に必要であるにもかかわらず，多くの土壌で不足しがちな元素で肥料の三要素とよばれる。

アンモニアの工業的製法はハーバー・ボッシュ法とよばれ，窒素と水素を原料に鉄を主体とした触媒（Fe_3O_4など）を加えて高温・高圧で反応させてアンモニアを得る。

$N_2 + 3H_2 \rightleftharpoons 2NH_3$　$\Delta H = -46.1kJ$

アンモニアは三角錐形の極性分子で，水に溶けやすく空気より軽いので上方置換で捕集する。

問2 アンモニアの生成は発熱反応であるため，温度を上げると平衡は吸熱方向へ移動してアンモニアの生成量は減少し，平衡定数は小さくなる。反応を高温で行うのは反応速度を大きくするためである。

問3 弱塩基の塩である塩化アンモニウムに強塩基を加えると弱塩基のアンモニアが遊離する。

$2NH_4Cl + Ca(OH)_2 \longrightarrow CaCl_2 + 2H_2O + 2NH_3$

問4 アンモニアは水溶液中では水からH^+を受け取ってOH^-を生じる。

問5 尿素は構造式$H_2N\text{-}\overset{\displaystyle O}{\underset{\displaystyle \|}{C}}\text{-}NH_2$で表され，アンモニアと二酸化炭素を原料として高温・高圧で合成される。

問6 窒素肥料が土壌中の亜硝酸菌により酸化されると，酸性の土壌になるため，これを消石灰で中和する。

問7 硫安$(NH_4)_2SO_4$は弱塩基の塩であり，強塩基の消石灰$Ca(OH)_2$と反応する。

$NH_4^+ + OH^- \longrightarrow NH_3 + H_2O$

第145問

問1 （ア）触媒　（イ）オストワルト　（ウ）水上　（エ）赤褐　（オ）下方

問2 （2）　**問3** $NH_3 + 2O_2 \longrightarrow HNO_3 + H_2O$

問4 $3Cu + 8HNO_3 \longrightarrow 3Cu(NO_3)_2 + 4H_2O + 2NO$

問5 $Cu + 4HNO_3 \longrightarrow Cu(NO_3)_2 + 2H_2O + 2NO_2$

解説 •

問2 硝酸カリウムに濃硫酸を加えて加熱すると，硝酸が生じる。

$$\underset{\text{不揮発性}}{KNO_3} + \underset{}{H_2SO_4(濃)} \xrightarrow{\triangle} KHSO_4 + \underset{\text{揮発性}}{HNO_3}$$

この反応は濃硫酸の不揮発性によって揮発性の硝酸を追い出す反応である。

問3 硝酸の工業的製法はオストワルト法とよばれる。

$$4NH_3 + 5O_2 \longrightarrow 4NO + 6H_2O \quad \cdots\cdots(1)$$
$$2NO + O_2 \longrightarrow 2NO_2 \quad\quad\quad \cdots\cdots(1)'$$
$$3NO_2 + H_2O \longrightarrow 2HNO_3 + NO \cdots\cdots(2)$$

$((1) + (1)' \times 3 + (2) \times 2) \times \dfrac{1}{4}$ より，まとめて1つの反応式で表すと，

$$NH_3 + 2O_2 \longrightarrow HNO_3 + H_2O$$

となる。

問4 一酸化窒素は銅と希硝酸との反応で発生する。一酸化窒素は水に溶けないため，水上置換で捕集する。

$$3Cu + 8HNO_3(希)$$
$$\longrightarrow 3Cu(NO_3)_2 + 4H_2O + 2NO$$

問5 二酸化窒素は銅と濃硝酸との反応で発生する。二酸化窒素は水に溶けやすく，空気より重いため，下方置換で捕集する。

$$Cu + 4HNO_3(濃)$$
$$\longrightarrow Cu(NO_3)_2 + 2H_2O + 2NO_2$$

第 146 問 ━━━━━━━━━━━━━━━━━━

問1 （ア） 2 （イ） 6 （ウ） 10

問2 $P_4O_{10} + 6H_2O \longrightarrow 4H_3PO_4$

問3 $Ca_3(PO_4)_2 + 2H_2SO_4 \longrightarrow Ca(H_2PO_4)_2 + 2CaSO_4$

問4 0.84 kg

解説 •

問1 リンの単体は，リン酸カルシウム $Ca_3(PO_4)_2$ を主成分とするリン鉱石を石英 (SiO_2) とコークス (C) とともに強熱して得られる。次の2つの反応式を合わせたものと考えるとよい。

$$\underset{+5}{2Ca_3(PO_4)_2} + 6SiO_2$$
$$\longrightarrow 6CaSiO_3 + \underset{+5}{P_4O_{10}}$$

$$\underset{+5}{P_4O_{10}} + \underset{0}{10C} \longrightarrow \underset{0}{P_4} + \underset{+2}{10CO}$$

問2 リンを燃焼すると十酸化四リンが得られる。

$$4P + 5O_2 \longrightarrow P_4O_{10}$$

十酸化四リンは吸湿性が強く，水を加えて加熱するとリン酸が得られる。

問3 リン酸カルシウム $Ca_3(PO_4)_2$ は水に不溶であるため，植物が吸収できない。そこで硫酸と反応させて水に可溶であるリン酸二水素カルシウム $Ca(H_2PO_4)_2$ とする。生成物は過リン酸石灰とよばれるリン酸肥料の代表例である。

問4 リン酸カルシウム1 mol あたり硫酸2 mol が反応するので，求める硫酸の質量を x (kg) とすると，$Ca_3(PO_4)_2$ の式量 = 310，H_2SO_4 の式量 = 98 より，

$$\underset{\substack{| \\ Ca_3(PO_4)_2 \text{の mol}}}{\frac{1.00\times10^3\mathrm{g}\times\frac{80.0}{100}}{310\,\mathrm{g/mol}}}\times2 = \underset{\substack{| \\ H_2SO_4 \text{の mol}}}{\frac{x\times10^3\mathrm{g}\times\frac{60.0}{100}}{98\,\mathrm{g/mol}}}$$

$$x = \underline{0.843\mathrm{kg}}$$

第 147 問

問 1 (ア) 14　(イ) 4　(ウ),(エ) ケイ素, ゲルマニウム, スズ, 鉛から 2 つ

(オ) 黒鉛(グラファイト)　(カ) 同素体　(キ) 共有　(ク) 硬

(ケ) 黒　(コ),(サ) 電気, 熱　(シ) フラーレン　(ス) 無定形炭素

問 2 赤血球中のヘモグロビンと結合し, 全身に酸素を運ぶ働きを阻害するため。

問 3 (1) $CaCO_3 + 2HCl \longrightarrow CaCl_2 + H_2O + CO_2$　(2) 13 g

解説 ●●●

問 1 周期表の 14 族元素には C, Si, Ge, Sn, Pb があり Sn, Pb は両性金属である。炭素の単体にはダイヤモンド, 黒鉛, フラーレンや無定形炭素などの同素体が存在する。

ダイヤモンドはすべての炭素原子が共有結合で結合した巨大分子で非常に硬い。

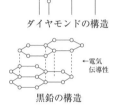
ダイヤモンドの構造

黒鉛は結合の一部に弱いファンデルワールス力を含み, 電子の移動により電気, 熱をよく通す。

黒鉛の構造 ←電気伝導性

問 2 炭素が不完全燃焼すると, 有毒な一酸化炭素が生じる。

$$2C + O_2 \longrightarrow 2CO$$

問 3 石灰石の主成分は炭酸カルシウムであり, 希塩酸と反応して二酸化炭素が発生する。炭酸カルシウム 1 mol あたり CO_2 1 mol が発生するので, 求める石灰石の質量を x (g) とすると, $CaCO_3$ の式量 $= 100$ より,

$$\underbrace{\frac{x \times \frac{80}{100}\text{g}}{100\,\text{g/mol}}}_{CaCO_3 \text{ の mol}} = \underbrace{\frac{2.4\,\text{L}}{22.4\,\text{L/mol}}}_{CO_2 \text{ の mol}}$$

$$x = 13.3\,\text{g}$$

第 148 問

問 1 $SiO_2 + 2C \longrightarrow Si + 2CO$

問 2 半導体

問 3 A フッ化水素　B ケイ酸ナトリウム　C 水ガラス　D ケイ酸

E シリカゲル

問 4 (c) $SiO_2 + Na_2CO_3 \longrightarrow Na_2SiO_3 + CO_2$

(d) $Na_2SiO_3 + 2HCl \longrightarrow H_2SiO_3(SiO_2 \cdot H_2O) + 2NaCl$

問 5 表面に多数のヒドロキシ基をもち, 水分子を吸着するため。

解説 ●●●

問 1 ケイ素の単体は天然には存在せず, 二酸化ケイ素をコークス(炭素)で還元して製造される。

問 2 ケイ素の単体の電気伝導性は金属と非金属の中間の大きさで, 高純度のケイ素は半導体の材料として用いられる。

問 3, 4 二酸化ケイ素はフッ化水素酸(フッ化水素の水溶液)に溶ける。

$$SiO_2 + 6HF \longrightarrow H_2SiF_6 + 2H_2O$$
ヘキサフルオロケイ酸

また，炭酸ナトリウムや水酸化ナトリウムとともに加熱すると融解してケイ酸ナトリウムとなる。ケイ酸ナトリウムに水を加えて加熱すると水ガラスが得られる。ケイ酸ナトリウムに酸を加えるとケイ酸となる。ケイ酸を乾燥させて脱水するとシリカゲルが得られ，乾燥剤に用いられる。

$$\boxed{Si} \xleftarrow[還元]{} \boxed{SiO_2} \xrightarrow[\substack{Na_2CO_3 \\ NaOH}]{} \boxed{Na_2SiO_3} \xrightarrow[HCl]{} \boxed{H_2SiO_3}$$

水と混合すると 水ガラス ／ 乾燥すると シリカゲル

問5 シリカゲルは多孔質で表面積が大きく，その表面に親水性の－OH基が存在するため，水素結合により水分子を吸着する。

第 149 問

Ⅰ ①

Ⅱ **問1** (1) $Zn + H_2SO_4 \longrightarrow ZnSO_4 + H_2$

(2) $2NH_4Cl + Ca(OH)_2 \longrightarrow CaCl_2 + 2H_2O + 2NH_3$

(3) $2H_2O_2 \longrightarrow 2H_2O + O_2$

(4) $Cu + 2H_2SO_4 \longrightarrow CuSO_4 + 2H_2O + SO_2$

(5) $FeS + H_2SO_4 \longrightarrow FeSO_4 + H_2S$

(6) $NaCl + H_2SO_4 \longrightarrow NaHSO_4 + HCl$

(7) $3Cu + 8HNO_3 \longrightarrow 3Cu(NO_3)_2 + 4H_2O + 2NO$

問2 (1) (c)　(2) (a)　(3) (c)　(4) (b)　(5) (c)　(6) (b)

(7) (c)

問3 (1) （ア），（イ），（ウ）　(2) （ウ）　(3) （ア），（イ），（ウ）

(4) （ア），（イ）　(5) （イ）　(6) （ア），（イ）　(7) （ア），（イ），（ウ）

解説

Ⅰ Aの気体発生反応について

① 濃硫酸が不揮発性の酸であるため，揮発性の酸である塩化水素が発生する。

$NaCl + H_2SO_4(濃) \xrightarrow{\blacktriangle} NaHSO_4 + HCl$

② 亜鉛は両性元素であり，水酸化ナトリウムに溶けて水素が発生する。

$Zn + 2NaOH + 2H_2O$
$\longrightarrow Na_2[Zn(OH)_4] + H_2$

③ 次亜塩素酸イオンが酸と反応して次亜塩素酸となり，さらに塩化水素により塩素が発生する。

$CaCl(ClO) \cdot H_2O + 2HCl$
$\longrightarrow CaCl_2 + 2H_2O + Cl_2$

※高度さらし粉を用いた場合

$Ca(ClO)_2 \cdot 2H_2O + 4HCl$
高度さらし粉
$\longrightarrow CaCl_2 + 4H_2O + 2Cl_2$

④ 炭酸水素塩の熱分解により二酸化炭素が発生する。

$2NaHCO_3 \xrightarrow{\blacktriangle} Na_2CO_3 + H_2O + CO_2$

⑤ 濃硝酸が酸化剤としてはたらき，二酸化窒素が発生する。

$Cu + 4HNO_3(濃)$
$\longrightarrow Cu(NO_3)_2 + 2H_2O + 2NO_2$

Ⅱ **問1** (1)～(7)の気体発生反応について

(1) イオン化傾向の大きい亜鉛が酸に電子を与えて水素が発生する。

116

$$\underline{Zn} + 2H^+ \longrightarrow Zn^{2+} + H_2$$
$$\underset{e^-}{\overbrace{\hspace{2cm}}}$$

(2) 弱塩基の塩である塩化アンモニウムに強塩基を加えると弱塩基のアンモニアが遊離する。

$$NH_4^+ + OH^- \longrightarrow NH_3 + H_2O$$

(3) 酸化マンガン(IV)が触媒としてはたらき，過酸化水素を分解して酸素が発生する。

(4) 熱濃硫酸が酸化剤としてはたらき，二酸化硫黄が発生する。

$$H_2SO_4 + 2e^- + 2H^+ \longrightarrow SO_2 + 2H_2O$$

(5) 弱酸の塩である硫化鉄(II)に強酸を加えると弱酸の硫化水素が遊離する。

$$S^{2-} + 2H^+ \longrightarrow H_2S$$

(6) 濃硫酸が不揮発性の酸であるため，揮発性の酸である塩化水素が発生する。

(7) 希硝酸が酸化剤としてはたらき，一酸化窒素が発生する。

$$HNO_3 + 3e^- + 3H^+ \longrightarrow NO + 2H_2O$$

問2　(a)の発生装置は固体どうしを反応させる場合に用いる。固体どうしの反応では必ず加熱が必要。特に(2)のアンモニアの発生は固体どうしで反応させる。(b)の発生装置は加熱を必要とする反応の場合に用いる。特に濃硫酸を用いる反応では加熱が必要。(c)の発生装置は加熱しない反応の場合に用いる。

問3　主な乾燥剤

　　酸性：濃硫酸，P_4O_{10}

　　中性：$CaCl_2$，シリカゲル

　　塩基性：ソーダ石灰，生石灰(CaO)

　気体を乾燥するときに用いる乾燥剤は気体と中和反応が起こらないように選ぶ。例えば酸性の気体には酸性または中性の乾燥剤を用いる。

　ただし，$CaCl_2$ は NH_3 と反応するため，濃硫酸は H_2S と酸化還元反応するため，乾燥剤の組み合わせには適さない。

第 150 問

問1　① 4種類　　② 3種類　　**問2**　1

解説

問1　ア～オで発生する気体とその反応式

ア．亜硝酸アンモニウムは加熱により分解して窒素を発生する。

$$NH_4NO_2 \longrightarrow 2H_2O + N_2$$

　窒素：無色，無臭

イ．弱塩基の塩である塩化アンモニウムに強塩基を加えると弱塩基のアンモニアが遊離する。

$$2NH_4Cl + Ca(\underline{OH})_2$$
$$\overset{\blacktriangle}{\longrightarrow} CaCl_2 + 2\underline{H_2O} + 2NH_3$$

　アンモニア：無色，刺激臭

ウ．弱酸の塩である炭酸カルシウムに強酸を加えると弱酸の炭酸が遊離する。

$$Ca\underline{CO_3} + 2HCl$$
$$\longrightarrow CaCl_2 + \underline{H_2O} + \underline{CO_2}$$

　二酸化炭素：無色，無臭

エ．弱酸の塩である硫化鉄(II)に強酸を加えると弱酸の硫化水素が遊離する。

$$FeS + 2HCl \longrightarrow FeCl_2 + \underline{H_2S}$$

　硫化水素：無色，腐卵臭

オ．酸化マンガン(IV)が酸化剤としてはたらき，塩素が発生する。

$$MnO_2 + 4HCl$$
$$\overset{\blacktriangle}{\longrightarrow} MnCl_2 + 2H_2O + Cl_2$$

117

塩素：黄緑色，刺激臭

問2　1. 酸化作用を示す気体は Cl_2，O_3，F_2 など。この問題では Cl_2 のみなので誤り。

2. 単体の気体は N_2，Cl_2 の 2 種類。

3. 水に溶けて酸性を示す気体は CO_2，NO_2，SO_2，H_2S，Cl_2，HCl など。この問題では CO_2，H_2S，Cl_2 の 3 種類。

4. 水に溶けて塩基性を示す気体は NH_3 のみ。

5. 空気より重い気体は下方置換で捕集できる。この問題では CO_2，H_2S，Cl_2 の 3 種類。なお，水に溶けやすい気体（上の 3，4 の気体）は水上置換での捕集はしない。

13章

第 151 問

問1 （ア）（a） （イ）（h） （ウ）（e）

問2 $2Na + 2H_2O \longrightarrow 2NaOH + H_2$

問3 ① × ② ○ ③ ○

問4 （1） 陽極：$2Cl^- \longrightarrow Cl_2 + 2e^-$ 陰極：$Na^+ + e^- \longrightarrow Na$ （2） 12時間

解説

問1 ナトリウムは1価の陽イオンになりやすく，単体はe^-を出して還元作用を示す。このためナトリウムは常温の水と反応する。

問2 $Na \longrightarrow Na^+ + e^-$ ･･･（1）

$2H_2O + 2e^- \longrightarrow H_2 + 2OH^-$ ･･･（2）

（1）× 2 +（2）より

$2Na + 2H_2O \longrightarrow 2NaOH + H_2$

問3 水との反応性はナトリウムよりカリウムの方が高い。（①は誤）アルカリ金属の単体は密度が小さく，融点が低い。（②，③は正）ナトリウムはイオン化傾向が大きいため，単体は塩化ナトリウムを溶融（融解）塩電解することにより得られる。

問4 （1） NaCl 融解液（Na^+，Cl^-のみ）

陽極：$2Cl^- \longrightarrow Cl_2 + 2e^-$

陰極：$Na^+ + e^- \longrightarrow Na$

（2） 電子e^-が1mol流れるとNaが1mol得られるので，求める時間をt時間とすると，Naの原子量 = 23より，

$$\underbrace{\frac{100\,A \times (t \times 60^2)\,秒}{9.65 \times 10^4\,C/mol}}_{e^-の\ mol} = \frac{1 \times 10^3\,g}{23\,g/mol}$$

$$t = \underline{11.6\,時間}$$

第 152 問

問1 （ア） $2Cl^- \longrightarrow Cl_2 + 2e^-$ （イ） $2H_2O + 2e^- \longrightarrow H_2 + 2OH^-$

（ウ） 塩化物 （エ） 水酸化物 （オ） ナトリウム

問2 0.20mol

解説

問1 水酸化ナトリウムは工業的には塩化ナトリウム水溶液の電気分解で製造される。

陽極：$2Cl^- \longrightarrow Cl_2 + 2e^-$

陰極：$2H_2O + 2e^- \longrightarrow H_2 + 2OH^-$

純度の高い水酸化ナトリウムを得るには，陽極槽と陰極槽の間に陽イオンだけを通す膜を用いるイオン交換膜法が用いられている。この方法では，陽極側で残ったNa^+が陽イオン交換膜を通り陰極側へ移動することで陰極側でNaOHの濃度が増加する。

問2 流れるe^-の物質量

$$\frac{5.0\,A \times (64 \times 60 + 20)秒}{9.65 \times 10^4\,C/mol} = 0.20\,mol$$

電子e^-が1mol流れるとNaOHが1mol得られるので，生じるNaOHの物質量は 0.20 mol

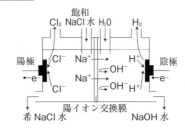

問1 風解

問2 （ア） CO_2 （イ） CaO （ウ） $NaCl$ （エ） アンモニアソーダ

第1工程：$CaCO_3 \longrightarrow CaO + CO_2$

第2工程：$NaCl + H_2O + CO_2 + NH_3 \longrightarrow NaHCO_3 + NH_4Cl$

第3工程：$2NaHCO_3 \longrightarrow Na_2CO_3 + H_2O + CO_2$

問3 $1.1 \times 10^3 kg$ 問4 $Ca(OH)_2 + 2NH_4Cl \longrightarrow CaCl_2 + 2H_2O + 2NH_3$

解説 ●●●

問1 炭酸ナトリウム十水和物の結晶は空気中に放置すると水和水を失って粉末状になる。この現象を風解という。

$$Na_2CO_3 \cdot 10H_2O \longrightarrow \underset{白色粉末}{Na_2CO_3 \cdot H_2O} + 9H_2O$$

問2 Na_2CO_3 の工業的製法はアンモニアソーダ法（ソルベー法）とよばれる。

塩化ナトリウムの飽和溶液にアンモニア，次いで二酸化炭素を吹き込むと，溶解度の小さい炭酸水素ナトリウムが析出する。

$NaCl + H_2O + CO_2 + NH_3$
$\longrightarrow NaHCO_3 + NH_4Cl$ …第2工程

ここで必要となる CO_2 は石灰石の熱分解で得られる。

$CaCO_3 \longrightarrow CaO + CO_2$ …第1工程

析出した $NaHCO_3$ は熱分解によって炭酸ナトリウムとなる。

$2NaHCO_3 \longrightarrow Na_2CO_3 + H_2O + CO_2$
…第3工程

問3 $NaCl$ 1mol あたり Na_2CO_3 0.5mol 得られるので，Na_2CO_3 の式量 = 106，$NaCl$ の式量 = 58.5 より，

$$\underset{Na_2CO_3 \text{ の k mol}}{\frac{1.00 \times 10^3 kg}{106 g/mol}} \times \underset{NaCl \text{ の k mol}}{2 \times 58.5 g/mol}$$

$$= \underline{1.10 \times 10^3 kg}$$

問4 副生成物の NH_4Cl は強塩基により NH_3 が遊離するため，アンモニアを循環再利用できる。

$CaO + H_2O \longrightarrow Ca(OH)_2$
$2NH_4Cl + Ca(OH)_2$
$\longrightarrow CaCl_2 + 2H_2O + 2NH_3$

※アンモニアソーダ法の全反応

$2NaCl + CaCO_3 \longrightarrow Na_2CO_3 + CaCl_2$

問1 （ア） 橙赤 （イ） 黄緑 （ウ） 還元 （エ） 溶融（融解）塩

問2 $Mg + 2H_2O \longrightarrow Mg(OH)_2 + H_2$

問3 酸化：$Mg \longrightarrow Mg^{2+} + 2e^-$ 還元：$O_2 + 4e^- \longrightarrow 2O^{2-}$

問4 $2Mg + CO_2 \longrightarrow 2MgO + C$

解説 ●●●

周期表の2族元素のうちベリリウム，マグネシウム以外の元素は特有の炎色反応を示す。

※主な金属の炎色反応で見られる色

Li…赤 Na…黄 K…紫
Ca…橙赤〔ア〕 Cu…青緑 Ba…黄緑〔イ〕
Sr…紅

問2 マグネシウムは熱水と反応して H_2 を

120

発生する。

$$Mg + 2H_2O \longrightarrow Mg(OH)_2 + H_2$$

(下線 Mg に e^- の矢印)

$$\left.\begin{array}{l} Mg \longrightarrow Mg^{2+} + 2e^- \\ O_2 + 4e^- \longrightarrow 2O^{2-} \end{array}\right\}$$
$$\Rightarrow 2Mg + O_2 \longrightarrow 2MgO$$

問3 マグネシウムは空気中で強熱すると明るい光を出して燃える。

問4 マグネシウムは<u>還元力</u>が強く炭酸ガス
（下 ウ）中でも燃えて CO_2 を C に還元する。

第 155 問

問1 $Ca(OH)_2 + Cl_2 \longrightarrow CaCl(ClO)\cdot H_2O$

問2 (1) $CaCO_3 + H_2O + CO_2 \longrightarrow Ca(HCO_3)_2$

(2) $CaCO_3$ となり沈殿する。

問3 (a) ○ (b) × (c) × (d) ○ (e) ×

解説

問1 水酸化カルシウムは酸性の気体である塩素と反応して，さらし粉が得られる。

$$Cl_2 + H_2O \longrightarrow HCl + HClO$$
$$Ca(OH)_2 + HCl + HClO$$
$$\longrightarrow \underset{\text{さらし粉}}{CaCl(ClO)\cdot H_2O} + H_2O$$

問2 水酸化カルシウムの飽和水溶液は石灰水と呼ばれ，石灰水に二酸化炭素を通じると炭酸カルシウムの白色沈殿が生じる。

$$Ca(OH)_2 + CO_2 \longrightarrow \underset{B}{CaCO_3} + H_2O$$

さらに二酸化炭素を通じ続けると炭酸水素カルシウムを生じて沈殿は溶ける。

$$\underset{H^+}{CaCO_3} + H_2O + CO_2 \longrightarrow \underset{(Ca^{2+}+2HCO_3^-)}{Ca(HCO_3)_2}_C$$

炭酸水素カルシウムの水溶液を加熱すると，炭酸カルシウムの白色沈殿が生じる。

$$Ca(HCO_3)_2 \longrightarrow CaCO_3 + H_2O + CO_2$$

問3

$$Ca(OH)_2 + H_2SO_4 \longrightarrow \underset{A}{CaSO_4} + 2H_2O$$

(a) ○ $CaSO_4$ は難溶性である。

(b) × X 線造影剤として用いられるのは $BaSO_4$ である。

(c) × にがりは海水を濃縮して食塩を析出させた後に残る溶液。溶質の主成分は $MgCl_2$ である。

(d) ○ セッコウは $CaSO_4\cdot 2H_2O$，加熱すると焼きセッコウ $CaSO_4\cdot\frac{1}{2}H_2O$ になる。

(e) × 吸湿剤や融雪剤に用いられるカルシウム化合物は $CaCl_2$ である。

第 156 問

問1 （ア）ケイ素 （イ）水素 （ウ）ボーキサイト

問2 $Al_2O_3 + 2NaOH + 3H_2O \longrightarrow 2Na[Al(OH)_4]$

問3 （イ） **問4** 84 g

解説

問1・2 地殻中に存在する元素の質量割合は O＞<u>Si</u>＞Al＞Fe …の順で，アルミニウ
（下 ア）

ムは金属元素では最も多く存在する。アルミニウムの原鉱石はボーキサイトであり，主成

121

分は酸化アルミニウム Al_2O_3 である。酸化アルミニウムは両性酸化物であり水酸化ナトリウムに溶けるため，ボーキサイトを濃い水酸化ナトリウムで処理して不純物と分離する。

$$Al_2O_3 + 2NaOH + 3H_2O$$
$$\longrightarrow 2Na[Al(OH)_4]$$

不純物をろ過した後，ろ液に多量の水を加えて水酸化アルミニウムを析出させ，これを強熱すると純粋な酸化アルミニウムが得られる。これをアルミナという。

$$Na[Al(OH)_4] \longrightarrow NaOH + Al(OH)_3$$
$$2Al(OH)_3 \longrightarrow Al_2O_3 + 3H_2O$$

アルミニウムはイオン化傾向が大きいため，水溶液の電気分解では水の H^+ が反応して Al^{3+} の還元は起こらない。

陽極：$2H_2O + 2e^- \longrightarrow H_2 + 2OH^-$

このため，アルミニウムの単体は酸化アルミニウムの溶融（融解）塩電解によって得る。

Al_2O_3 融解液（Al^{3+}, O^{2-} のみ）

陽極：炭素電極が O^{2-} と反応
$$C + O^{2-} \longrightarrow CO + 2e^-$$
$$C + 2O^{2-} \longrightarrow CO_2 + 4e^-$$

陰極：$Al^{3+} + 3e^- \longrightarrow Al$

問3 （ア）誤 $Al(OH)_3$ は過剰の NH_3 水には溶けない。

（イ）正 $Al(OH)_3$ は両性水酸化物で，過剰の $NaOH$ 水に溶ける。

$$Al(OH)_3 + NaOH \longrightarrow Na[Al(OH)_4]$$

さらに酸を加えると，再び $Al(OH)_3$ が沈殿し，過剰の酸に溶ける。

$$Al(OH)_3 + 3HCl \longrightarrow AlCl_3 + 3H_2O$$

（ウ）誤 過剰の $NaOH$ 水に溶けて無色の $Na[Al(OH)_4]$ の溶液となる。

問4 電子 e^- が $3\,mol$ 流れると Al が $1\,mol$ 得られるので，流れる e^- の物質量は，Al の原子量 = 27 より，

$$\underbrace{\frac{216\,g}{27\,g/mol}}_{Al\ \mathcal{O}\ mol} \times 3 = 24\,mol \atop \quad\underbrace{\quad}_{e^-\ \mathcal{O}\ mol}$$

陰極で生じた CO を $x\,(mol)$ とすると，$CO:CO_2 = 2:5$ より，CO_2 は $2.5x\,(mol)$ 生じる。流れる e^- の物質量について，

$$x\,(mol) \times 2 + 2.5x\,(mol) \times 4 = 24\,mol$$
$$x = 2\,mol$$

よって，求める質量は，C の原子量 = 12 より，

$$(2 + 5)\,mol \times 12\,g/mol = \underline{84\,g}$$

第 **157** 問

問1 （ア）13 （イ）3 （ウ）酸化物（酸化アルミニウム） （エ）酸化
（オ）アルマイト （カ）テルミット （キ）両性 （ク）ジュラルミン
（ケ）ルビー （コ）ミョウバン

問2 $2Al + 3H_2O \longrightarrow Al_2O_3 + 3H_2$　　問3 $2Al + Fe_2O_3 \longrightarrow Al_2O_3 + 2Fe$

問4 塩酸との反応：$2Al + 6HCl \longrightarrow 2AlCl_3 + 3H_2$
水酸化ナトリウムとの反応：$2Al + 2NaOH + 6H_2O \longrightarrow 2Na[Al(OH)_4] + 3H_2$

問5 $AlK(SO_4)_2 \cdot 12H_2O$

解説

問1 アルミニウムは周期表の13族に属る元素で，価電子を3つもち，これを放出し

て3価の陽イオンになりやすい。アルミニウムは酸化されやすいが，金属表面に緻密な酸

化物の被膜を形成するため酸化反応が内部まで進まなくなる。人工的に酸化被膜をつくったアルミニウム製品をアルマイトという。

アルミニウムと銅などの合金はジュラルミンとよばれる。また，酸化アルミニウム Al_2O_3 はルビーやサファイアの主成分である。

問2 アルミニウムは高温の水蒸気と反応して水素を発生する。次の2つの反応の組み合わせと考えるとよい。

$$2Al + 6H_2O \longrightarrow 2Al(OH)_3 + 3H_2$$
$$2Al(OH)_3 \longrightarrow Al_2O_3 + 3H_2O$$

……高温では脱水により酸化物になる。

問3 アルミニウム粉末と酸化鉄(Ⅲ)との混合物に点火すると，多量の熱を発生しながら反応して融解した鉄が得られる。この反応をテルミット反応という。

問4 アルミニウムは両性金属であり，酸とも塩基とも反応して水素を発生する。

酸との反応

$$2Al + 6H^+ \longrightarrow 2Al^{3+} + 3H_2$$

塩基との反応……次の2つの反応の組み合わせと考えるとよい。

$$2Al + 6H_2O \longrightarrow 2Al(OH)_3 + 3H_2$$
$$2Al(OH)_3 + 2OH^- \longrightarrow 2[Al(OH)_4]^-$$

問5 硫酸アルミニウム $Al_2(SO_4)_3$ と硫酸カリウム K_2SO_4 の混合溶液から結晶を析出させると，ミョウバン $AlK(SO_4)_2 \cdot 12H_2O$ が得られる。

第 158 問

問1 B Fe_3O_4 C FeO **問2** $Fe_2O_3 + 3CO \longrightarrow 2Fe + 3CO_2$
問3 （ア）銑鉄   （イ）酸素   （ウ）鋼   **問4** $2.0 \times 10^2\,kg$

解説

問1 鉄の酸化物は酸化数の大きい順に Fe_2O_3 酸化鉄(Ⅲ)，Fe_3O_4 四酸化三鉄，FeO 酸化鉄(Ⅱ)の3種類がある。

問2 溶鉱炉の中ではコークスの燃焼により生じた一酸化炭素が酸化鉄を還元して単体の鉄が得られる。

$$\underset{\text{酸化鉄を還元する還元剤}}{2C + O_2 \longrightarrow 2CO}$$

$$\underset{\text{赤鉄鉱の主成分}}{Fe_2O_3} + 3CO \longrightarrow 2Fe + 3CO_2$$

$$\underset{\text{磁鉄鉱の主成分}}{Fe_3O_4} + 4CO \longrightarrow 3Fe + 4CO_2$$

などの反応が起こる。

問3 溶鉱炉で得られた鉄は不純物として4%程度の炭素が含まれており，銑鉄とよばれる。ここに酸素を吹き込み，炭素の含有率を減らすと，十分な強度をもつ鋼となる。

問4 求めるコークスの質量を $x\,(kg)$ とすると，

$$\underset{\text{Fe の mol}}{\frac{558 \times 10^3\,g}{55.8\,g/mol}} \times \frac{3}{2} = \underset{\text{C の mol}}{\frac{x \times 10^3\,g \times \dfrac{90}{100}}{12.0\,g/mol}}$$

$$x = \underline{2.0 \times 10^2\,kg}$$

第 159 問

問1 （1）不動態   （2）トタン   （3）スズ   （4）合金
（5），（6）ニッケル，クロム   （7）黒   （8）赤褐   （9）緑白   （10）赤褐

(11) 濃青 (12) 血赤

問2 鉄より亜鉛の方がイオン化傾向が大きいため，亜鉛が先にイオンになるから。

問3 (b) Fe_3O_4 (c) $K_3[Fe(CN)_6]$

解説 ••

問1 鉄，ニッケル，アルミニウムなどの金属は，酸化力のある濃硝酸に対して金属表面に緻密な酸化被膜を形成して内部を保護する。この状態を不動態という。鉄に亜鉛をめっきしたものはトタン，鉄にスズをめっきしたものはブリキとよばれる。鉄とニッケル，クロムなどの合金はステンレス鋼とよばれる。

FeO 酸化鉄(Ⅱ)は黒色，Fe_2O_3 酸化鉄(Ⅲ)は赤褐色である。

鉄イオンは鉄(Ⅱ)イオンと鉄(Ⅲ)イオンがあり，沈殿の色や呈色反応により区別できる。

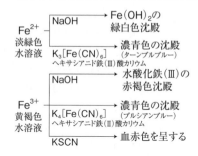

問2 トタンとブリキの反応の違い

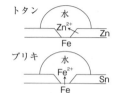

トタン	傷がついても Zn が先に反応する。
ブリキ	傷がつくと Fe が反応する。

第 160 問 ──────────────────────────────

問1 (1) 緑 (2) 黒 (3) 黄 (4) 赤褐 (5) 橙赤 (6) 赤紫

問2 (A) CrO_4^{2-} (B) $Cr_2O_7^{2-}$ (C) MnO_4^-

問3 $Cr_2O_7{}^{2-} + 2OH^- \longrightarrow 2CrO_4{}^{2-} + H_2O$

問4 $2CrO_4{}^{2-} + 2H^+ \longrightarrow Cr_2O_7{}^{2-} + H_2O$

問5 二クロム酸カリウム：$Cr_2O_7{}^{2-} + 6e^- + 14H^+ \longrightarrow 2Cr^{3+} + 7H_2O$

過マンガン酸カリウム：$MnO_4{}^- + 5e^- + 8H^+ \longrightarrow Mn^{2+} + 4H_2O$

解説 ••

酸化クロム(Ⅲ)…Cr_2O_3 緑色

酸化マンガン(Ⅳ)…MnO_2 黒色

二クロム酸イオンは塩基性にするとクロム酸イオンになる。逆にクロム酸イオンは酸性にすると二クロム酸イオンになる。

$$Cr_2O_7{}^{2-} \underset{②H^+}{\overset{①OH^-}{\rightleftharpoons}} CrO_4{}^{2-}$$
橙赤色　　　　　黄色
(橙黄色)

①の反応式

$Cr_2O_7{}^{2-} + 2OH^- \longrightarrow 2CrO_4{}^{2-} + H_2O$

②の反応式

$2CrO_4{}^{2-} + 2H^+ \longrightarrow Cr_2O_7{}^{2-} + H_2O$

クロム酸イオンは銀イオン Ag^+，バリウムイオン Ba^{2+}，鉛(Ⅱ)イオン Pb^{2+} と沈殿をつくる。

$2Ag^+ + CrO_4^{2-} \longrightarrow Ag_2CrO_4 \downarrow$ 赤褐色

$Ba^{2+} + CrO_4^{2-} \longrightarrow BaCrO_4 \downarrow$ 黄色

$Pb^{2+} + CrO_4^{2-} \longrightarrow PbCrO_4 \downarrow$ 黄色

二クロム酸カリウムや過マンガン酸イオン

は酸性条件下において強い酸化作用を示す。

$Cr_2O_7^{2-} + 6e^- + 14H^+ \longrightarrow 2Cr^{3+} + 7H_2O$

$MnO_4^- + 5e^- + 8H^+ \longrightarrow Mn^{2+} + 4H_2O$
赤紫色

第 161 問

問 1 黄銅鉱

問 2 (1) 陽極：$Cu \longrightarrow Cu^{2+} + 2e^-$　　陰極：$Cu^{2+} + 2e^- \longrightarrow Cu$

(2) 鉄：(オ)　理由：銅よりイオン化傾向が大きいため。

銀：(ウ)　理由：銅よりイオン化傾向が小さいため。

(3) 47 g

問 3 陽極泥

解説

問 1，2 (1)，(2)，**3** 銅の工業的製法は，まず原鉱石の黄銅鉱をコークスやケイ砂と共に溶鉱炉に入れ，硫化銅(Ⅰ)を得る。

$4CuFeS_2 + 9O_2$
$\longrightarrow 2Cu_2S + 2Fe_2O_3 + 6SO_2$

次に転炉に入れて空気を吹き込むと単体(粗銅)が得られる。

$Cu_2S + O_2 \longrightarrow 2Cu + SO_2$

粗銅には Ag や Zn，Fe などの不純物を含むため，電解精錬により純度を上げる。

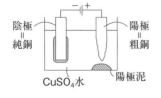

陽極での反応：$Cu(粗銅) \longrightarrow Cu^{2+} + 2e^-$

陰極での反応：$Cu^{2+} + 2e^- \longrightarrow Cu(純銅)$

※粗銅中に含まれる金属は，Cu よりイオン化傾向が大きい金属は溶解してイオン化するが，Cu よりイオン化傾向が小さい金属は陽極の下に沈殿する(陽極泥)。

問 2 (3)　流れる e^- の mol

$$\frac{5.0\,A \times (8 \times 60^2)秒}{9.65 \times 10^4\,C/mol} = 1.49\,mol$$

よって求める質量は，Cu の原子量 = 63.6 より，

$$1.49\,mol \times \underset{\substack{| \\ e^-の\,mol}}{\frac{1}{2}} \times \underset{\substack{| \\ Cuの\,mol}}{63.6\,g/mol} = \underline{47.3\,g}$$

第 162 問

問 1 (ア)，(イ) Ag，Au　　(ウ) 高　　(エ) 大き　　(オ) 酸化力

(カ) イオン化傾向　　(キ) 二酸化窒素　　(ク) 青緑

問 2 $Cu + 2H_2SO_4 \longrightarrow CuSO_4 + 2H_2O + SO_2$

問 3 酸化反応：$Cu \longrightarrow Cu^{2+} + 2e^-$　　還元反応：$Cl_2 + 2e^- \longrightarrow 2Cl^-$

酸化還元反応：$Cu + Cl_2 \longrightarrow CuCl_2$

問 4 (a) 水素結合　　(b) 配位結合

問5 A 点　$CuSO_4\cdot 3H_2O$　　B 点　$CuSO_4\cdot H_2O$

解説

問1，2　銅は周期表の 11 族に属する遷移金属で Ag や Au と同族である。遷移元素は一般に融点が高く，密度が大きい。

銅はイオン化傾向が水素より小さく，塩酸や希硫酸には溶けないが，酸化力の強い熱濃硫酸や硝酸には溶ける。

$$Cu + \underset{\text{熱濃硫酸}}{2H_2SO_4} \longrightarrow CuSO_4 + 2H_2O + SO_2$$

$$Cu + \underset{\text{濃硝酸}}{4HNO_3} \longrightarrow Cu(NO_3)_2 + 2H_2O + \underset{\text{キ}}{2NO_2}$$

$$3Cu + \underset{\text{希硝酸}}{8HNO_3} \longrightarrow 3Cu(NO_3)_2 + 4H_2O + 2NO$$

銅は青緑色の炎色反応を示す。

問3　$Cl_2 : Cl_2 + 2e^- \longrightarrow 2Cl^-$　　…①

　　　$Cu : Cu \longrightarrow Cu^{2+} + 2e^-$　　…②

①＋②より　$Cu + Cl_2 \longrightarrow CuCl_2$

問4，5　$CuSO_4$ の結晶は 5 分子の H_2O と結合した硫酸銅(Ⅱ)五水和物 $CuSO_4\cdot 5H_2O$ で存在することが多い。5 分子の H_2O のうち 4 分子は配位結合，残り 1 分子は水素結合により結びつく。

$CuSO_4\cdot 5H_2O$ を加熱すると，段階的に H_2O を失う。

$$CuSO_4\cdot 5H_2O \underset{-2H_2O}{\longrightarrow} CuSO_4\cdot 3H_2O$$
$$\underset{-2H_2O}{\longrightarrow} CuSO_4\cdot H_2O \underset{-H_2O}{\longrightarrow} CuSO_4$$

失う H_2O の数は質量変化により求めることができる。

図 2 の A 点における結晶を $CuSO_4\cdot xH_2O$ と表すと，その式量は $160 + 18x$ となるので，$CuSO_4\cdot 5H_2O$ の式量＝ 250 より，

$$\frac{1.02\,g}{250\,g/mol} = \frac{0.87\,g}{(160 + 18x)\,g/mol}$$

$$x \fallingdotseq 3 \quad CuSO_4\cdot 3H_2O$$

図 2 の B 点における結晶を $CuSO_4\cdot yH_2O$ と表すと，

$$\frac{1.02\,g}{250\,g/mol} = \frac{0.73\,g}{(160 + 18y)\,g/mol}$$

$$y \fallingdotseq 1 \quad CuSO_4\cdot H_2O$$

図 2 の C 点における結晶を $CuSO_4\cdot zH_2O$ と表すと，

$$\frac{1.02\,g}{250\,g/mol} = \frac{0.65\,g}{(160 + 18z)\,g/mol}$$

$$z \fallingdotseq 0 \quad CuSO_4$$

第 163 問

問1　(ア)　イオン化傾向　　(イ)　酸化力　　(ウ)　酸化銀(Ⅰ)　　(エ)　光

問2　$Ag + 2HNO_3 \longrightarrow AgNO_3 + H_2O + NO_2$

問3　$Ag_2O + H_2O + 4NH_3 \longrightarrow 2[Ag(NH_3)_2]^+ + 2OH^-$（右辺は $2[Ag(NH_3)_2]OH$ も可）

問4　(a)　フッ化銀　　(b)　臭化銀　　(c)　ヨウ化銀　　(d)　塩化銀

解説

問1　Ag^+ を含む水溶液に OH^- を加えると酸化銀 Ag_2O の褐色沈殿が生じる。

$$2Ag^+ + 2OH^- \longrightarrow Ag_2O + H_2O$$

ハロゲン化銀に光を当てると，分解して銀の粒子が遊離する。臭化銀 AgBr はこの性質を利用して写真フィルムの感光材に利用されている。

$$2AgBr \longrightarrow 2Ag + Br_2$$

問2　銀は銅と同様にイオン化傾向が小さく，酸化力の強い熱濃硫酸や硝酸と反応する。

$$2Ag + \underset{\text{熱濃硫酸}}{2H_2SO_4} \longrightarrow Ag_2SO_4 + 2H_2O + SO_2$$

$$Ag + \underset{\text{濃硝酸}}{2HNO_3} \longrightarrow AgNO_3 + H_2O + NO_2$$

$$3Ag + 4HNO_3 \longrightarrow 3AgNO_3 + 2H_2O + NO$$
希硝酸

問3 この反応式は次の2つの反応の組み合わせと考えるとよい。

沈殿の溶解：
$$Ag_2O + H_2O \longrightarrow 2Ag^+ + 2OH^- \cdots ①$$

錯イオン形成：
$$Ag^+ + 2NH_3 \longrightarrow [Ag(NH_3)_2]^+ \cdots ②$$

① + ② × 2
$$Ag_2O + H_2O + 4NH_3$$
$$\longrightarrow 2[Ag(NH_3)_2]^+ + 2OH^-$$

問4 Ag^+を含む水溶液にハロゲン化物イオンを加えると，F^-以外のCl^-，Br^-，I^-はハロゲン化銀の沈殿が生じる。

AgCl↓白色　AgBr↓淡黄色　AgI↓黄色

第 164 問

I **問1** （ア）非共有電子対　（イ）配位結合　（ウ）配位子

問2 $[Zn(NH_3)_4]^{2+}$：テトラアンミン亜鉛(Ⅱ)イオン

$[Fe(CN)_6]^{4-}$：ヘキサシアニド鉄(Ⅱ)酸イオン

問3

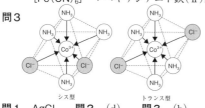

シス型　　　　　　トランス型

Ⅱ **問1** AgCl　**問2** (d)　**問3** (b)　**問4** $[CoCl(NH_3)_5]Cl_2$

解 説

I **問2** 錯イオンの名称

例

配位子

$$[\ Ag\ (CN)_2\ ]^-$$

金属イオン　配位数

ジ　　シアニド　銀(Ⅰ)　酸イオン
配位数　配位子名　金属イオン　全体が陰イオンのとき酸をつける

問3 $[CoCl_2(NH_3)_4]^+$は2種類の配位子があり，正八面体構造の6つの頂点にCl^-2つと$NH_3$4つが結合するため，その位置の違いにより立体異性体が存在する。

なお，6つの頂点はすべて等価であるため，解答の異性体は次のように書いてもよい。

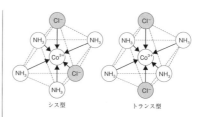

シス型　　　　　　トランス型

Ⅱ **問1** 錯イオンにイオン結合で結合しているCl^-（配位子ではないCl^-）は，Ag^+を加えると AgCl の白色沈殿となる。

問2 (a)の $CoCl_3 \cdot 6NH_3$ について，Co^{3+}の配位数は6であり，NH_3 6つが配位結合している（NH_3 は配位結合でしかCo^{3+}と結合できない）。よって，錯イオンの化学式は $[Co(NH_3)_6]^{3+}$となり，含まれる3つのCl^-はすべてイオン結合で結合しているため，Ag^+を加えると沈殿する。

同様に，(b)の $CoCl_3 \cdot 5NH_3$ は，NH_3 5つ

127

と Cl⁻1つが配位結合している。よって，錯
イオンの化学式は [CoCl(NH₃)₅]²⁺ となり，
残り2つの Cl⁻ がイオン結合で結合している
ため，Ag⁺ を加えると沈殿する。

(d) の CoCl₃·3NH₃ は，NH₃ 3つと Cl⁻ 3
つが配位結合している。イオン結合の Cl⁻ は
存在しないため，Ag⁺ を加えても沈殿しない。

問3, 4 溶液中の錯イオンの物質量は，

$$0.01 \, \text{mol/L} \times \frac{10}{1000} \, \text{L} = 1.0 \times 10^{-4} \, \text{mol}$$

生じた沈殿の物質量は，AgCl の式量 =
143.5 より，

$$\frac{0.029 \, \text{g}}{143.5 \, \text{g/mol}} = 2.0 \times 10^{-4} \, \text{mol}$$

よって，錯イオン1mol 中にイオン結合の
Cl⁻ が2mol 存在するため，[CoCl(NH₃)₅]²⁺
と Cl⁻ からなる(b)となる。

第 165 問

I ① II 実験a Mg²⁺ 実験b Al³⁺

解説

I 主な沈殿生成の組合せ
・Cl⁻ により沈殿が生じる金属イオン
　⇒ Ag⁺，Pb²⁺ など
・SO₄²⁻ により沈殿が生じる金属イオン
　⇒ Ba²⁺，Ca²⁺，Sr²⁺，Pb²⁺ など
・CrO₄²⁻ により沈殿が生じる金属イオン
　⇒ Ag⁺，Ba²⁺，Pb²⁺ など
・OH⁻ により沈殿が生じる金属イオン
　⇒アルカリ金属のイオン，Ca²⁺，Sr²⁺，
　　Ba²⁺ 以外の多く
・S²⁻ により沈殿が生じる金属イオン
　⇒アルカリ金属，アルカリ土類金属のイ

オン以外の多く
　※ ZnS，FeS は強酸性においては沈殿
　　しない。
・CO₃²⁻ により沈殿が生じる金属イオン
　⇒アルカリ金属のイオン以外の多く
① A と C で CaCO₃↓
② どちらも沈殿は生じない
　※ NO₃⁻ と沈殿する金属イオンはなし
③ どちらも沈殿は生じない
④ A と B で Ag₂O↓，A と C で Ag₂CrO₄↓
　※ 2Ag⁺ + 2OH⁻ ⟶ Ag₂O + H₂O
⑤ どちらも沈殿は生じない

第 166 問

②

解説

①（正），②（誤） NaOH を過剰に加えて
沈殿が溶けるのは OH⁻ と錯イオンを形成で
きる金属イオンで，Al³⁺，Zn²⁺，Sn²⁺，
Pb²⁺ などがある。

例 Al³⁺ $\xrightarrow[\text{NaOH}]{\text{少量の}}$ Al(OH)₃↓ $\xrightarrow[\text{NaOH}]{\text{過剰の}}$ [Al(OH)₄]⁻ テトラヒドロキシドアルミン酸イオン

③（正） NH₃ を過剰に加えて沈殿が溶ける

のは NH₃ と錯イオンを形成できる金属イオ
ンで，Cu²⁺，Ag⁺，Zn²⁺ などがある。

Cu²⁺ $\xrightarrow[\text{NH}_3]{\text{少量の}}$ Cu(OH)₂↓
$\xrightarrow[\text{NH}_3]{\text{過剰の}}$ [Cu(NH₃)₄]²⁺ テトラアンミン銅(II)イオン

④（正） Ba²⁺ + SO₄²⁻ ⟶ BaSO₄↓
⑤（正） Pb²⁺ + 2Cl⁻ ⟶ PbCl₂↓

128

問1 A ZnCl₂   B CuSO₄   C FeCl₂   D AgNO₃   E (CH₃COO)₂Pb

問2 D [Ag(NH₃)₂]⁺   A [Zn(OH)₄]²⁻

解説

問1 実験1について，Cl⁻ により沈殿が生じる金属イオンは Ag⁺，Pb²⁺。実験2について，CrO₄²⁻ により沈殿が生じる金属イオンは Ag⁺，Pb²⁺，Ag₂CrO₄ は赤褐色，PbCrO₄ は黄色なので，D は硝酸銀，E は酢酸鉛(II)と分かる。実験3について，NH₃ を過剰に加えて沈殿が溶ける金属イオンは Cu²⁺，Ag⁺，Zn²⁺ なので，沈殿が溶解しない C は塩化鉄(II)と分かる。実験4について，NaOH を過剰に加えて沈殿が溶ける金属イ

オンは，Al³⁺，Zn²⁺，Pb²⁺ なので，NH₃ でも NaOH でも沈殿が溶ける A は塩化亜鉛，NaOH では沈殿が溶解しない B は硫酸銅(II)と分かる。

問2 D で生じた錯イオン

$$Ag^+ \xrightarrow[\substack{少量の \\ NH_3}]{} Ag_2O\downarrow \xrightarrow[\substack{過剰の \\ NH_3}]{} \underset{ジアンミン銀(I)イオン}{[Ag(NH_3)_2]^+}$$

A で生じた錯イオン

$$Zn^{2+} \xrightarrow[\substack{少量の \\ NaOH}]{} Zn(OH)_2\downarrow \xrightarrow[\substack{過剰の \\ NaOH}]{} \underset{\substack{テトラヒドロキシド \\ 亜鉛(II)酸イオン}}{[Zn(OH)_4]^{2-}}$$

問1 (ア) ⑧   (イ) ①   (ウ) ⑥   (エ) ⑤   (オ) ⑦

問2 加熱する理由：溶液中から硫化水素を追い出すため。

希硝酸を加える理由：硫化水素で還元された Fe²⁺ を酸化して Fe³⁺ に戻すため。

問3 化学式：[Zn(NH₃)₄]²⁺   構造：④

問4 CaCO₃ + 2HCl ⟶ CaCl₂ + H₂O + CO₂

問5 [Ag(S₂O₃)₂]³⁻

問6 名称：テトラヒドロキシドアルミン酸イオン   化学式：[Al(OH)₄]⁻

解説

問1

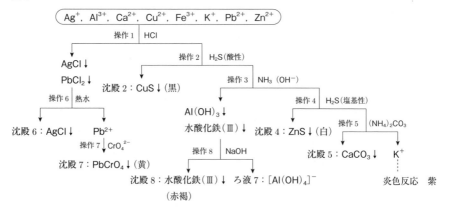

129

問2 操作2で加えた H_2S により溶液中に S^{2-} が残っていると，塩基性にしたときに ZnS などの硫化物沈殿が生じるので，加熱により気体の溶解度を小さくして溶液中から H_2S (S^{2-}) を除く。また，操作2で加えた H_2S の還元作用により，溶液中の Fe^{3+} が Fe^{2+} に還元されているため，希硝酸で酸化して Fe^{3+} に戻す。Fe^{2+} より Fe^{3+} の方が水酸化物の溶解度が小さく，これによって操作3の OH^- による沈殿が生じやすくなる。

問3 操作3で過剰の NH_3 水を加えると，溶液中の Zn^{2+} が NH_3 と錯イオンを形成する。

$$Zn^{2+} + 4NH_3 \longrightarrow [Zn(NH_3)_4]^{2+}$$
テトラアンミン亜鉛(II)イオン

Zn^{2+} の錯イオンは正四面体構造である。

問4 $CaCO_3$ の CO_3^{2-} は弱酸のイオンで，強酸と反応して弱酸の H_2CO_3 が生じる。H_2CO_3 は H_2O と CO_2 に分かれ気体が発生する。

$$CO_3^{2-} + 2H^+ \longrightarrow H_2O + CO_2$$

問5 $AgCl + 2Na_2S_2O_3$
$$\longrightarrow Na_3[Ag(S_2O_3)_2] + NaCl$$

問6 $Al(OH)_3 + NaOH \longrightarrow Na[Al(OH)_4]$

問1 (a) 水　(b) 二酸化炭素　(c) 塩化カルシウム　(d) ソーダ石灰
問2 C_2H_4O　**問3** （ア）○　（イ）×　（ウ）○

解説

問1 有機化合物中の C は燃焼により CO_2, H は燃焼により H_2O になる。生じた CO_2 と H_2O は最初に塩化カルシウム（乾燥剤）に通して H_2O を吸収させ，続いてソーダ石灰（塩基性の乾燥剤）に通して CO_2（酸性の気体）を吸収させる。ソーダ石灰は H_2O と CO_2 の両方を吸収するため，塩化カルシウムと組み合わせて H_2O と CO_2 を別々に吸収させてその質量を測る。

問2 生じた CO_2 と H_2O の質量より，有機化合物中の C と H の質量を求める。CO_2 の分子量 $= 44$, H_2O の分子量 $= 18$ より，

有機化合物 4.40 mg
O_2 →
CO_2 8.80 mg　$C:8.80 \times \dfrac{12}{44} = 2.40\,\text{mg}$
H_2O 3.60 mg　$H:3.60 \times \dfrac{2}{18} = 0.40\,\text{mg}$

全体の質量より，O の質量を求める。

$O : 4.40 - (2.40 + 0.40) = 1.60\,\text{mg}$

$$C:H:O(\text{mol 比}) = \frac{2.40}{12} : \frac{0.40}{1} : \frac{1.60}{16}$$
$$= 2:4:1 \quad \text{より，}$$

この有機化合物の組成式は，C_2H_4O
分子量が 44 なので，求める分子式は，
$(C_2H_4O)_n = 44 \qquad n = 1$
より，$\underline{C_2H_4O}$

問3 試料中にどのような元素が含まれているかを調べる実験を定性分析という。

（ア）　試料(N) $\xrightarrow{\text{NaOH}}$ NH_3 $\xrightarrow{\text{HCl}}$ NH_4Cl の白煙が生じる

（イ）　試料(S) $\xrightarrow{\text{Na}}$ Na_2S $\xrightarrow{\text{(CH}_3\text{COO)}_2\text{Pb}}$ PbS の黒色沈殿が生じる。

（ウ）　試料(Cl) $\xrightarrow{\text{Cu}}$ $CuCl_2$ Cu の炎色反応で青緑色を示す。

14 章

Ⅰ　C_6H_6O　　Ⅱ　$C_{13}H_{18}O_3$

解説

Ⅰ　$C_xH_yO_z \xrightarrow{O_2} xCO_2 + \dfrac{y}{2}H_2O$

生じた CO_2 から，化合物中の C の mol は，

$$\frac{13.44\,\text{L}}{22.4\,\text{L/mol}} = 0.60\,\text{mol}$$

生じた H_2O から，化合物中の H の mol は，H_2O の分子量 $= 18$ より，

$$\underbrace{\frac{5.4\,\text{g}}{18\,\text{g/mol}}}_{H_2O \text{ の mol}} \underbrace{\times 2}_{} = 0.60\,\text{mol}$$
H の mol

よって，化合物中の O の mol は，O_2 の分子量 $= 32$ より，

$$\frac{9.4 - 0.60 \times 12 - 0.60 \times 1.0\,\text{g}}{16\,\text{g/mol}} = 0.10\,\text{mol}$$

$C:H:O(\text{mol比}) = 6:6:1$ より，
求める組成式は，$\underline{C_6H_6O}$

Ⅱ　分子量と質量百分率が与えられている場合，化合物を 1 mol とおき，その質量より構成元素の mol を求める。

$$1\,\text{mol} = 222\,\text{g} \begin{cases} C \text{ の mol} : 222 \times \dfrac{70.3}{100} \times \dfrac{1}{12} ≒ 13 \\[2mm] H \text{ の mol} : 222 \times \dfrac{8.1}{100} \times \dfrac{1}{1} ≒ 18 \\[2mm] O \text{ の mol} : 222 \times \dfrac{21.6}{100} \times \dfrac{1}{16} ≒ 3 \end{cases}$$

C の g → C の mol；C の g → C の mol；1分子中の数と同じなので必ず整数

よって，求める分子式は，$\underline{C_{13}H_{18}O_3}$

第171問

I ① ③ ② ④ II 5種類 III ④

解説 ••

分子式から異性体を考えるときは，まず不飽和度（I_U：Index of Unsaturation）を求め，骨格や官能基を考えるとよい。

分子式 $C_nH_mO_x$ のとき，

$$不飽和度(I_U) = \underbrace{(2n + 2 - m)}_{\substack{すべて単結合の\\ときにつくHの数}} \times \frac{1}{2}$$

※鎖状で飽和（すべて単結合）の構造に対し，二重結合や環状構造が1つあるごとに水素原子の数が2つ減るため，不飽和度より二重結合や環状構造の数が分かる。

例

$C_4H_{10}(I_U = 0)$…すべて単結合

$C_4H_8(I_U = 1)$…$C=C$ 1つ（アルケン）または環1つ（シクロアルカン）

$C_4H_8O_2(I_U = 1)$…$-\overset{\displaystyle}{\underset{O}{C}}-OH$（カルボン酸）や $-\overset{\displaystyle}{\underset{O}{C}}-O-$（エステル）などが考えられる。

$C_8H_{10}(I_U = 4)$…ベンゼン環($I_U = 4$)があることが多い。

I a $C_3H_8O(I_U = 0)$

炭素数3の骨格に $-OH$ または $-O-$ を組み込むと考えると，

C-C↑C （③②↑ ①↑） $-OH$ $-O-$↑ ←

① $CH_3-CH_2-CH_2-OH$

② $CH_3-CH-CH_3$
OH

③ $CH_3-CH_2-O-CH_3$

b $C_3H_6Br_2(I_U = 0)$

※ $-Br$ は $-H$ の代わりと考えて C_3H_8 で不飽和度を求める。

炭素数3の骨格に $-Br$ がつくと考えると，

C - C - C
① ↑↑
② ↑↑
③ ↑ ↑
④ ↑ ↑

$-Br$ を←で表す

II $C_5H_{10}(I_U = 1)$……アルケン or シクロアルカン

環状異性体は除くのでアルケンのみを考える。炭素骨格に C=C がある位置を…で表すと，

C-C-C-C-C C-C-C-C C-C-C
① ② ③④⑤
シス・トランス あり

$\underline{5種}$ ※シス・トランスを区別すると6種

III $C_6H_{10}(I_U = 2)$……
$C=C$ 1つ + 環1つなど

五つの炭素原子からなる環状構造があるので，分子式より C=C を一つもつと分かる。炭素骨格に C=C がある位置を…で表すと，

$\underline{4種}$

第172問

I ⑤ II 3つ III ②

Ⅰ

$$\underset{\text{マレイン酸}}{\overset{H}{\underset{HOOC}{>}}C=C\overset{H}{\underset{COOH}{<}}} \qquad \underset{\text{フマル酸}}{\overset{H}{\underset{HOOC}{>}}C=C\overset{COOH}{\underset{H}{<}}}$$

はシス−トランス異性体の関係

Ⅱ $C_3H_4Cl_2 (I_U = 1)$ ……アルケン or シクロ
アルカンの$-Cl$置
換体

不飽和化合物とあるので，アルケンの骨格
に $\boxed{-Cl}$ がつくと考えると，

シス・トランス
あり

シス・トランス
あり

$\boxed{-Cl}$ を←で表す

Ⅲ　炭素原子につく4つの原子または原子団
がすべて異なるとき，その炭素原子を不斉炭
素原子といい，C*で表す。この問ではウ，
カが該当する。

ウ
$$CH_3-\overset{\overset{H}{|}}{\underset{\underset{OH}{|}}{C}}{}^*-CH_2COOH$$

カ
$$CH_3-\overset{\overset{H}{|}}{\underset{\underset{NH_2}{|}}{C}}{}^*-COOH$$

※オ
$$\overset{\overset{H}{|}}{\underset{OH}{CH_2}-\underset{\underset{OH}{|}}{C}-CH_2OH} \quad\cdots C^*なし$$

同じ原子団

第 173 問 ━━━

問1　（ア）シス−トランス　（イ）鏡像　（ウ）シス　（エ）トランス

問2　フマル酸：$\overset{H}{\underset{HOOC}{>}}C=C\overset{COOH}{\underset{H}{<}}$　　マレイン酸：$\overset{H}{\underset{HOOC}{>}}C=C\overset{H}{\underset{COOH}{<}}$

問3　2　　**問4**　3

問3　2の炭素原子のみ，炭素原子につく4
つの原子または原子団がすべて異なる。
問4　鏡像異性体は互いに鏡に映した関係に
ある。L−グルタミン酸と鏡像関係にあるも
のは3である。

L−グルタミン酸　　　　D−グルタミン酸

…回転すると
3と同じ

第 174 問 ━━━

問1　（ア）4　（イ）シクロアルカン　（ウ）アルケン　（エ）アルキン

　　　（オ）C_nH_{2n-2}　（カ）置換　（キ）CCl_4（四塩化炭素，テトラクロロメタン）

問2　（C）　　**問3**　$CH_3COONa + NaOH \longrightarrow Na_2CO_3 + CH_4$

問4　5種類

問1　炭化水素の分類

C_nH_{2n+2}…アルカン（$n \geqq 4$ で異性体あり）

C_nH_{2n}
- 環 1 つ…シクロアルカン
- $C=C$ 1 つ…アルケン

C_nH_{2n-2} ── $-C\equiv C-$ 1 つ…アルキン

メタンの置換反応

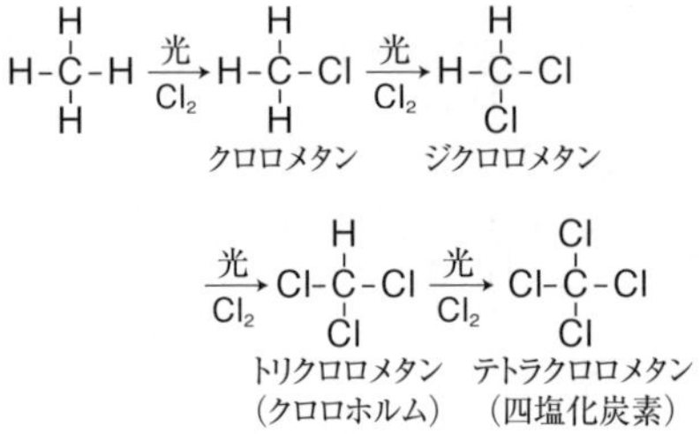

クロロメタン　ジクロロメタン

トリクロロメタン　テトラクロロメタン
（クロロホルム）　（四塩化炭素）

問2　炭素 – 炭素の結合の長さは $C-C > C=C > C\equiv C$ の順で短くなる。

問3　実験室でのメタンの製法は，酢酸ナトリウム（固）と水酸化ナトリウム（固）を混ぜて加熱する。

問4　分子式 C_6H_{14} の異性体は次の 5 種類

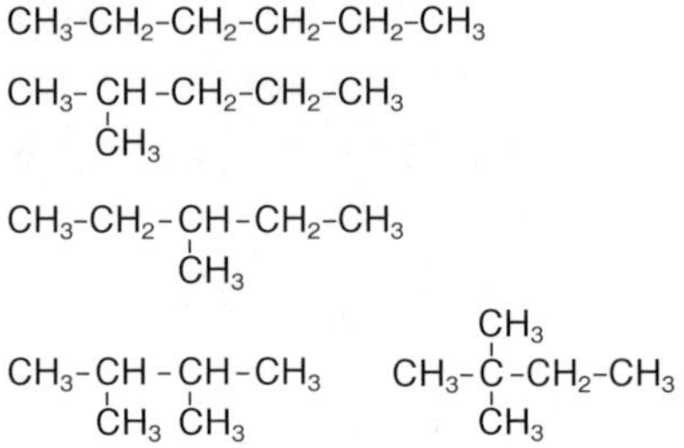

$CH_3-CH_2-CH_2-CH_2-CH_2-CH_3$

$CH_3-\underset{\underset{CH_3}{|}}{CH}-CH_2-CH_2-CH_3$

$CH_3-CH_2-\underset{\underset{CH_3}{|}}{CH}-CH_2-CH_3$

$CH_3-\underset{\underset{CH_3}{|}}{CH}-\underset{\underset{CH_3}{|}}{CH}-CH_3$　　$CH_3-\underset{\underset{CH_3}{|}}{\overset{\overset{CH_3}{|}}{C}}-CH_2-CH_3$

第 175 問

⑤

C_5H_{12} のアルカンは 3 種類の構造異性体があり，モノクロロ置換体（−H を −Cl に置き換えたもの）の構造異性体の数により識別できる。

−H を −Cl に置き換えた異性体の数

（ア） 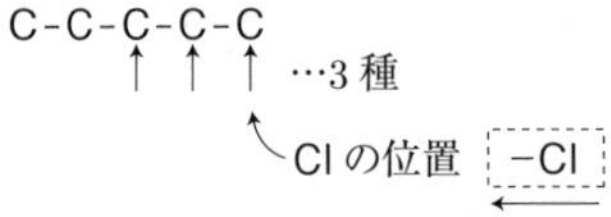　C−C−C−C−C　…3 種

Cl の位置　−Cl

（イ） 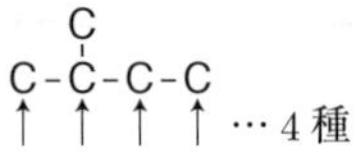　　…4 種

（ウ） 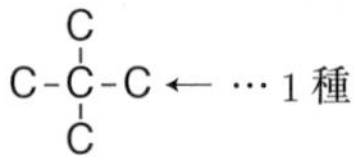　　…1 種

第 176 問

問1　（ア）C_xH_{2x}　　（イ）付加反応　　（ウ）付加重合

問2　（A）$CH_3-CH_2-CH_3$　　（B）$\underset{\underset{Br}{|}}{CH_2}-\underset{\underset{Br}{|}}{CH}-CH_3$　　**問3**　白金，ニッケルなど

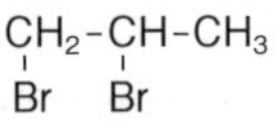

問4

134

問1 アルケンの一般式は C_nH_{2n}，炭素間の二重結合は1本が切れやすく，付加反応や付加重合が起こりやすい。

問2

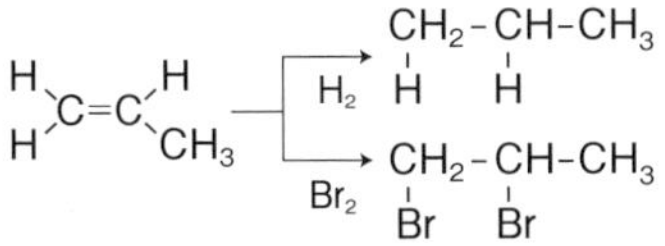

問3 H_2 を付加する反応では白金 Pt やニッケル Ni などの金属触媒が用いられる。

問4 塩化ビニルを適当な条件下で付加重合するとポリ塩化ビニルが得られる。

第 177 問

②

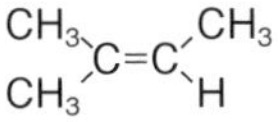

ア　すべての炭素原子が常に同一平面上にあるのは，①，②，④，⑤

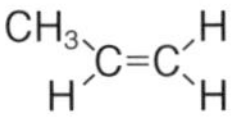

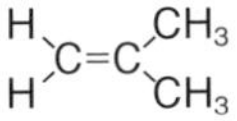

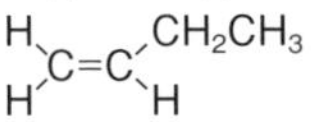

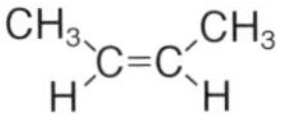

イ　水素付加により枝分かれの炭素鎖になるのは，②，⑤

ウ　アルケン 1 mol に対し Br_2 1 mol が付加するので，炭化水素の分子量を M とすると，

$$\frac{0.56}{M}\,\text{mol} = 1.0\,\text{mol/L} \times \frac{10}{1000}\,\text{L}$$

$$M = 56\cdots\text{分子式}\ C_4H_8$$

炭素数4のアルケンは②，③，④

以上より，ア～ウをすべて満たすものは②

第 178 問

問1 $CH_3-\underset{\underset{CH_3}{|}}{CH}-CH_3$ 　**問2** $CH_3-CH_2-\underset{\underset{Br}{|}}{CH}-CH_3$ 　**問3** $\underset{\underset{Br}{|}}{CH_2}-\underset{\underset{Br}{|}}{CH}-CH_2-CH_3$

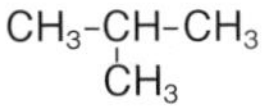

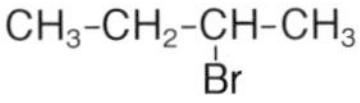

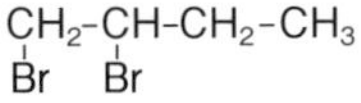

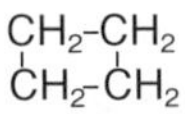

問4

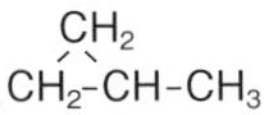

A ～ C…分子式 C_4H_8（$I_U = 1$）のアルケン

C_4H_8 のアルケンの異性体

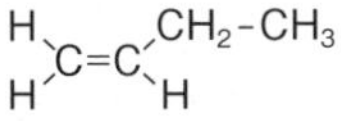

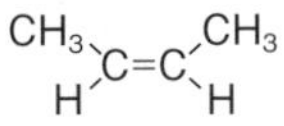

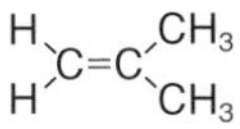

実験1より A，B は H_2 付加により同一の生成物が得られることから，炭素骨格が同じ①または②となる。よって，C は③となる。

135

©
$$H_2C=C(CH_3)_2 \xrightarrow{H_2} CH_3-CH(CH_3)-CH_3$$

(ⓒ) の構造：H₂C=C(CH₃)(CH₃) → CH₃-CH-CH₃ に CH₃

問1

実験2よりAはHBr付加により一種類の生成物が得られることから、$\overset{\backslash}{C}=\overset{/}{C}$ に対して左右対称構造である②となる。

Ⓐ
$$CH_3\overset{\backslash}{C}=\overset{/}{C}CH_3 \xrightarrow{HBr} CH_3-\overset{*}{CH}-CH-CH_3$$
(H, H, Br)

問2

実験3　Bは残りの①となる。

Ⓑ
$$H_2C=CH-CH_2-CH_3 \xrightarrow{Br_2} CH_2Br-\overset{*}{CH}Br-CH_2-CH_3$$

問3

※ⓒ
$$H_2C=C(CH_3)CH_3 \xrightarrow{Br_2} CH_2Br-C(CH_3)(CH_3)Br-CH_3$$
（C*なし）

問4　環状構造をもつ化合物（シクロアルカン）を考える。

第 **179** 問

問1　CH₃-CH-CH₂-CH₃
　　　　　　　CH₃

問2　
D　$H\overset{\backslash}{C}=O$ に H

E　$CH_3-\overset{CH_3}{\underset{}{CH}}$ に $\overset{\backslash}{C}=O$ に H

F　$O=\overset{\backslash}{C}\overset{CH_3}{\underset{H}{}}$

G　$CH_3\overset{\backslash}{C}=O$ に CH₃

H　$O=\overset{\backslash}{C}\overset{CH_2-CH_3}{\underset{CH_3}{}}$

解説

A ～ C…分子式 C₅H₁₀（$I_U = 1$）のアルケン
C₅H₁₀ のアルケンの異性体
炭素数5の骨格に $\overset{\backslash}{C}=\overset{/}{C}$ を組み込むと考えると、

二重結合の位置
C≟C≟C-C-C　　　　C≟C≟C≟C
①　②　　　　　　　③①④⑤
　　　　　　　　　　　C

A ～ C に H₂ を付加させるといずれからもアルカン I が得られることから、A ～ C の炭素骨格は同じである。よって A ～ C は③～⑤となる。

アルケン A ～ C

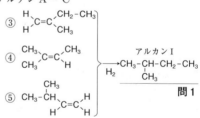

③ $H\overset{\backslash}{C}=\overset{/}{C}\overset{CH_2-CH_3}{\underset{CH_3}{}}$ に H

④ $\overset{CH_3}{\underset{CH_3}{}}C=\overset{/}{C}\overset{CH_3}{\underset{H}{}}$

⑤ $CH_3-\overset{CH_3}{\underset{}{CH}}\overset{/}{C}=\overset{H}{\underset{H}{}}$

アルカン I
$$\xrightarrow{H_2} CH_3-CH-CH_2-CH_3$$
　　　　　　　　　CH₃

問1

（a）より、アルケン A は O₃ 酸化による生成物がアルデヒドのみとなるので⑤となる。

$$\overset{\square}{\underset{H}{}}C=\overset{\square}{\underset{H}{}}C \xrightarrow{O_3} \overset{\square}{\underset{H}{}}C=O + O=\overset{\square}{\underset{H}{}}C$$
アルケンA

136

Ⓐ

$$CH_3-CH-C=C\begin{smallmatrix}H\\H\end{smallmatrix}$$ (with CH₃ branch)

$$\xrightarrow{O_3} CH_3-CH-C=O + O=C\begin{smallmatrix}H\\H\end{smallmatrix}$$

アルデヒド D or E

アルデヒド D はアルケン C からも生成するので A の酸化生成物と同じアルデヒドが生じるのは③となる。

Ⓒ

$$\begin{smallmatrix}H\\H\end{smallmatrix}C=C\begin{smallmatrix}CH_2-CH_3\\CH_3\end{smallmatrix}$$

$$\xrightarrow{O_3} \underset{Ⓓ}{\begin{smallmatrix}H\\H\end{smallmatrix}C=O} + \underset{Ⓗ}{O=C\begin{smallmatrix}CH_2-CH_3\\CH_3\end{smallmatrix}}$$

よってⒺ

$$CH_3-\underset{CH_3}{CH}-\begin{smallmatrix}\\C=O\\H\end{smallmatrix}$$

残りのアルケン B は④となる。

Ⓑ

$$\begin{smallmatrix}CH_3\\CH_3\end{smallmatrix}C=C\begin{smallmatrix}CH_3\\H\end{smallmatrix}$$

$$\xrightarrow{O_3} \underset{Ⓖ}{\begin{smallmatrix}CH_3\\CH_3\end{smallmatrix}C=O} + \underset{Ⓕ}{O=C\begin{smallmatrix}CH_3\\H\end{smallmatrix}}$$

第 180 問

問1 $CaC_2 + 2H_2O \longrightarrow C_2H_2 + Ca(OH)_2$

問2 （ア） アルキン　（イ） 付加反応　（ウ） 塩化ビニル　（エ） 酢酸ビニル
（オ） 付加重合　（カ） ビニルアルコール　（キ） アセトアルデヒド
（ク） ベンゼン

問3 12 g

解説

問1　アセチレンはカルシウムカーバイド（CaC_2）に水を加えると得られる。

問2　アセチレンの誘導体

問3　混合気体中のエチレンを x mol，アセチレンを y mol とすると，

$$\begin{smallmatrix}H\\H\end{smallmatrix}C=C\begin{smallmatrix}H\\H\end{smallmatrix} + H_2 \longrightarrow C_2H_6$$
x mol

$$H-C\equiv C-H + 2H_2 \longrightarrow C_2H_6$$
y mol

混合気体について

$$x + y = \frac{2240 \times 10^{-3}L}{22.4\,L/mol} \quad\quad \cdots\cdots①$$

反応した H_2 について

$$x + 2y = \frac{3360 \times 10^{-3}L}{22.4\,L/mol} \quad\quad \cdots\cdots②$$

①，②より

$x = 0.0500$ mol　　$y = 0.0500$ mol

$HC\equiv CH + 2AgNO_3$

$$\longrightarrow AgC\equiv CAg + 2HNO_3$$
（式量 = 240）

137

生成する銀アセチリドは， $0.0500\,\mathrm{mol} \times 240\,\mathrm{g/mol} = \underline{12.0\,\mathrm{g}}$

第 181 問

問1 (A) ヒドロキシ　　(B) 高い　　(C) 水素結合　　(D) カルボン酸

　　　(E) エステル　　(F) 油脂

問2 アセトン

問3 $CH_3\text{-}CH_2\text{-}CH_2\text{-}OH$ > $CH_3\text{-}\underset{OH}{CH}\text{-}CH_3$ > $CH_3\text{-}CH_2\text{-}O\text{-}CH_3$　　**問4** (2), (4)

解説

問1　アルコールは分子中にヒドロキシ基
(−OH)をもつ。−OH は極性を持つ官能基
で分子間に水素結合が働くため，アルコール
は炭化水素やエーテルに比べて沸点が高い。
第1級アルコールを酸化するとアルデヒドを
経てカルボン酸に酸化される。アルコールと
カルボン酸との反応によりエステルが生成す
る。

問2

$$CH_3\text{-}\underset{OH}{CH}\text{-}CH_3 \xrightarrow[酸化]{} CH_3\text{-}\underset{O}{\overset{\|}{C}}\text{-}CH_3$$

問3　C_3H_8O の異性体

③ ----- −O−の位置

C−C⫶C

② ① ----- −OHの位置

　アルコールの沸点は，第1級＞第2級＞
第3級の順となる。これは第1級アルコー
ルほど，水素結合しやすいためである。

問4 (1)　(誤)　アルデヒドは中性。

(2)　(正)　アルデヒドは還元性を示すため
　　アンモニア性硝酸銀水溶液中の銀イオン
　　を還元して銀が析出する。(銀鏡反応)

(3)　(誤)　アルデヒドは還元性を示すため
　　フェーリング液中の銅(Ⅱ)イオンを還元
　　して Cu_2O の赤色沈殿が生じる。

(4)　(正)　ケトンは還元性を示さない。

(5)　(誤)　ヨードホルム反応は $CH_3\text{-}\underset{O}{\overset{\|}{C}}\text{-}$,

　　$CH_3\text{-}\underset{OH}{CH}\text{-}$ の部分構造をもつ物質に I_2,

　　NaOH を加えて加熱すると，CHI_3 の黄
　　色沈殿が生じる反応である。

$$\left.\begin{array}{l} CH_3\text{-}\underset{O}{\overset{\|}{C}}\text{-}R \\[2mm] CH_3\text{-}\underset{OH}{CH}\text{-}R \end{array}\right\} \xrightarrow{I_2 + NaOH} \begin{array}{c} CHI_3\downarrow \\ + \\ R\text{-}COONa \end{array}$$

R は H または炭化水素基

第 182 問

問1　A　$CH_3\text{-}\underset{O}{\overset{H}{\diagdown}C}$　　B　$CH_3\text{-}\underset{O}{\overset{OH}{\diagdown}C}$　　C　$\underset{H}{\overset{H}{\diagdown}}C=C\underset{H}{\overset{H}{\diagup}}$　　D　$H\text{-}C\equiv C\text{-}H$

　　　E　$CH_3\text{-}CH_2\text{-}O\text{-}CH_2\text{-}CH_3$　　F　$CH_3\text{-}\underset{O}{\overset{\|}{C}}\text{-}O\text{-}CH_2\text{-}CH_3$

問2　Cu_2O　　**問3**　A　　化学式：CHI_3

問4　B　　化合物 B(酢酸)は分子間に水素結合を形成するため。

138

解 説

問1 エタノールの酸化

$$C_2H_5OH \xrightarrow[K_2Cr_2O_7]{\text{Ⓐ}} CH_3-C{\langle}^H_{=O}$$

$$\xrightarrow[K_2Cr_2O_7]{\text{Ⓑ}} CH_3-C{\langle}^{OH}_{=O}$$

アセトアルデヒドの製法

Ⓒ
$$\underline{{}^H_H}C=C{}^H_H \xrightarrow[\text{(O)}]{PdCl_2} CH_3-C{\langle}^H_{=O}$$

アセチレンの誘導体

Ⓓ
$$\underline{H-C{\equiv}C-H} \xrightarrow{H_2O} CH_3-C{\langle}^H_{=O}$$

$$\xrightarrow{H_2} {}^H_H C=C{}^H_H$$

エタノールの脱水

$$C_2H_5OH \begin{cases} \xrightarrow{170\,℃} {}^H_H C=C{}^H_H \\ \xrightarrow[\text{Ⓔ}]{130\,℃} \underline{C_2H_5-O-C_2H_5} \end{cases}$$

酢酸とエタノールのエステル化

$$CH_3-\underset{O}{\overset{||}{C}}-OH + C_2H_5OH \xrightarrow{\text{Ⓕ}} CH_3-\underset{O}{\overset{||}{C}}-O-C_2H_5 + H_2O$$

問2 アルデヒドは還元性を示し，フェーリング液を還元して Cu_2O の赤色沈殿が生じる。

問3

$$\left.\begin{array}{l} CH_3-\underset{O}{\overset{||}{C}}-R \\ CH_3-\underset{OH}{\overset{|}{C}H}-R \\ R：\text{アルキル基}\\ \text{または水素} \end{array}\right\}$$
の構造をもつ A で生じる。反応後に生じる沈殿はヨードホルム CHI_3 である。

$$※\boxed{CH_3-\underset{O}{\overset{||}{C}}-OH} \quad \boxed{CH_3-\underset{O}{\overset{||}{C}}-O-R}$$
酢酸 　　　　酢酸エステル

などは反応しない。

問4 カルボン酸は分子間に水素結合が働くため，水素結合を形成しないエステルよりも沸点が高い。

水素結合
$$CH_3-C\overset{O^{\delta-}\cdots\cdots H-O}{\underset{O-H\cdots\cdots O}{}}\overset{C-CH_3}{\underset{C-CH_3}{}}$$

第 183 問

問1 $CH_3-CH_2-O-CH_2-CH_3$

問2 B，C（順不同） $CH_3-CH_2-CH_2-O-CH_3$, $CH_3-\underset{}{\overset{CH_3}{\overset{|}{C}H}}-O-CH_3$

問3 $CH_3-\underset{}{\overset{CH_3}{\overset{|}{C}H}}-C{\langle}^H_{=O}$

問4 $CH_3-CH_2{\underset{H}{\overset{}{\diagup}}}C=C{}^H_H + Br_2 \longrightarrow CH_3-CH_2-\underset{Br}{\overset{|}{C}H}-\underset{Br}{\overset{|}{C}H_2}$

問5 $CH_3-CH_2-CH_2-CH_3$, $CH_3-CH_2-\underset{CH_3}{\overset{|}{C}H}-CH_3$, $CH_3-CH_2-\underset{CH_3}{\overset{|}{C}H}-CH_2-CH_3$

問6 $CH_3-\underset{OH}{\overset{CH_3}{\overset{|}{\underset{|}{C}}}}-CH_3$

139

解説 ••••••••••••••••••••••••••••••••••••••

A〜H…分子式 $C_4H_{10}O$ （$I_U = 0$）

$C_4H_{10}O$ の異性体

炭素数4の骨格に $-OH$ または $-O-$ を組み込むと考えると，

```
 ⑥ ⑤           C ⑦   ┌ ①〜④  -OH
 C-C╪C╪C    C-C╪C  ┤         (アルコール)
   ↑ ↑ ↑        ↑ ↑ │ ⑤〜⑦  -O- ↑
   ② ①        ④ ③ └         (エーテル)
```

問1，2，4，6

Aはエタノールの分子間脱水により得られるので⑥となる。

A〜C は Na と反応しないので⑤〜⑦のエーテル。よってB，C は⑤または⑦となる。

二クロム酸カリウムとの反応

⇒　アルコールの酸化

```
┌ D，E…酸化してアルデヒドを生じる
│       ので第1級アルコール
│ H…酸化されにくいのは第3級アルコ
└       ール
```

D，E は第1級アルコールで①または③，Hは第3級アルコールで④となる。

D，E を脱水してアルケンとし，さらに Br_2 を付加させると，

①
$$CH_3-CH_2-CH_2-CH_2 \xrightarrow{-H_2O} CH_3-CH_2-C=C \begin{smallmatrix}H\\H\end{smallmatrix}$$
$$\xrightarrow{Br_2} CH_3-CH_2-\overset{*}{C}H-CH_2$$
         (Br) (Br)

③
$$CH_3-\underset{CH_3}{CH}-CH_2 \xrightarrow{-H_2O} \underset{CH_3}{CH_3}C=C\begin{smallmatrix}H\\H\end{smallmatrix}$$
$$\xrightarrow{Br_2} CH_3-\underset{Br\ Br}{\overset{CH_3}{C}}-CH_2$$

①からの生成物に不斉炭素原子 C^* が存在することから，E は①，D は③となる。

F，G は鏡像異性体の関係にあるので，不斉炭素原子 C^* が存在する②の鏡像関係の異性体である。

問3　①

$$CH_3-\underset{CH_3}{CH}-CH_2-OH \xrightarrow{(O)} CH_3-\underset{CH_3}{CH}-C\begin{smallmatrix}H\\O\end{smallmatrix}$$

問5　F，G

$$CH_3-CH_2-\overset{H}{\underset{(OH)}{C}}-CH_3$$

−OH を同一炭素につく他の−H，−CH$_3$，−C$_2$H$_5$ に置き換えると，不斉炭素原子はなくなり，同一の化合物になる。

第184問 ━━━━━━━━━━━━━━━━━━━━━━━━━━━

問1　A　$CH_3-CH_2-\underset{OH}{\overset{CH_3}{CH}}-CH_2-OH$　　B　$CH_3-CH_2-\underset{OH}{CH}-CH_2-CH_3$

C　$CH_3-\underset{OH}{\overset{CH_3}{C}}-CH_2-CH_3$　D　$CH_3-CH_2-CH_2-\underset{OH}{CH}-CH_3$　E　$CH_3-O-\overset{CH_3}{CH}-CH_2-CH_3$

F　$CH_3-CH_2-\overset{CH_3}{CH}-C\begin{smallmatrix}H\\O\end{smallmatrix}$　　H　$CH_3-CH_2-\underset{O}{C}-CH_2-CH_3$

問2　$CH_3-CH_2-CH_2\diagup C=C\diagdown\begin{smallmatrix}H\\H\end{smallmatrix}$　$CH_3-CH_2\diagup C=C\diagdown\begin{smallmatrix}CH_3\\H\end{smallmatrix}$　$CH_3-CH_2\diagup C=C\diagdown\begin{smallmatrix}H\\CH_3\end{smallmatrix}$

問3　Cu_2O

問 1，2　A ～ E…分子式 $C_5H_{12}O(I_U = 0)$

$C_5H_{12}O$ のアルコールの異性体

炭素数 5 の骨格に $\boxed{-\text{OH}}$ がつくと考えると，

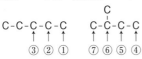

(1)より金属ナトリウムを加えて水素が発生

　⇒ -OH あり

　⎧ A ～ D…アルコール
　⎩ E…エーテル

(2)より A，D は不斉炭素原子 C* をもつア

ルコールで②，⑤，⑦のいずれか。

E は C* をもつエーテル。

Ⓔ　　　　　CH_3
　　　$CH_3-O-\overset{*}{C}H-CH_2-CH_3$

(3)より二クロム酸カリウムとの反応

　　⇒アルコールの酸化

　⎧ A…2 段階に酸化するのは第 1 級アルコ
　⎪　　ール
　⎨ B…第 2 級アルコール
　⎪ C…酸化されにくいのは第 3 級アルコー
　⎩　　ル

よって，A は不斉炭素原子 C* をもつ第 1 級

アルコールで⑦となる。

Ⓐ　　　　　　CH_3
　　$CH_3-CH_2-\overset{*}{C}H-CH_2-OH$

　　$\xrightarrow[(O)]{}$ Ⓕ $CH_3-CH_2-\overset{CH_3}{\underset{}{CH}}-C\overset{H}{\underset{O}{\diagdown}}$

　　$\xrightarrow[(O)]{}$ Ⓖ $CH_3-CH_2-\overset{CH_3}{\underset{}{CH}}-C\overset{OH}{\underset{O}{\diagdown}}$

B は不斉炭素原子 C* をもたない第 2 級アル

コールで③となる。

Ⓑ
　$CH_3-CH_2-\underset{OH}{CH}-CH_2-CH_3$

　$\xrightarrow[(O)]{}$ Ⓗ $CH_3-CH_2-\underset{O}{C}-CH_2-CH_3$

C は第 3 級アルコールで⑥となる。

Ⓒ　　　CH_3
　　$CH_3-\underset{OH}{C}-CH_2-CH_3$

(4)より D は脱水生成物が 3 種類得られるこ

とから②となる。

Ⓓ $CH_3-CH_2-CH_2-\underset{OH}{CH}-CH_3$

　$\xrightarrow{-H_2O}$
　⎧ $CH_3-CH_2-CH_2-\underset{H}{C}=C\overset{H}{\underset{H}{\diagdown}}$
　⎪
　⎨ $CH_3-CH_2-\underset{H}{C}=C\overset{CH_3}{\underset{H}{\diagdown}}$
　⎪
　⎩ $CH_3-CH_2-\underset{H}{C}=C\overset{H}{\underset{CH_3}{\diagdown}}$

第 185 問

問 1　A　アセトアルデヒド　　B　アセチレン　　C　酢酸
　　　D　エタノール　　　　　E　酢酸カルシウム　F　アセトン

問 2　CHI_3

141

問1 エチレンを $PdCl_2$ と $CuCl_2$ を触媒として酸化すると，アセトアルデヒドが生成する。この反応はアセトアルデヒドの工業的製法として利用されている。

$$2 \underset{H}{\overset{H}{>}}C=C\underset{H}{\overset{H}{<}} + O_2$$

$$\xrightarrow[PdCl_2,\ CuCl_2]{} 2CH_3-C\overset{H}{\underset{O}{<}}$$

$$\underline{アセトアルデヒド}_A$$

アセトアルデヒドはアセチレンの H_2O 付加やエタノールの酸化によっても生じる。

$$H-C\equiv C-H \xrightarrow{H_2O} \left(\underset{H}{\overset{H}{>}}C=C\underset{OH}{\overset{H}{<}} \right)$$

$$\underline{アセチレン}_B \qquad 不安定$$

$$\longrightarrow CH_3-C\overset{H}{\underset{O}{<}}$$

$$CH_3-CH_2-OH \underset{還元}{\overset{酸化}{\rightleftharpoons}} CH_3-C\overset{H}{\underset{O}{<}}$$

$$\underline{エタノール}_D$$

$$\xrightarrow{酸化} CH_3-C\overset{OH}{\underset{O}{<}}$$

$$\underline{酢酸}_C$$

酢酸カルシウムを乾留(空気を断って熱分解)するとアセトンが生成する。

$$\underset{\underline{酢酸カルシウム}_E}{(CH_3COO)_2Ca}$$

$$\xrightarrow{乾留} CaCO_3 + CH_3-\underset{O}{\overset{\|}{C}}-CH_3$$

$$\underline{アセトン}_F$$

問2 アセトンは $CH_3-\underset{O}{\overset{\|}{C}}-R$ の構造をもち，ヨードホルム反応により CHI_3 の黄色沈殿が生じる。

問1 $CH_3-CH_2-CH_2-CH_2-C\overset{H}{\underset{O}{<}}$

$$\underset{\overset{|}{CH_3}}{CH_3-CH_2-CH}-C\overset{H}{\underset{O}{<}}$$

$$\underset{\overset{|}{CH_3}}{CH_3-CH}-CH_2-C\overset{H}{\underset{O}{<}}$$

$$CH_3-\underset{\underset{CH_3}{|}}{\overset{\overset{CH_3}{|}}{C}}-C\overset{H}{\underset{O}{<}}$$

問2 $CH_3-\underset{O}{\overset{\|}{C}}-CH_2-CH_2-CH_3$

$$\underset{\overset{|}{CH_3}}{CH_3-CH}-\underset{O}{\overset{\|}{C}}-CH_3$$

問3 $CH_3-\underset{O}{\overset{\|}{C}}-CH_2-CH_2-CH_3$

$$\underset{\overset{|}{CH_3}}{CH_3-CH}-\underset{O}{\overset{\|}{C}}-CH_3$$

分子式 $C_5H_{10}O$ $(I_U = 1)$

$C_5H_{10}O$ のカルボニル化合物の異性体

炭素数5の骨格に $=\!O$ がつくと考えると，

$$\underset{③\ ②\ ①}{C-C-C-C-C} \qquad \underset{⑥\quad ⑤\ ④}{C-\overset{\overset{C}{|}}{C}-C-C}$$

$$\underset{⑦}{\overset{C}{\underset{C}{C-\overset{|}{\underset{|}{C}}-C}}} \qquad \boxed{=\!O}$$

問1 銀鏡反応を示すことからホルミル基を持つ構造を考える。炭素骨格の末端に $=\!O$

がつくとホルミル基となるので①，④，⑥，⑦の4種。

問2 ヨードホルム反応を示すことから
$CH_3-\underset{\underset{O}{\|}}{C}-R$ の構造をもつ。②，⑤の2種。

問3 還元により生じる $C_5H_{12}O$ のアルコールで不斉炭素原子を持つのは次の3種。

$CH_3-CH_2-CH_2-\overset{*}{C}H-CH_3 \quad \cdots(1)$
$\qquad\qquad\qquad\quad OH$

$\qquad\quad CH_3$
$CH_3-CH-\overset{*}{C}H-CH_3 \quad \cdots(2)$
$\qquad\qquad\quad OH$

$\qquad\quad CH_3$
$CH_2-\overset{*}{C}H-CH_2-CH_3 \quad \cdots(3)$
OH

このうち，(3)は酸化してもその生成物に不斉炭素原子が存在するので，(1)，(2)の酸化生成物が還元により不斉炭素原子を新たに生じる。②，⑤の2種。

第187問

問1 （ア）カルボキシ　（イ）ヒドロキシ　（ウ）アミノ　（エ）ホルミル
（オ）氷酢酸　（カ）シス－トランス　（キ）不斉炭素　（ク）鏡像

問2 A 弱い　B 強い　**問3** C $\underset{HOOC}{H}C=C\underset{COOH}{H}$　D $O=C\underset{O}{\overset{H}{C=C}}C=O$

解説

問1　分子中にカルボキシ基(−COOH)をもつ化合物をカルボン酸という。カルボキシ基に加え，ヒドロキシ基(−OH)をもつ化合物をヒドロキシ酸，アミノ基(−NH₂)をもつ化合物をアミノ酸という。

$CH_3-\overset{H}{\underset{OH}{\overset{|}{\underset{|}{C^*}}}}-COOH$　$CH_3-\overset{H}{\underset{NH_2}{\overset{|}{\underset{|}{C^*}}}}-COOH$
乳酸　　　　　アラニン
不斉炭素原子をもち
鏡像異性体が存在

問2　有機で扱う主な酸の強さは次のとおり。

$-SO_3H > -COOH > H_2CO_3 > \text{⟨benzene⟩}-OH$
（スルホン酸）（カルボン酸）（炭酸）（フェノール）

強い酸であるほど電離度が大きくイオンに

なりやすいため，弱酸の塩に強酸を加えると弱酸が遊離する。

$\underset{\text{弱酸の塩}}{CH_3COONa} + \underset{\text{強酸}}{HCl}$
$\qquad\qquad \longrightarrow \underset{\text{弱酸}}{CH_3COOH} + NaCl$

$CH_3COONa + \underset{\substack{\text{カルボン酸より}\\\text{弱い酸}}}{H_2CO_3}$

$\qquad\qquad \times\!\!\!\longrightarrow CH_3COOH + NaHCO_3$
$\qquad\qquad \cdots$ 逆反応は起こる

問3　フマル酸とマレイン酸はシス－トランス異性体でありシス型のマレイン酸は脱水して無水マレイン酸となる。

$$\underset{\text{マレイン酸}}{\text{HOOC}\diagdown\text{C}=\text{C}\diagup\text{COOH}} \quad (\text{H, H above})$$

$$\longrightarrow \quad \underset{\text{無水マレイン酸}}{\text{O}=\text{C}\diagdown\text{O}\diagup\text{C}=\text{O}} \text{ (with } \text{C}=\text{C}, \text{ H H)} + \text{H}_2\text{O}$$

問1 A $\text{CH}_3\text{-CH}_2\text{-}\underset{\text{O}}{\text{C}}\text{-OH}$ B $\text{CH}_3\text{-}\underset{\text{O}}{\text{C}}\text{-O-CH}_3$ C $\text{H-}\underset{\text{O}}{\text{C}}\text{-O-CH}_2\text{-CH}_3$

E $\text{CH}_3\text{-}\underset{\text{O}}{\text{C}}\text{-OH}$ G $\text{H-}\underset{\text{O}}{\text{C}}\text{-OH}$

問2 D, F **問3** F

解説

A ～ C…分子式 $\text{C}_3\text{H}_6\text{O}_2 (\text{I}_\text{U} = 1)$

$\text{C}_3\text{H}_6\text{O}_2$ のエステル・カルボン酸の異性体

C原子2個（鎖式飽和）

$\text{H}\!+\!\underset{\text{O}}{\text{C}}\text{-O}\!+\!\text{C-C}$ …①

$\text{C}\!+\!\text{C}$ …②

$\text{C-C}\!+\!\text{H}$ …③

問1 A は水に溶けて酸性を示すことからカルボン酸で③となる。

Ⓐ $\text{CH}_3\text{-CH}_2\text{-}\underset{\text{O}}{\text{C}}\text{-OH}$

C は加水分解により銀鏡反応を示す化合物が得られるが，エステルの分解生成物の中で銀鏡反応を示すのはギ酸。よってC はギ酸エステルであり，①となる。

Ⓒ $\text{H-}\underset{\text{O}}{\text{C}}\text{-O-CH}_2\text{-CH}_3$

$\xrightarrow[\text{H}_2\text{O}]{}$ Ⓖ $\text{H-}\underset{\text{O}}{\text{C}}\text{-OH}$ + Ⓕ $\text{CH}_3\text{-CH}_2\text{-OH}$

（銀鏡反応を示す）

よって，B は残りの②となる。

Ⓑ $\text{CH}_3\text{-}\underset{\text{O}}{\text{C}}\text{-O-CH}_3$

$\xrightarrow[\text{H}_2\text{O}]{}$ Ⓔ $\text{CH}_3\text{-}\underset{\text{O}}{\text{C}}\text{-OH}$ + Ⓓ $\text{CH}_3\text{-OH}$

（酸性）

問2 酸化によりアルデヒドを生成するのは第1級アルコール。

Ⓓ $\text{CH}_3\text{-OH} \xrightarrow[(\text{O})]{} \text{H-C}\diagdown_\text{O}^\text{H}$

Ⓕ $\text{CH}_3\text{-CH}_2\text{-OH} \xrightarrow[(\text{O})]{} \text{CH}_3\text{-C}\diagdown_\text{O}^\text{H}$

問3

Ⓕ $\underset{\text{OH}}{\text{CH}_3\text{-CH}\!+\!\text{H}} \xrightarrow[\text{I}_2, \text{NaOH}]{} \begin{cases} \text{CHI}_3\downarrow \\ \text{H-COONa} \end{cases}$

144

問1 還元性　　**問2** Cu_2O　　**問3** 反応名：ヨードホルム反応　　化学式：CHI_3

問4 A　$H-\underset{O}{C}-O-CH_2-CH_2-CH_2-CH_3$　　B　$H-\underset{O}{C}-O-\underset{CH_3}{CH}-CH_2-CH_3$

C　$CH_3-CH_2-\underset{O}{C}-O-CH_2-CH_3$

問5 シス－トランス異性体

J，K　　$\underset{H}{\overset{CH_3}{}}C=C\underset{H}{\overset{CH_3}{}}$　　$\underset{H}{\overset{CH_3}{}}C=C\underset{CH_3}{\overset{H}{}}$

（順不同）

解説

問1　銀鏡反応はホルミル基のもつ還元性により Ag^+ が還元されて Ag が生じる反応。

問2　フェーリング液中の Cu^{2+} が還元されて Cu_2O の赤色沈殿が生じる。

問3　I_2 と NaOH を加えて黄色沈殿が生じるのはヨードホルム反応。

問4

A～C　分子式 $C_5H_{10}O_2$（$I_U = 1$）のエステル

A ⟶ カルボン酸 D ＋ アルコール E

B ⟶ カルボン酸 D ＋ アルコール F

C ⟶ カルボン酸 G ＋ アルコール H

D，G は酸性を示すのでカルボン酸と分かり，さらに D は銀鏡反応を示すので還元性をもつギ酸。

E，F は炭素数4のアルコールで，さらに E は酸化生成物がフェーリング反応を示すので第1級アルコール，F は酸化生成物がヨードホルム反応を示すので 2－ブタノールと分かる。

Ⓓ $H-\underset{O}{C}-OH$ ＋ Ⓕ $CH_3-\underset{OH}{CH}-CH_2-CH_3$

$\xrightarrow{-H_2O}$ Ⓑ $H-\underset{O}{C}-O-\underset{CH_3}{CH}-CH_2-CH_3$

H は脱水生成物がエチレンであることか

らエタノールと分かり，G は炭素数3のカルボン酸でプロピオン酸。

Ⓖ $CH_3-CH_2-\underset{O}{C}-OH$ ＋ Ⓗ CH_3-CH_2-OH

$\xrightarrow{-H_2O}$ Ⓒ $CH_3-CH_2-\underset{O}{C}-O-CH_2-CH_3$

E，F の脱水生成物として同一の I が生成するので E は 1－ブタノールと分かる。

Ⓕ $CH_3-\underset{OH}{CH}-CH_2-CH_3$

Ⓔ $CH_2-CH_2-CH_3$（$\underset{OH}{CH_2}$）

$\xrightarrow{-H_2O}$ Ⓘ $CH_2=CH-CH_2-CH_3$

Ⓓ $H-\underset{O}{C}-OH$ ＋ Ⓔ $CH_3-CH_2-CH_2-CH_2-OH$

$\xrightarrow{-H_2O}$ Ⓐ $H-\underset{O}{C}-O-CH_2-CH_2-CH_2-CH_3$

問5　アルコール F の脱水により生じる立体異性体はシス－トランス異性体である。

Ⓕ
$CH_3-\underset{OH\ H}{CH}-CH-CH_3$ $\xrightarrow{-H_2O}$ $\begin{cases} \underset{H}{\overset{CH_3}{}}C=C\underset{H}{\overset{CH_3}{}} \\ \underset{H}{\overset{CH_3}{}}C=C\underset{CH_3}{\overset{H}{}} \end{cases}$

…J，Ⓚ

問1 ②　　**問2**　③

解説 ••

分子式 $C_{10}H_{16}O_4(I_U = 3)$

※ $I_U = 3$，酸素 $= 4$ つより，

　ジエステル（$-C-O- \times 2$）$+ \ C=C \ $1つと

　　　　　　　$\overset{\parallel}{O}$

　予想できる。

$$\text{エステル 1 mol} \xrightarrow[\text{加水分解}]{} \text{A 1 mol} + \text{B 2 mol}$$

A はシス－トランス異性体が存在し，加熱に
より脱水して $C_4H_2O_3$ に変化するので，

Ⓐ

$$\underset{\text{マレイン酸}}{\overset{H}{\underset{HOOC}{}}C=C\overset{H}{\underset{COOH}{}}}$$

（分子式 $C_4H_4O_4$）

Ⓒ

$$\xrightarrow{\text{加熱}} \underset{\text{無水マレイン酸}}{O=C\overset{H}{\underset{\diagdown O \diagup}{}}C=C\overset{H}{}C=O} + H_2O$$

（分子式 $C_4H_2O_3$）

エステルの加水分解よりエステル 1 mol から
B 2 mol が生成したことから，分解前のエス
テルはマレイン酸のジエステル，分解後の B
は炭素数 3，$I_U = 0$ のアルコールとなる。ま
た，B は酸化によりアセトンに変化するので，

Ⓑ　$CH_3-\underset{OH}{CH}-CH_3 \xrightarrow{\text{酸化}} CH_3-\underset{\text{アセトン}}{\overset{O}{C}}-CH_3$

よって，エステルの加水分解反応は，

$$CH_3-\underset{CH_3}{CH}-O-\underset{O}{C}\overset{H}{\underset{}{}}C=C\overset{H}{\underset{}{}}\underset{O}{C}-O-\underset{CH_3}{CH}-CH_3$$

$$\xrightarrow{2H_2O} \underset{HOOC}{\overset{H}{}}C=C\overset{H}{\underset{COOH}{}}$$

$$+ \ 2 \ CH_3-\underset{OH}{CH}-CH_3$$

となる。

問1①　（誤）　マレイン酸は 2 価カルボン
　　　　　　　酸。

　　②　（正）

　　③　（誤）

$$\underset{HOOC}{\overset{H}{}}C=C\overset{H}{\underset{COOH}{}}$$

$$\xrightarrow{H_2} \underset{\text{コハク酸(C*なし)}}{HOOC-CH_2-CH_2-COOH}$$

　　④　（誤）　無水マレイン酸は 5 員環構造。

　　⑤　（誤）　無水マレイン酸にはカルボキシ
　　　　　　　基は存在しない。

問2　$CH_3-CH_2-CH_2-OH$

　　　　$CH_3-\underset{OH}{CH}-CH_3$

　　　　$CH_3-CH_2-O-CH_3$

の 3 種類。

問1　(1)　脂肪　　(2)　脂肪油　　(3)　乾性油　　(4)　硬化油

　　　　(5)　グリセリン　　(6)　セッケン

問2　(ウ)，(エ)

解説 ••

油脂とは，グリセリンと炭素数の多い高級脂
肪酸とのトリエステル(エステル結合 3 つか
らなるもの)である。

$$\begin{array}{l} CH_2\text{-}OH \\ CH\text{-}OH \\ CH_2\text{-}OH \end{array} + 3\,R\text{-}COOH$$

グリセリン　　　　　　　高級脂肪酸

$$\xrightarrow[\text{エステル化}]{} \begin{array}{l} CH_2\text{-O-C-R} \\ \qquad\quad O \\ CH\text{-O-C-R} \quad + 3\,H_2O \\ \qquad\quad O \\ CH_2\text{-O-C-R} \\ \qquad\quad O \end{array}$$

油脂

※油脂を構成する主な高級脂肪酸

$\begin{cases} \text{パルミチン酸}：C_{15}H_{31}COOH \\ \text{ステアリン酸}：C_{17}H_{35}COOH \\ \text{オレイン酸}：C_{17}H_{33}COOH（C=C 1つ） \\ \text{リノール酸}：C_{17}H_{31}COOH（C=C 2つ） \\ \text{リノレン酸}：C_{17}H_{29}COOH（C=C 3つ） \end{cases}$

問1　油脂は構成する脂肪酸により性質が異なり，牛脂や豚脂などの動物性油脂を脂肪といい，構成脂肪酸には炭素間の二重結合をもたない飽和脂肪酸を多く含む。また，大豆油やオリーブ油，菜種油などの植物性油脂を脂肪油といい，構成脂肪酸には炭素間の二重結

合をもつ不飽和脂肪酸を多く含む。

　二重結合を多く含む油脂は空気中の酸素により酸化されて固まる。このような油脂を乾性油という。

　脂肪油にニッケルを触媒として水素を付加すると，常温で固体の油脂に変化する。このようにしたものを硬化油という。

　油脂を水酸化ナトリウムでけん化すると，脂肪酸のナトリウム塩が生成し，これをセッケンという。

$$\begin{array}{l} CH_2\text{-OCO-R} \\ CH\text{-OCO-R} \quad + 3\,NaOH \\ CH_2\text{-OCO-R} \end{array}$$

$$\xrightarrow{\quad} \begin{array}{l} CH_2\text{-OH} \\ CH\text{-OH} \quad + 3\,R\text{-COONa} \\ CH_2\text{-OH} \end{array}$$

グリセリン　　　　　　　セッケン

問2　（ア）のドコサヘキサエン酸(DHA：$C_{21}H_{31}COOH$)，（イ）のオレイン酸，（オ）のリノール酸，（カ）のリノレン酸は炭素間の二重結合をもつ不飽和脂肪酸である。

第192問 ━━━━━━━━━━━━━━━━━━

問1　（ア）グリセリン　（イ）エステル　（ウ）$C_nH_{2n}O_2$　（エ）$C_{3n+3}H_{6n+2}O_6$
（オ）18

問2　$C_{17}H_{35}COOH$　**問3**　189 mg　**問4**　3個

解説 ••••••••••••••••••••••••••••••

問1　油脂は<u>グリセリン</u>と高級脂肪酸との<u>エ</u>
<u>ステル</u>である。
　　イ
1種類の高級飽和脂肪酸 B：$C_{n-1}H_{2n-1}COOH$
$(\underline{C_nH_{2n}O_2})$ からなる油脂は
　　ウ
$C_3H_5(OCOC_{n-1}H_{2n-1})_3$ となり，分子式は
$\underline{C_{3n+3}H_{6n+2}O_6}$ と表せる。
　　エ
分子量 890 より，

$$12 \times (3n + 3) + 6n + 2 + 16 \times 6 = 890$$
$$n = \underline{18}$$
　　　　　　　　　　　　　　　　　　オ

問2　炭素数18の飽和脂肪酸はステアリン

酸 $C_{17}H_{35}COOH$ である。

問3　けん化の反応式

$$C_3H_5(OCOC_{17}H_{35})_3 + 3KOH$$
$$\xrightarrow{\quad} C_3H_5(OH)_3 + 3C_{17}H_{35}COOK$$

油脂 1 mol あたり KOH 3 mol が反応するので，KOH の式量 = 56 より，

$$\underset{\text{油脂の mol}}{\underbrace{\frac{1.0}{890}\,\text{mol}}} \times 3 \times 56 \times 10^3\,\text{mg/mol}$$
　　　　　　　　└─┘
　　　　　　　KOH の mol

$$= \underline{188.7\,\text{mg}}$$

※油脂1gをけん化するのに必要な KOH の

mg 数をけん化価といい，油脂や構成脂肪酸の分子量の目安となる。

問4 油脂中の炭素間二重結合の数を x 個とすると，I_2 の分子量 $= 254$ より，

$$\underbrace{\frac{100}{884} \text{mol}}_{\text{油脂の mol}} \times x \times \underbrace{254 \text{g/mol}}_{I_2 \text{の mol}} = 86.0 \text{g}$$

$$x = 2.99 \fallingdotseq \underline{3}$$

※油脂 100 g に付加する I_2 の g 数をヨウ素価といい，油脂や構成脂肪酸に含まれる $C=C$ 結合の数の目安となる。

第 193 問

問1 882　**問2** 4 個

問3 $CH_3(CH_2)_4CH=CHCH_2CH=CH(CH_2)_7COOH$

問4　A　CH_2-OCO-R^1　　D　CH_2-OCO-R^2
　　　　　　CH-OCO-R^1　　　　CH-OCO-R^2
　　　　　　CH_2-OCO-R^2　　　 CH_2-OCO-R^2

解説 ··········

問1 実験1について，

$\begin{array}{l} CH_2\text{-OCO-R} \\ CH\text{-OCO-R} \quad +3NaOH \\ CH_2\text{-OCO-R} \end{array}$
　　　　44.1 g

$\xrightarrow{\quad\quad}$ $\begin{array}{l} CH_2\text{-OH} \\ CH\text{-OH} \quad +3R\text{-COONa} \\ CH_2\text{-OH} \end{array}$
　　　　　　　　4.60 g

油脂 A 1 mol あたりグリセリン 1 mol が生じるので，求める分子量を M とすると，グリセリンの分子量 $= 92$ より，

$$\frac{44.1}{M} \text{mol} = \frac{4.60}{92} \text{mol} \qquad M = \underline{882}$$

問2 実験2について，

$\begin{array}{l} CH_2\text{-OCO-}\overset{}{R} \\ CH\text{-OCO-}\overset{}{R} \\ CH_2\text{-OCO-}\overset{}{R} \end{array}$ $\begin{array}{c} \nearrow C=C \\ \text{計 } n \text{ 個} + nH_2 \rightarrow \cdots \\ \end{array}$
　　3.00 g　　　　　　305 mL

油脂 A に含まれる炭素間の二重結合の数を n 個とすると，油脂 A 1 mol あたり水素 n mol が反応するので，油脂 A の分子量 $= 882$ より，

$$\frac{3.00}{882} \text{mol} \times n = \frac{305 \times 10^{-3} \text{L}}{22.4 \text{L/mol}}$$

$$n = \underline{4}$$

問3 実験3より，オゾン分解で生じた生成物から，分解前の脂肪酸 B の構造が次のように決まる。

$CH_3\text{-}(CH_2)_4\text{-}CH=O \ + \ O=CH\text{-}CH_2\text{-}CH=O \ + \ O=CH\text{-}(CH_2)_7\text{-}COOH$

$CH_3\text{-}(CH_2)_4\text{-}CH = CH\text{-}CH_2\text{-}CH = CH\text{-}(CH_2)_7\text{-}COOH$

※脂肪酸 B は炭素間の二重結合を 2 つもつリノール酸である。

問4 問1，2 より油脂 A は分子量 882，炭素間の二重結合が 4 つ含まれる。また，実験 1 よりけん化によって不飽和脂肪酸 B と飽和脂肪酸 C の塩が生じることから，油脂 A はリノール酸(脂肪酸 B)2 分子とステアリン酸(脂肪酸 C)1 分子で構成される。

さらに，実験2より油脂Aに不斉炭素原子が存在し，油脂Dには不斉炭素原子が存在しないことから，それぞれの構造式は，

Ⓐ
$$CH_2-OCO-C_{17}H_{31}$$
$$C^*あり \quad \overset{*}{C}H-OCO-C_{17}H_{31}$$
$$CH_2-OCO-C_{17}H_{35}$$

$\left. \right\}C=C \quad$ 計4個
異なる

Ⓓ
$$CH_2-OCO-C_{17}H_{35}$$
$$\xrightarrow{H_2} \quad CH-OCO-C_{17}H_{35}$$
$$C^*なし \quad CH_2-OCO-C_{17}H_{35}$$

同じ

第 194 問

問1 （**イ**） 界面活性剤 　（**ウ**） 疎水 　（**エ**） 親水 　**問2** （a）

問3 セッケンが金属塩となり沈殿するため。

問4 強酸と強塩基の塩で，加水分解しないため。

解説

問1 セッケンは高級脂肪酸の塩であり，親水基であるカルボキシ基と疎水基である炭化水素基を合わせ持ち，界面活性剤とよばれる。

セッケンの構造

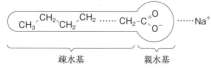

乳化作用

疎水基を内側に，親水基を外側にして油を取り囲み水中に分散させる。

問2 セッケンは弱酸と強塩基からなる塩であり，水中では加水分解により OH^- が生じるので，水溶液は弱塩基性を示す。

$$\underset{\text{弱酸のイオン}}{R-COO^-} + H_2O \overset{\text{加水分解}}{\rightleftharpoons} R-COOH + OH^-$$

問3 Ca^{2+} や Mg^{2+} を多く含む硬水や海水中では塩が沈殿してしまうため洗浄力が低下する。

$$2R-COO^- + Ca^{2+} \longrightarrow (R-COO)_2Ca \downarrow$$
$$2R-COO^- + Mg^{2+} \longrightarrow (R-COO)_2Mg \downarrow$$

問4 合成洗剤はセッケンの $-COO^-$ をスルホ基 $-SO_3^-$ に変えた構造で，強酸と強塩基からなる塩であるため，加水分解せず水溶液は中性を示す。

例 アルコール系洗剤

$$R-OH \xrightarrow{H_2SO_4} R-O-SO_3H$$
$$\xrightarrow{NaOH} R-O-SO_3Na$$

ABS（アルキルベンゼンスルホン酸）系洗剤

$$R-\bigcirc \xrightarrow{H_2SO_4} R-\bigcirc-SO_3H$$
$$\xrightarrow{NaOH} R-\bigcirc-SO_3Na$$

問1 （ア）付加　（イ）置換　（ウ）ニトロ　（エ）スルホン

問2 A B （ベンゼン環）NO$_2$　C （ベンゼン環）SO$_3$H

D
```
  H H H H
H-C-C-C-H
H-C   C-H
H-C-C-C-H
  H H H H
```
E
```
  Cl H Cl H
H-C-C-C-C-H
Cl-C   C-H
  H-C-C-C-Cl
  Cl H Cl H
```

問3 （4）　問4　ベンゼンスルホン酸

解説 ....

問1，2

　ベンゼンの炭素間の結合は単結合3本と二重結合3本ではなくその中間の結合が均等に広がっていると考えられている。

```
C=C-C          C··C··C
C-C=C   実際は   C··C··C
```

　このため，ベンゼンでは付加反応は起こりにくく，置換反応の方が起こりやすい。

```
       (Fe，FeCl₃)      Cl
      ─────────→  （ベンゼン環）   + HCl
          Cl₂        クロロベンゼン A

       (H₂SO₄)       NO₂
（ベンゼン環）─────→ （ベンゼン環）  + H₂O
          HNO₃      ニトロベンゼン B

        加熱        SO₃H
      ─────────→  （ベンゼン環）   + H₂O
         H₂SO₄    ベンゼンスルホン酸 C
```

また，強い反応条件では付加反応も起こる。

```
          (Pt, Ni)       H H H
         ─────────→  H-C-C-C-H
            H₂        H-C   C-H
                       H-C-C-C-H
（ベンゼン環）             H H H
                      シクロヘキサン D

            光         Cl H Cl
         ─────────→  H-C-C-C-Cl
            Cl₂       Cl-C  C-H
                       H-C-C-C-Cl
                      H Cl H
                      1,2,3,4,5,6-ヘキサクロロ
                      シクロヘキサン E
```

問3 $C_6H_6 + 3H_2 \longrightarrow C_6H_{12}$

C_6H_6 の分子量 = 78，H_2 の分子量 = 2.0
より，

$$\underbrace{\frac{7.8\,\mathrm{g}}{78\,\mathrm{g/mol}}}_{\text{ベンゼンの mol}} \times 3 \times 2.0\,\mathrm{g/mol} = \underline{0.60\,\mathrm{g}}$$
$$\underbrace{}_{H_2 \text{ の mol}}$$

問4 スルホ基は強酸性の官能基で水中では電離しやすいため，水に溶けやすい。

```
（ベンゼン環）SO₃H  ──→  （ベンゼン環）SO₃⁻ + H⁺
```

$$ (\text{C}_6\text{H}_5)\text{SO}_3\text{H} \longrightarrow (\text{C}_6\text{H}_5)\text{SO}_3^- + \text{H}^+ $$

問1 （ア）4　（イ）2　（ウ）3　（エ）過マンガン酸カリウム

　　（オ）ポリエチレンテレフタラート　（カ）カルボキシ　（キ）酸無水物

問2　A 　B 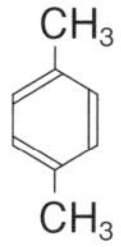 　C 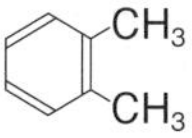 　D

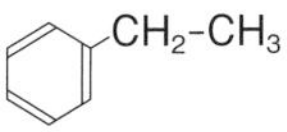

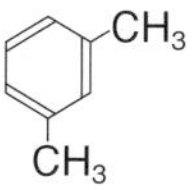

問3

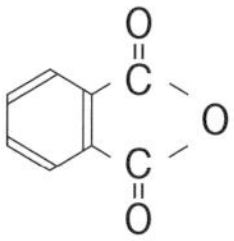

解説

問1, 2

A ～ D…分子式 C_8H_{10}($I_U = 4$)

C_8H_{10} の芳香族化合物の異性体

※ベンゼン環で $I_U = 4$ となるため，ベンゼン環 + 炭素数 2 の骨格を考える。

① 　②

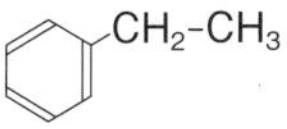

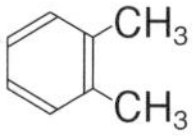

③ 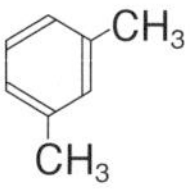 　④

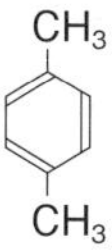

A…－H 1つを－Br で置き換えたときに不斉炭素をもつ化合物が生じるのは①

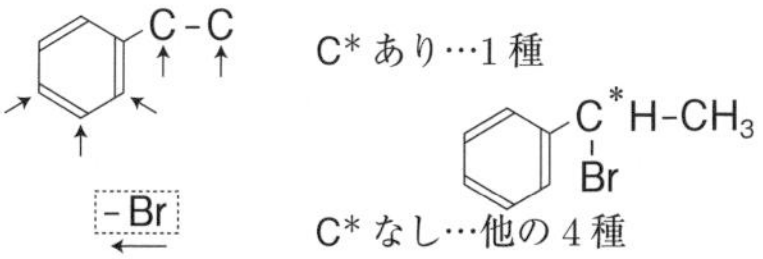

C* あり…1 種

C* なし…他の 4 種

D…－H 1つを－Br で置き換えた化合物が 4 種類あるのは③

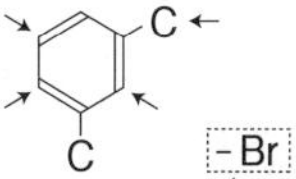

ベンゼン環の側鎖に炭素からつながる置換基がつく場合，KMnO₄ により酸化されカルボキシ基に変化する。

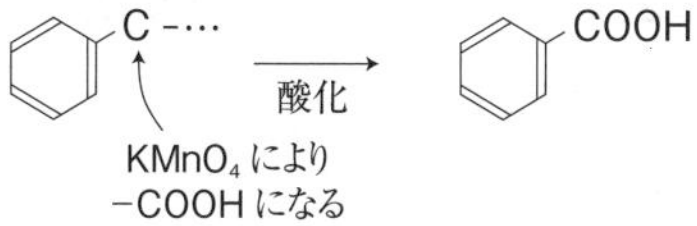

KMnO₄ により －COOH になる

B…酸化してテレフタル酸になるのは④

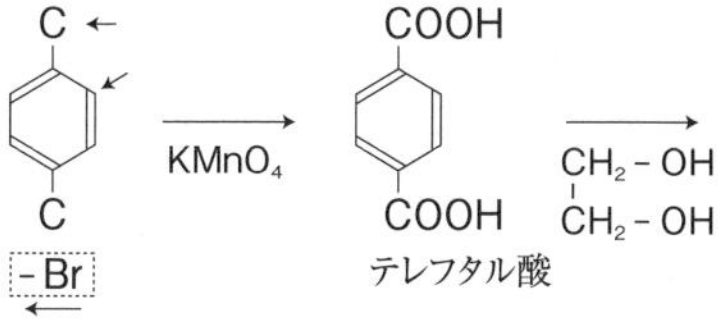

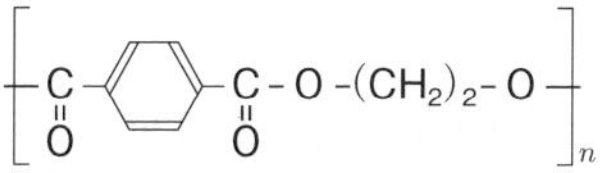

テレフタル酸

ポリエチレンテレフタラート(PET)

C…酸化生成物が脱水するのは②

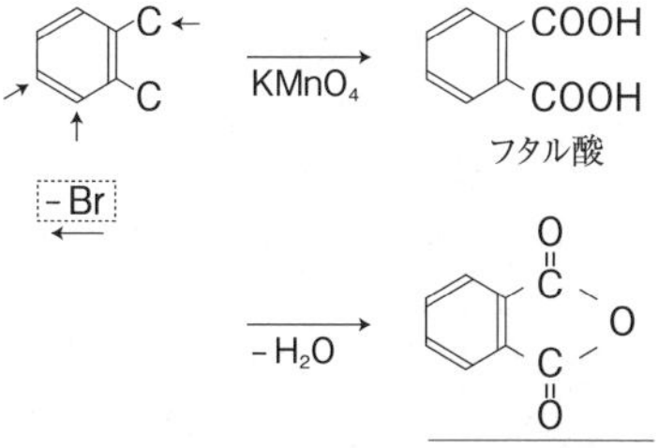

フタル酸

無水フタル酸　**問3**

15章

151

第197問

問1 A 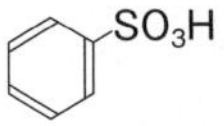
B 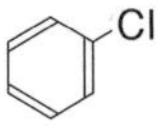
C 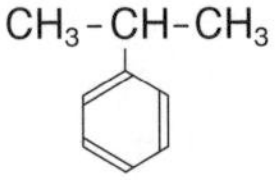
CH3-CH-CH3
D 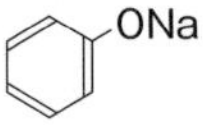

問2 製法名：クメン法　副生成物：アセトン　**問3** 紫色

問4 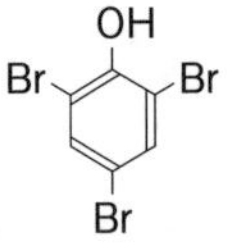
OH
Br
Br
Br

問5 フェノールは炭酸よりも弱い酸であるため。

解説

問1，2 フェノールの製法は主に以下の3つ。

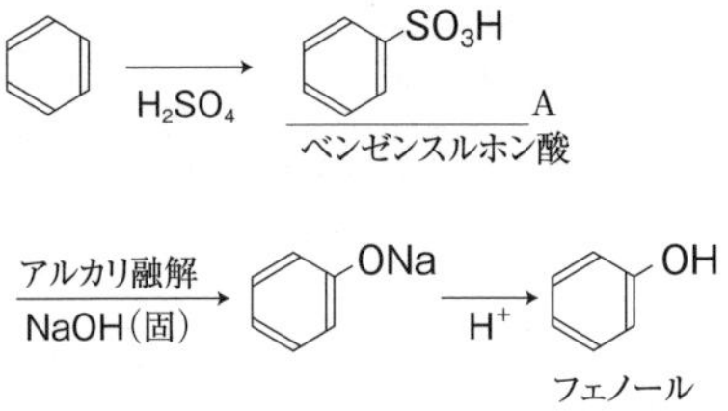
SO3H
H2SO4
A
ベンゼンスルホン酸
アルカリ融解
NaOH(固)
ONa
H+
OH
フェノール

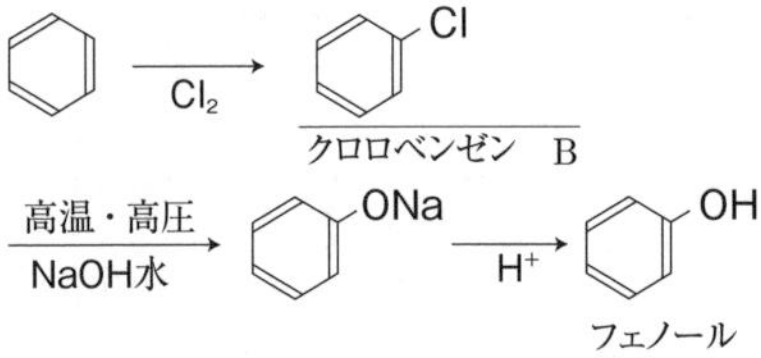
Cl
Cl2
クロロベンゼン B
高温・高圧
NaOH水
ONa
H+
OH
フェノール

工業的製法(クメン法)

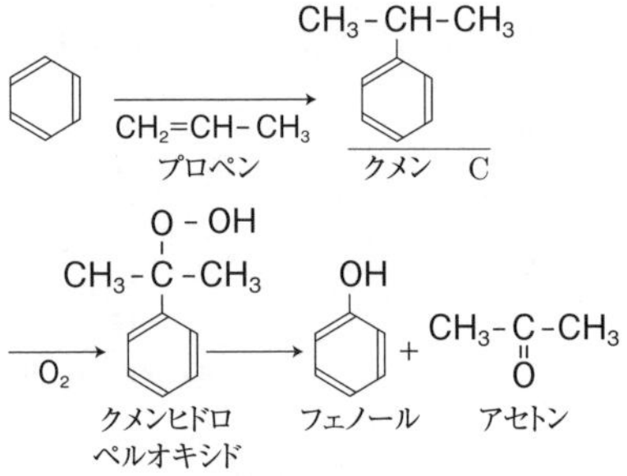
CH3-CH-CH3
CH2=CH-CH3
プロペン
クメン C
O-OH
CH3-C-CH3
O2
OH
CH3-C-CH3
O
クメンヒドロペルオキシド
フェノール
アセトン

フェノールは弱酸性を示し，水酸化ナトリウム水溶液に溶ける。

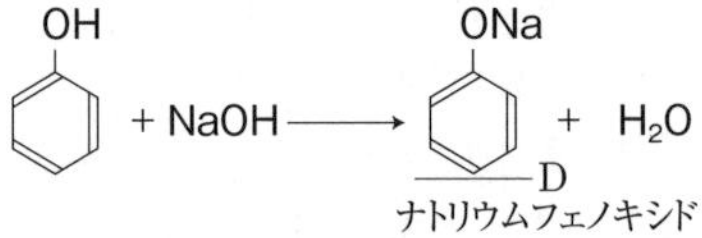
OH
+ NaOH
ONa
+ H2O
D
ナトリウムフェノキシド

問3 ベンゼン環に直接ヒドロキシ基(−OH)がつくとき，塩化鉄(Ⅲ)水溶液を加えると，青紫〜赤紫色に呈色する。

問4 フェノールに対する置換反応はフェノールのオルト，パラ位に起こりやすい。

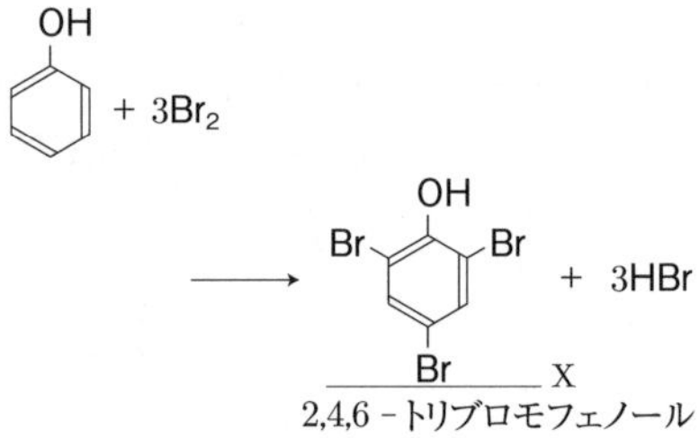
OH
+ 3Br2
OH
Br
Br
+ 3HBr
Br
X
2,4,6-トリブロモフェノール

問5 フェノールは炭酸よりも弱い酸であり，フェノールの塩に CO_2 を通じるとフェノールが遊離する。

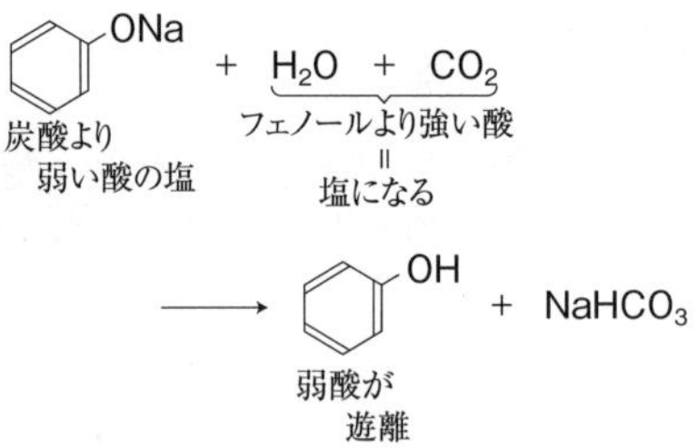
ONa
+ H2O + CO2
炭酸より
弱い酸の塩
フェノールより強い酸
=
塩になる
OH
+ NaHCO3
弱酸が
遊離

第198問

問1 A $CH_3-CH-CH_3$ B OH C $CH_3-\overset{O}{\underset{\|}{C}}-CH_3$ D $COOH$

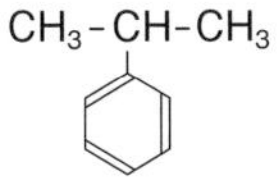

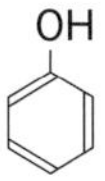

問2 (a) H_2 (c) CO_2

問3 X, Y OH に NO_2（オルト）, OH に NO_2（パラ） （順不同）

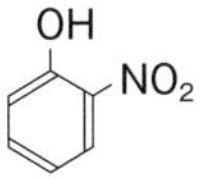

Z O_2N-OH-NO_2 / NO_2

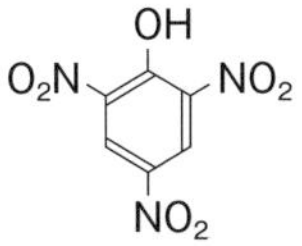

解説

問1 ベンゼンにプロペンを反応させるとクメンが生成する。

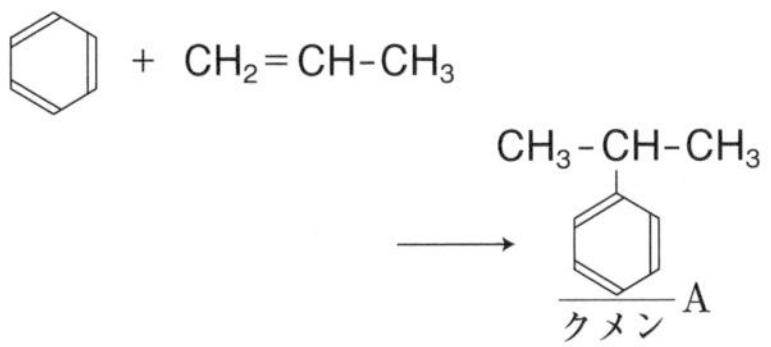

$\bigcirc$ + $CH_2=CH-CH_3$ → $CH_3-CH-CH_3$（クメン）A

クメンを酸化したのち分解するとフェノールとアセトンが得られる。化合物Bは塩化鉄(Ⅲ)により青紫色に呈色することからフェノールである。

クメンを$KMnO_4$で酸化すると，側鎖がカルボキシ基に変化する。

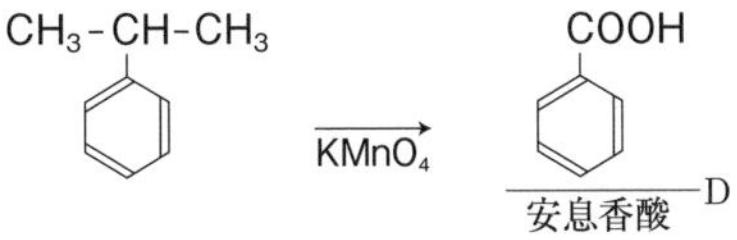

$CH_3-CH-CH_3$ →($KMnO_4$) $COOH$（安息香酸）D

問2 (a) ヒドロキシ基 $-OH$ は Na と反応して H_2 を発生する。

(c) カルボキシ基 $-COOH$ は $NaHCO_3$ と反応して CO_2 を発生する。

問3 フェノールに対する置換反応はフェノールのオルト位，パラ位に起こりやすい。

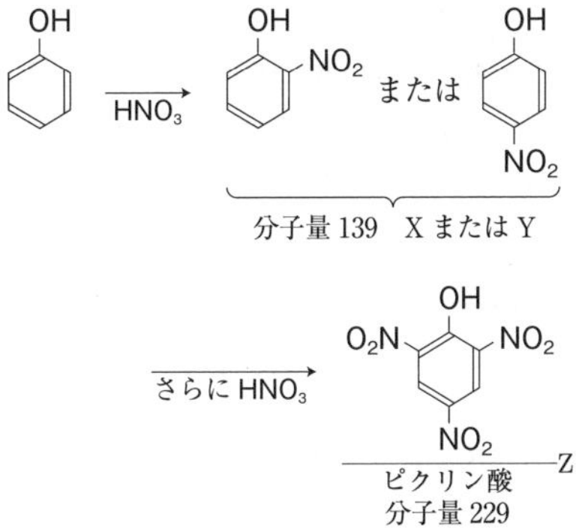

OH →(HNO_3) OH-NO_2 または OH／NO_2

分子量139 X または Y

→(さらにHNO_3) O_2N-OH-NO_2／NO_2（ピクリン酸 分子量229）Z

第199問

問1 $\bigcirc$ + HNO_3 → NO_2 + H_2O

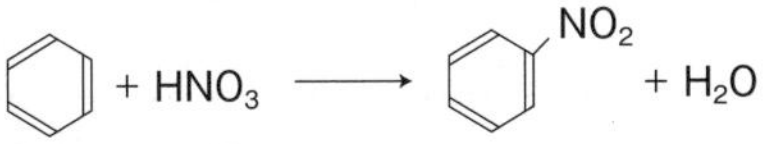

問2 触媒として働く

問3 B O_2N-OH-NO_2／NO_2 C NO_2-$\bigcirc$-NO_2／NO_2

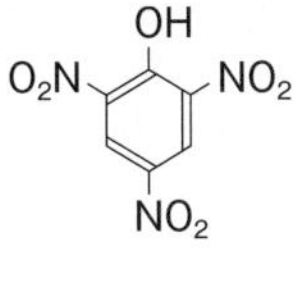

153

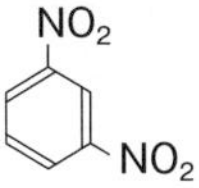

問4 （ア）（c）　（イ）（c）

問5 （ウ）フェノール　（エ）ベンゼン　（オ）ニトロベンゼン

解説 ‥‥‥

問1，2　問題文の式(1)〜(3)に示すように，ベンゼンのニトロ化反応ではHNO₃から濃硫酸によってニトロニウムイオン(NO_2^+)が生じ，これがベンゼン環の炭素原子に結合したのちH⁺が取れる。ベンゼン環の電子に正電荷をもつ原子団が結合して水素原子と置き換わることになり，これは求電子置換反応とよばれる。式(1)〜(3)を一つの反応式にまとめると解答のようになり，濃硫酸は自身は変化しない触媒として働いている。

問3，4　化合物Bは分子式$C_6H_3N_3O_7$よりフェノールに$-NO_2$が3つついた化合物と分かる。図1の構造式b，c，dより2，4，6位の炭素原子は負電荷をもつので，正電荷のNO_2^+は2，4，6位に結合しやすい。

　なお，ベンゼン環に$-OH$，$-CH_3$，

$-NH_2$などの基（電子供与性の基）が結合している場合，$o-$位と$p-$位が置換されやすくなり，これをオルト・パラ配向性という。

化合物Cは分子式$C_6H_4N_2O_4$よりベンゼンに$-NO_2$が2つついた化合物と分かる。図3の構造式f，g，hより2，4，6位の炭素原子は正電荷をもつので，正電荷のNO_2^+は3，5位に結合しやすい。（2，4，6位に結合しにくい。）

　なお，ベンゼン環に$-NO_2$，$-COOH$，$-SO_3H$などの基（電子吸引性の基）が結合している場合，$m-$位が置換されやすくなり，これをメタ配向性という。

問5　正電荷のNO_2^+が反応するニトロ化は，ベンゼン環に負電荷をもつフェノールでは起こりやすく，ベンゼン環に正電荷をもつニトロベンゼンでは起こりにくくなる。

第200問

問1　A　問2　CH₃-C-O-CH₋（ベンゼン環）
　　　　　　　　‖　　│
　　　　　　　　O　　CH₃

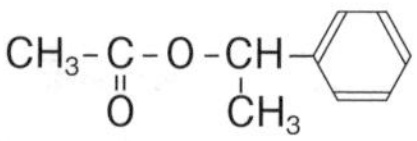

問3　B （ベンゼン環）CH₂-CH₂-OH　C （ベンゼン環）CH₂-O-CH₃

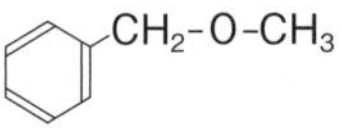

問4　ポリスチレン　問5　CH₃（ベンゼン環）CHO　問6　（ベンゼン環）CH₂-CH₃ / OH

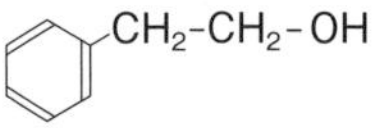

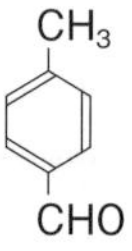

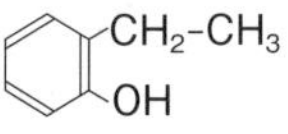

解説 ‥‥‥

A〜E…分子式$C_8H_{10}O$($I_U = 4$)

$C_8H_{10}O$の芳香族化合物の異性体

　炭素骨格の結合間に$-O-$を組み込むと考えると，

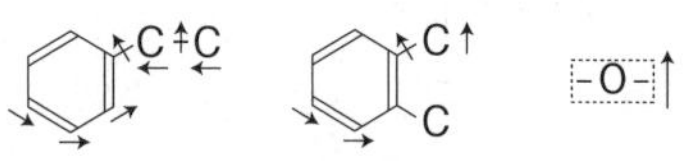

他に$m-$，$p-$も同様に考える

154

A～C は KMnO₄ との反応により，安息香酸になることからベンゼンの側鎖に炭素からつながる置換基が1つ結合していることが分かる。

A～C $\xrightarrow{\text{KMnO}_4}$ 安息香酸

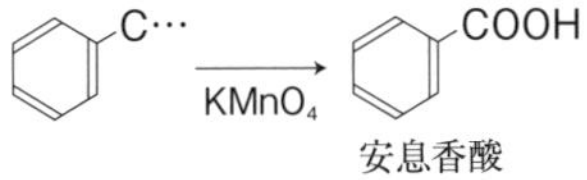

A，B は無水酢酸と反応することから－OH をもち，C は無水酢酸と反応しないことからエーテルと分かる。

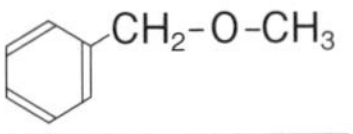

Ⓒ
_____ 問3

A はヨードホルム反応を示すので，
CH₃-CH- の部分構造をもつ。
　　　OH

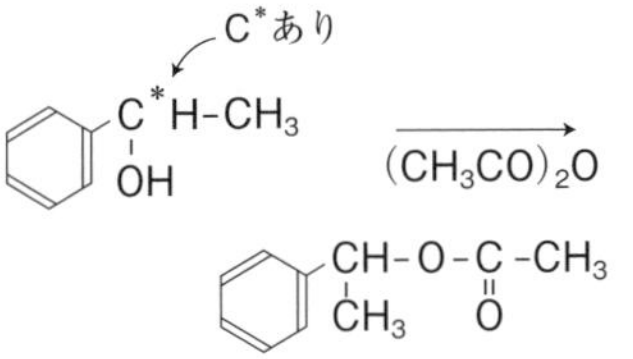

Ⓐ C*あり
$\xrightarrow{(\text{CH}_3\text{CO})_2\text{O}}$
_____ 問2

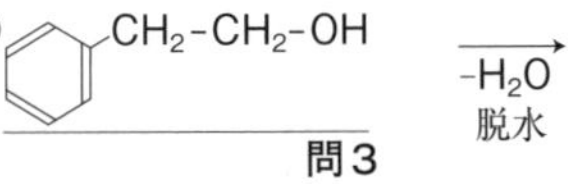

Ⓑ
_____ $\xrightarrow[\text{脱水}]{-\text{H}_2\text{O}}$
　　　問3

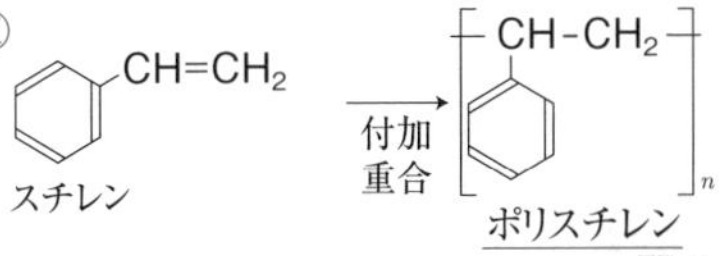

Ⓧ スチレン $\xrightarrow[\text{重合}]{\text{付加}}$ ポリスチレン
　　　　　　　　　　　　　　　問4

D は KMnO₄ との反応によりテレフタル酸になることからベンゼンのパラ位に炭素からつながる置換基が2つ結合していることが分かる。

D $\xrightarrow{\text{KMnO}_2}$ テレフタル酸

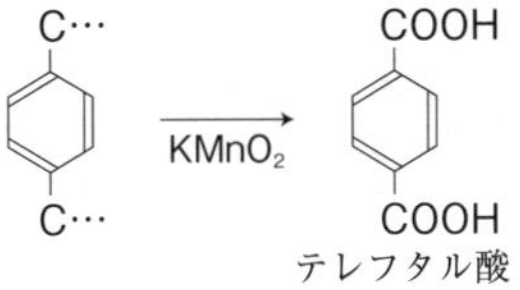

よって，

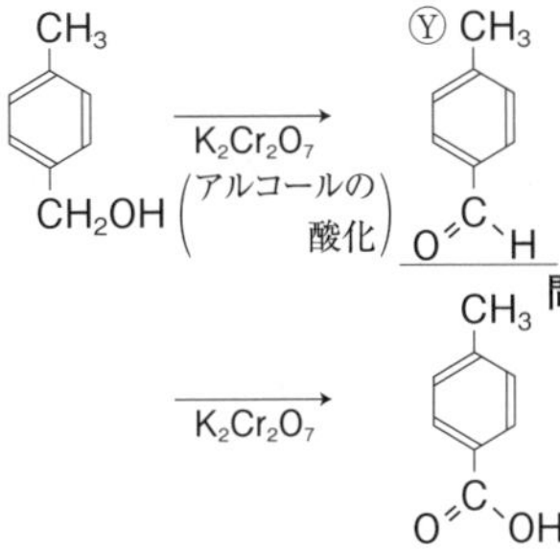

Ⓓ $\xrightarrow[\text{酸化}]{\text{K}_2\text{Cr}_2\text{O}_7\ (\text{アルコールの})}$ Ⓨ
　　　　　　　　　　　　　　　　　問5

$\xrightarrow{\text{K}_2\text{Cr}_2\text{O}_7}$

E は FeCl₃ で呈色することからフェノール類。ベンゼン環の連続した4つの炭素原子に－H が結合しているので，

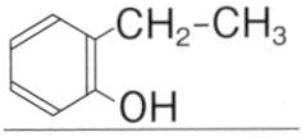

Ⓔ
_____ 問6

第201問 ────────────

問1　（ア）　3　　（イ）　赤紫

問2　 ＋H₂O＋CO₂ ⟶ ＋NaHCO₃

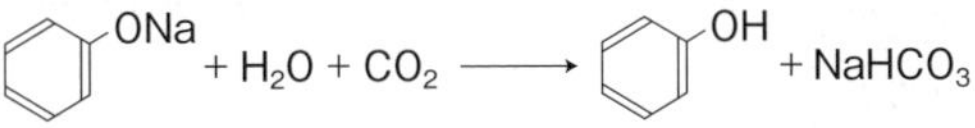

問3　A　サリチル酸メチル　　B　アセチルサリチル酸 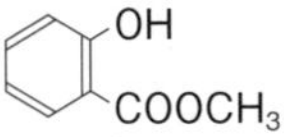 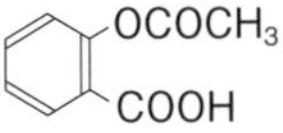　　問4

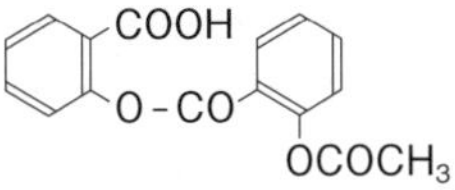

問5

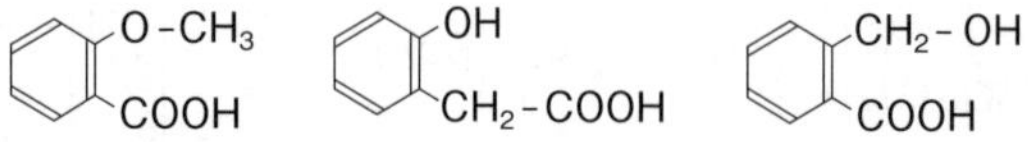

など

解説 ....

サリチル酸の製法

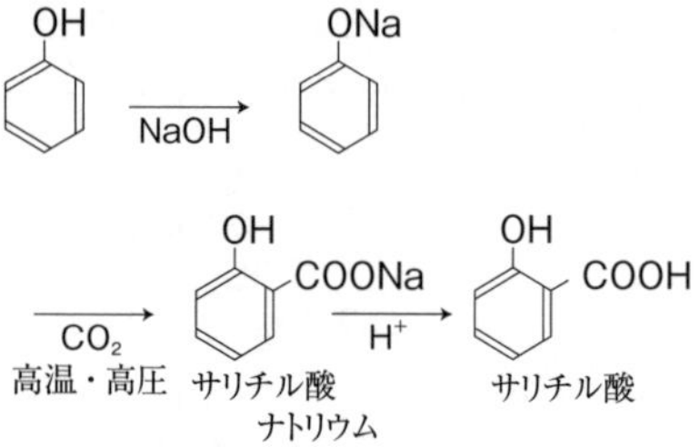

$$\xrightarrow{\text{NaOH}}$$

$$\xrightarrow[\text{高温・高圧}]{CO_2}$$ サリチル酸ナトリウム $$\xrightarrow{H^+}$$ サリチル酸

問1 サリチル酸はフェノール性ヒドロキシ基をもつため，塩化鉄(Ⅲ)水溶液を加えると赤紫色に呈色する。

問2 フェノールは炭酸よりも弱い酸でありフェノールの塩に CO_2 を通じるとフェノールが遊離する。

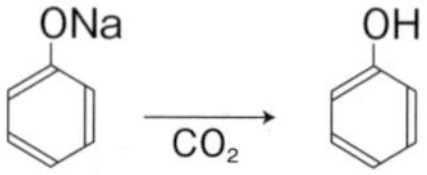

$$\xrightarrow{CO_2}$$

問3 サリチル酸にメタノールを加えてエステル化すると，消炎鎮痛剤として用いられるサリチル酸メチルが得られる。

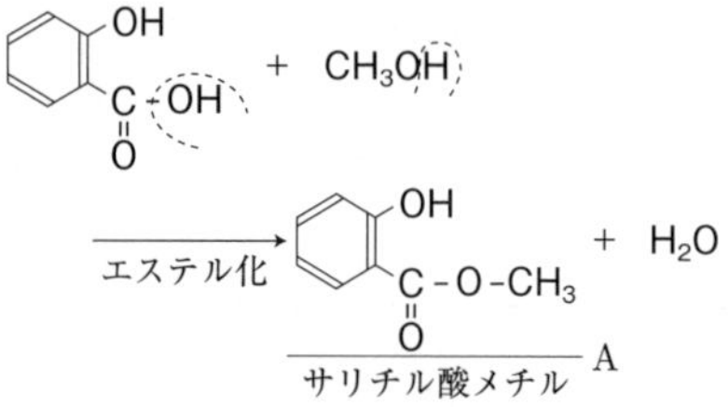

$$\xrightarrow{\text{エステル化}}$$ サリチル酸メチル A $+ H_2O$

サリチル酸に無水酢酸を加えてアセチル化すると，解熱鎮痛剤として用いられるアセチルサリチル酸が得られる。フェノール性ヒドロキシ基に対するエステル化はアルコールより起こりにくいので酸無水物を用い，この場合は特にアセチル化とよばれる。

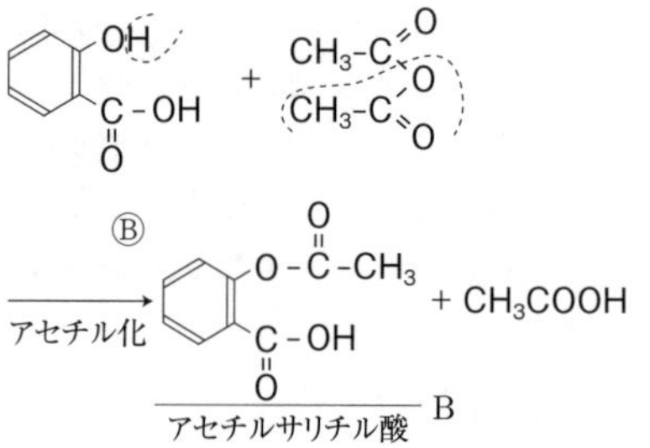

$$\xrightarrow{\text{アセチル化}}$$ アセチルサリチル酸 B $+ CH_3COOH$

問4 化合物 X は分子式 $C_{16}H_{12}O_6$ をもつジエステルで，加水分解によりサリチル酸2分子と酢酸1分子が生じることからこれら3分子からなるエステルと考えられる。また $NaHCO_3$ で気体が生じることからカルボキシ基をもつ。以上より次の構造と考えられる。

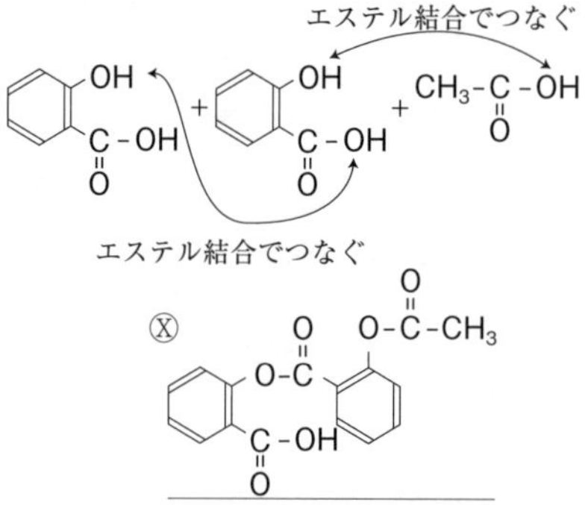

エステル結合でつなぐ

エステル結合でつなぐ

Ⓧ

問5

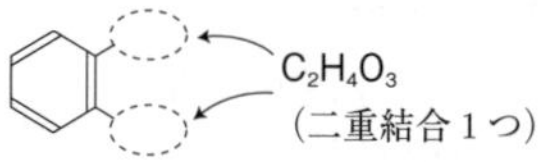

$C_2H_4O_3$
（二重結合1つ）

で構造を考える。

156

A
CH₃

COOH

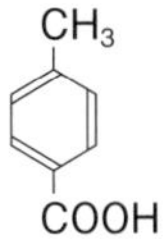

B
CH₃
COOH

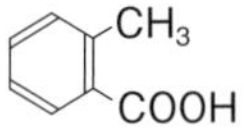

C
CHO
CH₂OH

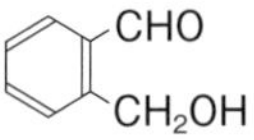

D
COOCH₃

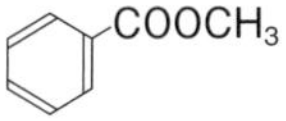

E
CO-CH₃
OH

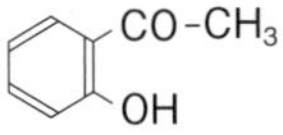

F
COOH
COOH

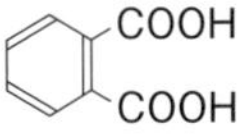

G

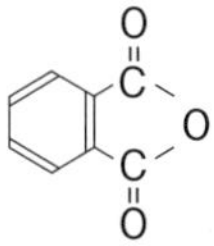

解説

A～E…分子式 $C_8H_8O_2$（$I_U = 5$）

$C_8H_8O_2$ の芳香族化合物の異性体

ベンゼン環 ＋ 二重結合 1 つとすると，

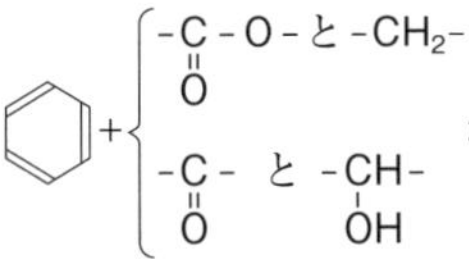

などが考えられる。

(1)より，A，B は $NaHCO_3$ との反応により気体が生じることから －COOH をもつ。

A は $KMnO_4$ との反応によりテレフタル酸になることから，ベンゼンのパラ二置換体と分かる。

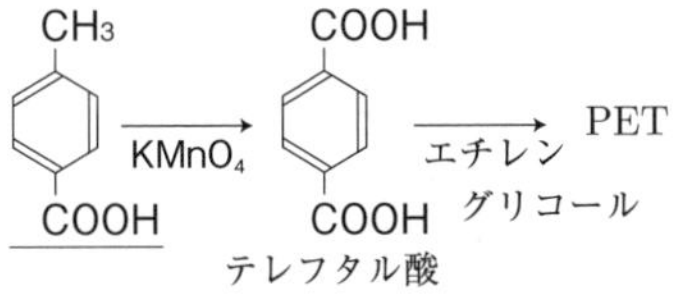

Ⓐ
CH₃ → COOH

$KMnO_4$ → エチレングリコール → PET

テレフタル酸

(2)より，B，C は $KMnO_4$ との反応により生じた生成物が加熱により脱水されることから，ベンゼンのオルト二置換体と分かる。

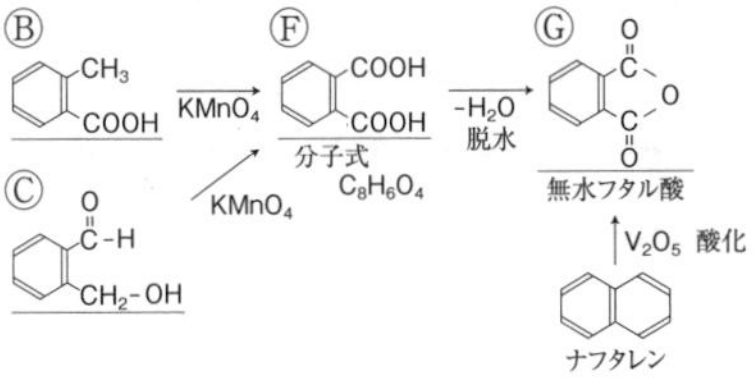

Ⓑ CH₃ COOH
Ⓒ

$KMnO_4$ → COOH COOH → $-H_2O$ 脱水 → 無水フタル酸

分子式 $C_8H_6O_4$

V_2O_5 酸化 ← ナフタレン

(3)より，NaOH を加えて加熱すると，D のエステル結合がけん化されて生成物が溶解し，均一な溶液 S_D となる。分解生成物にはトルエンの酸化生成物である安息香酸が含まれることから D は安息香酸エステルとなる。

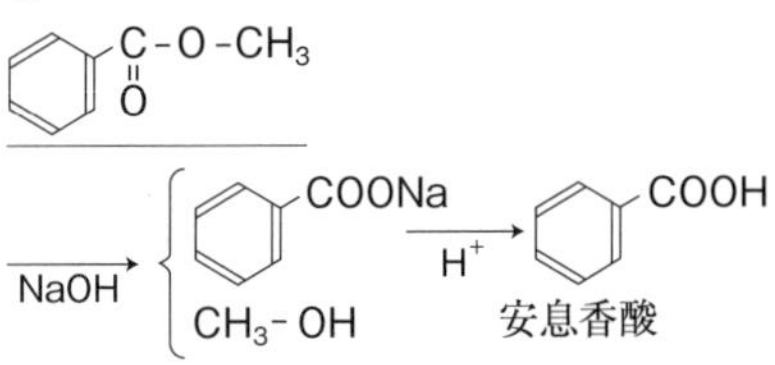

Ⓓ
C-O-CH₃

$NaOH$ → COONa ／ CH₃-OH → H^+ → COOH 安息香酸

(4)より，E は NaOH に溶解することから酸性物質となる。(1)より E は －COOH を持たないのでフェノール類と考えられる。

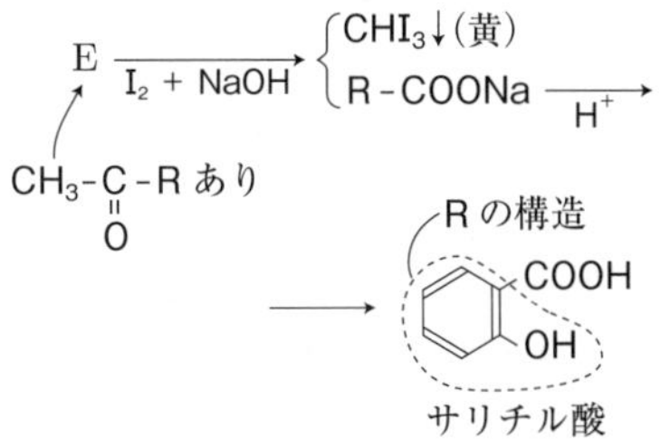

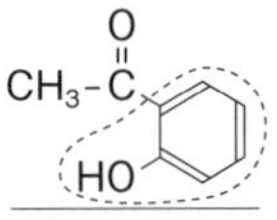

E → $I_2 + NaOH$ → CHI₃↓(黄) ／ R-COONa → H^+

$CH_3-\overset{O}{\underset{}{C}}-R$ あり

→ R の構造 COOH OH サリチル酸

Ⓔ
$CH_3-\overset{O}{\underset{}{C}}$ HO

※ヨードホルム反応の化学反応式

$$CH_3-\underset{\underset{O}{\|}}{C}-R + 3I_2 + 4NaOH \longrightarrow CHI_3 + R-COONa + 3NaI + 3H_2O$$

第203問

問1 (1)

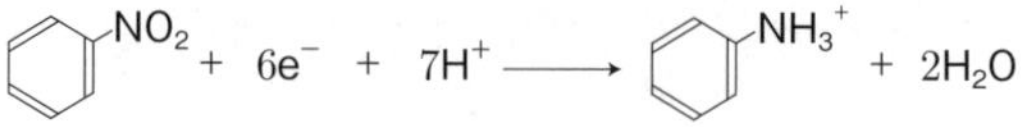

NO2
+ 6e⁻ + 7H⁺
NH3⁺
+ 2H2O

(2) 1.45 g

問2 試薬：さらし粉　　色の変化：無色→赤紫色

問3

NH2
+ NaNO2 + 2HCl
N2Cl
+ NaCl + 2H2O

問4 (1) カップリング反応

(2)

N=N
OH

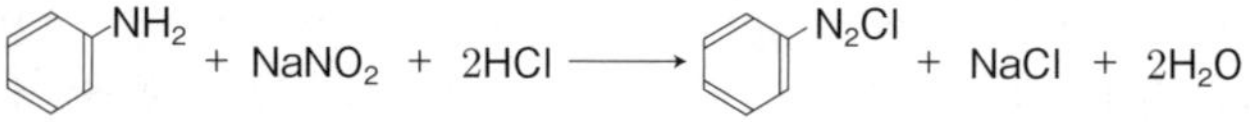

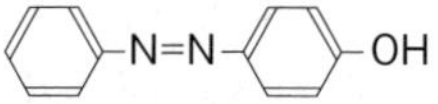

p−フェニルアゾフェノール(*p*−ヒドロキシアゾベンゼン)

(3) 加熱により塩化ベンゼンジアゾニウムが分解されるため。

解説

問1

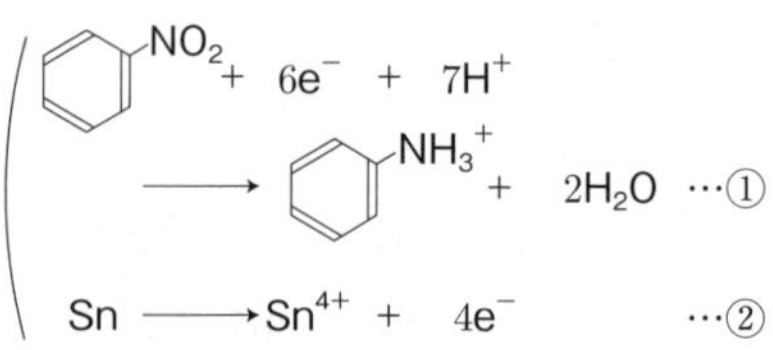

NO2
+ 6e⁻ + 7H⁺
NH3⁺
+ 2H2O …①
Sn → Sn4+ + 4e⁻ …②

①× 2 +②× 3 より

2
NO2
+ 3Sn + 14H⁺
2
NH3⁺
+ 3Sn4+ + 4H2O

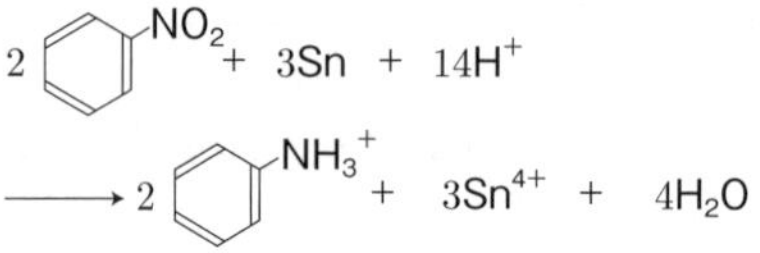

ニトロベンゼン 1.00 g と反応するスズを x (g) とすると，ニトロベンゼンの分子量 = 123，スズの分子量 = 119 より，

$$\underbrace{\frac{1.00\,\mathrm{g}}{123\,\mathrm{g/mol}}}_{\text{ニトロベンゼンのmol}} \times \underbrace{\frac{3}{2}}_{\text{スズのmol}} = \frac{x\,(\mathrm{g})}{119\,\mathrm{g/mol}}$$

$$x = \underline{1.451\,\mathrm{g}}$$

問2 アニリンにさらし粉($CaCl(ClO) \cdot H_2O$)水溶液を加えると，赤紫色に呈色する。この反応はアニリンの検出に用いられる。

問3 アニリン塩酸塩水溶液に亜硝酸ナトリウム水溶液を加えると，ジアゾ化により塩化ベンゼンジアゾニウムが生じる。生じた塩化ベンゼンジアゾニウムは温度を上げると分解するため，この反応は5℃以下に氷冷しながら行う。

NH3⁺…Cl⁻
ジアゾ化
NaNO2
N⁺≡N…Cl⁻

塩化ベンゼンジアゾニウム

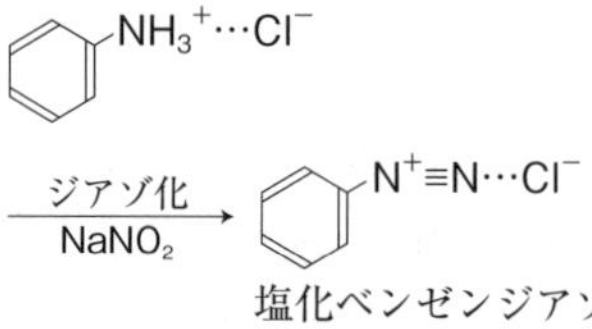

問4 (1)，(2) 塩化ベンゼンジアゾニウムにナトリウムフェノキシドを反応させると，カップリングにより *p*−フェニルアゾフェノールが生じる。

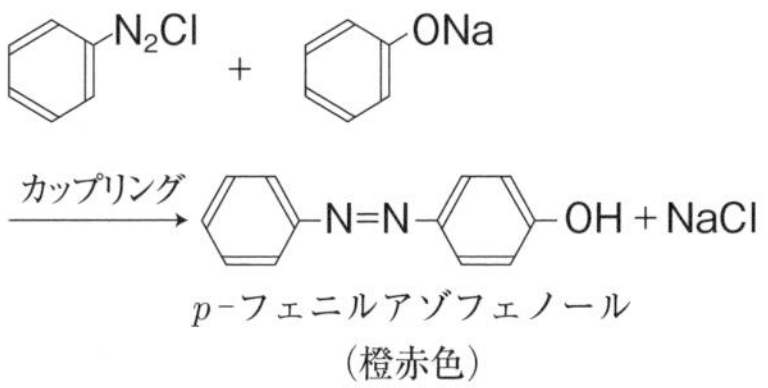

$$\text{(ベンゼンジアゾニウム-N}_2\text{Cl)} + \text{(フェノキシドナトリウム-ONa)}$$

$$\xrightarrow{\text{カップリング}} \text{(—N=N— —OH)} + NaCl$$

p-フェニルアゾフェノール
(橙赤色)

(3) 温度を上げると塩化ベンゼンジアゾニ

ウムが分解してフェノールに変化するため，
カップリング反応は起こらない。

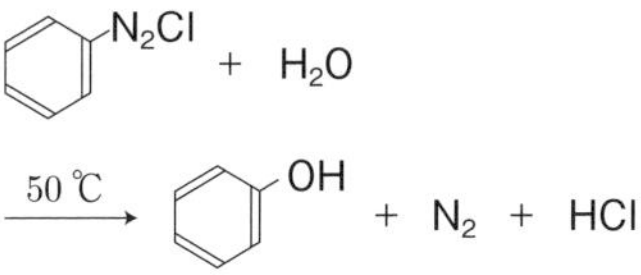

$$\text{(—N}_2\text{Cl)} + H_2O$$

$$\xrightarrow{50\ ℃} \text{(—OH)} + N_2 + HCl$$

第204問

問1
A （—Cl）　B （—ONa）　C （—NO$_2$）　D （—N(H)-C(=O)-CH$_3$）

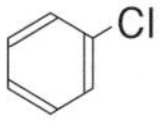

E （—N$_2$Cl）　F （ナフタレン-OH）　G （—OH, —COOH）

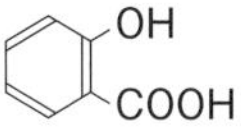

問2　ア　アセチル　　イ　ジアゾ　　ウ　カップリング

問3

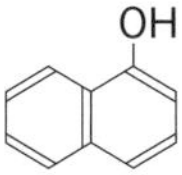

（ナフタレン OH）

解説

問1，2

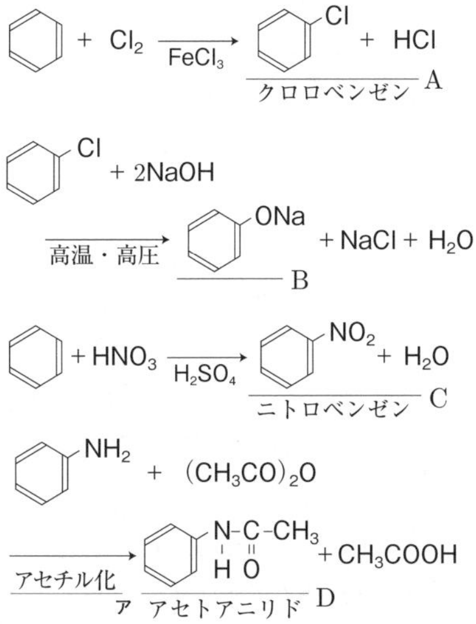

$$\text{(ベンゼン)} + Cl_2 \xrightarrow{FeCl_3} \text{(—Cl)} + HCl$$
クロロベンゼン　A

$$\text{(—Cl)} + 2NaOH$$
$$\xrightarrow{\text{高温・高圧}} \text{(—ONa)} + NaCl + H_2O$$
B

$$\text{(ベンゼン)} + HNO_3 \xrightarrow{H_2SO_4} \text{(—NO}_2\text{)} + H_2O$$
ニトロベンゼン　C

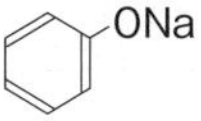

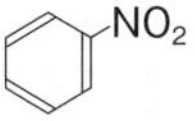

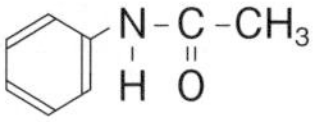

$$\text{(—NH}_2\text{)} + (CH_3CO)_2O$$
$$\xrightarrow{\text{アセチル化}} \text{(—N(H)-C(=O)-CH}_3\text{)} + CH_3COOH$$
ア　アセトアニリド　D

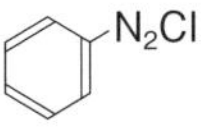

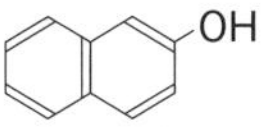

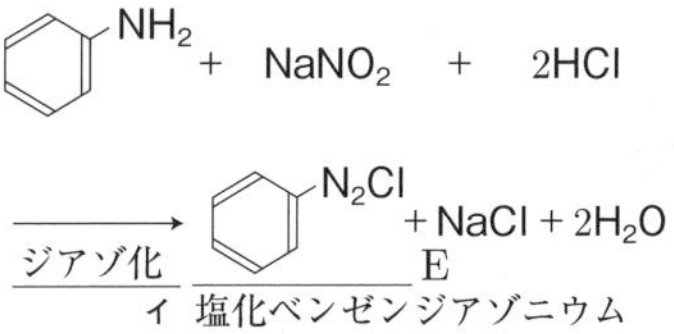

$$\text{(—NH}_2\text{)} + NaNO_2 + 2HCl$$
$$\xrightarrow{\text{ジアゾ化}} \text{(—N}_2\text{Cl)} + NaCl + 2H_2O$$
E
イ　塩化ベンゼンジアゾニウム

E ＋ B

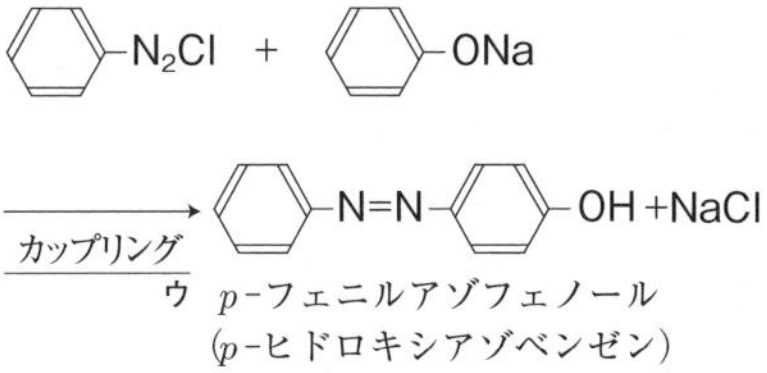

$$\text{(—N}_2\text{Cl)} + \text{(—ONa)}$$
$$\xrightarrow{\text{カップリング}} \text{(—N=N— —OH)} + NaCl$$
ウ　p-フェニルアゾフェノール
(p-ヒドロキシアゾベンゼン)

159

E ＋ F の塩

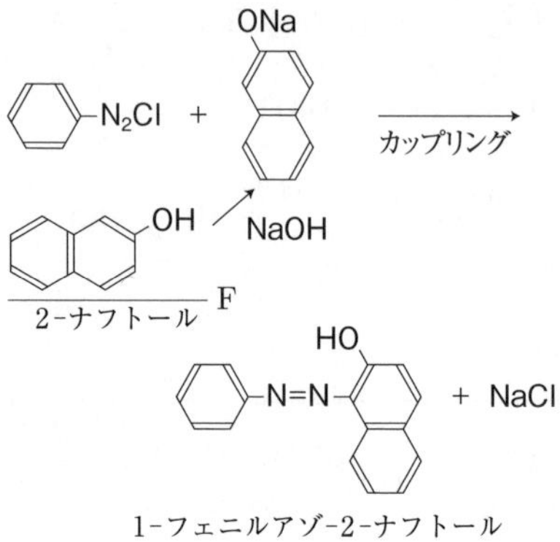

1-フェニルアゾ-2-ナフトール
（オレンジⅡ，オイルオレンジともいう）

G

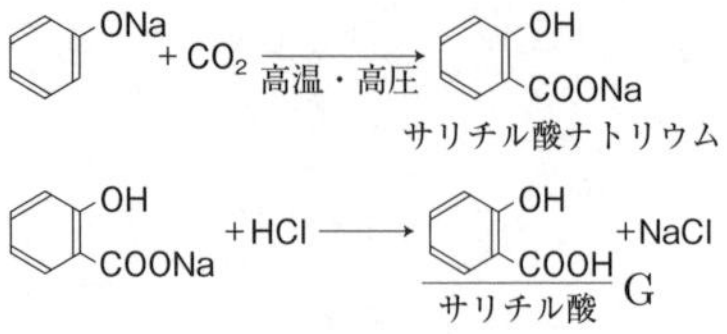

$+CO_2$ 高温・高圧 → サリチル酸ナトリウム

$+HCl$ → サリチル酸 G $+NaCl$

問3 ナフトールの位置異性体は1-ナフトールと2-ナフトールの2種類がある。

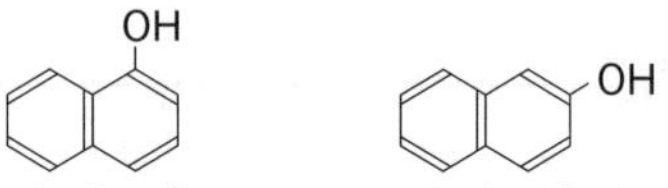

1-ナフトール　　　　2-ナフトール

第205問

問1 A 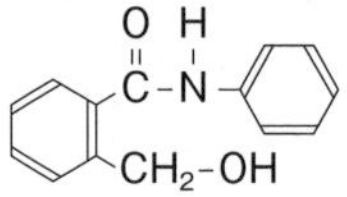 　B 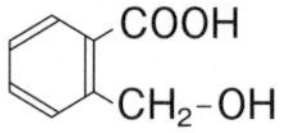 　C

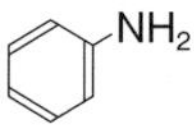

問2 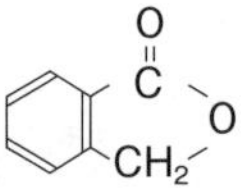 　**問3** (1) ジアゾ化

(2) 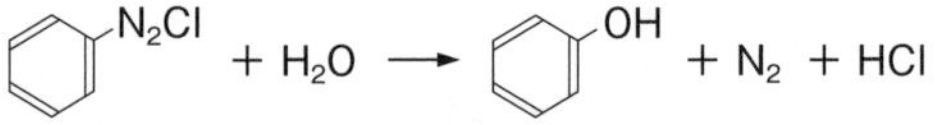 $+ H_2O$ ⟶ $+ N_2 + HCl$

解説

A の分子式…$C_{14}H_{13}NO_2$（$I_U = 9$）
※N を含む化合物の飽和水素数は C 数 × 2 ＋ N 数 × 1 ＋ 2 となる。

$\begin{cases} FeCl_3 \text{で呈色なし} \Rightarrow \text{フェノール性} -OH \text{なし} \\ NaHCO_3 \text{に溶解しない} \Rightarrow -COOH \text{なし} \end{cases}$

問1

A $\xrightarrow{HCl}$ $\begin{cases} B \text{（結晶）} \\ C \text{の塩酸塩} \xrightarrow{NaOH} C \end{cases}$

B の分子式 $C_8H_8O_3$ より C の分子式は

$\underbrace{C_{14}H_{13}NO_2}_{A} + \underbrace{H_2O}_{加水分解の水} - \underbrace{C_8H_8O_3}_{B} = C_6H_7N$

C は NaOH により遊離することから塩基性物質でありアミノ基をもつ。

よって，©

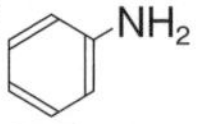

アニリン

B の酸化生成物は加熱により分子内脱水で $C_8H_4O_3$ の酸無水物となることからフタル酸である。

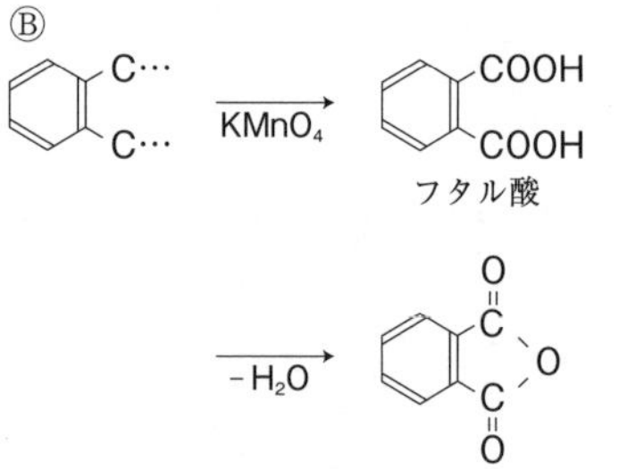

Ⓑ $\xrightarrow{KMnO_4}$ フタル酸

$\xrightarrow{-H_2O}$ 無水フタル酸（$C_8H_4O_3$）

よって，B は分子式 $C_8H_8O_3$ より，

Ⓑ

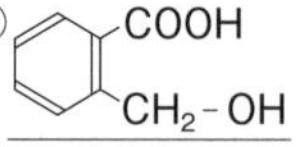

160

A は,

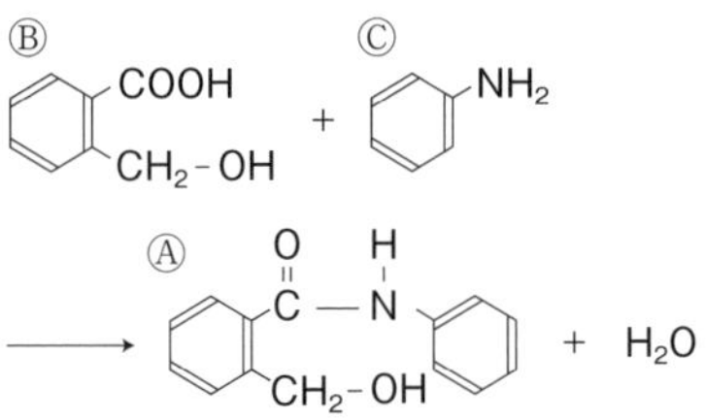

問2 Bの分子内に存在するカルボキシ基とヒドロキシ基で分子内エステルをつくる。

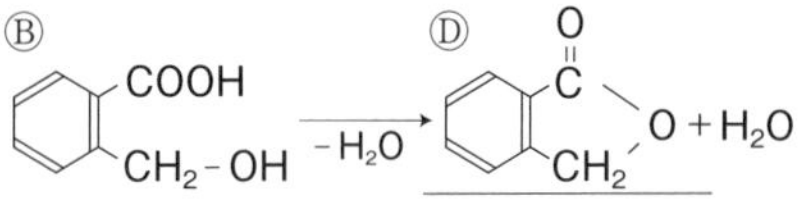

問3 アニリンのジアゾ化により塩化ベンゼンジアゾニウム(E)が得られるが,温度を上げると塩化ベンゼンジアゾニウムが分解してフェノール(F)に変化する。

第206問

問1 $C_{11}H_{14}O_2$ 問2 ① CHI_3 ② ポリプロピレン

問3 (a) 付加   (b) エチレングリコール

問4 A

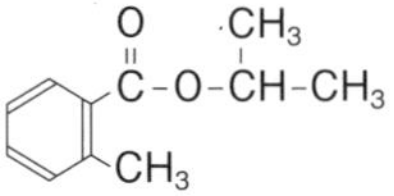

B

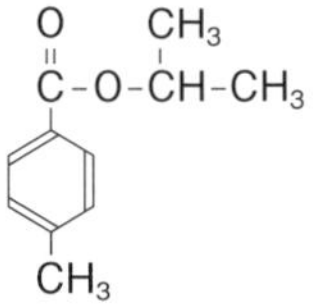

C $CH_3-CH-CH_3$ (OH)   F

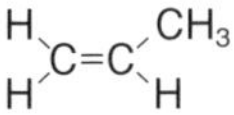

J

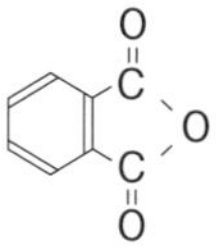

問5 $CH_2-CH-CH_3$ (Br Br)

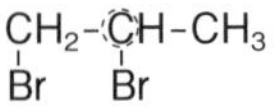

解説

問1 化合物 A の分子量を M とすると,ベンゼン溶液の凝固点降下度より,

$$\Delta t_f = K_f \cdot m$$

$$0.700\,K = 5.12\,K \cdot kg/mol \times \left(\frac{2.14}{M}\,mol \right.$$

$$\left. \times \frac{1000}{100\,mL \times 0.88\,g/mL}\,\frac{1}{kg}\right)$$

$$M = 177.8$$

よって,Aの分子量は 178

化合物 A 1 mol = 178 g
- C の mol $178 \times \frac{74.1}{100} \times \frac{1}{12} \fallingdotseq 11$
- H の mol $178 \times \frac{7.9}{100} \times \frac{1}{1.0} \fallingdotseq 14$
- O の mol $178 \times \frac{18.0}{100} \times \frac{1}{16} \fallingdotseq 2$

よって,A の分子式は $C_{11}H_{14}O_2$

問2～5 A,B…分子式 $C_{11}H_{14}O_2(I_U = 5)$

A →(加水分解) C + D
B →(加水分解) C + E

D について,$KMnO_4$ との反応により H が生成。H は分子内で脱水することからフタル酸と考えられる。

161

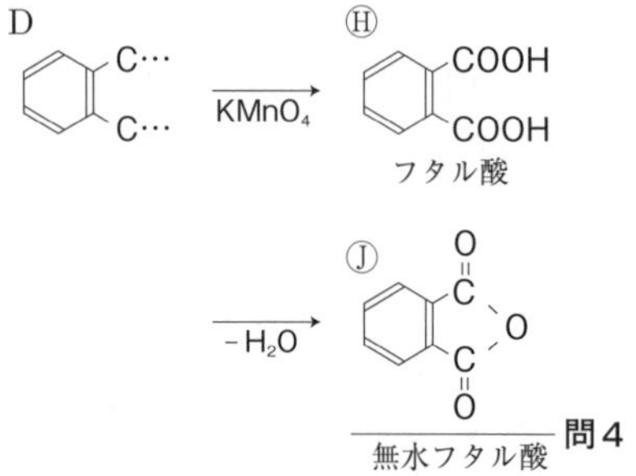

D

$$\xrightarrow{KMnO_4}$$ Ⓗ COOH COOH フタル酸

$$\xrightarrow{-H_2O}$$ Ⓙ 無水フタル酸 **問4**

Ⓒ $CH_3-CH-CH_3$ $\underset{OH}{}$ 2-プロパノール $\xrightarrow{-H_2O}$ Ⓕ H$_2$C=CH-CH$_3$ プロペン

め，炭素数が 3 となる。

$$\xrightarrow[付加]{Br_2} (a)$$ Ⓖ CH$_2$-CH-CH$_3$ $\underset{Br}{}$ $\underset{Br}{}$ **問5**

$$\xrightarrow[重合]{付加} \left(CH_2-CH \atop CH_3 \right)_n$$ ポリプロピレン **問2**

E について，$KMnO_4$ との反応により I が生成。I はポリエチレンテレフタラートに合成できることからテレフタル酸と考えられる。

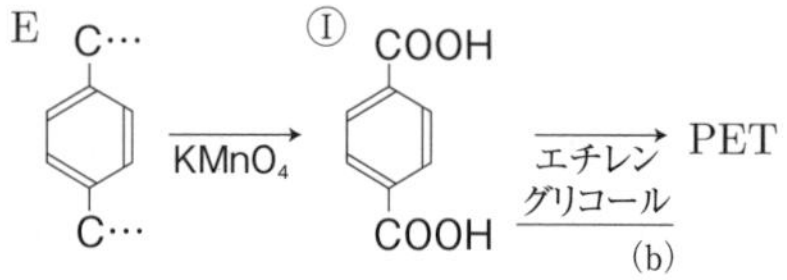

E C⋯ C⋯ $$\xrightarrow{KMnO_4}$$ Ⓘ COOH COOH $$\xrightarrow[グリコール]{エチレン} (b)$$ PET

以上より，A，B はエステル結合($I_U = 1$) とベンゼン環($I_U = 4$)をもち，C は $I_U = 0$ のアルコールと考えられる。

C について，ヨードホルム反応を示すことから CH_3-CH- の構造をもつ。C の脱水により F が生成，F に臭素を反応させて不斉炭素原子を 1 つもつ G が生成することから，

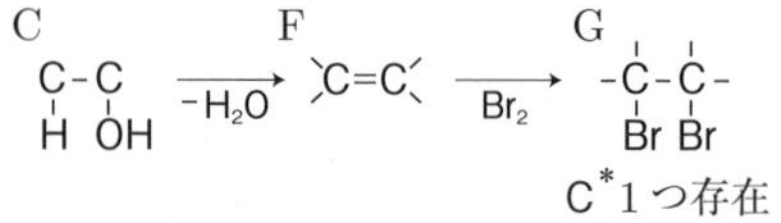

C C-C H OH $$\xrightarrow{-H_2O}$$ F C=C $$\xrightarrow{Br_2}$$ G -C-C- Br Br C*1つ存在

D，E の炭素数が 8 以上であることから，C は生じる G に不斉炭素原子が存在するた

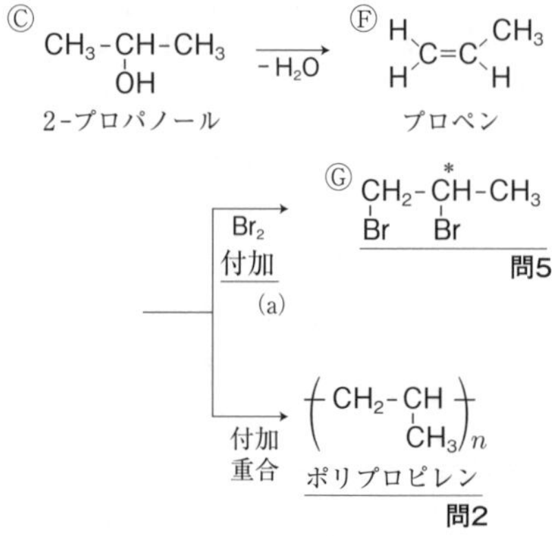

以上より，D，E は炭素数 8 のモノカルボン酸，A は C と D のモノエステル，B は C と E のモノエステルとなるので，

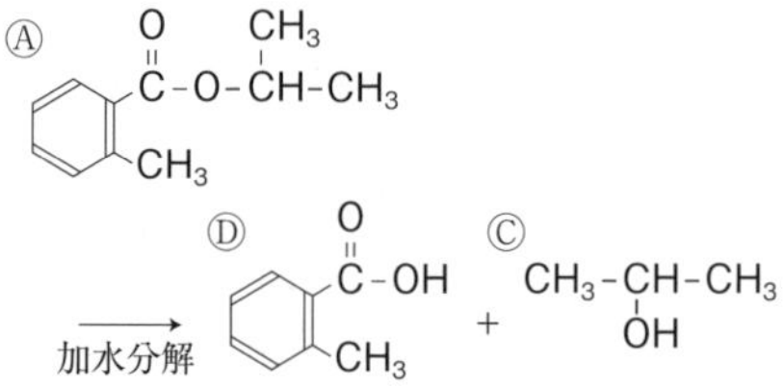

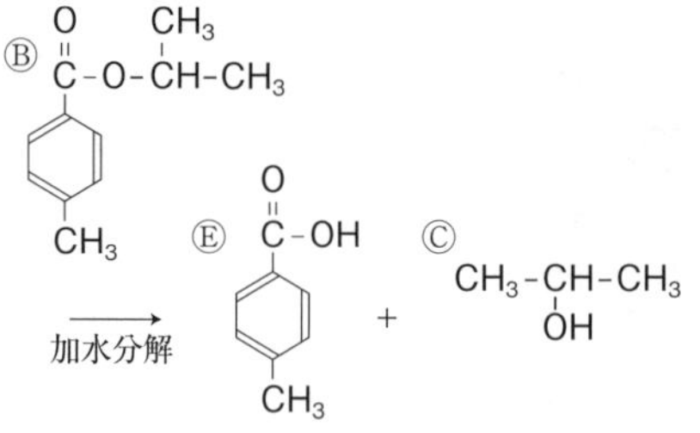

Ⓐ

$$\xrightarrow{加水分解}$$ Ⓓ + Ⓒ $CH_3-CH-CH_3$ $\underset{OH}{}$

Ⓑ

$$\xrightarrow{加水分解}$$ Ⓔ + Ⓒ $CH_3-CH-CH_3$ $\underset{OH}{}$

第207問

問1 A NH$_2$ B COONa C OH D NO$_2$

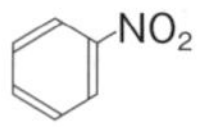

問2 ONa + H$_2$O + CO$_2$ $\longrightarrow$ OH + NaHCO$_3$

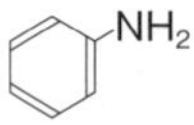

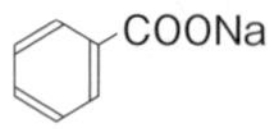

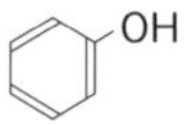

162

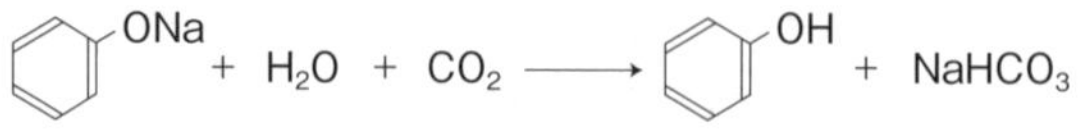

解説

有機化合物の分離は，化合物の水への溶解性の違いを利用して溶媒抽出により行う方法が多い。芳香族化合物は一般に水に難溶で有機溶媒によく溶ける。ただし，中和反応により塩に変化すると水によく溶けるようになる。この性質を利用して混合物から一部を水に溶かして分離する。

問1，2　系統分離

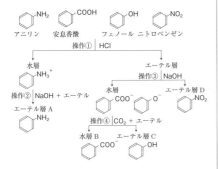

NH_2
COOH
OH
NO_2
アニリン
安息香酸
フェノール
ニトロベンゼン
操作①
HCl
水層
エーテル層
NH_3^+
操作③
NaOH
水層
エーテル層 D
操作②
NaOH ＋ エーテル
COO^-
O^-
NO_2
エーテル層 A
NH_2
操作④
CO_2 ＋ エーテル
水層 B
エーテル層 C
COO^-
OH

操作①では塩基性物質のアニリンが塩酸により中和されて水層に移る。この水層に水酸化ナトリウムを加えると弱塩基であるアニリンが遊離する。

NH_3Cl
＋ NaOH
NH_2
＋ H_2O ＋ NaCl

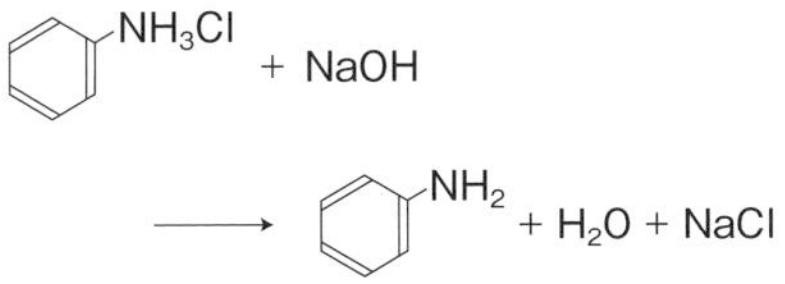

操作③では酸性物質の安息香酸とフェノールが水酸化ナトリウムにより中和されて水層に移る。操作④で二酸化炭素を吹き込むと，炭酸よりも弱い酸であるフェノールが遊離してエーテル層に移るが，安息香酸のカルボキシ基は塩のままで水層に残る。

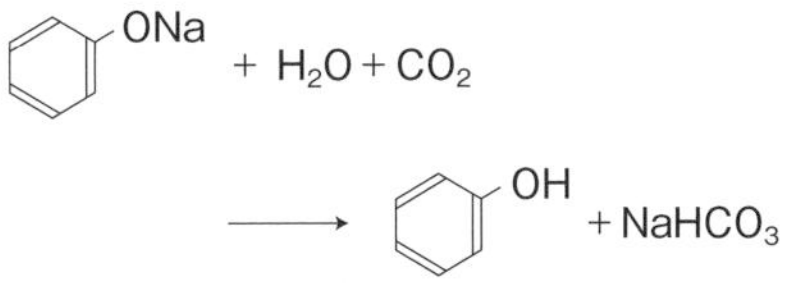

ONa
＋ H_2O ＋ CO_2
OH
＋$NaHCO_3$

※カルボン酸の塩とフェノールの塩を分離する際は炭酸を用いる。

第208問

問1　**(ア)**　沸点　**(イ)**　アニリン　**(ウ)**　安息香酸　**(エ)**　エーテル
(オ)　トルエン　**(カ)**　*m*−クレゾール

問2　分液ろうと

解説

系統分離

CH_3
COOH
CH_3
NH_2
トルエン
安息香酸
OH
m-クレゾール
アニリン
操作 A
HCl
水層
エーテル層
NH_3^+
操作 C
$NaHCO_3$
水層
エーテル層
操作 B
NaOH ＋ エーテル
COO^-
分留
水層
エーテル層
最初
CH_3
NH_2
操作 D
HCl ＋ エーテル
水層
エーテル層
その後
CH_3
COOH
OH

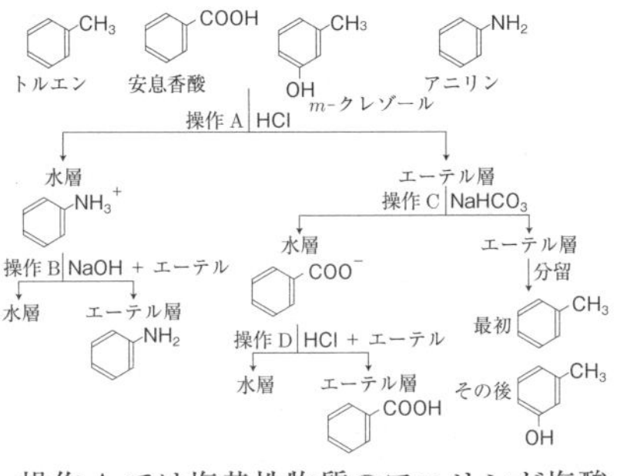

操作Aでは塩基性物質のアニリンが塩酸により中和されて水層に移る。この水層に水酸化ナトリウムを加えると弱塩基であるアニリンが遊離する。

操作Cで炭酸水素ナトリウムを加えると，炭酸よりも強い酸である安息香酸が塩になり水層に移る。

COOH
＋ $NaHCO_3$
COONa
＋H_2O ＋CO_2

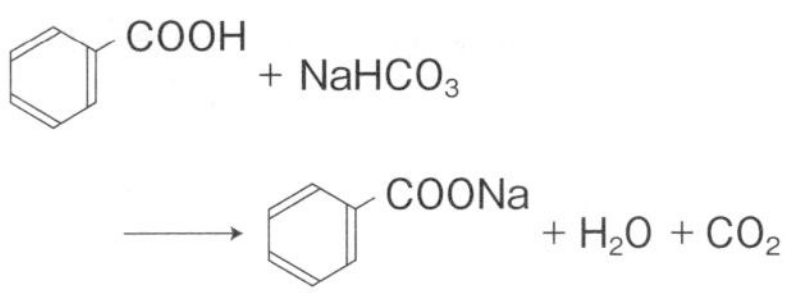

※カルボン酸とフェノール類を分離する際は炭酸水素ナトリウムを用いる。

操作Dで塩酸を加えると，塩酸よりも弱い酸である安息香酸が遊離してエーテル層に移る。

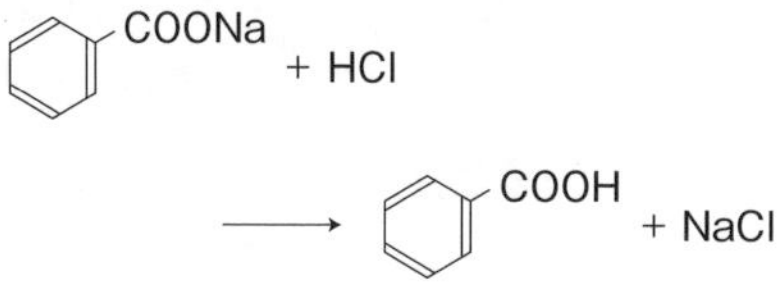

操作Eではトルエンとm-クレゾールがエーテル層に残っている。クレゾールは−OHを持つため，分子間で水素結合が働き沸点が高いため，エーテルを除いて分留すれば，最初に沸点の低いトルエン（沸点110℃）が留出し，その後沸点の高いm-クレゾール（沸点202℃）が留出する。

第209問

問1

問2

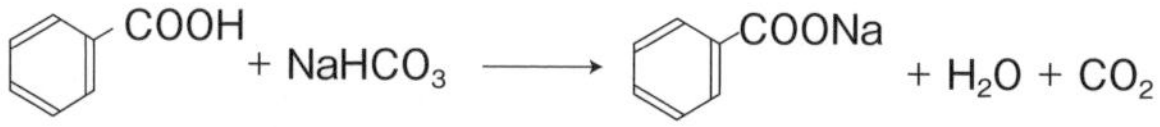

問3 安息香酸エチルに含まれる水分を除く役割。

問4

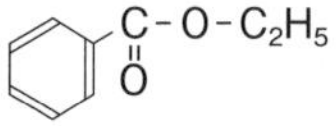

問5 60%

解説

問1 過マンガン酸カリウムおよびトルエンのe^-の授受を示す反応式

$KMnO_4$：$MnO_4^- + 3e^- + 2H_2O$
$\longrightarrow MnO_2 + 4OH^- \cdots$①

トルエン：

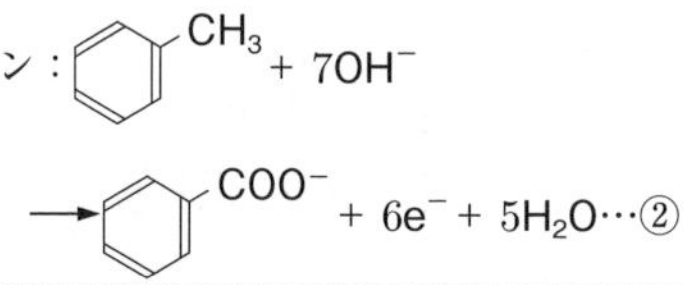

※塩基性での電子e^-を含む反応式は次のようにつくる。

例　トルエン

(1) トルエンを酸化すると安息香酸の塩になる。

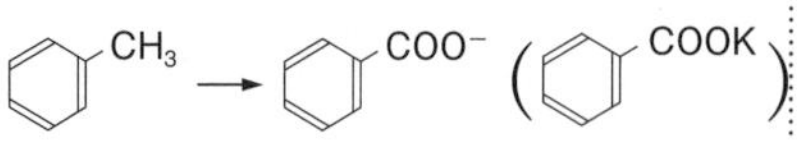

(2) 酸化数の変化を調べてe^-を加える。

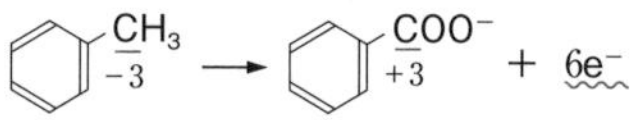

(3) 両辺の電荷をそろえるためOH^-を加える。

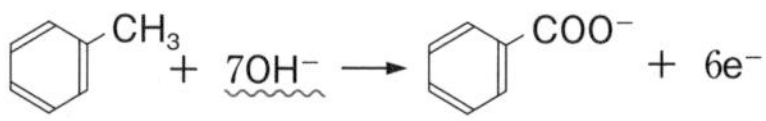

(4) 両辺の原子数をそろえるためH_2Oを加える。

①×2 +②より，

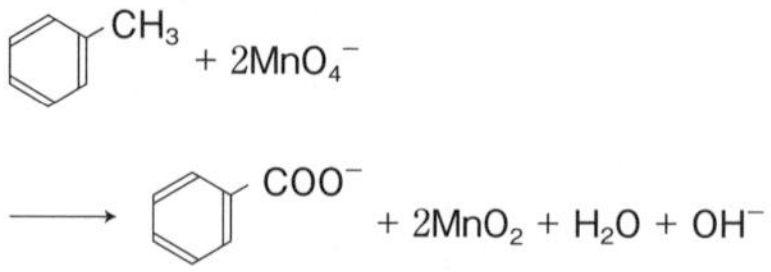

両辺に$2K^+$を加えると解答の式になる。

164

問2~4 沈殿物Ⅰは安息香酸で，安息香酸とエタノールとのエステルを合成する実験を行っている。

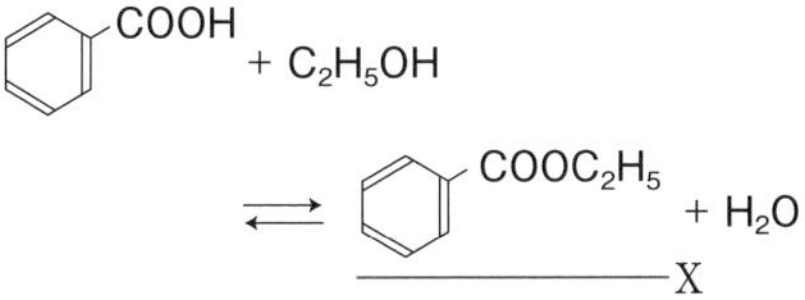

$$\text{C}_6\text{H}_5\text{COOH} + \text{C}_2\text{H}_5\text{OH}$$

$$\rightleftharpoons \text{C}_6\text{H}_5\text{COOC}_2\text{H}_5 + \text{H}_2\text{O}$$
                                                              X

反応後に水層とエーテル層をつくると，エーテル層には主に水に溶けにくい未反応の安息香酸と安息香酸エチルが含まれる。エーテル層を分離し，炭酸水素ナトリウムを含む水層をつくると，安息香酸は塩となり，水層に移る。エーテル層を分離し，無水塩化カルシウムを加えてろ過すると，エーテル層にわずかに含まれる水分を除くことができる。

問5 反応式から考えると，トルエン 1mol より安息香酸エチル 1mol が得られるので，トルエンの物質量は，トルエンの分子量 = 92 より，

$$\frac{10.0\,\text{mL} \times 0.828\,\text{g/mL}}{92\,\text{g/mol}} = 9.0 \times 10^{-2}\,\text{mol}$$

生じた安息香酸エチルの物質量は，$\text{C}_6\text{H}_5\text{COOC}_2\text{H}_5$ の分子量 = 150 より，

$$\frac{8.1\,\text{g}}{150\,\text{g/mol}} = 5.4 \times 10^{-2}\,\text{mol}$$

よって，求める収率は，

$$\frac{5.4 \times 10^{-2}\,\text{mol}}{9.0 \times 10^{-2}\,\text{mol}} \times 100 = \underline{60\,\%}$$

問1 (ア) フェーリング液　　(イ) 酸化銅(Ⅰ)　　(ウ) 1

問2 (1)　X

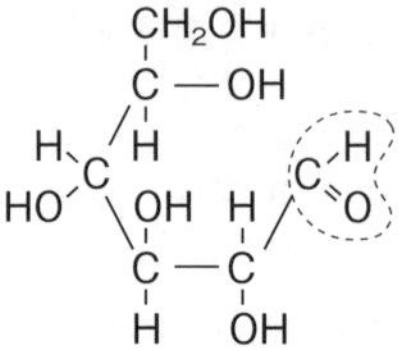

```
        CH₂OH
        C ── OH
      H │  H        H
    H   C    C ── C═O
   HO   C   OH  H          (2)
        │  │
        C ── C
        H    OH
```

Y

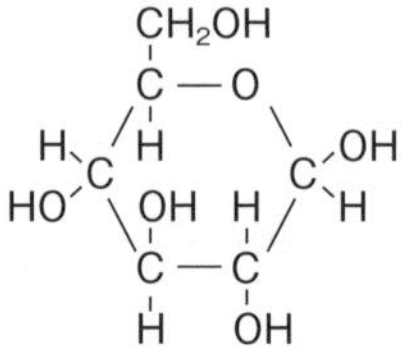

```
        CH₂OH
        C ── O
      H │  H        
    H   C    C ── OH
   HO   C   OH  H    H
        │  │
        C ── C
        H    OH
```

問3 (1)

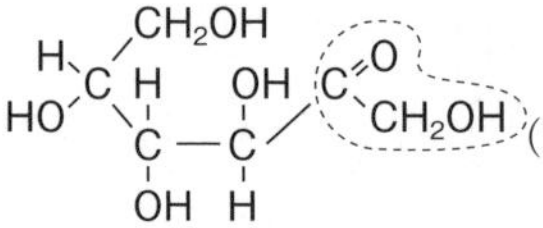

```
         CH₂OH
      H  C     OH   C═O
    HO   C    H  C ── CH₂OH     (2)
         C ── C
         OH   H
```

　単糖類の代表例は分子式 $C_6H_{12}O_6$ で表される六炭糖で，グルコース(ブドウ糖)，フルクトース(果糖)，ガラクトースなどがある。

　グルコースは鎖状構造にホルミル基をもつため，銀鏡反応やフェーリング液を還元する反応を示す。また，水溶液中で鎖状構造と α 型，β 型とよばれる環状構造の3種類が平衡状態になっている。

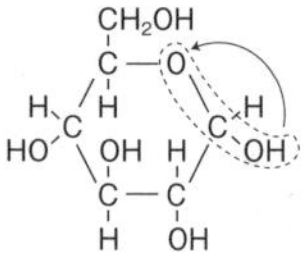

α－グルコース 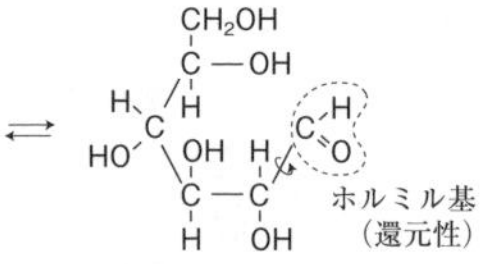　　鎖状グルコース

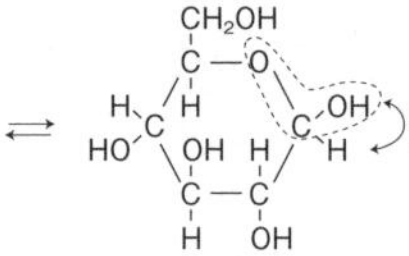

ホルミル基（還元性）

β－グルコース

環状構造には －OH と C=O が結びつくこと

でできたヘミアセタール構造(－O－C－OH)が存在する。この構造があると開環して還元性を示す構造が生じる。

問3　フルクトースは水溶液中で鎖状構造と六員環の α 型，β 型，五員環の α 型，β 型の5種類が平衡状態になっている。

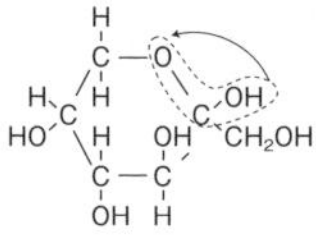

β－フルクトピラノース 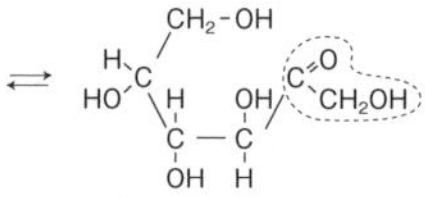　　鎖状フルクトース

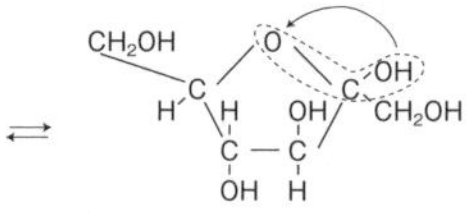

β－フルクトフラノース

鎖状構造には $-\overset{|}{\underset{}{C}}-CH_2OH$ の構造をもち，この構造が $-\underset{OH}{CH}-\underset{O}{C}-H$ に変化してホルミル基が生じるため，フルクトースは還元性を示す。

問1　(ア)　α－グルコース　　(イ)　デンプン　　(ウ)　アミラーゼ

　　　(エ)　β－グルコース　　(オ)　セルロース　　(カ)　セルラーゼ

　　　(キ)，(ク)　グルコース，フルクトース　　(ケ)　インベルターゼ（スクラーゼ）

　　　(コ)　ラクターゼ　　(サ)　ガラクトース

問2　　　　　　　　　　　　　　　　　　　単糖間の結合：グリコシド結合

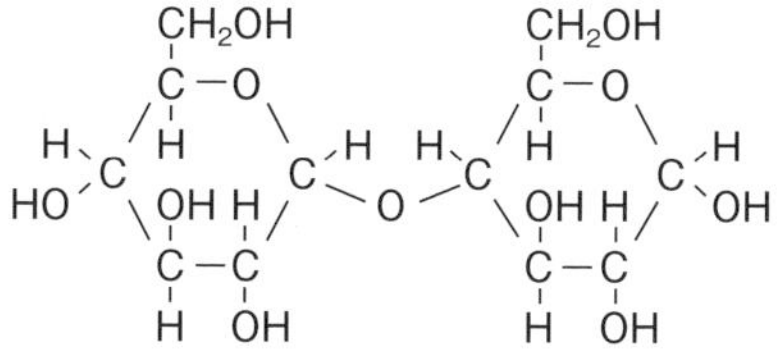

問3　転化糖　　　問4　(3)

16章

解説

問1　※主な糖類と加水分解

問2　ヘミアセタール構造の $-OH$ が縮合することで二糖類となる。

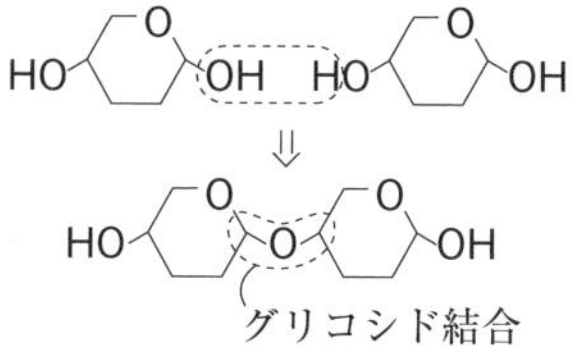

問4　スクロースはグルコースとフルクトースそれぞれのヘミアセタール構造どうしで縮合した二糖類である。スクロースにはヘミアセタール構造が存在しないため，還元性を示さない。

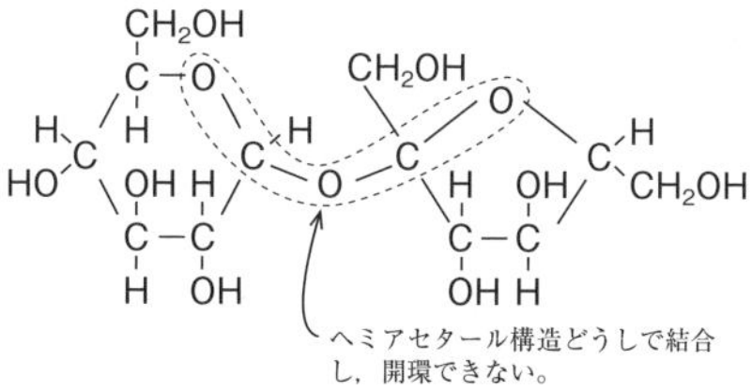

ヘミアセタール構造どうしで結合し，開環できない。

第212問

問1　セルロース　　　問2　セルラーゼ　　　問3　(い)，(う)

問4　$C_6H_{12}O_6 \longrightarrow 2C_2H_5OH + 2CO_2$　　　問5　(イ) 450　　　(ウ) 230

解説

問1，2　植物の細胞壁は主にセルロース $(C_6H_{10}O_5)_n$ からなる。セルロースを酵素セルラーゼで分解すると二糖類のセロビオース $C_{12}H_{22}O_{11}$ が生じる。

問3　(あ)　らせん構造のデンプンはヨウ素デンプン反応を示すが，直線状構造のセルロースはヨウ素デンプン反応を示さない。

(い)　セルロースは β − グルコースが縮合した多糖類で，希酸で加水分解するとグルコースが生じる。

(う)，(え)　デンプンは熱水に溶けるが，セルロースは水には溶けない。

(お)　多糖類は還元性を示さない。

問4　グルコースは酵母のもつ酵素群チマーゼによりエタノールと二酸化炭素に分解される。この反応はアルコール発酵という。

問5　(イ)

$(C_6H_{10}O_5)_n + nH_2O \longrightarrow nC_6H_{12}O_6$

167

セルロース 1 mol からグルコース n (mol) が生じるので，$(C_6H_{10}O_5)_n$ の分子量 = $162n$，$C_6H_{12}O_6$ の分子量 = 180 より，

$$\frac{405\,\text{g}}{\underset{\substack{\text{セルロース}\\\text{の mol}}}{162n\,(\text{g/mol})}} \times \underset{\substack{\text{グルコース}\\\text{の mol}}}{n} \times 180\,\text{g/mol} = \underline{450\,\text{g}}$$

（ウ） グルコース 1 mol からエタノール 2 mol が生じるので，C_2H_5OH の分子量 = 46 より，

$$\frac{405\,\text{g}}{\underset{\substack{\text{グルコース}\\\text{の mol}}}{162n\,(\text{g/mol})}} \times \underset{\substack{\text{エタノール}\\\text{の mol}}}{n \times 2} \times 46\,\text{g/mol} = \underline{230\,\text{g}}$$

第 213 問

問1 （ア） らせん （イ） アミラーゼ （ウ） デキストリン （エ） 水素結合
（オ） アセテート

問2 （b） **問3** 3.5×10^3 **問4** 684g

問5 （カ） $[C_6H_7O_2(OCOCH_3)_3]_n$ （キ） CH_3COOH

解説 ....

問1 デンプンは α - グルコースが縮合した多糖類で，らせん構造をとる。デンプンを酵素アミラーゼで分解すると中間生成物であるデキストリンを経て二糖類のマルトースになる。デキストリンは，デンプンより分子量が小さい多糖である。

デンプンはらせん構造であるが，セルロースは直線状構造でありセルロースを原料とした繊維がつくられている。

問2 デンプンにヨウ素ヨウ化カリウム水溶液を加えると青～青紫色に呈色する。これはデンプンのらせん構造に I_2 が取りこまれることで起こる。(a)は加熱による熱運動でデンプンのらせん構造がくずれ，呈色は見られない。(c)は希硫酸を加えて加熱することで，デンプンが加水分解される。

問3 $(C_6H_{10}O_5)_n$ の重合度 n を求めればよい。

$$162n = 5.67 \times 10^5 \qquad n = \underline{3.50 \times 10^3}$$

問4 $(C_6H_{10}O_5)_n + \dfrac{n}{2}H_2O \longrightarrow \dfrac{n}{2}C_{12}H_{22}O_{11}$

セルロース 1mol からセロビオース $\dfrac{n}{2}$ mol が生じるので，$(C_6H_{10}O_5)_n$ の分子量 = $162n$，$C_{12}H_{22}O_{11}$ の分子量 = 342 より，

$$\frac{648\,\text{g}}{162n\,(\text{g/mol})} \times \frac{n}{2} \times 342\,\text{g/mol} = \underline{684\,\text{g}}$$

第 214 問

問1 （ア） アミロース （イ） アミロペクチン （ウ） マルトース

問2 （エ） D （オ） C （カ） A **問3** ③ **問4** 1.5×10^2 か所

解説 ••

問1 デンプンは直鎖状のアミロースと枝分かれのあるアミロペクチンの2つの構造がある。

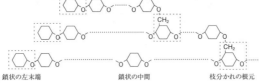

α–グルコースの1, 4位の炭素につく–OHで縮合した直鎖構造

…アミロペクチン

1, 4結合に少数の1, 6結合を含む枝分かれ構造

問2 メチル化によって、デンプン内の–OH基はすべて–OCH₃基に変化する。その後、グリコシド結合のみを加水分解すると、以下の図に示す結合の場所により3種類の生成物が生じる。

鎖状の左末端　　　　　　　　鎖状の中間　　　　　　　枝分かれの根元

枝分かれの根元のグルコースは1，4，6位の–OHがグリコシド結合しており、メチル化により、2，3位に–OCH₃基がつく。よって、加水分解で生じるのはAとなる。

鎖状の左末端のグルコースは1位の–OHがグリコシド結合しており、メチル化により、2，3，4，6位に–OCH₃基がつく。よって、加水分解で生じるのはCとなる。

その他（鎖状の中間）のグルコースは1，4位の–OHがグリコシド結合しており、メチル化により、2，3，6位に–OCH₃基がつく。よって、加水分解で生じるのはDとなる。

加水分解で生じた生成物の質量について、最も大きい質量（126g）で生じる（**エ**）は、物質量が大きい（最も多く生成する）Dとなる。

（**オ**）と（**カ**）はほぼ同じ物質量であることから、質量が大きく（6.07g）生じる（**オ**）は、分子量が大きいC、質量が小さく（5.35g）生じる（**カ**）は、分子量が小さいAとなる。

問3 グルコースの分子量＝180，メチル化により分子量は14増加することから、（**エ**）の分子量は180 ＋ 14 × 3 ＝ 222，（**オ**）の分子量は180 ＋ 14 × 4 ＝ 236，（**カ**）の分子量は180 ＋ 14 × 2 ＝ 208となる。

よって、求める物質量比は、

（**エ**）：（**オ**）：（**カ**）

$$= \frac{126\,\text{g}}{222\,\text{g/mol}} : \frac{6.07\,\text{g}}{236\,\text{g/mol}} : \frac{5.35\,\text{g}}{208\,\text{g/mol}}$$

$$= 22 : 1 : 1$$

問4 問3より、デンプンXはグルコース（22 ＋ 1 ＋ 1）分子ごとに1か所の割合で枝分かれが存在する。

デンプンの分子量＝162n より、重合度 n は$\frac{6.0 \times 10^5}{162} = 3.70 \times 10^3$

よって、求める数は、

$$3.70 \times 10^3 \times \frac{1}{24} = \underline{1.54 \times 10^2\,\text{か所}}$$
グルコースの数↲

━━ 第 **215** 問 ━━━━━━━━━━━━━━━━━━━━━━━━━━━━━━━━━━

問1　（**ア**）カルボキシ　（**イ**）アミノ　（**ウ**）1　（**エ**）4　（**オ**）3

169

（カ）　グリシン　　（キ）　不斉炭素原子　　（ク）　5　　（ケ）　6

（コ）　ニンヒドリン　　（サ）　20　　（シ）　必須

問2　（a）　$CH_3-CH-COOH$
　　　　　　　　　　｜
　　　　　　　　　NH_3^+
　　　　　（b）　$CH_3-CH-COO^-$
　　　　　　　　　　｜
　　　　　　　　　NH_2

問3　X　$CH_3-CH-COOH$
　　　　　　　　　｜
　　　　　　　$NHCO-CH_3$
　　　Y　$CH_3-CH-COO-CH_3$
　　　　　　　　　｜
　　　　　　　　NH_2

解説 ••

問1　アミノ酸は分子中にカルボキシ基とアミノ基をもつ化合物で，同じ炭素原子にカルボキシ基とアミノ基がつくものは特にα－アミノ酸とよばれる。分子内で塩を形成するため，融点，沸点が高く，塩は一般に水に溶けやすく有機溶媒には溶けにくい。

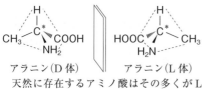

上のα－アミノ酸の－Rが－Hであるものがグリシンで，グリシンを除くα－アミノ酸には不斉炭素原子があるため，鏡像異性体が存在する。

アラニン（D体）　　　アラニン（L体）
　天然に存在するアミノ酸はその多くがL体である。

　タンパク質は20種類のα－アミノ酸で構成され，その中で特に体内で合成されにくいものは必須アミノ酸という。

問2　アミノ酸は酸性では陽イオン，塩基性では陰イオンの形で存在する。

$CH_3-CH-COOH$（陽イオン）$\rightleftarrows$ $CH_3-CH-COO^-$（双性イオン）

酸性では－COO⁻がH⁺を受け取る（a）

$\rightleftarrows$ $CH_3-CH-COO^-$ NH_2（陰イオン）

塩基性では－NH₃⁺がH⁺を出す（b）

問3　アミノ酸はアミンとしての性質，カルボン酸としての性質を合わせもつため，酸無水物やアルコールと反応する。

アセチル化　→　$CH_3-CH-COOH + CH_3COOH$　X

エステル化　→　$CH_3-CH-C-O-CH_3 + H_2O$　Y

第216問 ━━━━━━━━━━━━━━━━━━━━━━━━━━━━

問1　（ア）　$4.8 \times 10^{-3}\,mol/L$　　（イ）　$2.5 \times 10^{-11}\,mol/L$

問2　等電点　　pH = 5.96

解説 ••

問1　（ア）　アミノ酸の酸性水溶液では陽イオンと双性イオンとの平衡が成り立つ。

$CH_2(NH_3^+)COOH$

　　$\rightleftarrows CH_2(NH_3^+)COO^- + H^+$

$K_1 = \dfrac{[CH_2(NH_3^+)COO^-][H^+]}{[CH_2(NH_3^+)COOH]}$

$= 4.8 \times 10^{-3}\,mol/L$

陽イオン：双性イオン＝1：1より

$$K_1 = [\text{H}^+] = \underline{4.8 \times 10^{-3}\,\text{mol/L}}$$

（イ）　アミノ酸の塩基性水溶液では，双性イオンと陰イオンとの平衡が成り立つ。

$$\text{CH}_2(\text{NH}_3{}^+)\text{COO}^-$$
$$\rightleftharpoons \text{CH}_2(\text{NH}_2)\text{COO}^- + \text{H}^+$$

$$K_2 = \frac{[\text{CH}_2(\text{NH}_2)\text{COO}^-][\text{H}^+]}{[\text{CH}_2(\text{NH}_3{}^+)\text{COO}^-]}$$

$$= 2.5 \times 10^{-10}\,\text{mol/L}$$

陰イオン：双性イオン ＝ 10：1 より

$$K_2 = \frac{10 \times [\text{H}^+]}{1} = 2.5 \times 10^{-10}\,\text{mol/L}$$

$$[\text{H}^+] = \underline{2.5 \times 10^{-11}\,\text{mol/L}}$$

問2　アミノ酸水溶液中で平衡混合物の電荷がつり合うときの pH は<u>等電点</u>という。

$$\text{CH}_2(\text{NH}_3{}^+)\text{COOH}$$
$$\underset{K}{\rightleftharpoons} \text{CH}_2(\text{NH}_2)\text{COO}^- + 2\text{H}^+$$
$$K = K_1 \times K_2 = \frac{[\text{CH}_2(\text{NH}_2)\text{COO}^-][\text{H}^+]^2}{[\text{CH}_2(\text{NH}_3{}^+)\text{COOH}]}$$

等電点では

$$[\text{CH}_2(\text{NH}_3{}^+)\text{COOH}] = [\text{CH}_2(\text{NH}_2)\text{COO}^-]$$

より，

$$[\text{H}^+]^2 = K_1 \cdot K_2$$
$$[\text{H}^+] = \sqrt{K_1 \cdot K_2}$$

K_1, K_2 の値を代入して，

$$[\text{H}^+] = \sqrt{4.8 \times 10^{-3} \times 2.5 \times 10^{-10}}$$
$$= \sqrt{1.2 \times 10^{-12}}$$
$$\text{pH} = -\log(\sqrt{2^2 \times 3 \times 10^{-13}})$$
$$= \frac{1}{2}(13 - 2\log2 - \log3) = \underline{5.96}$$

第 217 問

問1　（**ア**）　ペプチド　　（**イ**）　一次構造　　（**ウ**）　α －ヘリックス　　（**エ**）　β －シート
　　（**オ**）　二次構造　　（**カ**）　変性　　（**キ**）　触媒　　（**ク**）　酵素　　（**ケ**）　基質特異性
問2　水素結合　　　**問3**　6 種類

解説

問1　多数のアミノ酸が－COOH と－NH$_2$ との脱水縮合でつながった高分子化合物をポリペプチドという。タンパク質は主にポリペプチドからなる高分子化合物である。

$$\text{H-N-CH-C-OH} + \text{H-N-CH-C-OH} + \cdots$$

$$\longrightarrow \cdots\text{N-CH-}\boxed{\text{C-N}}\text{-CH-C-}\cdots$$
ペプチド結合

ポリペプチドにおけるアミノ酸の配列順序を一次構造という。また，ポリペプチド鎖のペプチド結合間の水素結合でできた規則的な立体構造を二次構造という。

※ポリペプチド鎖の二次構造

水素結合 →

α －ヘリックス　　　　　β －シート（β 構造）

タンパク質は加熱したり，酸・塩基や重金属イオン（Cu^{2+}，Pb^{2+}）などを加えると，立体構造が変化して凝固・沈殿する。この現象をタンパク質の変性という。

タンパク質を主体とした物質で，生体内で起こる化学反応の触媒として働く物質を酵素という。酵素は特定の反応物にのみ結合する

171

性質をもち，これを基質特異性という。

問2　二次構造は〉N-Hと〉C=Oの間に働く水素結合により安定に保たれる。

問3　−NH₂ を左側，−COOH を右側に書いて，アラニン(Ala)とフェニルアラニン(Phe)の配列を考える。

```
Ala − Ala − Phe − Phe
Ala − Phe − Ala − Phe
Ala − Phe − Phe − Ala
Phe − Ala − Ala − Phe
Phe − Ala − Phe − Ala
Phe − Phe − Ala − Ala      の 6 種類
```

第 218 問

問1　(ア)　赤紫　　(イ)　ビウレット　　(ウ)　橙黄　　(エ)　キサントプロテイン
　　(オ)　チロシン　　(カ)　ベンゼン　　(キ)　ニトロ　　(ク)　メチオニン
　　(ケ)　グリシン　　(コ)　アラニン

問2　PbS　　問3　89

解説

問1　(ア)〜(ク)，問2
タンパク質の検出反応

①ビウレット反応
　水酸化ナトリウム水溶液を加えて塩基性にし，さらに硫酸銅(Ⅱ)水溶液を加えると赤紫色を呈する。この反応はペプチド結合が2つ以上存在する(トリペプチド以上のペプチド)場合に起こる。

②キサントプロテイン反応
　濃硝酸を加えて加熱すると黄色を呈し，さらにアンモニア水を加えると，橙黄色に変化する。この反応はベンゼン環のニトロ化により起こるため，ベンゼン環を含むアミノ酸(フェニルアラニンやチロシン)やそれを含むペプチドで起こる。

③硫黄 S の検出反応
　固体の水酸化ナトリウムを加えて加熱し，さらに酢酸鉛(Ⅱ)水溶液を加えると，硫化鉛(Ⅱ)の黒色沈殿が生じる。この反応は分子中の S が PbS に変化することにより起こる

ため，硫黄を含むアミノ酸(システインやメチオニン)やそれを含むペプチドで起こる。

問1　(ケ)，(コ)，問3
　アミノ酸 B は不斉炭素原子をもたないことからグリシン。A は分子内に不斉炭素原子が1個のみであることからグリシン2分子とアミノ酸 C 1分子からなるトリペプチド。

$$
\begin{array}{l}
\text{A} + 2\text{H}_2\text{O} \\
\text{6.09g}
\end{array}
$$

$$
\xrightarrow{}\ \underset{\substack{\text{グリシン}\\\text{分子量 75}}}{2\text{CH}_2\text{-COOH}} + \underset{\substack{\text{}\\\text{分子量 }M}}{\text{R-CH-COOH}}
$$

（B：2CH₂-COOH の NH₂，C：R-CH-COOH の NH₂，C は 2.67g）

アミノ酸 C の分子量を M とすると，ペプチド A の分子量は $(75 \times 2 + M - 18 \times 2)$ より，

$$
\underset{\text{ペプチドAのmol}}{\frac{6.09\,\text{g}}{(75 \times 2 + M - 18 \times 2)\,\text{g/mol}}} = \underset{\text{アミノ酸Cのmol}}{\frac{2.67\,\text{g}}{M\,(\text{g/mol})}}
$$

$$
M = 89
$$

よってアミノ酸 C はアラニン($C_3H_7NO_2$)である。

第 219 問

問1　④　ビウレット反応　　⑤　キサントプロテイン反応

問2　b チロシン　　c セリン　　d アラニン　　e リシン　　f システイン

問3 1.68g

解説 ••••••••••••••••••••••••••••••••

アミノ酸の配列を求める問題は，酵素による特定のペプチド結合の切断や検出反応により，アミノ酸の種類とその位置を考える。

問1・2

(a) − (b) − (c) − (d) − (e) − (f) − (g)
N末端　　　　　　　　　　　　　　　C末端

①より，a＝グリシン，g＝リシンとなる。

④の反応はビウレット反応。これはトリペプチド以上(ペプチド結合2つ以上)で示す反応である。

②より，チロシンの右側を切断してA1，A2が得られ，A1はビウレット反応を示さないことからジペプチド。A2のN末端はセリンなので b＝チロシン，c＝セリンとなる。

Gly − Tyr ┼ Ser − (d) − (e) − (f) − Lys
　　　　A1　　　　　　A2

③より，リシンの右側を切断してB1，B2が得られ，B2はビウレット反応を示さないことからジペプチド。よって，e＝リシンとなる。

Gly − Tyr − Ser − (d) − Lys ┼ (f) − Lys
　　　　　　　　B1　　　　　　　B2

⑥より，A2，B2には硫黄を含むシステインが存在するので f＝システイン，残りの d＝アラニンとなる。

ペプチドP：

Gly − Tyr − Ser − Ala − Lys − Cys − Lys

⑤の反応はキサントプロテイン反応。これはベンゼン環を含むアミノ酸が示す反応である。

問3　ペプチドPの分子量は，構成アミノ酸の分子量より，

$75 + 181 + 105 + 89 + 146 + 121 + 146 - 18 \times 6 = 755$

ペプチドPには2つのリシンのアミノ基とN末端のアミノ基の計3つのアミノ基があるので，ペプチドP 1molあたり N_2 3mol が生じる。よって，求める質量は，N_2 の分子量＝28より，

$$\underset{\text{Pのmol}}{\frac{15.1\,\text{g}}{755\,\text{g/mol}}} \times 3 \times \underset{\text{N}_2\text{のmol}}{28\text{g/mol}} = \underline{1.68\,\text{g}}$$

第 ㉒⓪ 問 ━━━━━━━━━━━━━━━━━━━━━

問1　(ア) 最適温度　　(イ) 基質　　(ウ) 乳化　　(エ) リパーゼ

問2　酵素はタンパク質であるため，温度が高くなると変性により機能しなくなる。

問3　7〜9

解説 ••••••••••••••••••••••••••••••••

問1　酵素はタンパク質を主体とした物質で，生体内で起こる化学反応の触媒として働く。酵素は，特定の反応物(基質)にのみ結合する性質をもち，これを基質特異性という。また，酵素を用いる反応の速度はある温度以上になると小さくなり，反応速度が最大となる温度を最適温度(通常は35〜40℃)と

いう。

消化酵素の代表例としては，タンパク質をアミノ酸に分解するペプシンやトリプシン，乳化された油脂をグリセリンと脂肪酸に分解するリパーゼなどがある。

問2　酵素はタンパク質であり，高温にするとその立体構造が変化(変性)して酵素の活

性を失う(酵素の失活)。

問3 酵素の作用は pH の影響を大きく受け，反応速度が最大となる pH を最適 pH という。トリプシンはすい液に含まれ，十二指腸で分泌され

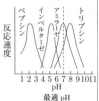

る。すい液は胃酸を中和するため弱塩基性を示し，トリプシンの最適 pH も弱塩基性である。

第 221 問

問1 （ア）二重らせん　（イ）水素　**問2**　（ウ）複製　（エ）遺伝子
問3 ①　**問4** ③，⑤　**問5** (3)　**問6** 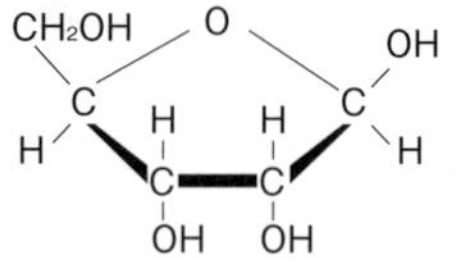
問7 4.5 g

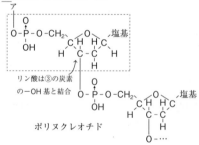

解説

問1～5　核酸は遺伝情報を保存する DNA（デオキシリボ核酸）と DNA の遺伝情報をもとにタンパク質の合成を行う RNA（リボ核酸）の 2 種があり，DNA の構成単位はデオキシリボースとリン酸，塩基からなるヌクレオチドである。

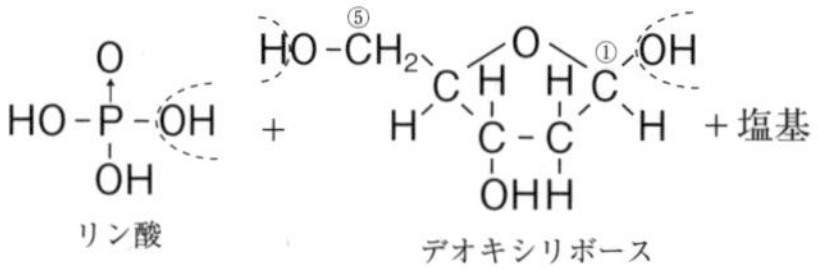

HO–P–OH + HO–⑤CH₂ ... ①OH + 塩基
（リン酸）（デオキシリボース）

DNA の塩基はアデニン(A)，グアニン(G)，シトシン(C)，チミン(T)のいずれか

⇩

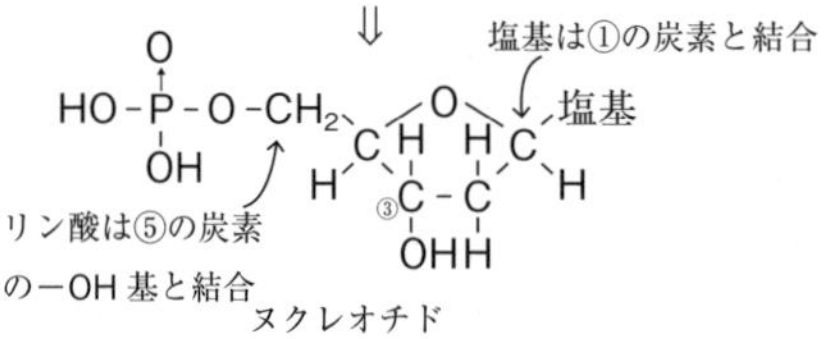

塩基は①の炭素と結合
HO–P–O–CH₂ ... 塩基
リン酸は⑤の炭素の–OH 基と結合
ヌクレオチド

ヌクレオチドはさらにエステル結合により鎖状高分子（ポリヌクレオチド）となり，DNA はこのポリヌクレオチド鎖の二重らせん構造からなっている。

O–P–O–CH₂ ... 塩基
OH
リン酸は③の炭素の–OH 基と結合
O–P–O–CH₂ ... 塩基
OH
O–…
ポリヌクレオチド

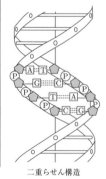

2 本のポリヌクレオチド鎖が塩基部分のアデニン(A)とチミン(T)，グアニン(G)とシトシン(C)による水素結合により保たれている。

二重らせん構造

174

問6 RNA のヌクレオチドは，糖部分がリボース，塩基部分がアデニン（A），グアニン（G），シトシン（C），ウラシル（U）のいずれかである。

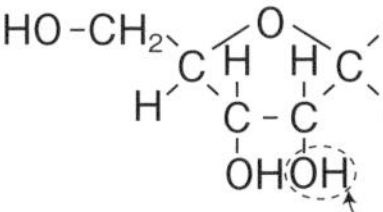

リボース

デオキシリボースは2位が -OH でなく-H になる。

問7 DNA の塩基組成は，塩基対である

アデニンとチミンは同じ割合で 20.0 ％ずつ，よってグアニンとシトシンも同じ割合で 30.0 ％ずつとなる。

加水分解で生じたチミンの物質量は，$C_5H_6N_2O_2$ の分子量 = 126 より，

$$\frac{2.52\,g}{126\,g/mol} = 0.0200\,mol$$

よって，求めるグアニンの質量は，$C_5H_5N_5O$ の分子量 = 151 より，

$$0.0200\,mol \times \frac{30.0}{20.0} \times 151\,g/mol = \underline{4.53\,g}$$

第 222 問 ━━━━━━━━━━━━━━━━━━━━━━━━━━━━━━━━━━━

Ⅰ　③

Ⅱ　① シトシン　　② アデニン　　③ グアニン　　④ チミン

解説 •••

Ⅰ　二重らせん構造における塩基対の水素結合は，

の2種類になる。

よって，図の水素結合をつくる官能基の相手は③となる。

③ 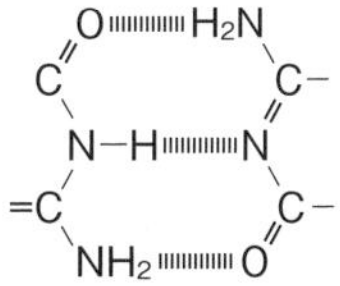　　　　　　　　　図の構造

Ⅱ　DNA を構成する塩基については，構造をみて名称が分かるようにしておくとよい。

DNA の二重らせん構造では塩基部分のアデニンとチミンとの間に2本の水素結合，グアニンとシトシンとの間に3本の水素結合がつくられる。よって，＊の数より②，④がアデニンまたはチミン，①，③がグアニンまた

はシトシンとなる。

また，アデニンとグアニンはプリン塩基とよばれ，プリン骨格（ ）をもつ②，③となる。また，チミンとシトシンはピリミジン塩基とよばれ，ピリミジン骨格（ ）をもつ①と④となる。

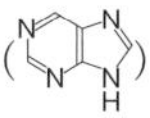

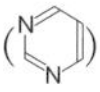

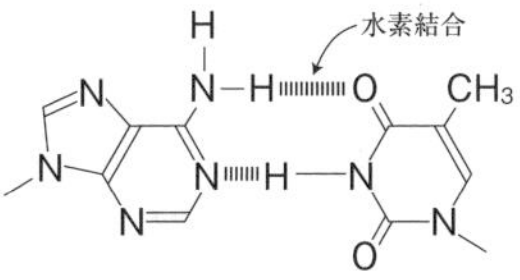

アデニン（A）　　　チミン（T）

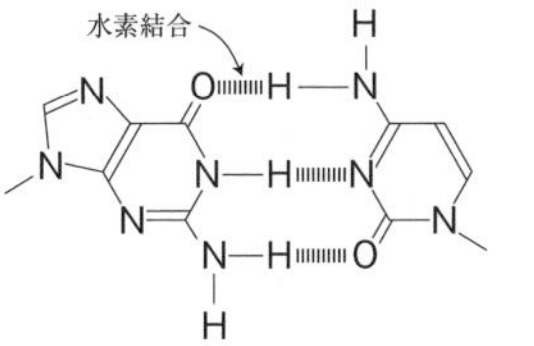

グアニン（G）　　　シトシン（C）

175

問 1 (ア) ⑧　(イ) ⑤　(ウ) ③　(エ) ②　(オ) ④　(カ) ①

問 2 (A), (B)　$HOOC-(CH_2)_4-COOH$,　$H_2N-(CH_2)_6-NH_2$

(C)
$$CH_2 \begin{matrix} CH_2-CH_2-C=O \\ CH_2-CH_2-N-H \end{matrix}$$
(D), (E)　$HO-\underset{O}{C}-\text{〈benzene ring〉}-\underset{O}{C}-OH$,　$HO-(CH_2)_2-OH$

問 3 ポリビニルアルコール　**問 4** ⑤　**問 5** アセタール化

解説 ··

問 1～3　合成繊維は，縮合重合でできたものと，付加重合でできたものに分類され，さらに，縮合重合型はその結合がアミド結合でできたもの，エステル結合でできたものなどに分類される。

※主な繊維

①ナイロン 66

$$n\ \underset{\text{アジピン酸}}{\underline{HOOC-(CH_2)_4-COOH}}\overset{A}{} + n\ \underset{\text{ヘキサメチレンジアミン}}{\underline{H_2N-(CH_2)_6-NH_2}}\overset{B}{}$$

$$\underset{\text{重合}}{\overset{\text{縮合}}{\longrightarrow}} \underset{\text{ナイロン66}}{\left[\underset{O}{C}-(CH_2)_4-\underset{O}{C}-\underset{H}{N}-(CH_2)_6-\underset{H}{N}\right]_n} + 2nH_2O$$

②ナイロン 6

$$n\ \underset{\varepsilon-\text{カプロラクタム}}{\underline{CH_2\begin{matrix}CH_2-CH_2-C=O\\CH_2-CH_2-N-H\end{matrix}}}\overset{C}{}\underset{\text{重合}}{\overset{\text{開環}}{\longrightarrow}}\underset{\text{ナイロン6}}{\left[\underset{O}{C}-(CH_2)_5-\underset{H}{N}\right]_n}$$

高分子を構成する単量体は<u>モノマー</u>とよ
　　　　　　　　　　　　　　ア
ばれる。天然高分子の<u>タンパク質</u>もアミド
　　　　　　　　　　イ
結合からなる高分子である。

ナイロン 6 の重合は単量体の環状構造が開環して連なるため<u>開環重合</u>という。
　　　　　　　　　　　　ウ

③ポリエチレンテレフタラート

$$n\ \underset{\text{テレフタル酸}}{\underline{HOOC-\text{〈benzene ring〉}-COOH}}\overset{D}{} + n\ \underset{\text{エチレングリコール}}{\underline{HO-(CH_2)_2-OH}}\overset{E}{}$$

$$\underset{\text{重合}}{\overset{\text{縮合}}{\longrightarrow}}\underset{\text{ポリエチレンテレフタラート(PET)}}{\left[\underset{O}{C}-\text{〈benzene ring〉}-\underset{O}{C}-O-(CH_2)_2-O\right]_n} + 2nH_2O$$

④アクリル繊維（モダクリル繊維）

$$\underset{\text{アクリロニトリル}}{\underset{H}{\overset{H}{C}}=\underset{CN}{\overset{H}{C}}} + \underset{\text{アクリル酸メチル}}{\underset{H}{\overset{H}{C}}=\underset{COOCH_3}{\overset{H}{C}}}\overset{\text{共重合}}{\longrightarrow}\text{アクリル繊維}$$

2 種以上の単量体を混合して付加重合させることを共重合という。

⑤ビニロン

$$n\ \underset{\text{酢酸ビニル}}{\underset{H}{\overset{H}{C}}=\underset{OCOCH_3}{\overset{H}{C}}}\underset{\text{重合}}{\overset{\text{付加}}{\longrightarrow}}\underset{\text{ポリ酢酸ビニル}}{\left[\begin{matrix}H&H\\C&C\\H&OCOCH_3\end{matrix}\right]_n}$$

※-OH の一部を
-O-CH_2-O-に変える

$$\underset{O\ H\ O\ H\ O}{\underset{CH_2}{}}\quad H_2O がとれる$$

$$\overset{NaOH}{\underset{\text{けん化}}{\longrightarrow}}\underset{\text{ポリビニルアルコール}}{\left[\begin{matrix}H&H\\C&C\\H&OH\end{matrix}\right]_n}\overset{F}{}$$

$$\overset{HCHO}{\underset{\text{アセタール化}}{\longrightarrow}}\underset{\text{ビニロン}}{\left[\begin{matrix}H&H\\C&C\\H&OH\end{matrix}\right]_x\left[\begin{matrix}H&H&H&H\\C&C&C&C\\H&O&H&O\\&CH_2&&\end{matrix}\right]_y}$$

問 4　単量体の数がアミド結合の数に一致することより，ナイロン 6 の重合度を求める。

$$\underbrace{\left[\underset{O}{C}-(CH_2)_5-\underset{H}{N}\right]_n}_{M=113}$$

$$113n = 1.1 \times 10^4$$
$$n \fallingdotseq \underline{97}$$

問 1　(ア) 植物　(イ) 動物　(ウ) 再生　(エ) 半合成

（オ） 合成 （カ） 銅アンモニアレーヨン （キ） ビスコースレーヨン

（ク） ポリエステル （ケ） ポリアミド

問2

$$n \text{ HOOC}-\!\!\bigcirc\!\!-\text{COOH} + n\text{HO}-(\text{CH}_2)_2-\text{OH} \longrightarrow \left[\!\!\begin{array}{c}\text{C}-\!\!\bigcirc\!\!-\text{C}-\text{O}-(\text{CH}_2)_2-\text{O}\\ \underset{\text{O}}{\parallel} \quad\quad \underset{\text{O}}{\parallel}\end{array}\!\!\right]_n + 2n\text{H}_2\text{O}$$

問3 （エ）

解説 ••

問1 天然繊維には，セルロース系の植物繊維である綿（コットン）や麻，タンパク質系の動物繊維である羊毛（ウール）や絹（シルク）などがある。

綿は成熟した綿花の種子に密生する種子毛を繊維として利用したもので，ほぼ純粋なセルロースである。絹は蚕（カイコ）の体内で作られる繊維で，フィブロインというタンパク質からなる。

化学繊維には，短い天然繊維を溶媒に溶解させたあと長い繊維状に再生した再生繊維，天然繊維をもとに化学的に処理して構造の一部を変化させた半合成繊維，石油などを原料に重合させて得られる高分子を繊維状にした合成繊維などがある。

再生繊維には，セルロースをシュバイツァー試薬（水酸化銅（II）とアンモニアからなる水溶液）に溶かしたのち，繊維状に戻す銅アンモニアレーヨン，セルロースを水酸化ナトリウムと二硫化炭素 CS_2 と反応させてビスコースとしたのち，繊維状に戻すビスコースレーヨンがある。

合成繊維には，エステル結合からなるポリエステル系繊維，アミド結合からなるポリアミド系繊維，アクリル繊維などがある。

問3 アセテート繊維は，セルロースのヒドロキシ基の一部を酢酸でエステル化したものを主成分とする半合成繊維である。

第 225 問

I ④　II 67 %　III アクリル酸メチル 79分子　アクリロニトリル 21分子

解説 ••

I　求める重合度を n とすると，

$$n \text{ CH}_2=\underset{\text{X}}{\text{CH}} \longrightarrow \left[\text{CH}_2-\underset{\text{X}}{\text{CH}}\right]_n$$

0.130 mol　　　　5.46 g

$$0.130 \text{ mol} \times \frac{1}{\underbrace{n}_{\text{重合体の mol}}} = \frac{5.46 \text{ g}}{2.73 \times 10^4 \text{ g/mol}}$$

$$n = 6.5 \times 10^2$$

II　$[\text{C}_6\text{H}_7\text{O}_2(\text{OH})_3]_n$ + $3n$ HNO$_3$
　　セルロース

$$\longrightarrow [\text{C}_6\text{H}_7\text{O}_2(\text{ONO}_2)_3]_n + 3n \text{ H}_2\text{O}$$
　　　　　トリニトロセルロース

反応の割合を求めるときは，まず完全に反応した場合の生成量を求めるとよい。100 %エステル化されたと考えると，生成するトリニトロセルロースの質量は，

$[\text{C}_6\text{H}_7\text{O}_2(\text{OH})_3]_n$ の分子量 $= 162n$，

$[\text{C}_6\text{H}_7\text{O}_2(\text{ONO}_2)_3]_n$ の分子量 $= 297n$ より，

$$\underbrace{\frac{18.0 \text{ g}}{162n \,(\text{g/mol})}}_{\substack{\text{セルロースの mol}\\=\\\text{トリニトロセルロースの mol}}} \times 297n \,(\text{g/mol}) = 33.0 \text{ g}$$

よって，この場合の反応による質量増加は，

33.0 − 18.0 = 15.0 g

となる。実際の質量増加は 28.0 − 18.0 = 10.0 g なので，求める割合は，質量増加の比

より，

$$\frac{10.0 \text{g}}{15.0 \text{g}} \times 100 = \underline{66.6 \%}$$

Ⅲ　アクリロニトリル x 分子とアクリル酸メチル $(100-x)$ 分子が重合したとすると，

$$x\ {}^{H}_{H}\!\!>\!\!C\!\!=\!\!C\!\!<\!\!{}^{H}_{CN} + (100-x)\ {}^{H}_{H}\!\!>\!\!C\!\!=\!\!C\!\!<\!\!{}^{CH_3}_{COOCH_3}$$

$$\longrightarrow \left[\!\!\begin{array}{c}CH_2\!-\!CH \\ | \\ CN\end{array}\!\!\right]_x\!\!\left[\!\!\begin{array}{c}CH_2\!-\!CH \\ | \\ COOCH_3\end{array}\!\!\right]_{100-x}$$

生成物の N の質量割合について，アクリロニトリルの分子量 $= 53$，アクリル酸メチルの分子量 $= 86$ より，

$$\frac{14 \times x}{53 \times x + 86 \times (100-x)} = \frac{3.7}{100}$$

$$x = \underline{20.9}$$

第 226 問

問1　分子内に親水性のヒドロキシ基が多く含まれるため。

問2　11 g　　**問3**　29 %

〔解説〕・・

問2　ポリビニルアルコールの −OH を 100 % アセタール化したとすると，アセタール化の反応を次のように表すことができる。

$$\left[\!\!\begin{array}{c}CH_2\!-\!CH\!-\!CH_2\!-\!CH \\ \quad | \qquad\qquad | \\ \quad OH \qquad\quad OH\end{array}\!\!\right]_{\frac{1}{2}n} \xrightarrow[\text{アセタール化}]{HCHO}$$

$$\underbrace{}_{M=88}$$

$$\left[\!\!\begin{array}{c}CH_2\!-\!CH\!-\!CH_2\!-\!CH \\ \quad | \qquad\qquad | \\ \quad O\!-\!CH_2\!-\!O\end{array}\!\!\right]_{\frac{1}{2}n}$$

$$\underbrace{}_{M=100}$$

このとき，ポリビニルアルコールの分子量 $88 \times \frac{1}{2}n = 44n$ が $100 \times \frac{1}{2}n = 50n$ に変化し，分子量が $6n$ 増加する。

よって，−OH の 50 % をアセタール化したときの生成物の分子量は

$$44n + 6n \times \frac{50}{100} = 47n$$

となる。求める生成物の質量は，

$$\frac{10 \text{g}}{\underbrace{44n (\text{g/mol})}_{\text{ポリビニルアルコールの mol}}} \times 47n (\text{g/mol}) = \underline{10.6 \text{g}}$$

問3　ポリビニルアルコールの −OH を 100 % アセタール化したとすると，生成物の質量は，

$$\frac{100 \text{g}}{44n (\text{g/mol})} \times 50n (\text{g/mol}) = 113.6 \text{g}$$

よって，この場合の反応による質量増加は，

$$113.6 - 100 = 13.6 \text{g}$$

となる。実際の質量増加は 4.00 g なので，求める割合は，質量増加の比より，

$$\frac{4.0 \text{g}}{13.6 \text{g}} \times 100 = \underline{29.4 \%}$$

第 227 問

問1　（ア）　ポリエチレン　　（イ）　ポリスチレン　　（ウ）　熱可塑性　　（エ）　熱硬化性
　　　（オ）　生分解性プラスチック

問2　（a）$\left[\!\!\begin{array}{c}O\!-\!CH\!-\!C \\ \quad | \qquad \| \\ \quad CH_3 \ O\end{array}\!\!\right]_n$　　（b）$\left[\!\!\begin{array}{c}CH_2\!-\!CH \\ \qquad\quad | \\ \qquad O\!-\!C\!-\!CH\!=\!CH\!-\!\bigcirc \\ \qquad\quad \| \\ \qquad\quad O\end{array}\!\!\right]_n$

問1 ※主な樹脂

①ポリエチレン

エチレン → 付加重合 → ポリエチレン

②ポリプロピレン

プロペン（プロピレン） → 付加重合 → ポリプロピレン

③ポリスチレン

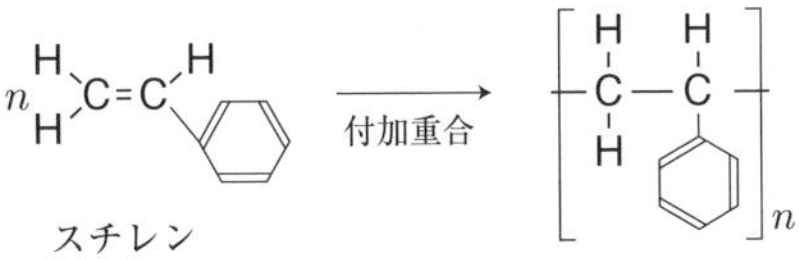

スチレン → 付加重合 → ポリスチレン

④フェノール樹脂

フェノール ＋ ホルムアルデヒド

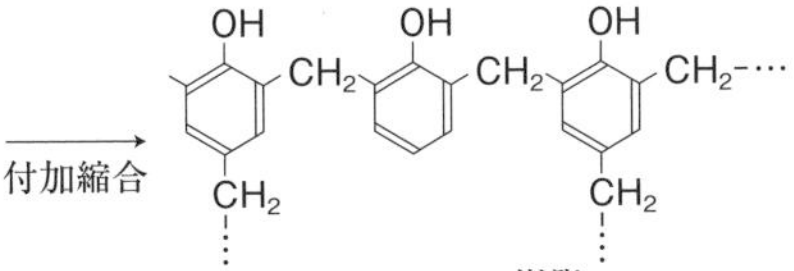

付加縮合 → フェノール樹脂

合成樹脂は，熱に対する性質から熱可塑性樹脂と熱硬化性樹脂に分類される。一般に熱可塑性樹脂は鎖状構造で，加熱すると分子の熱運動が激しくなり分子鎖どうしが離れて軟化する。また，熱硬化性樹脂は三次元網目状構造で，加熱すると分子内で縮合が進み，硬化する。

問2 ポリ乳酸

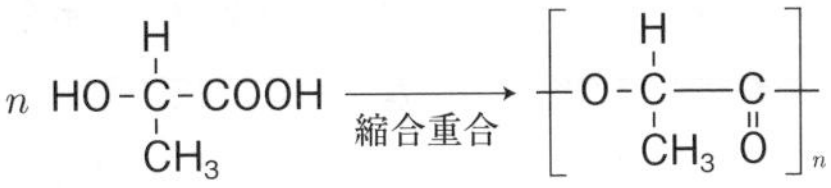

乳酸 → 縮合重合 → ポリ乳酸

ポリ乳酸は微生物により分解されるため，生分解性プラスチックとよばれる。

感光性樹脂

ポリビニルアルコールの −OH とケイ皮酸の −COOH でエステル結合をつくる。

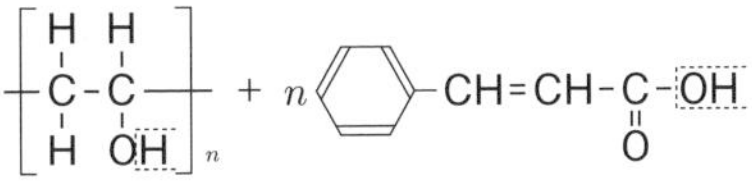

ポリビニルアルコール ＋ ケイ皮酸

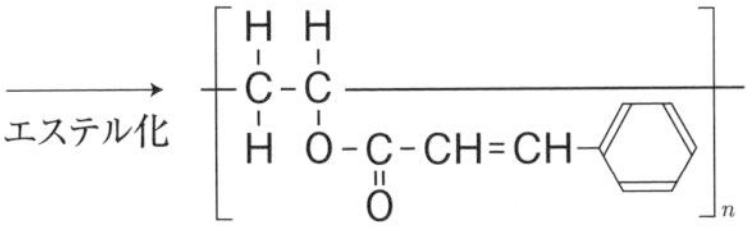

エステル化 → 感光性樹脂

第 228 問

問1 （ア）にくい （イ）光透過 （ウ）ガラス （エ）ホルムアルデヒド
（オ）ノボラック （カ）レゾール （X）FRP （Y）ABS
問2 （A）（3） （B）（5） **問3** 3：2

解 説 ・・・

問1 メタクリル樹脂はアクリル樹脂の代表例であり，メタクリル酸エステルの重合体で透明性が高い合成樹脂である。

メタクリル酸メチル → 付加重合 → ポリメタクリル酸メチル

プラスチックにガラス繊維を加えて強度を向上させたものは繊維強化プラスチック（FRP）とよばれ，自動車や鉄道車両の内外装などに用いられる。

アクリロニトリル，ブタジエン，スチレンの共重合体は ABS 樹脂とよばれ，家電製品その他さまざまな用途に用いられる。

フェノール樹脂はフェノールとホルムアルデヒドとの付加縮合により得られる。その際，酸を触媒として加えて反応させるとノボラックが得られ（縮合が進みやすく鎖状になりやすい），これに硬化剤を加え加熱して合成する。また，塩基を触媒として反応させるとレゾールが得られ，加熱のみで合成する。

問2

(A) (A)はメタクリル酸メチルで付加重合によりメタクリル樹脂が得られる。

(B)

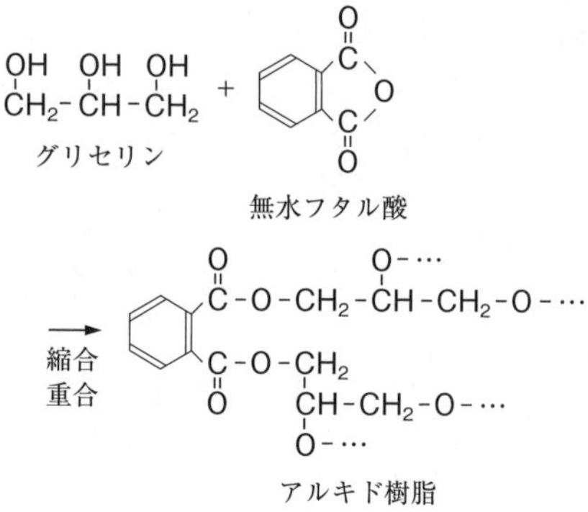

グリセリン ＋ 無水フタル酸

→ 縮合重合

アルキド樹脂

問3 アクリロニトリル n mol と塩化ビニル m mol が共重合したとすると，

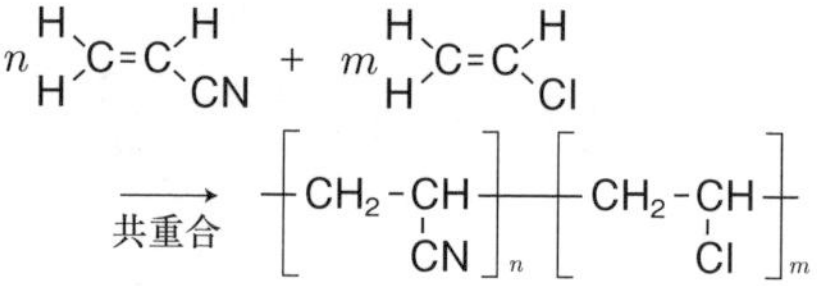

炭素と塩素の質量比について，

$$(12 \times 3 \times n + 12 \times 2 \times m) : 35.5 \times m = 156 : 71$$

よって，$n : m = \underline{3 : 2}$

第 229 問

問1 (ア) 共重合　(イ) 陽　(ウ) 陰　(エ) SO₃Na　(オ) HCl
(カ) Cl⁻　(キ) NaOH

問2

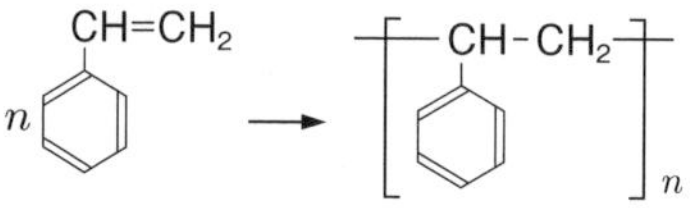

平均重合度 1.5×10^3

問3 (1) 83 L　(2) 20 g

解説 ・・・・・・・・・・・・・・・・・・・・・・・・・

問1 スチレンに少量の p – ジビニルベンゼンを加えて共重合させると，網目状の高分子が得られる。スチレン部分のベンゼン環に濃硫酸を作用させて，スルホ基 –SO₃H を導入すると，陽イオン交換樹脂が得られる。

スチレン

p－ジビニルベンゼン

$$\xrightarrow{\text{共重合}}$$

$$\xrightarrow[\text{濃 } H_2SO_4]{\text{スルホン化}}$$

陽イオン交換樹脂

陽イオン交換樹脂に電解質溶液を通すと，溶液中の陽イオンと$-SO_3H$のH^+が置き換わる。

$$R-SO_3H + Na^+ \longrightarrow R-SO_3Na + H^+$$

また，ベンゼン環に$-N^+(CH_3)_3OH^-$基を導入すると，陰イオン交換樹脂が得られる。

陰イオン交換樹脂に電解質溶液を通すと，溶液中の陰イオンとOH^-が置き換わる。

$$R-N^+(CH_3)_3OH^- + Cl^-$$
$$\longrightarrow R-N^+(CH_3)_3Cl^- + OH^-$$

問2 スチレンのモル質量は104なので，求める重合度 n は，

$$\frac{1.56 \times 10^5}{104} = 1.50 \times 10^3$$

問3（1） 100 g の X が交換できる H^+ の物質量は，

$$5.0 \times 10^{-3}\,\text{mol/g} \times 100\,\text{g} = 0.50\,\text{mol}$$

200 g の Y が交換できる OH^- の物質量は，

$$2.5 \times 10^{-3}\,\text{mol/g} \times 200\,\text{g} = 0.50\,\text{mol}$$

NaCl 水溶液 1L 中に含む Na^+，Cl^- の交換に必要な X，Y の物質量は，NaCl の物質量に等しく，

$$\frac{0.351\,\text{g}}{58.5\,\text{g/mol}} = 6.0 \times 10^{-3}\,\text{mol}$$

よって，求める体積は，

$$\frac{0.50\,\text{mol}}{6.0 \times 10^{-3}\,\text{mol/L}} = \underline{83.3\,\text{L}}$$

（2） 陽イオンの電荷を合わせて，樹脂中の H^+ 2 個と Ca^{2+} 1 個が交換される。

よって，2.0L 中の Ca^{2+} 2.0 g の交換に必要な H^+ の物質量は，

$$\frac{2.0\,\text{g}}{40\,\text{g/mol}} \times 2 = 0.10\,\text{mol}$$

求める質量は，

$$\frac{0.10\,\text{mol}}{5.0 \times 10^{-3}\,\text{mol/g}} = \underline{20\,\text{g}}$$

第 230 問

問1 **問2** 名称：加硫 理由：(3)

問3 エボナイト **問4** 6.5% **問5** Si

解説

問1 天然ゴムの主成分は，ジエン構造をもつイソプレンが付加重合でつながったポリイソプレンである。

イソプレン ポリイソプレン（天然ゴム）

181

ポリイソプレンの二重結合 C=C はシス型で，分子間にすきまのある構造となり，ゴム弾性を示す。

問2 硫黄を加えて反応させ，ポリイソプレンの鎖状構造どうしに橋かけ構造（架橋構造）をつくると強度が増す。

問3 加硫により，架橋構造を増やし，30〜40％の硫黄を反応させると，プラスチックのような硬いゴムが得られ，これをエボナイト（硬質ゴム）という。

問4 アクリロニトリル n (mol) とブタジエン $3n$ (mol) が共重合したとすると，

生成物の N の質量割合について，アクリロニトリルの分子量 = 53，ブタジエンの分子量 = 54 より，

$$\frac{14 \times n}{53 \times n + 54 \times 3n} \times 100 = \underline{6.51 \%}$$

問5 シリコーンゴムは，ジクロロジメチルシラン $(CH_3)_2SiCl_2$ などを原料に水と反応させてシラノール類とし，これを縮合重合させてつくる。

基本骨格が安定な $-Si-O-Si-$ で耐久性などが高い。

— MEMO —

— MEMO —

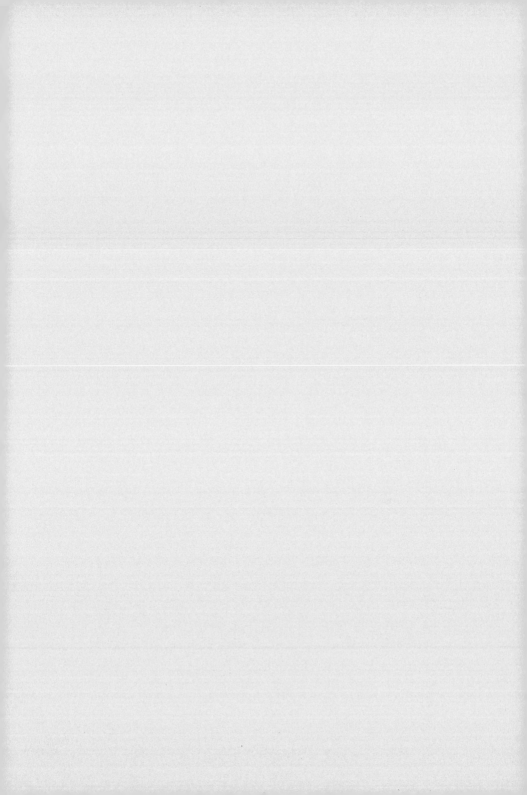